Asmus Petersen

Die Gräser als Kulturpflanzen und Unkräuter auf Wiese, Weide und Acker

Ihre Bestimmung, Erkennung und Beschreibung
in biologischer, ökologischer sowie landwirtschaftlicher
und landeskultureller Beziehung

Die Gräser

als Kulturpflanzen und Unkräuter auf Wiese, Weide und Acker

Ihre Bestimmung, Erkennung und Beschreibung
in biologischer, ökologischer sowie landwirtschaftlicher
und landeskultureller Beziehung

von Asmus Petersen †

7., berichtigte Auflage
herausgegeben und bearbeitet
von
Günther Wacker

Akademie Verlag

Autor: Prof. Dr. Dr. h. c. Asmus Petersen †, ehemaliger Direktor des Instituts für Grünland- und Moorforschung Paulinenaue

Herausgeber: Prof. Dr. Günther Wacker, O-1551 Paulinenaue

1. Auflage 1949
2. Auflage 1950
3. Auflage 1953
4. Auflage 1954
5. Auflage 1981
6. Auflage 1988
7., berichtigte Auflage 1992

Lektorat: Christiane Grunow
Manuskriptbearbeitung: Karl Abel
Herstellerische Betreuung: Karla Henning

Die Deutsche Bibliothek – CIP-Einheitsaufnahme
Petersen, Asmus:
Die Gräser als Kulturpflanzen und Unkräuter auf Wiese, Weide und Acker: ihre Bestimmung, Erkennung und Beschreibung in biologischer, ökologischer sowie landwirtschaftlicher und landeskultureller Beziehung; mit 3 Tabellen / von Asmus Petersen. Hrsg. und bearb. von Waltraut Petersen und Günther Wacker. – 7., berichtigte Aufl. – Berlin: Akad.-Verl., 1991
ISBN 3-05-501327-1
NE: Petersen, Waltraut [Bearb.]

Erschienen in der Akademie Verlag GmbH,
O-1086 Berlin (Federal Republic of Germany), Leipziger Straße 3–4

Gedruckt auf säurefreiem Papier

Gesamtherstellung: Druckerei „G. W. Leibniz“ GmbH, O-4450 Gräfenhainichen
Umschlaggestaltung: Ralf Michaelis
Printed in the Federal Republic of Germany

„Laßt die Gräser einmal von unserem Erdteile verschwinden, und wir verschmachten bei allem unserem sonstigen Reichtume vor Hunger".

ADALBERT STIFTER
(*aus „Der Nachsommer"*)

„Es ist die Rasenbildung ein so großer Vorzug, den die nördlichen Klimate vor den heißen voraushaben, daß wir wohl Ursache haben, dahin zu streben, diesen natürlichen Vorzug auch auf das Beste zu nutzen".

G. MEISTER
(*in* A. v. LENGERKE *„Anleitung zum praktischen Wiesenbau"* 1844)

Vorwort zur 5. Auflage

Das „Kleine Gräserbuch" von ASMUS PETERSEN, 1. Auflage 1961, 2. Auflage 1965, sowie „Die Gräser als Kulturpflanzen und Unkräuter auf Wiese, Weide und Acker", in größerer Form, 1. Auflage 1936, 4. und letzte Auflage 1954, sind seit Jahren vergriffen. Da von vielen Seiten, insbesondere von allen, die mit diesen Büchern gearbeitet haben, immer wieder der Wunsch nach einer Neuauflage ausgesprochen wurde, habe ich mich entschlossen, „Die Gräser als Kulturpflanzen und Unkräuter auf Wiese, Weide und Acker" als 5. Auflage herauszugeben unter Berücksichtigung des „Kleinen Gräserbuches" sowie der von meinem Mann noch vorliegenden Neubearbeitungen.

Die Herausgabe des Buches geschah in Zusammenarbeit mit Prof. Dr. G. WACKER, einem Schüler und langjährigen Mitarbeiter meines Mannes, ohne dessen Hilfe die Neubearbeitung in dieser Form nicht hätte zustandekommen können. Ich möchte ihm an dieser Stelle meinen großen Dank dafür aussprechen.

Die Bilder stammen von dem Kunstmaler FRITZ MARLIER, teilweise konnten aber auch noch die ursprünglichen, von dem Kunstmaler FRANZ SUSEMIHL hergestellten, Verwendung finden. Die photographische Wiedergabe der Wurzelbilder übernahm G. DRASCHÉ, Paulinenaue.

Dem Akademie-Verlag bin ich für die immer gleichbleibende Hilfe und Unterstützung bei der Herausgabe der Bücher meines Mannes sehr verbunden und möchte auch diesem meinen Dank sagen.

WALTRAUT PETERSEN

Vorwort zur 7. Auflage

Die 1988 erschienene und noch von Waltraut Petersen vorbereitete 6. Auflage war innerhalb kurzer Zeit vergriffen, so daß sich der Akademie Verlag entschloß, einen Nachdruck als 7. Auflage herauszugeben. Abgesehen von Verbesserungen ist im Vergleich zur 5. Auflage insbesondere der dritte, beschreibende Teil auf den neuesten Erkenntnisstand gebracht worden, ebenso die im Anhang befindlichen Tabellen. Alle Instruktions- und Bildtafeln sind, wie bereits zur 6. Auflage, von Karl Abel neu gefertigt worden. Die deutlicheren Abbildungen und die Verwendung von Kunstdruckpapier werden diese 7. Auflage in der Qualität wesentlich verbessern.

Günther Wacker

Grundsätzliche Vorbemerkungen zum Aufbau und zum Gebrauch des Grasbuches

Das Grasbuch folgt in seinem Aufbau ebenso wie die fünfte Auflage der vierten Auflage, unter Weglassung bestimmter Kapitel, aus denen wesentliche Aussagen aber im dritten beschreibenden Teil mitberücksichtigt wurden. Der erste Teil behandelt die Bestimmung der Gräser im blütenlosen und im Blütenzustand, wobei besonderer Wert auf die Erläuterung der neuen Bestimmungsmethode im blütenlosen Zustand gelegt wird, die ASMUS PETERSEN erarbeitet und eingeführt und in seinem ersten Grasbuch 1936 zum ersten Mal niedergelegt hat. Sowohl von Seiten der systematischen Botanik als auch von landwirtschaftlicher Seite liegen grundlegende Werke über die Gräser bei uns und in anderen Ländern vor, die ein Bestimmen der Gräser in der Blüte und im blütenlosen Zustande zulassen. A. PETERSEN geht einen besonderen Weg der Bestimmung im vegetativen Zustande und zwar über die Gruppenbildung nach Blattmerkmalen, der übersichtlich und schnell zum Ziele führt. Die Erfahrungen in Wissenschaft und Lehre haben diese einfache Bestimmungsmethode vollauf bestätigt.

Zur technischen Durchführung sei bemerkt, daß ebenso wie bei den „*Sauergräsern*" (1989) das dekadische System im Hauptschlüssel zur Bestimmung der Gräser angewendet wird und innerhalb der einzelnen Gruppen nur die zu ihnen gehörenden Ziffern gebracht werden, um die Zahlenreihe nicht zu groß werden und auch die Gruppe stärker hervortreten zu lassen. Zur Unterstützung wird die jeweilige Gruppenzahl durch halbfetten Druck hervorgehoben. Bei der Bestimmung im Blütenzustand gehen wir ähnlich vor. Im Schlüssel aufgenommen werden nur unsere heimischen Gräser.

Im zweiten Teil folgen die Bildtafeln mit genauer botanischer Beschreibung, soweit sie zum Erkennen notwendig ist. Die große Familie der Gramineen ist mit etwa 3500 Arten auf der ganzen Erde verbreitet (HEGI 1965). Neueste Angaben lauten von 8–10000 Arten. Innerhalb Deutschlands werden ca. 160 genannt. Sie gehören zu den äußersten Vorposten der Blütenpflanzen sowohl gegen die Pole als auch zur Schneegrenze der Hochgebirge. Das Maximum an Artenzahl liegt in den Tropen, während die Individuenzahl in den gemäßigten Zonen überwiegt, und die Grasarten dichte Rasen bilden (WANGERIN 1932). Von den in Mitteleuropa vorkommenden etwa 226 Arten werden hier hauptsächlich die bei uns auftretenden Gräser abgebildet, und zwar Futter- sowie Ungräser, Gräser von Sonderflächen, des Salzgraslandes und der Meeresdünen und auch einige Gräser des Waldes sowie Arten, die landwirtschaftlich oder landeskulturell noch kein Interesse erlangt haben, aber lokal so häufig vorkommen, daß man sie wohl kennen möchte. Auch können Gräser plötzlich bedeutungsvoll werden, die nur als Wildgras bei uns in Erscheinung treten. Außerdem finden einige Arten fremder Erdteile hier ihren Platz, deren Kultivierung und Anbau bei uns empfohlen und versucht wurde und auch einige Gräser wie Liebesgras (*Eragrostis minor*) und Hundszahn (*Cynodon dactylon*), die bei uns zwar kaum eine Rolle spielen, wohl aber in anderen Ländern der Erde. Im Vergleich zur vierten Auflage ist der Bildteil um eine beträchtliche Anzahl vermehrt oder ausgebaut worden.

Die Bildtafeln folgen rein alphabetisch nach den heute gültigen wissenschaftlichen Namen,

wobei wir uns im allgemeinen nach der „Exkursionsflora“ von W. ROTHMAIER, in Bearbeitung von H. MEUSEL und R. SCHUBERT, 1982, richteten. Dieser steht bei den Bildunterschriften stets an erster Stelle, die Synonyma folgen. Blüte und Blatt werden in natürlicher Größe dargestellt, der Samen auch vergrößert.
Im dritten Teil werden alle Gräser in ihrer spezifischen Art in biologischer und ökologischer Beziehung genau beschrieben und ihre landwirtschaftliche Bedeutung herausgestellt, unter besonderer Berücksichtigung der Züchtungsfragen, deren Bearbeitung noch ausführlicher gestaltet und durch Neues erweitert wurde. Bei den Ungräsern wird neben ihrer Biologie besonderer Wert auf die Bekämpfung durch Bewirtschaftungs- und Fruchtfolgemaßnahmen gelegt. Einbezogen wird dabei auch die chemische Ungrasbekämpfung. Die Verfahren zur Unkrautbekämpfung allgemein haben sich gewandelt. Die sogenannten „traditionellen“ Maßnahmen haben nicht an Gewicht verloren, aber die chemischen Maßnahmen sind mehr in den Vordergrund getreten. Angestrebt wird eine Kombination von anbautechnischen Maßnahmen, biologischer Bekämpfung durch passende Fruchtfolgeglieder und Anwendung von Herbiziden. Auf diese neu entstehende Wissenschaft zur Unkrautbekämpfung, die eine genaue Biologie des Unkrauts einschließt, gehen wir aber nicht näher ein, verweisen auf die Fachliteratur und begnügen uns mit kurzen Erwähnungen erprobter Maßnahmen bei den einzelnen Ungräsern.
Der Samenbau wird ebenso wie in der fünften Auflage nicht mehr in einem gesonderten Kapitel, sondern nur insofern in diesem Teil behandelt, als wir uns lediglich auf Angaben beschränken, die zur Eigentümlichkeit des jeweiligen Grases gehören.
Der dritte Teil ist gegenüber den ersten vier Auflagen dementsprechend erweitert worden. Dadurch konnten die Kapitel zur Bewirtschaftung des Graslandes entfallen. Auf die zusammenfassende Darstellung der natürlichen Pflanzenbestände von Wiese und Weide unter den verschiedenen Feuchtigkeitsverhältnissen wurde auch in dieser Auflage verzichtet ebenso wie auf das Kapitel über die Bonitierung des Graslandes.
Der beschreibende Teil umfaßt mehr Gräser als der Bildteil, da auf landwirtschaftlich wichtige Abarten oder Kreuzungen und in einzelnen Fällen noch auf verwandte, aber seltenere Arten eingegangen wird, sei es, daß sie landwirtschaftlich, botanisch oder züchterisch von Interesse sind oder auch in anderer Hinsicht. Letzterdings wollte ASMUS PETERSEN die Gräser im weitesten kulturellen Sinne betrachtet sehen und nicht zuletzt auch das, was der große Staudenzüchter KARL FOERSTER, Potsdam-Bornim, in ihnen entdeckt hat.
Auf die Rasengräser, deren Bedeutung heute so in den Vordergrund gerückt ist, daß sie eine eigene Forschung erfahren haben, wird hier nicht gesondert eingegangen, wohl aber die Eignung einzelner Gräser für die Rasenbildung hervorgehoben.
Von einigen Gräsern bringen wir typische Wurzelbilder, die zum Verständnis des Grases und seines Wachstums besonders klärend beitragen. Nur ein erweitertes Studium der Einzelpflanze, das ein besonderes Anliegen ASMUS PETERSENS war, kann bei vegetationskundlichen Studien und Aufnahmen wirklich weiterführen. Man muß die Lebensweise der Gräser, die Dynamik ihrer Wurzelbildung, Bestockung und Speicherung, den ganzen Lebenslauf studieren, ihre Konkurrenzkraft, die Anpassungsfähigkeit und deren Besiedlungskraft. Die Pflanzen sind nicht nur im oberirdischen, sondern auch im unterirdischen Wuchs zu kennen, viele Fehlschlüsse unterblieben dann. Dazu möchten wir auch ein Wort von O. WEHSARG anführen, dessen Lehre über die Bekämpfung der mehrjährigen Unkräuter auf die verschiedene unterirdische vegetative Entwicklung der Pflanzen aufgebaut ist. „Wenn bei Studien von Pflanzengesellschaften, so auch von Wiesenbeständen usw. nur die oberirdischen Erscheinungen berücksichtigt werden, so können sie im vollen Sinne des Wortes nur oberflächlich ausfallen. Erst unter Berücksichtigung der unterirdischen Entwicklung wird man dem ursächlichen Zusammenhang näherkommen“ (WEHSARG 1935).

Eine genaue Kenntnis der Wachstums- und Entwicklungsvorgänge ist nicht nur für die züchterische Bearbeitung, sondern auch für futterbauliche Maßnahmen wesentlich. Die von G. WACKER in seiner Habilitationsschrift 1968 begründete Differenzierung von frühen, mittelfrühen, mittelspäten und späten Nutzungstypen aufgrund der unterschiedlichen Entwicklungsgeschwindigkeit der Gräser führte im Grasbau zu gestaffelt nutzungsreifen Beständen, was für den kontinuierlichen Futteranfall von großer Bedeutung ist. Außerdem rückt die Wurzelbildung in Beziehung zur Persistenz und Leistungsdauer bei den Futtergräsern immer mehr in den Vordergrund. Persistente Sorten haben ein besseres Wurzelsystem und gestalten den Anbau daher sicherer.
Mehr und mehr wird das Dauergrasland durch den intensiveren Saatgrasbau abgelöst, um den Züchtungsfortschritt in der Graslandwirtschaft besser zu nutzen. Damit werden auch höhere Anforderungen an die genaue Kenntnis der Futtergräser und ihrer Sorteneigenschaften gestellt.
In der Reihenfolge der Abhandlungen der einzelnen Gräser gehen wir auch in diesem beschreibenden Kapitel im allgemeinen wieder alphabetisch gemäß dem wissenschaftlichen Namen vor, aber mit einigen Ausnahmen. So beginnen wir u. a. nicht mit den Quecken, den *Agropyron*-Arten, sondern bringen diese erst am Schluß. Alle Hirsearten werden geschlossen unter dem Oberbegriff Paniceae behandelt und auch die *Andropogon*-Arten folgen erst hier.
Bei der allgemeinen Verbreitung der einzelnen Arten und deren Zugehörigkeit zu Gattungen richteten wir uns meist nach den Angaben bei HEGI (1965).
In einem vierten Teil werden die Gräser des Salzgraslandes und der Sanddünen der Meeresküsten ausführlich und für sich betrachtet aufgrund der besonderen, andersartigen Verhältnisse ihres Vorkommens und ihrer landeskulturellen Bedeutung.
Generell nicht mit aufgenommen wurden in diesem Gräserbuch die allgemein bekannten landwirtschaftlich genutzten Getreidearten.

Inhaltsverzeichnis

Erster Teil:

Die Bestimmung der Gräser im blütenlosen Zustande und im Blütenzustande

1. Über die Merkmale der Gräser zur Bestimmung im blütenlosen Zustande

Bei der Bestimmung der Gräser im blütenlosen Zustande stehen die Blätter, die Blatttriebe und die Wuchsform zur Verfügung.

1.1. Das Grasblatt

Unsere Gruppeneinteilung erfolgt ausschließlich nach Blattmerkmalen. Zur näheren Erläuterung der Bestimmungsmerkmale gehen wir vom Aufbau eines Grasblattes aus anhand von zwei Gräsern, dem Knaulgras und der Echten Quecke, an denen sich alle Merkmale, auf die es uns ankommt, leicht studieren lassen, da sie besonders deutlich in Erscheinung treten. Es sind die Blätter der ungeschoßten Blatttriebe, die wir zur Kennzeichnung heranziehen, und nicht die Halmblätter, die im blütenlosen Zustande nicht zur Verfügung stehen und manchmal auch etwas abweichend gestaltet sein können. Instruktionstafel 1, S. 16.
Das Grasblatt besteht in seinem unteren Teil aus der **Blattscheide** und in seinem oberen Teil aus der **Blattspreite.** Die Blattscheide beginnt mit dem **Blattknoten** — eine knotenförmige Verdickung der Blattscheidenbasis —, den man fälschlicherweise auch als Halmknoten bezeichnet, umgibt die jüngeren Blätter zweischneidig (Knaulgras) oder röhrigrund (Quecke), geht dann seitwärts auslegend in die Blattspreite über. Der meist andersfarbige Übergang von Blattscheide zu Blattspreite wird als **Blattgrund** bezeichnet. Das **Blatthäutchen** ist eine Fortsetzung der häutigen Innenauskleidung der Blattscheide, das **Blattöhrchen** ein Fortsatz des Blattgrundes. Außer dem entfalteten Blatt ist auch noch das nächst jüngere, unentfaltete Blatt von Bedeutung, das in seiner Knospenlage entweder gefaltet (Knaulgras) oder gerollt (Quecke) sein kann.
Alle Teile des Grasblattes geben wichtige Merkmale zur Unterscheidung der Gräser ab. Als Hauptmerkmal zur Charakterisierung der Bestimmungsgruppen benutzen wir die verschiedenartige Ausgestaltung der Blattspreitenoberfläche, nur in einigen Fällen ist es jeweils die Blattform, das Blatthäutchen und die Blattscheide.
Innerhalb der Bestimmungsgruppen dienen dann die anderen Blattmerkmale zur weiteren Kennzeichnung. Die Blattspreiten differieren nicht nur in der Ausgestaltung ihrer Oberfläche, sondern auch in ihrer Form, Breite, Dicke, Haltung, Behaarung und in ihrer Bekielung. Es differieren auch die Blattöhrchen, Blatthäutchen und die Blattscheiden. Auf die Einzelheiten gehen wir hier nicht ein. Alle bestimmenden Merkmale finden sich im Hauptschlüssel und noch näher kennzeichnende auf den Bildtafeln mit Beschriftungen.
Hingewiesen sei an dieser Stelle darauf, daß man vorsichtig zu sein hat bei der Heranziehung der Behaarung zur Bestimmung der Gräser. Diese wechselt sehr nach dem Standort und auch nach der Varietät. Bei der Züchtung sucht man naheliegenderweise, unbehaarte Formen auszulesen. So fehlt den Zuchtsorten von Glatthafer und Goldhafer meist die Behaarung, die bei den wilden Formen als Merkmal mit herangezogen werden konnte.

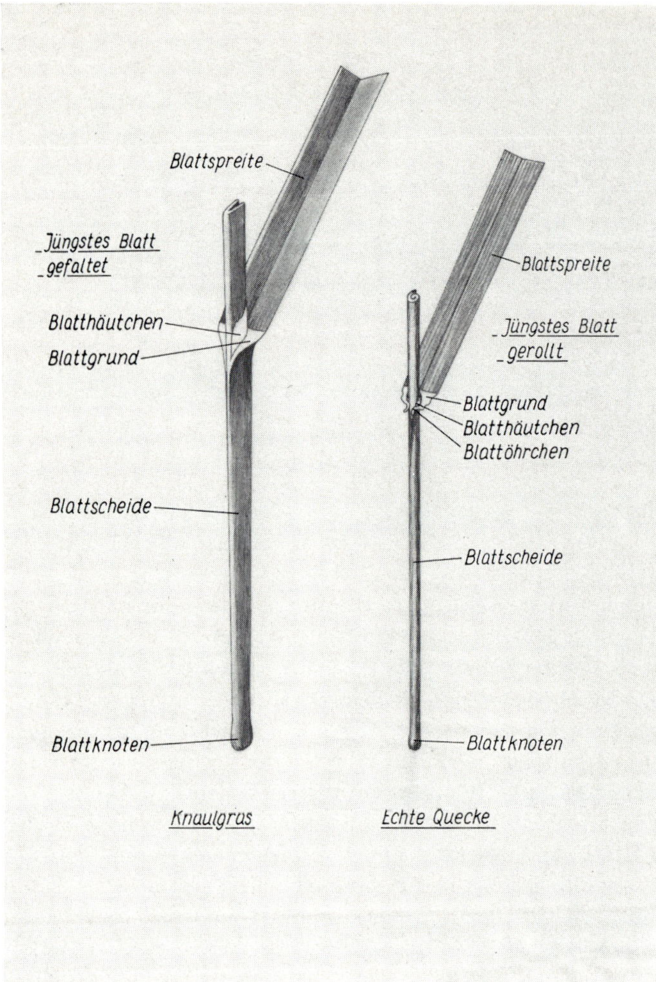

Instruktionstafel 1

1.2. Der Blatttrieb

Jedes Gras hat zunächst halmlose Blatttriebe, deren Knoten noch eng übereinander am Grunde gehäuft sind. In diesem Zustande verbleiben aber nicht alle Blatttriebe, sondern die Internodien, die Glieder zwischen den Knoten, strecken sich im Laufe des Wachstums. Nach dem Blattschossen setzt das Halmschossen ein, das Treiben von Halmen.

Bei den einjährigen Gräsern kommt es dabei zu einer mehr oder weniger starken Blütenhalmbildung, bei den zwei- und mehrjährigen Arten setzt diese erst nach erfolgter Vernalisation ein. Je nach der Entwicklungsgeschwindigkeit des Grases und je nach der Witterung beginnt das Strecken der Internodien früher oder später.

Nicht alle Blatttriebe treiben beim Halmschossen nur Blütenhalme, sondern auch Blatthalme. Solche Blatthalme kommen bei einigen Arten besonders häufig vor, auffällig bei der Wehrlosen Trespe und dem Rohrglanzgras. So ist der zweite Aufwuchs einer Rohrglanzgraswiese fast ebenso halmig wie der erste, obwohl Blütenhalme sich kaum darunter befinden. Sowohl die Quecke als auch der Glatthafer bilden neben Blüten- auch Blatthalme aus.

Instruktionstafel 2

Schließlich gibt es Blatttriebe, die weder zur Blütenhalm- noch zur Blatthalmbildung neigen. Bei Weide- und Rasentypen unter den Gräsern sind solche Blatttriebe besonders häufig.
Wenn hier von Blatttrieben gesprochen wird, sind alle drei Arten gemeint. Auf das jeweilige Verhalten bei den einzelnen Gräsern wird gegebenenfalls in der Beschriftung der Bildtafeln hingewiesen.
Ein wichtiges Blatttriebmerkmal wurde bereits erwähnt, die Knospenlage des jüngsten, noch nicht voll entfalteten Blattes. Sie ist gerollt oder gefaltet (Instruktionstafel 1, S. 16).
Ein weiteres, sehr zu beachtendes Blatttriebmerkmal bildet die Form des Triebgrundes, die mehr rund oder mehr zweischneidig platt sein kann. Diese Triebgrundform ist zwar auch schon an einer einzelnen Blattscheide zu erkennen, doch erst die ineinandergeschachtelten Blattscheiden, die den Triebgrund ausmachen, geben ein deutliches Bild. Ein Querschnitt durch den oberen Teil des Triebgrundes lassen Knospenlage und Triebgrundform besonders klar erkennen.
Beachtung verdient auch die Wuchsrichtung der Blatttriebe, die mehr aufrecht oder mehr waagerecht sein kann und in einzelnen Fällen zum Bestimmungsmerkmal wird.
Von größter Bedeutung aber ist die Blattanordnung der Blatttriebe. Sie ist das einzige

brauchbare Unterscheidungsmerkmal von Süß- und Sauergräsern (Poaceae und Cariceae) im blütenlosen Zustande*). Alle Süßgräser haben eine zweizeilige, die Sauergräser dagegen eine dreizeilige Blattanordnung (Instruktionstafel 2, S. 17, Rohrglanzgras mit zweizeiliger Blattstellung, Sumpfsegge mit dreizeiliger Blattstellung).
Süßgrasähnliche Blätter haben außerdem einige Binsen, die grasblättrigen Binsen, deren grasähnliche Blätter noch dazu zweizeilig angeordnet sind.

1.3. Die Wuchsform

Je nach der Wuchsform der Gräser unterscheiden wir Horst- und Ausläufergräser. Die jeweilige Wuchsform ist ein wichtiges Unterscheidungsmerkmal innerhalb der Bestimmungsgruppen. In einem Falle ziehen wir diese sogar als Gruppenmerkmal mit heran. Die zweite Gruppe unseres Schlüssels bilden Horstgräser mit Borstblättern. Nur in Ausnahmefällen haben wir die Wuchsform zeichnerisch oder auch bildlich dargestellt, im allgemeinen begnügen wir uns mit entsprechenden Hinweisen in den Bildunterschriften.
Alle einjährigen und überjährigen Gräser wachsen in Horsten. Nach der Keimung des Samens entwickelt sich ein Blattrieb, der sich nach Erscheinen des 3. und 4. Blattes bestockt, also seitliche Blatttriebe treibt, die sich wiederum bestocken können. Diese Bestockung geht an den untersten Knoten des Blatttriebes vor sich, die auch nach dem Halmschossen am Grunde gehäuft verbleiben, während die Streckung der Internodien nur die darüberliegenden Knoten betrifft. Bei den einjährigen und überjährigen Arten entwickelt sich zumeist ein höherer Anteil an Blatttrieben, die auch zu Blütenhalmtrieben werden, als bei den ausdauernden Gräsern, bei überjährigen Gräsern nur, wenn sie vor Winter gekeimt haben. Bei den Horstgräsern, die nicht zu den einjährigen und überjährigen Gräsern gehören, finden sich neben den Halmtrieben sehr viel mehr Blatttriebe, die das Gras zu einem mehrjährigen, vieljährigen oder ausdauernden werden lassen.
Wichtig bei den ausdauernden Horstgräsern ist, in welcher Weise sich die Triebe aneinanderreihen, besonders typisch ist der brettartige Aufbau der Horste des Borstgrases (Bildtafel S. 128). Zur Unterscheidung könnte man auch heranziehen, ob der Seitentrieb die Scheide des Blattes, in deren Achsel er entsteht, durchbricht, also extravaginal, oder innerhalb der Scheide, also intravaginal, wächst. Extravaginal sind im allgemeinen die Ausläufer der Ausläufergräser und intravaginal oft die Triebe der Horstgräser und oft auch die Bestockungstriebe der Ausläufergräser. Aber das ist nicht durchweg der Fall. Wir bedürfen dieses Merkmals zur Erkennung der Gräser im allgemeinen nicht. Deshalb wird auch nur gegebenenfalls in den Bildunterschriften auf dieses Kennzeichen hingewiesen.
Bei den Ausläufergräsern gibt es solche mit oberirdischen Ausläufern und solche mit unterirdischen Ausläufern und auch solche mit beiden Ausläuferformen. Alle Ausläufer der Gräser und auch der Sauergräser sind Stengelausläufer. Wurzelausläufer, wie sie etwa die Ackerdistel besitzt, kommen bei den Gräsern nicht vor. Es handelt sich also um durch Knoten gegliederte oberirdische oder unterirdische Halmtriebe.
Die Entscheidung, ob es sich um ein Ausläufer- oder Horstgras handelt, ist nicht immer ohne weiteres zu treffen. Denn im Grunde genommen besteht nur ein gradueller Unter-

---

*) Wir beziehen uns hier nur auf die süßgrasblattähnlichen Sauergräser mit dreizeiliger Blattanordnung, auf die Seggen (*Carex*-Arten), Simsen (*Scirpus*- und *Luzula*-Arten), Wollgräser (*Eriophorum*-Arten). Sie zeigen nicht alle Nässe an. Wenn man das Grünland richtig beurteilen will, muß man sich unter diesen Sauergräsern etwas auskennen. Wir verweisen auf A. Petersen, **Die Sauergräser,** Schlüssel zu ihrer Bestimmung im blütenlosen Zustand, nebst kurzen zusammenfassenden Darstellungen über Standort und Wert der Sauergräser und deren Bekämpfung. Berlin 1989, Akademie-Verlag.

schied zwischen beiden Wuchsformen. Das Horstgras hat letzterdings sehr kurze Ausläufer, Kurztriebe, die Glieder sind sehr kurz, kürzer als breit, Knoten liegt neben Knoten, während die Ausläufergräser lange Ausläufer bilden, Langtriebe, die Glieder sind lang, länger als breit, zwischen den Knoten liegen mehr oder weniger lange Internodien. In extremen Fällen ist die Entscheidung leicht, aber in manchen Fällen bedarf es doch einer genauen Untersuchung, zumal die Kurztriebe der Horstgräser unter bestimmten Bedingungen zu längeren Trieben, ebenso wie bei den Sauergräsern, auswachsen können. Am besten ist es, eine Rasensode herauszustechen und diese dann genau zu untersuchen. Das empfiehlt sich auch deshalb, um damit typische Ausläufermerkmale feststellen und bei der Bestimmung mit heranziehen zu können. So ist die Wiesenrispe gegenüber allen anderen Rispen durch die etwa 1 mm starken, drahtigen unterirdischen Ausläufer gekennzeichnet. Bei den Bildunterschriften wird der nähere Charakter der Wuchsform möglichst spezifiziert wiedergegeben. Dichthorstig ist das Knaulgras, lockerhorstig das Ausdauernde Weidelgras, sehr kurze Ausläufer hat der Wiesenfuchsschwanz, längere die Wiesenrispe, sehr lange die Quecke, noch längere und vor allem dickere, daumendicke das Schilfrohr.

Man könnte schließlich noch die Wurzeln oder besser die Bewurzelung der Gräser, deren unterirdische Organe, zu ihrer Bestimmung mit heranziehen. Es lassen sich an sich sehr viele typische Wurzelmerkmale herausarbeiten. Aber auf Wurzeleigentümlichkeiten soll nur in besonderen Fällen, weniger zur Erkennung des Grases, sondern mehr zur Erfassung seines Wesens hingewiesen werden. In einigen sehr typischen und aussagekräftigen Fällen bringen wir Wurzelbilder. Bekannt sollte jedes Gras aber an sich auch unterirdisch sein, wie von O. Wehsarg immer wieder betont wurde und worauf er seine ganze Unkrautbekämpfung aufbaute. Die auffällig rote Färbung der Wurzeln ist bei einer Reihe von Sauergräsern ein wichtiges Erkennungsmerkmal, bei den Süßgräsern sind so auffällige Färbungen nicht vorhanden, ausgesprochen gelb sind die Wurzeln des Glatthafers.

Der Anfänger verfällt — das kann man immer wieder feststellen — leicht in den Fehler, ein Blattspreitenstück abzureißen und sich, aber noch lieber andere zu fragen, welches Gras das wohl sein mag. Man sollte mindestens einen Blatttrieb, besser aber mehrere Blatttriebe zur Untersuchung heranziehen oder noch besser eine ganze Rasensode, schon um die Wuchsform sicher studieren zu können. Die Rasensodenmethode ist übrigens auch bei der genaueren Untersuchung von Grasland unentbehrlich. Man gewöhne sich von Anfang an also an diese Untersuchungsmethode.

2. Schlüssel zur Bestimmung der Gräser im blütenlosen Zustande

2.1. Die Erläuterung der Bestimmungsmethode nach Gruppen

Bei der Bestimmung der Gräser im blütenlosen Zustande wird seit C. Jessen (1863) und Samsoe Lund (1882) meist die Knospenlage des jüngeren Blattes, also ein Blatttriebmerkmal als Haupt- und oberstes Unterscheidungsmerkmal gewählt. Bei vielen Gräsern, namentlich bei den Borstblättrigen, ist aber selbst für den Kenner die Knospenlage sehr schwer feststellbar. Ähnliches trifft auch bei anderen Gräsern zu, deren Blätter in der Trockenheit gelegentlich gerollt sind. Wir lehnen daher dieses Merkmal als oberstes Einteilungsprinzip ab, verwerfen darüber hinaus auch die dichotome Bestimmungsmethode und teilen die Gräser nach sehr einfachen, einprägsamen Blattmerkmalen in acht leicht zu behaltende Bestimmungsgruppen ein. Erst innerhalb dieser Gruppen werden schwierige Merkmale herangezogen, die jetzt aber nicht mehr schwer zu erkennen sind, so auch zur Unterteilung gewisser Gruppen die Anordnung der Blätter in der Knospenlage, wo Fehlschlüsse nicht mehr möglich sind. Außerdem wird die Bestimmung dadurch erheblich erleichtert, daß wir eine Reihe von Gräsern, die sehr leicht kenntlich sind, da sie durch ein einziges Merkmal oder zwei hinreichend charakterisiert sind, zu einer Gruppe vereinen, die wir den acht anderen eigentlichen Bestimmungsgruppen voranstellen und damit den Bestimmungsschlüssel mit den „leichtkenntlichen" Gräsern nicht zu belasten brauchen. Es handelt sich um zehn Gräser, die in der ersten Gruppe: **Leichtkenntliche Gräser** zusammengefaßt sind. Man kann sich darüber streiten, ob nicht noch mehr Gräser auf den ersten Blick zu erkennen sind. Wichtig ist, daß in dieser Gruppe u. a. wichtige Ungräser, wie Quecke, Rasenschmiele, Weiches und Wolliges Honiggras, Ruchgras und wertvolle Futtergräser, wie Knaulgras und Glatthafer, vertreten sind. Auf jeder ersten Exkursion meiner lebenslangen Lehrtätigkeit habe ich immer damit begonnen, diese Gräser vorzuführen. Die Teilnehmer, hoch erfreut, schon nach kurzer Zeit wichtige Gräser im blütenlosen Zustande erkennen zu können, folgen jetzt freudig den weiteren Demonstrationen in dem sicheren Gefühl, daß ihnen ein bis dahin undurchdringlich erscheinendes Gebiet erschlossen werden wird. Die übrigen noch in dieser Gruppe aufgeführten Gräser sind nicht so wichtig und auch weniger häufig. Sie wurden hier aber doch mit aufgenommen, weil sie durch ein einziges Merkmal eindeutig charakterisiert sind (Instruktionstafel 3, S. 21).
Sicherlich sind in einem gewissen Sinne alle Gräser leichtkenntlich, und gute Grasbilder mit klarer Beschriftung daneben könnten vielleicht jede weitere Bestimmung überflüssig machen. Es fehlt dann aber die systematische Geschlossenheit und Übersicht, die auch ein Behalten und Bestimmen aus dem Kopf unterstützt. Außerdem fallen bei dieser Gruppenbildung nach Blattmerkmalen verwandte Gräser oder Gräser mit ähnlichen Standorten oft in eine Gruppe, was das Kennenlernen nicht nur erleichtert, sondern gleichzeitig vertieft. Bei der eigentlichen Gruppenbildung ist für die zweite, dritte, fünfte, achte und neunte Gruppe die jeweils typische Ausgestaltung der Blattspreite und deren Oberfläche kennzeichnend.
Zweite Gruppe: **Horstgräser mit Borstblättern** wird charakterisiert neben der Wuchsform durch die borstig ausgebildeten, schmalen, unter 1 mm breiten Blattspreiten. Sie

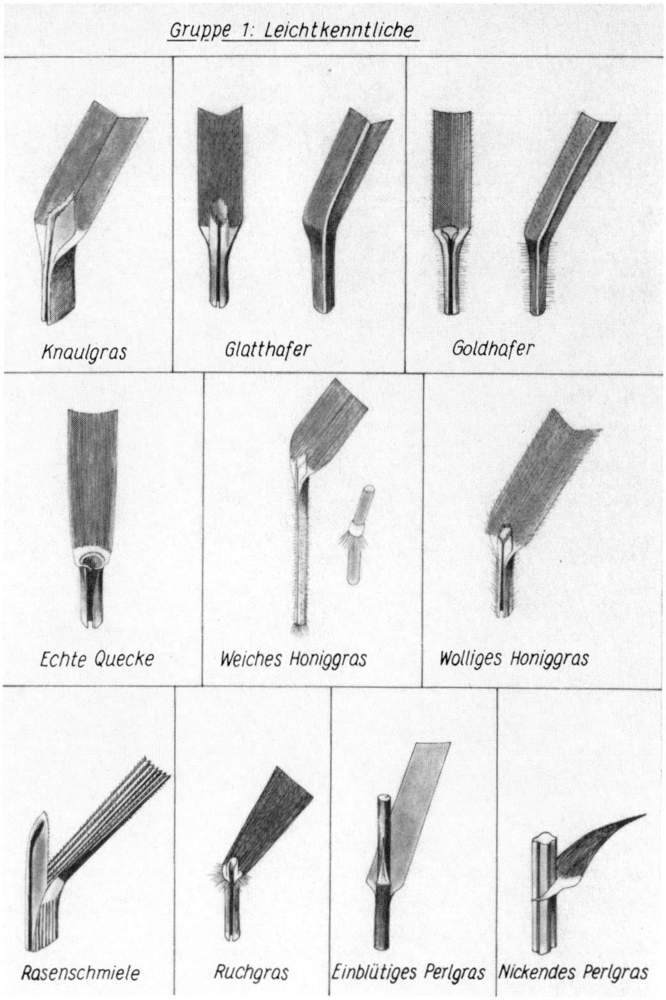

Instruktionstafel 3

umfaßt Gräser verschiedener Gattungen, aber allen gemeinsam ist ein nährstoffarmer Standort. Igelgras (*Corynephorus canescens*), Schafschwingel (*Festuca ovina*), Borstgras (*Nardus stricta*), Drahtschmiele (*Deschampsia flexuosa*) gehören hierher (Instruktionstafel 4, S. 22).

Man verwechsle diese Borstblättrigen nicht mit anderen Gräsern, deren Blätter insbesondere bei Trockenheit borstig gefaltet oder eingerollt sind. Bei allen diesen Gräsern sind die Blattspreiten breiter als 1 mm, auch lassen sie sich ohne große Mühe auseinanderfalten, was bei den Borstblättrigen kaum oder nur sehr schwer gelingt. Das trifft u. a. für den Strandhafer (*Ammophila arenaria*) und den Trifthafer (*Avenochloa pratensis*) zu, für die schmalblättrige Abart der Wiesenrispe (*Poa pratensis* var. *angustifolia*) und die horstwüchsige Abart des Rotschwingels (*Festuca rubra* var. *fallax* HACK.) sowie für das Hundsstraußgras (*Agrostis canina*).

Besonders leicht können allerdings Schafschwingel (Bildtafel S. 107) und Rotschwingel (Bildtafel S. 106) verwechselt werden. Beide kommen noch dazu in sehr vielen Abarten vor. Im Hauptschlüssel sowie auf den Bildtafeln finden sich die Hinweise auf die unbedingten Unterscheidungsmerkmale.

Instruktionstafel 4

Dritte Gruppe: **Gräser mit Hirseblättern** vereinigt die Gräser, deren Blattspreiten mit einem weißen oder rötlichen Hautstreifen längs der Mitte verlaufen (Instruktionstafel 5, S. 23). Es gehören in unserem Lande keine Graslandgräser dazu, sondern nur einjährige Ackerungräser der Familie Paniceae, und zwar die Grüne und die Gelbe Borstenhirse (*Setaria*-Arten), die Faden- und die Blutfingerhirse (*Digitaria*-Arten) und die gefährlich um sich greifende Hühnerhirse (***Echinochloa crus-galli***) und von den Andropogoneae das Weinbergsungras, der Fingerhundszahn (*Cynodon dactylon*) sowie das seltene Gemeine Bartgras (***Botriochloa ischaemum***).
Die für den Ackerfutterbau züchterisch bearbeiteten Hirsearten dieser Gruppe, Kolbenhirse (*Setaria italica*), Rispenhirse (*Panicum miliaceum*), Mohrenhirse (*Sorghum vulgare* PERS.), Sudangras (*Sorghum halepense* (L.) PERS. var. *sudanense*) erscheinen nicht im Schlüssel, sondern nur auf den Bildtafeln.

Fünfte Gruppe: **Gräser mit Schienenblättern (*Poa*-Blättern)** haben Blattspreiten, die ungerieft sind, aber zwei eng nebeneinander liegende Rillen ziehen sich längs der Mittellinie hin (Instruktionstafel 5, S. 23). Diese Rillen werden durch Gelenkzellen verursacht, das sind glashelle, wassergefüllte Zellen, die bei Wassermangel ein Zusammenklappen der

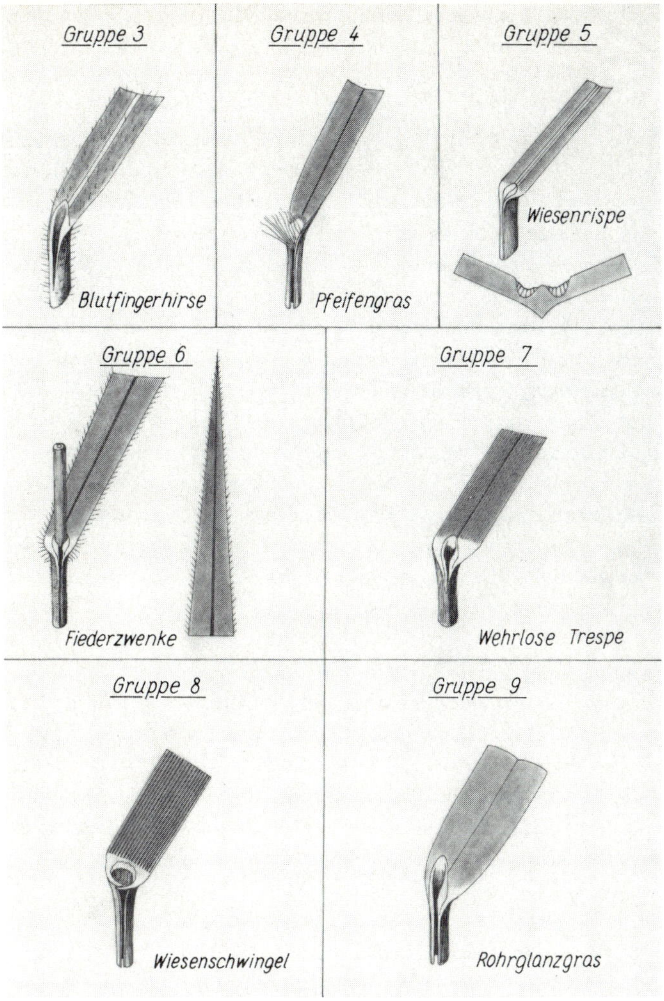

Instruktionstafel 5

beiden Blatthälften bewirken. Meist ist diese Schiene als hellgrüne Doppellinie ohne weiteres erkennbar, auf alle Fälle aber in der Durchsicht. Es gehören vor allen Dingen alle Rispengräser (*Poa*-Arten) dazu. Mit einem gewissen Recht kann man daher dieses Schienenblatt auch als Rispengras- oder *Poa*-Blatt bezeichnen. Schienenblätter haben außerdem die Schwaden- oder Mannagräser (*Glyceria*-Arten), Wasserquellgras (*Cantabrosa aquatica*), Kopfgras (*Sesleria caerulea*), Trifthafer (*Avenochloa pratensis*) und Flaumhafer (*Avenochloa pubescens*), dessen Schienenblatt im Unterschied zu allen anderen behaart ist. Außer dem Kopfgras wurden früher alle anderen Gräser zu den *Poa*-Arten gezählt.

Achte Gruppe: **Gräser mit Riefenblättern** (Instruktionstafel 5, S. 23). Die Blattspreiten dieser Gräser haben deutlich hervorspringende Riefen, die höher als breit sind, in denen die Gefäßbündel liegen. Am ausgeprägtesten sind die Riefen bei der Rasenschmiele ausgebildet, aber dieses weitverbreitete, schlimme Graslandungras wird in der ersten Gruppe der Leichtkenntlichen abgehandelt. Hierher gehören sehr viele landwirtschaftlich bedeutsame Ackerfutter- und Graslandgräser: *Festuca-*, *Lolium-*, *Agrostis-* und *Alopecurus*-Arten, *Cynosurus cristatus* sowie Ungräser dieser Gattungen.

Neunte Gruppe: **Gräser mit ungeriefteten, glatten Blättern** (Instruktionstafel 5, S. 23).

Wirklich ungeriefte, glatte Blätter haben nur sehr wenige Gräser. Im Grunde genommen gehört von den Kulturgräsern außer dem Knaulgras (*Dactylis glomerata*), das bereits in der ersten Gruppe der Leichtkenntlichen vorweggenommen ist, nur das Rohrglanzgras (*Phalaris arundinacea*) hierher. Aber wir zählen zu dieser Gruppe auch Gräser, deren Blätter zwar gerieft, aber nur undeutlich gerieft sind, d. h. die Riefen sind viel breiter als hoch, so daß sie nicht deutlich hervorspringen wie bei den Gräsern der achten Gruppe und die Blätter als glatt erscheinen. Sie sind also sogenannt „ungerieft". Das ist bei Timothee (*Phleum pratense*) der Fall. Glatte Blätter haben u. a. auch *Briza-* und *Hierochloë*-Arten.

Außer der Ausgestaltung der Blattspreitenoberfläche ziehen wir, wie bereits erwähnt, bei der Gruppenbildung noch das Blatthäutchen heran, die Blattscheide und die Blattform. Die Blatthäutchen der Gräser sind von so verschiedenartiger Form, daß wir ihre jeweilige Ausgestaltung immer wieder als Unterscheidungsmerkmal innerhalb der Gruppen verwenden. Als Gruppenmerkmal benutzen wir aber sozusagen nur das Fehlen des Blatthäutchens oder vielmehr dessen Ersatz durch einen Haarkranz. Schilfrohr (*Phragmites australis*), Pfeifengras (*Molinia caerulea*) und Dreizahn (*Sieglingia decumbens*) sind dadurch so auffällig und eindeutig gekennzeichnet, daß wir sie in einer besonderen, der vierten Gruppe: **Gräser mit einem Haarkranz anstelle des Blatthäutchens** zusammenfassen (Instruktionstafel 5, S. 23). Wohl haben auch einige Hirsegräser einen Haarkranz anstelle des Blatthäutchens, oder es fehlt wie bei der Hühnerhirse sogar gänzlich. Sie sind aber durch das Hirseblatt noch auffälliger gekennzeichnet, so daß wir sie schon in der dritten Gruppe der Hirseblättrigen führen.

Bei den meisten Gräsern verjüngen sich die Blattspreiten allmählich nach der Spitze zu, bei einigen verlaufen die Blattränder mehr oder weniger parallel, um dann plötzlich in einer kahnförmigen Spitze zu enden. Diese Merkmale dienen nur zur weiteren Unterteilung innerhalb der Gruppen. Bei einigen Gräsern aber verjüngen sich die Blattspreiten ganz auffällig nicht nur nach der Blattspitze, sondern auch nach der Basis zu. Am sinnfälligsten ist diese Blattform bei den Zwenkengräsern ausgebildet, so daß wir danach die Gruppe benannt haben, die sechste Gruppe: **Gräser mit Zwenkenblättern** (Instruktionstafel 5, S. 23). Sie umfaßt nur wenige Grasarten und weder Gräser des Ackerfutterbaus noch des Graslandes bis auf die Ruchgräser (*Anthoxanthum*-Arten), die aber bei den „Leichtkenntlichen" abgehandelt wurden. Außer den Zwenkengräsern (*Brachypodium*-Arten) gehören hierher das Waldgras: Flattergras (*Milium effusum*) und die Schillergräser (*Koeleria*-Arten).

In einem Fall bildet die Blattscheide ein gruppenbildendes Merkmal, und zwar deren auffällige oder ausgeprägte Geschlossenheit. Zwar haben gewisse Gräser der vorhergehenden Gruppen ebenfalls geschlossene Blattscheiden, aber sie sind durch die Merkmale ihrer betreffenden Gruppe viel treffender gekennzeichnet und bereits dort untergebracht worden. Es verbleiben in der siebenten Gruppe: **Gräser mit auffällig geschlossener Blattscheide** (Instruktionstafel 5, S. 23). Hierher gehören zur Hauptsache alle unsere Trespengräser (*Bromus*-Arten), und wir nennen daher diese Gruppe auch die **Gräser mit *Bromus*-Blättern** oder die **Trespenblättrigen.**

Alle Trespenblättrigen sind mit Ausnahme der Grannenlosen Trespe (*Bromus inermis*) behaart und alle Riefenblättrigen der achten Gruppe und alle Ungerieftblättrigen der neunten Gruppe kahl. Gewiß gibt es riefenblättrige und ungerieftblättrige Gräser, die behaart sind wie die Trespen, so die Honiggräser u. a., aber sie fallen in die vorhergehenden, sie besser charakterisierenden Gruppen. Fast alle Rispengräser sind glatt und ungerieft wie die Gräser der neunten Gruppe. Durch die Schiene, das Merkmal der fünften Gruppe, sind sie aber besser gekennzeichnet. Ebenso ausgeprägt verhält es sich mit der Geschlossenheit der Blattscheide, wie bereits erwähnt.

Bei der Bestimmung der Gräser hat man also die Reihenfolge der Bestimmungsgruppen einzuhalten, zu der der Vorschlüssel führt.

2.2. Vorschlüssel zur Bestimmung der Gräser in neun Gruppen

Leichtkenntliche Gräser. Gräser, die durch ein einziges Merkmal oder zwei hinreichend charakterisiert sind

Erste Gruppe: **Leichtkenntliche Gräser**

Die übrigen Gräser:

Blattspreiten ausgesprochen borstig, sehr schmal, unter 1 mm breit, Wuchsform horstig

Zweite Gruppe: **Horstgräser mit Borstblättern**
Blattspreiten nicht ausgesprochen borstig, sondern ausgebreitet, offen

Blattspreiten mit einem häutigen, weißen oder rötlichen Hautstreifen längs der Mitte des Blattes

Dritte Gruppe: **Gräser mit Hirseblättern**
Blattspreiten ohne häutigen Mittelstreifen, gleichmäßig grün

Blätter mit einem Haarkranz anstelle des Blatthäutchens

Vierte Gruppe: **Gräser mit einem Haarkranz anstelle des Blatthäutchens**
Blatthäutchen nicht durch einen Haarkranz ersetzt, sondern mehr oder weniger stark ausgeprägt

Blattspreiten mit zwei dicht nebeneinander verlaufenden Mittelrinnen, sozusagen mit einer Schiene

Fünfte Gruppe: **Gräser mit Schienen-(*Poa*-)blättern**
Blattspreiten nicht mit einer Schiene

Blattspreiten nicht nur nach der Spitze, sondern auch nach der Basis zu sich stark und auffällig verjüngend

Sechste Gruppe: **Gräser mit Zwenkenblättern**
Blattspreiten nur nach der Spitze zu auffällig verjüngt

Blattscheiden auffällig geschlossen

Siebente Gruppe: **Gräser mit auffällig geschlossener Blattscheide** (mit Trespen- oder *Bromus*blättern)
Blattscheiden nicht oder doch nicht auffällig geschlossen

Blattspreiten gerieft, Riefen viel höher als breit

Achte Gruppe: **Gräser mit Riefenblättern**
Blattspreiten glatt, ungerieft oder nur sehr schwach gerieft, Riefen viel breiter als hoch

Neunte Gruppe: **Gräser mit „ungerieften", glatten Blättern**

2.3. Hauptschlüssel zur Bestimmung der einzelnen Gräser innerhalb der neun Gruppen

1. Erste Gruppe: **Leichtkenntliche Gräser**

Bei der Bestimmung der Gräser hat man sich zunächst zu vergewissern, ob das zu bestimmende Gras in die Gruppe der Leichtkenntlichen gehört. Diese hat man sich genau einzuprägen. In der Instruktionstafel 3, S. 21 sind alle abgebildet. Zur Erläuterung der Bilder werden die Hauptmerkmale hier aufgeführt, ergänzend folgen in Klammern zur Vergewisserung einige sonstige Angaben.

Bildtafel S. 98.

Glatthafer (Horstgras): **Hohes, weißes, in der Mitte etwas emporgezogenes, stark gezähneltes bis gefranstes Blatthäutchen, Blätter unterseits stark gekielt.** (Jüngstes Blatt gerollt, Blattspreiten gerieft, kahl oder oberseits schwach behaart. Blattscheide offen. Blatthaltung typisch steif aufrecht). Bildtafel S. 75.

Goldhafer (Horstgras): **Nicht sehr großes, aber deutliches, kragenförmiges Blatthäutchen, gerade abgeschnitten und fein gezähnelt.** (Jüngstes Blatt gerollt, Blattspreiten gerieft, gekielt besonders am Übergang von Blattspreite zu Blattscheide, mehr oder weniger behaart, besonders auffällig abstehend behaart die Blattscheide. Blattscheide offen). Bildtafel S. 153.

Echte Quecke (Ausläufergras): **Blattöhrchen krallig, derb, Blatthäutchen kurz, gerade abgeschnitten, fein gezähnelt.** (Jüngstes Blatt gerollt, Blätter schwach gerieft, Behaarung wechselnd, Blattscheide offen). Bildtafel S. 63.

Weiches Honiggras (Ausläufergras): **Blattknoten ringsherum behaart,** die Haare typisch **schräg nach unten** gerichtet. (Jüngstes Blatt gerollt, Blattspreite gerieft, kurz und fein behaart. Blattscheide offen, Blatthäutchen ziemlich groß, gezähnelt). Bildtafel S. 114.

Wolliges Honiggras (Horstgras): **Blattscheide mit rotviolett gefärbten Adern.** (Hohes gefranstes Blatthäutchen ähnlich wie beim Glatthafer. Jüngstes Blatt gerollt, Blattspreite gerieft, **sammetartig behaart,** stark gekielt, nach der Spitze zu oft am breitesten, ähnlich einem Blatt von Spitzwegerich. Blattscheide offen, auch behaart). Bildtafel S. 113.

Rasenschmiele (Horstgras): **Blattspreite mit 7 starken, gezähnten, rückwärts rauhen Riefen. Zwischen den Riefen 6 weiß durchscheinende Rillen. Blatthäutchen lang und derb.** (Jüngstes Blatt gefaltet). Bildtafel S. 99.

Ruchgras (Horstgras): **Bärtiger, bräunlicher Blattgrund,** d. h. **Blattgrund mit Haarbüscheln.** (Deutliches Blatthäutchen, kurze Blattöhrchen, Blattspreiten auch nach der Basis zu verschmälert, gerieft. Jüngstes Blatt gerollt. Blattscheide offen. Mehr oder weniger behaart). Bildtafel S. 73.

Einblütiges Perlgras (Ausläufergras): **Blatthäutchen gleichsam um 180° verschoben.** (Blattscheide geschlossen. Jüngstes Blatt gerollt). Bildtafel S. 125.

Nickendes Perlgras (Ausläufergras): **Blattscheide vorn und hinten mit je einer Längsleiste.** (Blatthäutchen ein sehr kurzer Rand. Blattscheide geschlossen. Jüngstes Blatt gerollt. Blätter behaart). Bildtafel S. 124.

2. Zweite Gruppe: **Horstgräser mit Borstblättern**

2. 1. Brettartiger, nach einer Seite entwickelter, platter Horst

Die äußeren, steifen, zähen Blattspreiten spreizen typisch rechtwinklig von der Blattscheide ab. Blatthäutchen deutlich, Blattspreitenquerschnitt sechseckig.

Steifes Borstgras, Bocksbart (*Nardus stricta*) Bildtafel S. 128.

2. 2. Gewöhnlicher, runder Horst

2. 2.1. Blatthäutchen kaum sichtbar, fast völlig fehlend. Blattscheidenränder beiderseits lappig zu öhrchenähnlichen Gebilden emporgezogen. Blattspreitenquerschnitt mehr oder weniger oval.

Schafschwingel (*Festuca ovina*) Bildtafel S. 107.
Blätter graugrün, Blattscheiden erhalten sich lange als strohige Hüllen.

Drahtschmiele (*Deschampsia flexuosa*) Bildtafel S. 100.
Blätter weich, dunkelgrün, lockerhorstig

2\. 2.3. Blatthäutchen sehr lang, spitz, weiß. Blattquerschnitt rund. Blätter steif, aufrecht. Horst igelig.

Silbergras, Igelgras (*Corynephorus canescens*) Bildtafel S. 95.
Blätter blaugraugrün

Alle Borstblättrigen weisen typische Unterschiede auch in der Blattspreitenoberfläche auf, wie die Querschnittszeichnungen zeigen (Instruktionstafel 4, S. 22).

3\. Dritte Gruppe: **Gräser mit Hirseblättern**

3\. 1. **Blätter ohne Blatthäutchen und auch ohne Haarkranz**

Hühnerhirse (*Echinochloa crus-galli*) Bildtafel S. 102.
Einjähriges Ackerungras

3\. 2. **Blätter mit Haarkranz anstelle des Blatthäutchens**
3\. 2.1. Blattscheidenränder mit je einer Haarleiste.

Grüne Borstenhirse (*Setaria viridis*) Bildtafel S. 146.
Einjähriges Ackerungras

3\. 2.2. Blattscheidenränder ohne Haarleiste.

Gelbe Borstenhirse (*Setaria pumila*) Bildtafel S. 146.

3\. 3. **Blätter mit Blatthäutchen**

3\. 3.1. Blattscheide und Blattspreite stark behaart.

Blut-Fingerhirse (*Digitaria sanguinalis*) Bildtafel S. 101.
Einjähriges Ackerungras

3\. 3.2. Blattscheide und Blattspreite unbehaart, nur der Blattgrund mit längeren Haaren oder sogar Haarbüscheln.

Faden-Fingerhirse (*Digitaria ischaemum*) Bildtafel S. 101.
Einjähriges Ackerungras.

4\. Vierte Gruppe: **Gräser mit einem Haarkranz anstelle des Blatthäutchens**

4\. 1. **Jüngstes Blatt gerollt**

4\. 1.1. Haarkranz geschlossen (an alten Exemplaren sind die Haare, da sehr spröde, meist abgebrochen),
Blattspreiten kahl, sehr breit.

Schilfrohr (*Phragmites australis*) Bildtafel S. 136.
Mit unterirdischen Ausläufern

4\. 1.2. Haarkranz nicht geschlossen, Blattspreiten nicht kahl, sondern mit vereinzelten längeren Haaren auf der Blattoberseite, mittelbreit.

Pfeifengras (*Molinia caerulea*) Bildtafel S. 127.
Horstgras

4. 2. Jüngstes Blatt gefaltet

Haarkranz geschlossen, nicht nur oberseits, sondern auch unterseits sich fortsetzend. Blattscheide geschlossen, behaart.

Niederliegender Dreizahn (*Sieglingia decumbens*) Bildtafel S. 148.
Horstgras

Einen Haarkranz anstelle des Blatthäutchens haben außerdem die Grüne und die Gelbe Borstenhirse (*Setaria viridis* und *S. pumila*). Sie wurden aber bereits in der dritten Gruppe abgehandelt, da sie durch das Hirseblatt so auffällig gekennzeichnet sind.

5. Fünfte Gruppe: **Gräser mit Schienenblättern** (*Poa*-Blättern)

Wie bereits erwähnt, haben außer den Rispengräsern auch andere Gräser Schienenblätter. Sie sind außerordentlich gut gekennzeichnet und nicht mit den *Poa*-Arten zu verwechseln. Wir bringen diese zuerst im Schlüssel, anschließend die „Rispengräser" zusammenhängend.

5. 1. Blattspreite bewimpert, Blattscheide behaart.

Flaumhafer (*Avenochloa pubescens*) Bildtafel S. 77.
Ausdauerndes Horstgras

Das einzige behaarte Schienenblatt der deutschen Flora.

5. 2. Blätter nicht behaart oder bewimpert.

5. 2.1. Blattspreite glatt, ohne Riefen neben der Schiene.

5. 2.1.1. Blattspreite ganz besonders groß und breit (schilfartiges Wasserblatt), parallelrandig mit fast kahnförmiger Spitze, Blatthäutchen groß, weiß, rückwärts mit einer Spitze.

Hohes Manna- oder Schwadengras (*Glyceria maxima*) Bildtafel S. 110.
Ausläufergras

5. 2.1.2. Blattspreite nicht groß und breit, sondern schmal-mittelbreit, meist borstig zusammengefaltet, Blatthäutchen hoch, spitz-dreieckig.

Trifthafer (*Avenochloa pratensis*) Bildtafel S. 78.
Ausdauerndes Horstgras

5. 2.1.3. Blattspreite mittelbreit, nicht borstig zusammengefaltet, sondern flach ausgebreitet, ausgesprochen lederig, Blattscheide hoch hinauf bis zum Abgang der Blattspreite völlig geschlossen wie kein anderes Gras, Blatthäutchen nur ein schmaler Hautkragen.

Kopfgras, Blaugras (*Sesleria SCOP.*) Bildtafel S. 145.
Ausdauerndes Horstgras

5. 2.2. Blattspreite neben der Schiene außerdem mit Riefen.

5. 2.2.1. Neben der Schiene nur einige Riefen,
Blatthäutchen weiß, mittellang, kragenförmig,
rückwärts in eine dreieckige Spitze auslaufend.

Salzschwaden (*Puccinellia distans*) Bildtafel S. 144.
Ausdauerndes, horstiges Salzgras

5. 2.2.2. Neben der Schiene sehr viele Riefen, auch auf der Blattunterseite,
Blatthäutchen sehr lang und spitz zulaufend.

Flutendes Mannagras (*Glyceria fluitans*) Bildtafel S. 111.
Ausläufergras

Rispengräser oder *Poa*-Arten

5\. 3. **Blattspreite linealförmig, parallelrandig, mit kahnförmiger Spitze.**

5\. 3.1. Blattspreite unterseits meist glänzend,
Blatthäutchen an jungen Exemplaren sehr kurz, nur ein Saum, an Halmblättern länger.

Wiesenrispe (*Poa pratensis*) Bildtafel S. 137.
Ausläufergras

5\. 3.2. Blattspreite unterseits nicht glänzend.

5\. 3.2.1. Blatthäutchen kurz, aber deutlich, kragenförmig, weiß, Blätter typisch graugrün.

Platthalmrispe (*Poa compressa*) Bildtafel S. 140.
Mit unterirdischen Ausläufern und knickig aufsteigenden Trieben

5\. 3.2.2. Blatthäutchen groß, weiß,
Blätter nicht grau, sondern hellgrün.

Jährige Rispe (*Poa annua*) Bildtafel S. 142.
Kleines Horstgras

5\. 4. **Blattspreite nicht parallelrandig, sondern spitz zulaufend.**

5\. 4.1. Blattspreite unterseits sehr stark glänzend, Blatthäutchen zungenförmig, an jungen Exemplaren sehr kurz, aber stets in der Mitte rückwärts etwas emporgezogen.

Gemeine Rispe (*Poa trivialis*) Bildtafel S. 138.
Mit oberirdischen Ausläufern

Poa pratensis hat unterirdische, 1 mm und mehr starke, kräftige und zähe Ausläufer, *Poa trivialis* dagegen halb unterirdische, halb oberirdische, dünne, unter 1 mm starke, schlaffe, grüne oder doch grünliche Ausläufer. Die Beachtung der unterirdischen Organe ist gerade bei der Bestimmung der *Poa*-Arten sehr wichtig.

5\. 4.2. Blattspreite unterseits nicht glänzend.

5\. 4.2.1. Blatthäutchen lang, weiß mit abgerundeter Spitze, Schiene nicht bis in die Blattspitze gehend oder undeutlich.

Sumpfrispe (*Poa palustris*) Bildtafel S. 139.
Horstgras

5\. 4.2.2. Blatthäutchen unscheinbar klein,
Schiene nach der Blattspitze undeutlich,
die Spreiten der Halmblätter gehen typisch rechtwinklig ab (Wegweisergras).

Hainrispe (*Poa nemoralis*) Bildtafel S. 141.
Horstgras

Außer diesen häufiger und allgemeiner bei uns vorkommenden Rispengräsern gibt es noch einige nur örtlich häufigere Arten, die deshalb nicht in das allgemeine System aufgenommen worden sind, sondern entsprechend ihrer geringeren, lokal begrenzten Bedeutung hier anhangsweise erwähnt werden sollen. Die Bergrispe (*Poa chaixii* bzw. *Poa sudetica*) Bildtafel S. 143 ist durch die messerdünnen Blattscheiden, die sich plötzlich in sehr breite (5—10 mm) Blattspreiten erweitern, ohne weiteres kenntlich. Auch die breiteste Wiesenrispe hat nur mittelbreite (4—6 mm) Blätter. Die auf hochgelegenen Alp-Wiesen und -Weiden außerordentlich geschätzte, stark horstige *Poa alpina* hat zwiebelig verdickte

Triebe und unterscheidet sich von der minderwertigen, ebenfalls an der Basis zwiebelig verdickten *Poa bulbosa* durch die breiten Blätter.
Schienenblätter hat schließlich noch das Quellgras (*Catabrosa aquatica*) Bildtafel S. 94. Es besitzt ein Blatt, das in der Form Ähnlichkeit hat mit der Wiesenrispe, ist aber durch das lange Blatthäutchen leicht zu unterscheiden. Außerdem verlaufen neben der Schiene sehr feine Riefen ähnlich dem Blatt von *Puccinellia distans*. Entsprechend seinem Standort im Nassen ist es gekennzeichnet durch Querverbindungen in Blattscheide und Blattspreite.

6. Sechste Gruppe: **Gräser mit Zwenkenblättern**

6. 1. **Blätter in der Knospenlage gefaltet.**

6. 1.1. Blätter kahl, schmal bis sehr schmal, blaugrün, starr, stark gerieft.

Blaue Kammschmiele (*Koeleria glauca*) Bildtafel S. 116.
Horstgras

6. 1.2. Blattspreite und Blattscheide bewimpert, schmal, graugrün, stark gerieft.

Große Kammschmiele (*Koeleria pyramidata*) Bildtafel S. 116.
Horstgras

6. 2. **Blätter in der Knospenlage gerollt.**

6. 2.1. Blätter unbehaart,
Blatthäutchen mittelgroß, Blattspreite unterseits stark gekielt.

Flattergras (*Milium effusum*) Bildtafel S. 126.
Horstiges Waldgras

6. 2.2. Blätter behaart.

6. 2.2.1. Blätter mit Öhrchen.

6. 2.2.1.1. Blattscheide auffällig geschlossen,
Blattscheide behaart, Blattspreite kurz bewimpert.

Rauhe Trespe (*Bromus benekenii*) Bildtafel S. 90.
Horstiges Waldgras

6. 2.2.1.2. Blattscheide offen,
Blattspreite oberseits graugrün, matt, unterseits dunkelgrün, glänzend, rauh, Behaarung wechselnd.

Waldquecke, Hundsquecke (*Agropyron caninum*) Bildtafel S. 64.
Horstiges Waldgras

6. 2.2.2. Blätter ohne Öhrchen.

6. 2.2.2.1. Blattspreite bewimpert, Blattscheide weichhaarig, Blatthäutchen klein.

Fiederzwenke (*Brachypodium pinnatum*) Bildtafel S. 81.
Ausläufergras

6. 2.2.2.2. Blattspreite nicht bewimpert,
Blattunterseite mit weißem Streifen,
Blattscheide behaart,
Blatthäutchen groß.

Waldzwenke (*Brachypodium silvaticum*) Bildtafel S. 81.
Horstiges Waldgras

7. Siebente Gruppe: **Gräser mit Trespen- oder *Bromus*-Bättern**
(Gräser mit auffällig geschlossener Blattscheide)

Das in der fünften Gruppe bei den Schienenblättrigen untergebrachte **Hohe Mannagras** und das **Kopfgras** sowie die in der dritten Gruppe bei den Hirseblättrigen abgehandelte **Hühnerhirse** haben ebenfalls auffällig geschlossene Blattscheiden. Auch bei noch anderen Gräsern der vorhergehenden Gruppen kann die Blattscheide geschlossen sein, wenn auch nicht immer sehr auffällig. Alle diese Gräser sind aber durch das Hauptmerkmal ihrer jeweiligen Gruppe so eindeutig charakterisiert, daß sie dort eingeordnet wurden. In dieser siebenten Gruppe verbleiben somit nur solche Gräser, deren auffälligstes Merkmal die geschlossene Blattscheide ist und die nicht den vorhergehenden Gruppen angehören. Das trifft im großen und ganzen geschlossen für die Trespen (*Bromus*-Arten) zu, ebenso für die landwirtschaftlich nicht hervortretenden Perlgräser (*Melica*-Arten). Nickendes und Einblütiges Perlgras sind durch **ein** Merkmal hinreichend gekennzeichnet und zählen somit bereits zur ersten Gruppe der leichtkenntlichen Gräser. Es verbleibt in dieser Gruppe das Wimperperlgras, das nur lokal auftritt. Es bildet eine Zierde der trockenen sonnigen Kalkberge

7. 1. **Blätter mit Öhrchen,**
Blattspreite kurz bewimpert, zwenkenblättrig,
Blattscheide behaart.

Rauhe Trespe (*Bromus benekenii* (*Br. asper*) Bildtafel S. 90.
Horstiges Waldgras
(Wegen der ausgesprochenen Zwenkenblättrigkeit ebenfalls in der sechsten Gruppe berücksichtigt.)

7. 2. **Blätter ohne Öhrchen.**

7. 2.1. Blätter unbehaart.

7. 2.1.1. Blatthäutchen kurz, aber deutlich,
(Blattscheide bisweilen kurz rauhhaarig).

Wehrlose Trespe (*Bromus inermis*) Bildtafel S. 83.
Ausläufergras
Die einzige, eigentlich unbehaarte Trespe.

7. 2.1.2. Blatthäutchen lang und zugespitzt,
Blattspreite schmal, ungekielt.

Wimperperlgras (*Melica ciliata*) Bildtafel S. 123.
Horstgras

7. 2.2. Blätter behaart.

7. 2.2.1. Blattspreite oberseits behaart, Blattscheide unbehaart, Blatthäutchen deutlich, rundlich, eingekerbt.

Roggentrespe (*Bromus secalinus*) Bildtafel S. 85.
Horstgras

7. 2.2.2. Blattspreite und Blattscheide behaart.

7. 2.2.2.1. Blatthäutchen sehr kurz, kürzer als der Blattgrund, Blattspreite kammartig bewimpert, Blattscheide kurz behaart.
Jüngstes Blatt gefaltet, im Gegensatz zu allen anderen Trespenarten.

Aufrechte Trespe (*Bromus erectus*) Bildtafel S. 84.
Horstgras

7. 2.2.2.2. Blatthäutchen sehr lang und tief gefranst,
Blattspreite spärlich, länger behaart,
Blattscheide behaart.

Taube Trespe (*Bromus sterilis*) Bildtafel S. 88.
Horstgras

7. 2.2.2.3. Blatthäutchen mittelgroß und fein gekerbt,
Blattspreite und Blattscheide dicht-zottig behaart.

Ackertrespe (*Bromus arvensis*) Bildtafel S. 86.
Horstgras

7. 2.2.2.4. Blatthäutchen klein bis mittelgroß, rückwärts etwas emporgezogen, fein gezähnelt,
Blattspreite und Blattscheide weich behaart.

Weiche Trespe (*Bromus mollis*) Bildtafel S. 87.
Horstgras

7. 2.2.2.5. Blatthäutchen kurz, aber deutlich, rückwärts rund, fein gezähnelt,
Blattspreite und Blattscheide kurz-zottig behaart.

Dachtrespe (*Bromus tectorum*) Bildtafel S. 89.
Horstgras

8. Achte Gruppe: **Gräser mit (kahlen) Riefenblättern**

Wir haben bei der Gruppeneinteilung nach Blattmerkmalen nur von Riefenblättrigen gesprochen. Da wir das Weiche und das Wollige Honiggras, den Glatthafer, den Coldhafer und das Ruchgras, die mehr oder weniger behaarte, riefige Blattspreiten besitzen, als eichtkenntliche Gräser vorweggenommen und die Trespengräser, deren mehr oder weniger riefige Blattspreiten auch behaart sind, in der siebenten Gruppe abgehandelt haben, verbleiben hier in der achten Gruppe der Riefenblättrigen von den landwirtschaftlich wichtigen Arten nur Gräser mit unbehaarten Blättern. Zu dieser Gruppe gehören, wie bereits erwähnt, sehr viele hochwertige Futtergräser des Graslandes und des Ackerfutterbaues, aber auch Ungräser. Von diesen nehmen wir im Schlüssel nicht mit auf den Taumellolch (*Lolium temulentum*, Bildtafel S. 121), ein Getreideungras, und den Leinlolch (*Lolium remotum*, Bildtafel S. 122), ein Leinungras. Beide, im Blatt kaum vom Welschen Weidelgras zu unterscheiden, haben aber ihre Gefährlichkeit durch die moderne Saatgutreinigung eingebüßt, während sie früher eine Plage auf dem Acker waren.
Wir beginnen die Bestimmung mit den Weidelgräsern und den Schwingelarten, die Riefenblätter mit Blattöhrchen haben, und lassen dann die Fuchsschwanz- und die Straußgräser folgen, deren Riefenblätter ohne Blattöhrchen sind. Das Kammgras, das zwar keine Blattöhrchen in dem Sinne besitzt, daß der Blattgrund öhrchenartig ausgebildet ist, sondern das Blatthäutchen ist vorn lappig (öhrchenartig) emporgezogen, findet seinen Platz hinter dem Ausdauernden Weidelgras. Es ist mit diesem leicht zu verwechseln. Bei den Schwingelgräsern bringen wir auch den Rotschwingel, dessen Blattgrund ebenfalls nicht geöhrt ist, aber öhrchenartig lappig emporgezogen ist. Weder Öhrchen noch irgendwelche öhrchenartige Gebilde gibt es bei den dann folgenden Fuchsschwanz- und Straußgräsern sowie bei den Reitgräsern. Von letzteren werden im Schlüssel nur die für den Landwirt wichtigen Arten genannt, das Schmalblättrige Reitgras (*Calamagrostis canescens*), das auf nassen Wiesen oft bestandbildend auftritt, und das Sandrohr (*Calamagrostis epigejos*). Obwohl auf landwirtschaftlich genutzten Flächen selten, ist aber das Vorkommen des Sandrohrs und

seine Bekämpfung als eines der schlimmsten Waldungräser auch für uns Landwirte sehr interessant. Im beschreibenden Teil werden noch einige andere Arten erwähnt, und im Bildteil erscheint auch das Waldreitgras (*Calamagrostis arundinacea*), (Bildtafel S. 93).

8. 1. **Blätter mit Öhrchen.**

8. 1.1. Jüngstes Blatt gefaltet.

8. 1.1.1. Blattscheide offen.

8. 1.1.1.1. Blattöhrchen kurz, aber deutlich,
Blattspreite weitgehend parallelrandig, Blattunterseite stark glänzend,
Blattscheide meist rötlich angelaufen,
Blatthäutchen rückwärts bogenförmig hochgehend.

Ausdauerndes Weidelgras (*Lolium perenne*) Bildtafel S. 119.
Horstgras

8. 1.1.1.2. Blattgrund ohne Öhrchen, Blatthäutchen vorn, an beiden Seiten lappig-öhrchenartig emporgezogen,
Blatthäutchen klein bis mittelgroß, mit geradem Rand,
Blattspreite schwertartig verjüngt und nicht parallelrandig, Blattunterseite nicht glänzend,
Blattscheide nie rötlich angelaufen.

Kammgras (*Cynosurus cristatus*) Bildtafel S. 97.
Horstgras

8. 1.1.2. Blattscheide geschlossen, nur im oberen Drittel offen, Blattgrund ohne eigentliche Öhrchen, aber die häutigen Blattscheidenwände beiderseits öhrchenartig emporgezogen, Blatthäutchen sehr kurz,
Blattspreite je nach Varietät mehr oder weniger breit, oft sehr schmal und borstlich eingerollt.

Rotschwingel (*Festuca rubra*) Bildtafel S. 106.
Horst- und Ausläufergras

8. 1.2. Jüngstes Blatt gerollt.

8. 1.2.1. Blatthäutchen länger als der Blattgrund,
Blattöhrchen ausgeprägt und weit übereinandergreifend, Blattunterseite stark glänzend.

Welsches Weidelgras (*Lolium multiflorum*) Bildtafel S. 120.
Horstgras
Vom Welschen Weidelgras im Blatt nicht zu unterscheiden sind das Einjährige und das Bastard-Weidelgras.

8. 1.2.2. Blatthäutchen kürzer als der Blattgrund.

8. 1.2.2.1. Blattöhrchen deutlich, aber nicht so weit übereinandergreifend,
Blatthäutchen derb, oft grün, kurz,
Blattunterseite glänzend.

Wiesenschwingel (*Festuca pratensis*) Bildtafel S. 104.
Horstgras

8. 1.2.2.2. Blattöhrchen groß, ausgeprägt, ebenso wie der Blattgrund borstig bewimpert oder auch sägezähnig,
Blattränder borstig bewimpert oder auch sägezähnig,
Blatthäutchen klein, derb.

Rohrschwingel (*Festuca arundinacea*) Bildtafel S. 105.
Horstgras

8. 1.2.2.3. Blattöhrchen sehr ausgeprägt,
Blattspreiten sehr breit, unterseitig speckig glänzend,
Blattränder rauh, Blatthäutchen kurz.

Riesenschwingel (*Festuca gigantea*) Bildtafel S. 109.
Horstiges Waldgras

8. 2. **Blätter ohne Öhrchen.**

8. 2.1. Jüngstes Blatt gerollt.

8. 2.1.1. Blatthäutchen kurz, aber deutlich, gerade abgeschnitten, derb, grünlich,
Blattspreite mit ungerieftem Mittelstreifen, mittelbreit bis breit.

Wiesenfuchsschwanz (*Alopecurus pratensis*) Bildtafel S. 69.
Horstgras

8. 2.1.2. Blatthäutchen groß, weiß, zart, spitzdreieckig zulaufend,
Blattriefen besonders hoch und scharf,
Blattspreite schmal bis mittelbreit,
Halm typisch knickig aufsteigend.

Geknieter Fuchsschwanz (*Alopecurus geniculatus*) Bildtafel S. 70.

Gelb- oder Rotfuchsschwanz (*Alopecurus fulvus*) Bildtafel S. 70.
Beide über- oder mehrjährig. Kaum voneinander zu unterscheiden. Der Rotfuchsschwanz hat bläuliche Scheiden.

8. 2.1.3. Blatthäutchen ziemlich lang, gezähnelt, rückwärts hochgehend,
Blattspreite mittelbreit.

Ackerfuchsschwanz (*Alopecurus myosuroides*) Bildtafel S. 71.
Durch den Standort als ein- bis überjähriges Ackerungras auf schweren Böden zusätzlich gekennzeichnet.

8. 2.1.4. Blatthäutchen groß, weiß, spitzrundlich aus breit dreieckigem Grunde,
Blattspreite fein, aber deutlich gerieft wie alle Straußgräser, schmal bis mittelbreit,
Halm nicht knickig aufsteigend.

Weißstraußgras (*Agrostis alba*) Bildtafel S. 66.
Ausläufergras.
Die einzelnen Unterarten (*A. gigantea*, *A. stolonifera* und die Salzabart *A. alba* var. *maritima* MEYER) unterscheiden sich kaum voneinander, daß sie schlüsselmäßig erfaßt werden könnten. Sie variieren am stärksten in der Blattbreite.

8. 2.1.5. Blatthäutchen kurz bis mittellang, nie spitz, sondern gerade abgeschnitten, gestutzt,
Blattspreiten fein, aber deutlich gerieft, schmal bis mittelbreit.

Rotstraußgras (*Agrostis tenuis*) Bildtafel S. 67.
Ausläufergras

8. 2.1.6. Blatthäutchen lang, typisch ausgefranst (allein dadurch gekennzeichnet),
Blattspreite wie alle Straußgräser fein gerieft.

Windhalm (*Apera* (*Agrostis*) *spica-venti*) Bildtafel S. 74.
Durch den Standort als horstiges Ackerungras auf den leichteren Böden zusätzlich gekennzeichnet.

8. 2.1.7. Blatthäutchen klein bis mittelgroß, nicht gestutzt, sondern rückwärts hochgehend,
Blattspreite schmal bis mittelbreit, rauhrandig, zur Basis verschmälert und rundrinnig,
Halm oberirdisch verzweigt.

Schmalblättriges Reitgras (*Calamagrostis canescens*) Bildtafel S. 91.
Ausläufergras

8. 2.1.8. Blatthäutchen lang, aber nicht spitz, derb, später aufgerissen,
Blattspreite breit, mit einer typischen Riefung (siehe Bildtafel), hart, schilfartig (Sandrohr).

Sandrohr (*Calamagrostis epigejos*) Bildtafel S. 92.
Ausläufergras im Walde

8. 2.1.9. Blatthäutchen groß, weiß, dreieckig-stumpf,
Blattspreite mittelbreit bis breit,
Blattränder nahe des Blattgrundes und der Blattgrund selbst bewimpert, Blatt sonst unbehaart.

Wildhafer (*Avena fatua*) Bildtafel S. 76.
Durch den Standort als Ackerungras auf schweren Böden zusätzlich gekennzeichnet.

8. 2.2. Jüngstes Blatt gefaltet.

8. 2.2.1. Blattspreite gerieft und geschient.

8. 2.2.1.1. Blattspreite mit vielen Riefen neben der Schiene, auch auf der Unterseite,
Blattscheide geschlossen, zweischneidig,
Blatthäutchen lang, spitz-dreieckig.

Flutender Schwaden (*Glyceria fluitans*) Bildtafel S. 111.
Ausläufergras

8. 2.2.1.2. Blattspreite mit wenigen Riefen neben der Schiene,
Blattscheide offen, nicht zweischneidig,
Blatthäutchen nicht lang, kragenförmig, rückwärts in eine dreieckige Spitze auslaufend.

Salz- oder Spreizschwaden (*Puccinellia distans*) Bildtafel S. 144.
Horstgras
Beide Gräser wurden wegen ihres ausgesprochenen Schienenblattes auch in der fünften Gruppe der Schienenblättrigen geführt, doch ist ihre Riefenblättrigkeit ebenfalls so sinnfällig, daß wir sie auch hier mit aufnehmen.

8. 2.2.2. Blattspreite nur gerieft.

8. 2.2.2.1. Blattspreite sehr schmal bis schmal, oft borstenformig zusammengefaltet, fein gerieft wie alle *Agrostis*-Arten,
Blattscheide offen,
Blatthäutchen zarthäutig, schmallänglich, spitz.

Hundsstraußgras (*Agrostis canina*) Bildtafel S. 68.
Horstig und mit oberirdischen Ausläufern

8. 2.2.2.2. Blattspreite der grundständigen Blätter sehr schmal, borstig zusammengefaltet, sehr lang, schlaff, meist nach einer Seite schopfartig überhängend,
Blattspreite der Halmblätter schmal bis mittelbreit, flach ausgebreitet, gerieft,
Blattscheide geschlossen,
Blatthäutchen kaum vorhanden.

Verschiedenblättriger Schwingel (*Festuca heterophylla*) Bildtafel S. 108.
Horstgras

Hierher würden auch die als Kulturgräser vorgeschlagenen Arten: Raupenförmige Beckmannie (*Beckmannia eruciformis*) und Kanariengras (*Phalaris canariensis*) gehören, die wir aber nicht im Bestimmungssystem mit aufnehmen.
Nicht mit aufgenommen haben wir ferner die an sich in diese Gruppe gehörenden Dünengräser Strandgerste (*Leymus arenarius*) und Strandhafer (*Ammophila arenaria*), die sich durch ihren besonderen Standort zur Befestigung der Dünen von den anderen Gräsern unterscheiden. Sie erscheinen im Bild- und beschreibenden Teil. Beide sind ausgesprochen riefenblättrig, die Strandgerste mit starken Blattöhrchen ist durch die blaue Bereifung ihrer Blätter auffällig gekennzeichnet (Breiter, Blauer Helm) (Bildtafel S. 118). Der Strandhafer ohne Blattöhrchen, aber das Blatthäutchen ist extrem lang und sehr tief (bis 3 cm) gespalten (Bildtafel S. 72). Die Blattspreite ist schmäler, steif, oft borstig eingerollt, von weißlich-graugrüner Farbe.

9. Neunte Gruppe: **Gräser mit ungerieften Blättern**

9. 1. **Blätter behaart,**

Blattspreite mittelbreit bis breit, oberseits sehr zart behaart.
Blattscheide geschlossen,
Blatthäutchen lang, spitz.
Jüngstes Blatt gerollt.

Duftendes Mariengras (*Hirochloë odorata*) Bildtafel S. 112.
Ausläufergras

9. 2. **Blätter unbehaart.**

9. 2.1. Blatthäutchen ausgesprochen kurz,
Blattspreite schmal,
Blattscheide geschlossen,
Jüngstes Blatt gerollt.

Zittergras (*Briza media*) Bildtafel S. 82.
Horstgras

9. 2.2. Blatthäutchen ausgesprochen ausgeprägt.

9. 2.2.1. Blatthäutchen groß, weiß, kragenförmig gerollt, rückwärts in dreieckige, aber stumpfe Spitze auslaufend, Blattspreite breit bis sehr breit, schilfartig,
Blattscheide offen,
Jüngstes Blatt gerollt.

Rohrglanzgras (*Phalaris arundinacea*) Bildtafel S. 132.
Ausläufergras

9. 2.2.2. Blatthäutchen groß, weiß, etwas gezähnelt, vorn beiderseits mit je einem Eckzahn,
Blattspreite mittelbreit bis breit, sich ausgesprochen weich und glatt anfühlend (typisch),
Blattscheide offen,
Jüngstes Blatt gerollt.

Wiesenlieschgras (*Phleum pratense*) Bildtafel S. 134.
Horstgras

9. 2.2.3. Blatthäutchen weiß, gerade abgeschnitten, von wechselnder Höhe, meist höher als der Blattgrund, Blattspreite mittelbreit, sich auch zur Basis verjüngend, ober- und unterseits etwas rauh,
Blattränder sehr rauh,

Blattscheide offen, häufig wie auch die Blattunterseite violett angelaufen, Jüngstes Blatt gerollt.

Böhmers Lieschgras (*Phleum phleoides*) Bildtafel S. 135.
Horstgras

Die meisten bei uns vorkommenden Gräser sind nunmehr in das Bestimmungssystem eingereiht. Wer dieses System ernsthaft studiert, wird auch gelegentlich auftretende, seltenere Arten selbst der entsprechenden Gruppe zuteilen können. Jene werden übrigens, sofern sie Verwandte landwirtschaftlich wichtiger Gräser sind, im Bild- oder beschreibenden Teil bei diesen mit abgehandelt.

Rückblickend ist diese von mir erstmals 1936 veröffentlichte, seitdem immer wieder verbesserte und konsequent bis zu Ende geführte Bestimmung nach Gruppen verblüffend einfach. Man hat nur vorzuentscheiden, ob es sich um ein leichtkenntliches Gras handelt und dann nach der Ausbildung des Blattes die Gruppe zu bestimmen. Diese leicht zu bestimmenden Gruppen vereinigen zudem meist verwandte Arten, so daß auch das Behalten nicht schwierig wird.

Man könnte noch weiter gehen und daran denken, die Gräser nach Standorten abzugrenzen, um dann **alle** zu Leichtkenntlichen zu machen, die durch ein oder zwei Merkmale hinreichend charakterisiert wären, ähnlich wie es P. Graebner bei den meisten Blütenpflanzen in seiner „Pflanzenwelt Deutschlands" gelungen ist. Ich glaube übrigens, daß mir auf den vielen unvergeßlichen Exkursionen P. Graebners, an denen ich teilzunehmen das Glück hatte, die Idee zur Bestimmung der Süß- und Sauergräser nach Gruppen allmählich gekommen ist.

3. Über die Merkmale der Gräser zur Bestimmung im Blütenzustande

Bei der Bestimmung der Gräser im Blütenzustande sind vor allem der Blütenstandstyp zu beachten, die Ästigkeit des Blütenstandes, der Aufbau der Blüte und des Ährchens.

3.1. Der Blütenstandstyp

Als oberstes Einteilungsprinzip bei der Bestimmung der Gräser im Blütenzustande gilt die Anordnung der Blüten oder richtiger Ährchen in bestimmten Blütenständen. Daß Roggen, Weizen, Gerste ährige Blütenstände haben und Hafer rispige, ist laienmäßig bekannt. Daß man aber durch die bloße Betrachtung des Blütenstandes zu sehr weitgehenden Untersuchungen kommen kann, zeigte uns erstmalig systematisch HOLLRUNG (1929) in seiner grundlegenden Arbeit über die „Erkennung der Feld-, Wiesen- und Weidegräser unter Berücksichtigung ihrer Blütenstände". Danach lassen sich nicht weniger als 9 Blütenstandstypen unterscheiden. Sie sind auf den Instruktionstafeln 6 und 7, S. 39, 40, schematisch dargestellt. Wichtig dabei ist vor allem die Aufteilung des ährigen Blütenstandes in den reinährigen und in den scheinährigen Typ und des rispigen Blütenstandes in zwei oder drei Typen, in die Gräser mit echten Rispen und die Gräser mit einfacher oder doppelter Traube. Einfache Trauben bilden nur Seitenäste 1. Ordnung, Doppeltrauben 1. und 2. Ordnung, echte Rispen 1., 2. und 3. Ordnung. Diese neun Blütenstandstypen der Bestimmung zugrunde zu legen, ist aber doch nicht zweckmäßig. An sich zusammengehörige Arten fallen dann oft unter verschiedene Typen, ein- und dieselbe Art müßte oft unter mehreren Typen geführt werden, wie wir sehen werden. Man verwendet die Einzelheiten besser nur zur näheren Charakterisierung und unterscheidet allein Ährengräser, Scheinährengräser, Fingerährengräser und Rispengräser, denen dann die Gräser mit „unechten" Rispen, mit traubigen Blütenständen zugeordnet sind, wie W. FISCHER (1959) es neuerdings getan hat. Nicht immer läßt sich hier eine scharfe Grenze ziehen.

3.2. Die Zahl der Abästungen auf den unteren Blütenstandsstufen

Ein weiteres, leichtkenntliches Blütenstandsmerkmal bildet die Zahl der Abästungen auf den unteren Stufen, das ebenfalls von HOLLRUNG erst systematisch eingeführt und aufgedeckt wurde. Entscheidend ist meist nicht die unterste, oft etwas verkümmerte, sondern die vorletzte, voll ausgebildete Blütenstandsstufe. Die **Ein**ästigkeit des Knaulgrases, die **Zwei**ästigkeit des Rohrglanzgrases, die **Fünf**ästigkeit der Wiesenrispe, die **Sieben-** und **Mehr**ästigkeit des Weißen Straußgrases sind nur einige beliebig herausgegriffene Beispiele. Zu beachten ist dabei, daß die Ästigkeit bei vielen Gräsern nur zur Blütezeit ohne weiteres zu erkennen ist, wenn nämlich die Äste gespreizt sind, oft bleibt der Blütenstand vorher und nachher geschlossen. Von diesem einfachen Unterscheidungsmerkmal kann man sehr

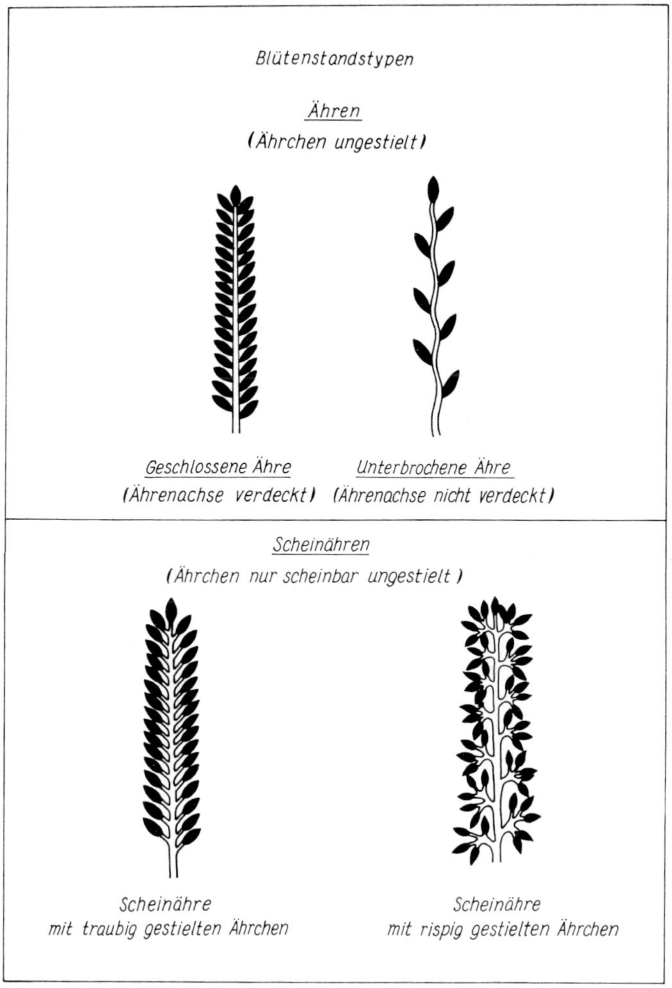

Instruktionstafel 6

häufig Gebrauch machen, sehr willkommen ist es bei der manchmal nicht ganz einfachen Unterscheidung der Schwingel- von den Trespengräsern. Die Trespen sind mit Ausnahme der Rauhen Trespe immer vielästig auf den unteren Stufen, die Schwingelarten haben dagegen höchstens zwei Abästungen. Außerdem variiert die Zahl der Einzelährchen an der Blütenstandsspitze, die bei den Schwingelarten stets vier oder mehr beträgt, bei den Trespen dagegen weniger als vier. Es ist aber nicht anzuraten, die Zahl der Abästungen zum obersten Einteilungsprinzip zu machen.

3.3. Der Aufbau der Grasblüte und des Grasährchens

Zur Bestimmung der Gräser im Blütenzustande bedarf es außer der Blütenstandsunterschiede noch gewisser Blütenmerkmale. Wir können allerdings nach der Vermehrung der Blütenstandsmerkmale in so einfacher Weise durch Hollrung auf die kniffligen Blütenunterschiede zur Kennzeichnung verzichten, u. a. zur Unterscheidung der Schwingel- von den Trespenarten, ob die Narben aus der Spitze des Fruchtknotens hervorgehen oder unterhalb der Spitze inseriert sind. Ein genaues Studium der Grasblüte und des Grasährchens ist aber auch dann notwendig, will man sich Kenntnisse in der Grassamenkunde

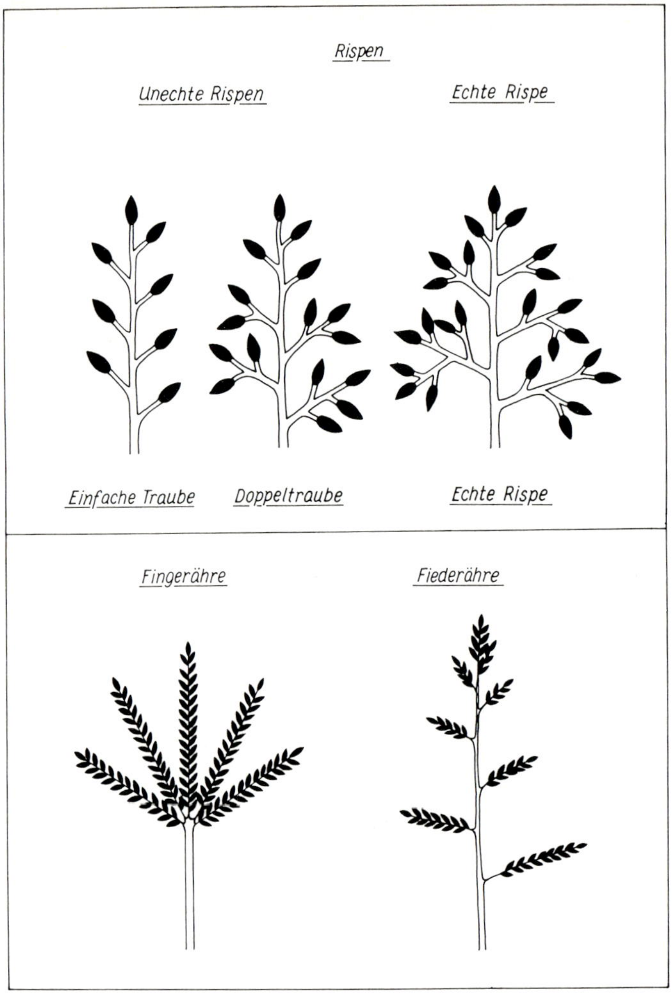

Instruktionstafel 7

erwerben. Und es sollte auch nicht unterbleiben, um das Wesen des Grases besser zu erfassen.

Die Grasblüte besteht gewöhnlich aus dem Fruchtknoten mit einer meist zweifiedrigen Narbe, drei Staubgefäßen, zwei Schwellkörpern und zwei Blütenspelzen: der äußeren größeren, derberen Deckspelze, an der, wenn vorhanden, die Grannen sitzen und der inneren kleineren, häutigeren, meist zweikieligen Vorspelze. Zur Blütezeit werden Deck- und Vorspelze durch Anschwellen der beiden Schwellkörper auseinandergedrückt und die eigentliche Blüte, der Fruchtknoten mit den Narben und den Staubgefäßen freigelegt. Die Grasblüten sitzen nicht als solche an der Blütenstandsachse, sondern sind einzeln oder zu mehreren durch zwei Hüllspelzen zu Ährchen zusammengefaßt, die an der Blütenstandsachse ohne oder mit einfachem oder verzweigtem Stiel inseriert sind (siehe Instruktionstafel 8, S. 41).

Bei den meisten Gräsern sind zwei Hüllspelzen ausgebildet, bei den Hirsearten drei, beim Rohrglanzgras vier, bei dem Borstgras fehlen sie ganz oder finden sich nur in sehr kümmerlichen Resten vor. Bei bestimmten Gattungen ist mindestens eine Hüllspelze länger als das ganze Ährchen, so bei den Haferarten, den Fuchsschwanz- und den Timothee-Arten sowie den Strauß- und Reitgräsern.

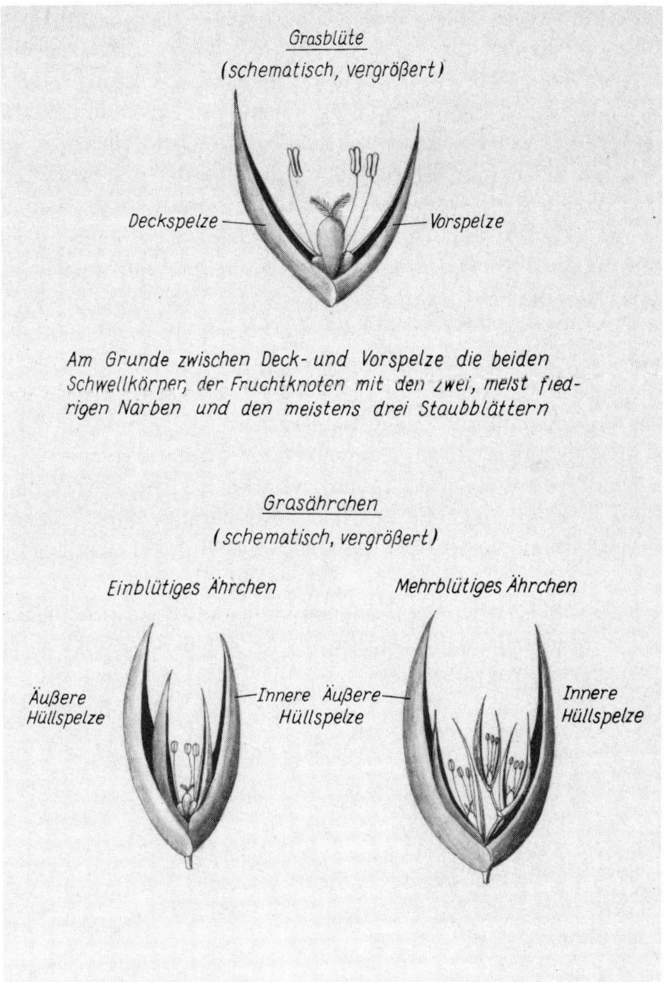

Instruktionstafel 8

Sehr charakteristisch ist die Zahl der Blüten in einem Ährchen, sie verdient bei der Bestimmung unsere größte Aufmerksamkeit und bietet ein sehr gutes Merkmal bei der Unterteilung der Blütenstandstypen. Einblütig sind die Ährchen der Fuchsschwanzarten, der Strauß- und Reitgräser sowie von Timothee- und Rohrglanzgras, zwei- bis dreiblütige Ährchen haben Honiggräser, Schmielen, Pfeifengras und von den Haferarten Glatthafer, Goldhafer und Flaumhafer. Drei- und mehrblütige Ährchen besitzen die Rispengräser (*Poa*-Arten) sowie das Knaulgras. Noch reichblütiger sind die Ährchen der Schwingel-, Trespen-, Manna- und Weidelgräser sowie der Quecken. Im allgemeinen sprechen wir bei bis zu 5 Blüten im Ährchen von mehrblütig und bei über 5 Blüten von vielblütig.
Die Größe der Ährchen wechselt von 2 mm Länge bei den einblütigen Straußgräsern bis über 2 cm bei den vielblütigen Mannagräsern. Sie geht nicht durchweg mit der Zahl der Blüten im Ährchen parallel. So haben die mehrblütigen *Poa*-Arten nur kleine Ährchen von ca. 5 mm Länge und der zweiblütige Glatthafer solche von fast 2 cm. Die genauen Maße sind auf den Bildbeschriftungen angegeben.
Außer der Blütenzahl im Ährchen ist bei den Blütenmerkmalen vor allem die Begrannung der Blüten von Bedeutung; ob Grannen überhaupt vorhanden sind, deren Ansatzstelle und Größe. Die Hüllspelzen sind nie begrannt, sie sind höchstens grannenspitzig oder völlig

grannig ausgebildet. Die Grannen sind reine Blütenmerkmale, sie gehen von der äußeren Blütenspelze, der Deckspelze aus, und zwar vom Grunde der Deckspelze, vom Rücken, von der Spitze oder etwas unterhalb der Spitze der Deckspelze. Je nachdem unterscheidet man Grundgrannen, gewöhnliche Rückengrannen, Spitzengrannen und etwas unterhalb der Spitze angesetzte Rückengrannen. Da der Ansatzpunkt der Granne bei den Früchten besonders deutlich zu erkennen ist, seien vier Grasfrüchte mit typisch verschiedenem Grannenansatz in der folgenden Abbildung nebeneinandergestellt. Grundgrannen haben u. a. Schmielen, Honig-, Ruch- und Reitgräser, Rückengrannen Haferarten, hoch etwas unterhalb der Spitze angesetzte Grannen Trespengräser und der Windhalm, Spitzengrannen sind das Gewöhnliche und typisch für die Schwingelgräser. Doch der Wiesenschwingel ist grannenlos, ebenso wie die Wehrlose Trespe. Der Ansatz der Granne ist ein sehr wichtiges Bestimmungsmerkmal, das auch für die Kenntnis von Grassamen von Wichtigkeit ist.
Bei begrannten Blüten läßt sich aus der Zahl der Grannen leicht erkennen, wieviele Blüten das Ährchen enthält. Vorsichtig muß man damit bei den Gerstgräsern sein, deren Ährchen nur einblütig sind, die aber zu dritt nebeneinander an derselben Ansatzstelle sitzen.
Außer der Blütenzahl im Ährchen, der Blütenbegrannung, der Größe der Ährchen werden noch andere Einzelmerkmale zur Bestimmung im Blütenzustande herangezogen. Sie erscheinen im Schlüssel. Auf den Bildtafeln und deren Beschriftung wird auf noch mehr Einzelheiten im Aufbau der Blüte und der Ährchen eingegangen, als zur Erkennung unbedingt notwendig ist, was aber sowohl für den Grassamenanbauer als auch für den, der Gräser ansäen oder Ungräser bekämpfen will, von Bedeutung ist. Es folgen daher auch noch einige Bemerkungen über den Aufbau des Grasssamens.

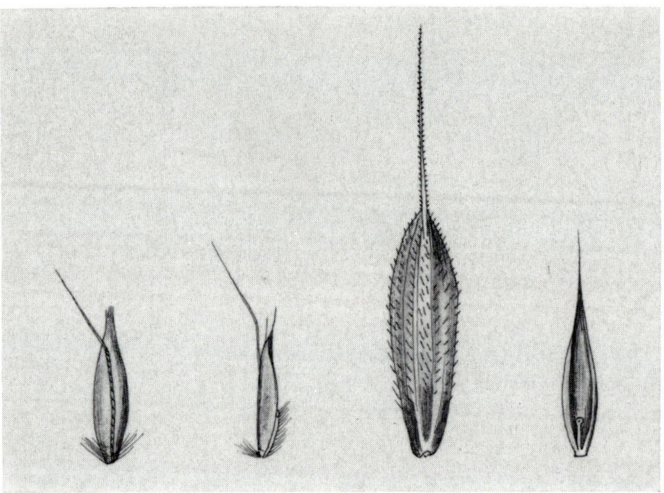

3.4. Der Aufbau des Grassamens

Grassame ist kein botanischer, sondern ein vulgärer Begriff. Botanisch bezeichnet man als Same, was aus der Samenanlage hervorgeht, die sich innerhalb des Fruchtknotens befindet. Mit solchen Grassamen im botanischen Sinne haben wir es aber bei den Gräsern nie zu tun, sondern deren generative Vermehrungseinheiten können botanisch etwas sehr verschiedenes sein. Es empfiehlt sich aber, diese allgemein unter „Grassamen“ zusammenzufassen, ohne Verwechslungen befürchten zu müssen. Die „Grassamen“ können einmal Früchte im botanischen Sinne des Wortes sein, d. h., das was aus dem Fruchtknoten hervorgeht. Frucht- und Samenschale sind dann miteinander verwachsen. Sie führen botanisch den Namen Caryopse. Solche „nackten“ Früchte, die unter den Getreidearten bei Weizen und Roggen die Regel sind und dort nackte Körner genannt werden, kommen bei den Futter- und Ungräsern kaum vor. Beim Drusch und bei der Reinigung entspelzen allerdings einige „Grassamen“ sehr leicht, z. B. die von Timothee und Glatthafer. Wir haben deshalb in solchen Fällen deren Caryopse auf den Bildtafeln mit abgebildet.

Gewöhnlich ist der „Grassame“ botanisch eine Scheinfrucht, d. h. die nackte Frucht ist noch von anderen Blütenbestandteilen umgeben, nämlich der Deck- und Vorspelze, wie bei Hafer und Gerste unter den Getreidearten. Wir haben es bei den Grassamen im allgemeinen mit **Spelz**früchten zu tun.

In einigen Fällen ist der „Grassame“ sogar eine **Ährchen**frucht. Dann befinden sich zusätzlich außer den Blütenspelzen noch die Hüllspelzen um die Caryopse. So beschaffen sind die Samen der Fuchsschwanz- und Timothee-Arten, der Honiggräser und teilweise auch die des Weißstraußgrases. Bei den *Phalaris*-Arten mit vier Hüllspelzen haften nur die kleineren inneren Hüllspelzen an der Spelzfrucht. Wir sprechen dann von einer **Teilährchen**frucht. Beim Glatthafer besteht der Same aus der oberen unbegrannten eigentlichen Spelzfrucht und der stark begrannten tauben „Spelzfrucht“, die aus der unteren männlichen Blüte hervorgegangen ist. Wir sprechen in diesem Falle, wenn auch nicht ganz zutreffend, von einer **Doppelspelz**frucht.

Auf den Bildtafeln folgt bei der Beschriftung hinter der Allgemeinbezeichnung Same in Klammern die botanisch jeweils zutreffende Bezeichnung.

Von Bedeutung bei der Bestimmung der Samen vieler Gräser mit mehrblütigen Ährchen ist das sogenannte Stielchen, das Stück der Achse innerhalb des Ährchens von einem Blütenansatz bis zum nächsthöheren, ein Zeichen also der Mehrblütigkeit des Ährchens.

4. Schlüssel zur Bestimmung der Gräser im Blütenzustande

1. Blütenstandstyp: **eine echte Ähre**

1. 1. **Ähre geschlossen.** Ährchen sich deckend, Achse nicht sichtbar.
Ohne Gipfelährchen. Ährchen einblütig, nicht einzeln, sondern zu dritt an einer Spindelansatzstelle, davon nur das mittlere ungestielt (also echtährig), die beiden seitlichen gestielt (also scheinährig).

Wildgersten (*Hordeum*-Arten).

1. 1.1. Alle drei Hüllspelzenpaare borstenförmig ausgebildet.
Deckspelzengranne nur wenig länger als die Deckspelze, viel kürzer als bei *H. murinum.*

Wiesengerste (*Hordeum secalinum*).

1. 1.2. Nur die Hüllspelzen der seitlichen Ährchen reinborstig, die des Mittelährchens in der unteren Hälfte flächig und bewimpert.
Deckspelzengranne mehrmals länger als die Deckspelze, viel länger als bei *H. secalinum.*

Mäusegerste (*Hordeum murinum*).

1. 2. **Ähre fast geschlossen,** Ährchen sich weniger deckend, Ähre aufgelockert.
Mit Gipfelährchen. Ährchen 2- bis 3blütig, meist in Paaren an jeder Spindelstufe. Alle Hüllspelzen normal ausgebildet, etwa so lang wie das Ährchen, sehr zugespitzt, an den Kielen etwas behaart.

Strandgerste (*Leymus arenarius*).

1. 3. **Ähre unterbrochen,** Ährchen sich nicht oder kaum deckend, Achse sichtbar.

1. 3.1. Ährchen einblütig, einseitswendig an der Spindel angeordnet, vor der Blüte anliegend, nach der Blüte kammartig abstehend.
Hüllspelzen fehlend oder nur verkümmerte Reste vorhanden, Deckspelze mit Spitzengranne.

Bocksbart (*Nardus stricta*).

1. 3.2. Ährchen mehr- oder vielblütig, nicht einseitswendig, sondern zweizeilig und wechselständig an der Spindel angeordnet.

1. 3.2.1. Ährchen mit der Breitseite der Spindel anliegend, alle Ährchen deshalb, wie normal, mit zwei Hüllspelzen.

Quecken (*Agropyron*-Arten).

Hüllspelzen lanzettlich, zugespitzt.

- Deckspelze mit langer, zarter, geschlängelter Granne von doppelter Spelzenlänge.
  Ährchen 3- bis 5blütig

Hundsquecke (*Agropyron caninum*).

- Deckspelze unbegrannt, aber auch grannenspitzig und kurz begrannt, Hüllspelzen halb so lang wie das Ährchen.
  Ährchen meist 5blütig

Echte Quecke (*Agropyron repens*).

Hüllspelzen stumpf.

- Deckspelze grannenspitzig oder kurz begrannt,
  Hüllspelzen nicht halb so lang wie das Ährchen.
  Ährchen 2- bis 7blütig

Blaugrüne Quecke (*Agropyron intermedium*).

- Deckspelze unbegrannt, ebenso wie die Hüllspelzen ausgesprochen stumpf, Hüllspelzen 2/3 so lang wie das Ährchen.
  Ährchen 5- bis 8blütig.

Binsenquecke (*Agropyron junceum*).

1. 3.2.2. Ährchen mit der Schmalseite der Spindel anliegend. Alle Ährchen, bis auf das freistehende Spitzenährchen, mit nur einer äußeren Hüllspelze. Ährchen vielblütig

Weidel- und Lolchgräser (*Lolium*-Arten).

Hüllspelzen deutlich kürzer als das Ährchen.

- Deckspelze unbegrannt.
  Hüllspelzen etwa halb so lang wie das Ährchen.

Ausdauerndes Weidelgras (*Lolium perenne*).

- Deckspelze mit kurzer Spitzengranne,
  Hüllspelzen bis halb so lang wie das Ährchen.

Welsches Weidelgras (*Lolium multiflorum*).

Hüllspelzen so lang oder doch fast so lang wie das Ährchen.

- Deckspelze meist unbegrannt, selten grannenspitzig oder auch sehr kurz begrannt,
  Hüllspelzen etwas kürzer als das Ährchen.

Leinlolch (*Lolium remotum*).

- Deckspelze mit sehr langer Spitzengranne,
  Hüllspelzen so lang oder auch etwas länger als das Ährchen.

Taumellolch (*Lolium temulentum*).

Man könnte versucht sein, auch die beiden Zwenkengräser (*Brachypodium*-Arten) in den ährigen Blütenstandstyp einzubeziehen. Aber die Ährchen sind, wenn auch nur sehr kurz, so doch deutlich gestielt, so daß wir es hier mit einem traubigen Blütenstandstyp zu tun haben.

2. Blütenstandstyp: **eine Scheinähre traubiger oder rispiger Herkunft**

2. 1. **Scheinähre sehr kurz, kopfig oder kegelförmig, blau überlaufen, traubig.**

Deckspelze 2- bis 5zähnig, mit kurzer Spitzengranne.
Ährchen zwei- oder mehrblütig.

Kopfgras (*Sesleria caerulea*).

2. 2. **Scheinähre nicht kopfig, sondern wie eine wirkliche Ähre.**

2. 2.1. Scheinähre einseitswendig, traubig
unter jedem Ährchen ein kammartig gefiedertes Deckblatt, Deckspelze mit kurzer, feiner Stachelspitze,
Ährchen mehrblütig.

Kammgras (*Cynosurus cristatus*).

2. 2.2. Scheinähre nicht einseitswendig, sondern normal allseitswendig.

2. 2.2.1. Unter jedem Ährchen grannenartige Borsten.
Ährchen einblütig.

Borstenhirsen (*Setaria*-Arten).

- Borsten grün, sehr viel länger als das Ährchen, nur 1—3, mit aufwärts gerichteten Zähnen,
  Scheinähre rispig, klumpig wirkend, an beiden Enden sich stark verjüngend.

Grüne Borstenhirse (*Setaria viridis*).

- Borsten gelb bis fuchsrot, kürzer aber auch länger als das Ährchen, mehrere, mit aufwärts gerichteten Zähnen,
  Scheinähre traubig, nicht klumpig, sondern walzlich.

Gelbe Borstenhirse (*Stelaria pumila*).

Hierher gehört auch die Große Kolbenhirse (*Setaria italica*) Bildtafel S. 147, deren Hüllborsten schwarz sind, eine alte Kulturpflanze, aus der grünen Borstenhirse hervorgegangen, bei uns als Zweitfruchtgrünfutterpflanze vorgeschlagen.

2. 2.2.2. Ährchen am Grunde nicht mit Borsten umgeben, aber Deckspelze der fruchtbaren Blüte am Rande dicht mit seidenhaarigen Borsten besetzt, die nach der Blüte auffällig abspreizen und der Ähre das Aussehen einer walzigen, weißseidigen Bürste geben.
Ährchen zweiblütig, davon eine unfruchtbar wie bei allen *Melica*-Arten.

Wimperperlgras (*Melica ciliata*).

2. 2.2.3. Ährchen weder mit Borsten umgeben, noch die Ähre bürstenartig borstig behaart.

2. 2.2.3.1. **Ährchen einblütig und ohne Granne.**

Hüllspelzen aber in je eine Stachelspitze auslaufend, mit den Rändern so übereinanderliegend, daß sie sozusagen einen **Stiefelknecht** bilden.

Lieschgräser (*Phleum*-Arten).

Scheinähre traubig (beim Biegen zeigen sich keine lappigen Äste, wie es bei dem rispigen *Phleum phleoides* der Fall ist), Scheinähre gleichmäßig walzlich.
Hüllspelzen quer abgestutzt, steifhaarig bewimpert.

- Deckspelze nicht nur auf den Rippen, sondern auch dazwischen behaart.

Wiesenlieschgras (*Phleum pratense*).

- Deckspelze nur auf den Rippen behaart.

Zwiebellieschgras (*Phleum nodosum*).

Scheinähre rispig (beim Biegen zeigen sich lappige Äste), nicht walzlich, sondern zur Spitze sich verjüngend.
Hüllspelzen nicht quer abgestutzt wie bei *Phleum pratense*, sondern allmählich in die Stachelspitze übergehend, auch sich nicht so überdeckend, Kiele nicht so lang steifhaarig bewimpert.

Böhmers Lieschgras (*Phleum phleoides*).

2. 2.2.3.2. **Ährchen einblütig und mit einer Granne.**

Fuchsschwanzgräser (*Alopecurus*-Arten).

- Hüllspelzen bis über die Mitte des Ährchens verwachsen, am Kiel und auf den Rippen lang seidenhaarig,
  Deckspelzengrundgranne weit aus dem Ährchen ragend,
  Scheinähre rispig, nach beiden Seiten sich verjüngend.

Wiesenfuchsschwanz (*Alopecurus pratensis*).

- Hüllspelzen nur bis zur Mitte des Ährchens verwachsen, Kiel schwach bewimpert, fast unbehaart,
  Deckspelzengranne weit aus dem Ährchen hervorragend, Scheinähre traubig, lang und dünn, Ährchen liegen typisch zu zweien sich überdeckend der Achse an.

Ackerfuchsschwanz (*Alopecurus myosuroides*).

- Hüllspelzen nur am Grunde des Ährchens verwachsen, behaart,
  Deckspelzenrückengranne weit aus dem Ährchen hervorragend, unterhalb der Mitte entspringend, Staubblätter gelb, später braun, Scheinähre rispig, kurz.

Knickfuchsschwanz (*Alopecurus geniculatus*).

- Hüllspelzen kaum verwachsen, behaart.
  Deckspelzenrückengranne aus der Mitte entspringend, nur etwas aus dem Ährchen hervorragend, Staubblätter zuerst gelblichweiß, orangerot abblühend,
  Scheinähre rispig, kurz.

Gelb- oder Rotfuchsschwanz (*Alopecurus aequalis*).

2. 2.2.3.3. **Ährchen einblütig und mit zwei Grannen** (einer längeren und einer kürzeren).

Ruchgräser (*Anthoxanthum*-Arten).

Scheinähre traubig, locker. Ährchen mit vier Hüllspelzen, d. h. Ährchen eigentlich dreiblütig, aber nur die mittlere, unbegrannte Blüte fertil, die beiden seitlichen, bis auf die begrannten Spelzen, verkümmerte männliche Blüten. Diese werden auch als „Hüllspelzen" bezeichnet. Dann ist das Ährchen einblütig mit vier Hüllspelzen, wovon die beiden inneren begrannt sind.

- Längere Granne gedreht und eben oberhalb des Ährchens gekniet, kürzere Granne gerade.

Wiesenruchgras (*Anthoxanthum odoratum*).

- Längere Granne gedreht und hoch über dem Ährchen gekniet, kürzere Granne gerade.

Ackerruchgras (*Anthoxanthum puelii*).

2. 2.2.3.4. **Ährchen mehrblütig und ohne Grannen.**
Scheinähre locker und rispig (beim Biegen besonders deutlich), Hüllspelzen silberglänzend.

Schillergräser oder Kammschmielen (*Koeleria*-Arten).

● Hüllspelzen kurz bewimpert, wie auch die Blätter, zugespitzt, Blütenäste während der Blüte kammartig abstehend.

Große Kammschmiele (*Koeleria pyramidata*).

● Hüllspelze kahl, wie auch die Blätter, nicht zugespitzt, sondern stumpf, Blütenäste nur während der Blüte abstehend.

Blaue Kammschmiele (*Koeleria glauca*).

3. Blütenstandstyp: **eine Fingerähre**

3. 1. **Eine echte Fingerähre.**

In diese Gruppe gehört bei uns nur ein einziges, noch dazu seltenes Gras, das in heißen Sommern ein lästiges, queckenartiges Ungras in Weinbergsgegenden bildet. Als „Bermudagras" wird es aber u. a. in Südwestafrika als Futtergras geschätzt. Nur bei diesem Gras gehen die Ähren echt fingerförmig von dem Endpunkt der Blütenstandsachse aus.
3—7 Ähren entspringen am Endpunkt der Spindel. Ähren dicht mit Ährchen zweizeilig besetzt.

Fingerhundszahn (*Cynodon dactylon*).

3. 2. **Eine unechte Fingerähre.**

Die einzelnen Ähren oder Scheinähren gehen nicht vom Achsenendpunkt fingerförmig ab, sondern sind nur fingerförmig genähert oder mehr traubig gestellt (Fiederähre).

3. 2.1. **Scheinähren sind fingerförmig genähert.**

3. 2.1.1. Scheinähren vom Grunde an mit Ährchen besetzt, Ährchen unbegrannt, einblütig, Ährenachse und Ährchen unbehaart.

Fingerhirsen (*Digitaria*-Arten).

● Mit 5—7 längeren Scheinähren rispiger Herkunft, Ährchen zu 2—5 in Büscheln längs der Achse angeordnet.

Blut-Fingerhirse (*Digitaria sanguinalis*).

● Mit 2—5 kürzeren Scheinähren traubiger oder rispiger Herkunft, Ährchen meist zu 2 in Büscheln längs der Achse angeordnet.

Faden-Fingerhirse (*Digitaria ischaemum*).

3. 2.1.2. Scheinähren erst entfernt vom Grunde mit Ährchen besetzt.

Hierher gehört bei uns nur ein selten vorkommendes Wildgras, das Fingerbartgras der Gattung *Botriochloa*, die in wärmeren Gegenden mit vielen Arten vertreten ist, bei uns aber ihre Nordgrenze findet.
Mit 2—6 (seltener 10) Scheinähren. Ährenachse, Ährchenstiele und Basis der Ährchen lang-rauhhaarig, Ährchen zu 2 an der Achse angeordnet, Ährchen begrannt, hellviolett.

Fingerbartgras (*Botriochloa ischaemum*).

3. 2.2. **Scheinähren nicht fingerförmig genähert, sondern mehr traubig gestellt (Fiederähre).**

Scheinähren rispiger Herkunft, Ährchen einblütig, mit langer Granne, Hüllspelzen etwas stachelhaarig.

Hühnerhirse (*Echinochloa crus-galli*)

4. Blütenstandstyp: **eine einfache Traube, Doppeltraube oder echte Rispe**

Wir trennen traubige und rispige Blütenstände nicht, wie bereits erwähnt. Zwischen diesen Blütenstandstypen besteht an sich keine sachliche Trennung. Die einästigen Einfachtraubigen bilden den Übergang an den Ähren, es sind sozusagen unterbrochene Ähren mit gestielten Ährchen. Die doppeltraubigen sind nicht einmal verzweigt, wie die einfache Traube, sondern zweimal und stellen sozusagen den Übergang zu den mehrfach verzweigten Rispen dar. Nur wenige Arten sind wirklich einfachtraubig, viele einfach- und doppeltraubig, oder doppeltraubig/rispig, dagegen haben viele Gräser reine echte Rispen. Dazu gehört ein großer Teil unserer guten Futtergräser.

4. 1. **Blütenstand nur mit unverzweigten Seitenästen (einfache Traube).**

4. 1.1. **Traube einfach und einästig.**
Ährchen in größeren Abständen einzeln, kurz gestielt an der Blütenstandsspindel sitzend, vielblütig, drehrund.

Zwenkengräser (*Brachypodium*-Arten).
Ährchen oft so kurz gestielt, daß der traubige Blütenstand fast wie eine unterbrochene Ähre wirkt.

● Traube aufrecht, Deckspelzen mit kurzer Spitzengranne.

Fiederzwenke (*Brachypodium pinnatum*).

● Traube nicht aufrecht, sondern hängend, Deckspelzen mit langer, haardünner Spitzengranne.

Waldzwenke (*Brachypodium sylvaticum*).

4. 1.2. **Traube einfach und ein- bis zweiästig.**
Ährchen meist vierblütig, aufrecht, länger gestielt, jede Blüte mit langer Deckspelzenrückengranne (wie alle Haferarten)

Trifthafer (*Avenochloa pratensis*).

4. 1.3. **Traube einfach und ein- bis mehrästig.**
Ährchen vielblütiger, länger gestielt, jede Blüte mit etwas unter der Spitze angesetzter Rückengranne (wie alle Trespengräser).

● Deckspelze behaart, oberhalb der Mitte mit stumpfwinkligen Seitenrändern.

Weiche Trespe (*Bromus mollis*).

● Deckspelze unbehaart, oberhalb der Mitte mit stumpfwinkligen Seitenrändern.

Verwechselte Trespe (*Bromus commutatus*).

● Deckspelze unbehaart, oberhalb der Mitte mit bogenförmigen Seitenrändern.

Traubentrespe (*Bromus racemosus*).

4. 2. **Blütenstand mit unverzweigten und verzweigten Seitenästen** (einfach-, doppeltraubig und rispig).

4. 2.1. **Ährchen ohne Grannen.**
4. 2.1.1. Einästige, allseitswendige, einfache, seltener Doppeltraube,

Ährchen groß, aufrecht, nicht zahlreich, 3- bis 5blütig,
Hüllspelzen schließen alle Blüten ein,
Deckspelze dreizähnig.

Dreizahn (*Sieglingia decumbens*).

4. 2.1.2. Ein- oder zweiästige, einseitswendige einfache bis Doppeltraube, Ährchenansatz spindelnah, Äste kurz,
Ährchen mittelgroß, eiförmig, nickend, dreiblütig, davon die oberste Blüte steril, langgestielt mit keulenförmigem Rudiment wie bei allen *Melica*-Arten, Ährchenzahl gering.

Nickendes Perlgras (*Melica nutans*).

4. 2.1.3. Allseitswendige, steif- und langästige Doppeltraube, Abästungen höchstens zwei auf jeder Stufe, jeder Ast mit nur zwei Ährchen,
Ährchenzahl daher sehr gering, Ährchenansatz spindelfern, Ährchen nicht hängend, sondern aufrecht, eiförmig, zweiblütig, oberste Blüte taub.

Einblütiges Perlgras (*Melica uniflora*).

4. 2.1.4. Wenigästige, allseitswendige Doppeltraube, zuweilen rispig,
Äste sehr zart und geschlängelt,
Ährchenansatz spindelfern, Ährchenzahl mäßig,
Ährchen mittelgroß, breit-herzförmig wie bei keinem anderen Gras, hängend, glänzend purpurfarbig, mehrblütig.

Zittergras (*Briza media*)

Hier müßten eigentlich auch Wiesen- und Rohrschwingel behandelt werden sowie die Wehrlose Trespe. Sie gehören aber in ihrem sonstigen Aufbau typisch zu den *Festuca*- oder *Bromus*-Arten, so daß sie dort mit aufgeführt wurden.

4. 2.2. **Ährchen ungewöhnlich lang begrannt.**
(Granne etwa 10mal so lang wie die Deckspelze).
Einfache bis doppelte Traube

4. 2.2.1. Granne ein einfaches Haar (Haargras),
Ährchen sehr schmal und lang, einblütig, Hüllspelzen lang und pfriemlich

Haargras (*Stipa capillata*).

4. 2.2.2. Granne federig behaart oder bewimpert (Federgras), Ährchen sehr lang, einblütig, Hüllspelzen sehr lang zugespitzt.

Federgras (*Stipa pennata*).

4. 2.3. **Ährchen normal begrannt.**

4. 2.3.1. **Ährchen mit Deckspelzenrückengranne.**
Hüllspelzen fast ebenso lang wie das Ährchen oder auch länger.

Hafer-Arten.

Da die Hafergräser durch die Rückengranne und die langen Hüllspelzen eindeutig charakterisiert sind, werden sie hier geschlossen behandelt, also nicht nur die doppeltraubigen Glatthafer, Flaumhafer, Wildhafer, sondern auch der Goldhafer, der ein echtes Rispengras ist, und der Trifthafer, der bereits unter 4.1.2. bei den Einfachtraubigen behandelt wurde, wird hier mit einbeschlossen.

- Ährchen mit einer Granne, an sich zweiblütig, aber die obere Blüte zwittrig und grannenlos, die untere männlich mit langer Granne, Ährchen groß,

Ährchenansatz spindelfern,
einfache bis doppelte, auf fast allen Stufen vielästige Traube.

Glatthafer (*Arrhenatherum elatius*).

- Ährchen mit zwei zarten Grannen (zweiblütig), mittelgroß, aufrecht,
  Ährchenansatz spindelnah.
  Echte Rispe mit vielen Abästungen je Stufe, die einzige rispige Haferart.

Goldhafer (*Trisetum flavescens*).

- Ährchen mit zwei oder drei Grannen (zwei- bis dreiblütig),
  Ährchen sehr groß, hängend, Hüllspelzen viel länger als das Ährchen,
  Ährchenachse und Deckspelze stark behaart,
  Ährchenansatz spindelfern.
  Große einfache bis doppelte Traube mit vielen, quirligen Abästungen auf den unteren Stufen.

Wildhafer (*Avena fatua*).

- Ährchen mit meist drei purpurroten Grannen (drei- bis vierblütig), Ährchen sehr groß,
  Ährchenansatz spindelnäher.
  Einfache bis doppelte Traube mit mehreren bis vielen Abästungen auf den unteren Stufen.

Flaumhafer (*Avenochloa pubescens*).

- Ährchen mit vier Grannen, meist vierblütig,
  Ährchen sehr groß, nicht abspreizend, sondern der Spindel anliegend,
  Ährchenzahl gering, Ährchenansatz spindelnah.
  Einfache, ein- bis zweiästige, aufrechte Traube.

Trifthafer (*Avenochloa pratensis*).

4. 2.3.2. **Ährchen mit hoch, etwas unter der Spitze der Deckspelze angesetzter Rückengranne.**

Hüllspelzen klein.

Trespengräser (*Bromus*-Arten).

Hierher gehören alle Trespen, mit Ausnahme der Weichen, Verwechselten und der Trauben-Trespe, die bereits bei den Gräsern mit einfacher Traube unter 4.1.3. abgehandelt wurden und der Wehrlosen Trespe, die unbegrannt ist, die wir aber trotzdem hier bringen, auch wenn das an sich einfache Merkmal des Grannenansatzes in dem einen Fall versagt. Nicht immer ist aber auch der Grannenausgangspunkt so ohne weiteres festzustellen, besonders im Vergleich zu den Schwingelgräsern (*Festuca*-Arten), deren Granne direkt von der Spitze ausgeht. Durch zwei weitere Merkmale sind aber alle Trespen hinreichend gekennzeichnet. Im Gegensatz zu den Schwingelarten haben sie nur bis zu vier Einzelährchen an der Blütenstandsspitze, sowie mehr als zwei Abästungen auf den unteren Stufen. Eine Ausnahme bildet die Rauhe Trespe (*Bromus benekenii* (*Br. asper*)) mit ebenfalls nur zwei Abästungen auf den unteren Stufen wie die Schwingelarten.

4. 2.3.2.1. Blütenstand aufrecht.

- Einfache bis doppelte, etwas steife, ausgesprochen aufrechte Traube,
  Abästungen auf den unteren Stufen drei bis fünf,
  Ährchen vielblütig, schmal-lanzettlich, plattgedrückt,
  Grannen etwa halb so lang wie die Deckspelze.

Aufrechte Trespe (*Bromus erectus*).

- Einfache bis doppelte, nicht so steif-aufrechte, oft etwas durchhängende Traube,
  Abästungen auf den unteren Stufen viele,
  Ährchen sehr groß, vielblütig, spindelförmig,
  Deckspelze ohne Grannen, höchstens grannenspitzig.
  Einzige Trespe ohne Granne (*inermis*).

Wehrlose Trespe (*Bromus inermis*).

4. 2.3.2.2. Blütenstand ausgesprochen hängend.

- Einfache bis doppelte, nach allen Seiten sehr überhängende Traube,
  Abästungen quirlständig, viele,
  Ärchenansatz sehr spindelfern,
  Ährchen sehr groß, annähernd lineal, oft rötlich gefärbt,
  Grannen fast so lang wie die Deckspelze.

Ackertrespe (*Bromus arvensis*).

- Einfache, seltener doppelte, nach allen Seiten sehr graziös spreizende, vielästige Traube,
  Ährchenansatz spindelfern, Ährchenanzahl gering,
  Ährchen groß, vielblütig, zur Spitze sich spachtelförmig verbreiternd, platt,
  Granne auffällig länger als die Deckspelze.

Taube Trespe (*Bromus sterilis*).

- Einfache bis doppelte, vielästige Traube oder auch echte Rispe, nach einer Seite schlaff überhängend,
  Ährchen mehr- bis vielblütig, zur Spitze sich spachtelförmig verbreiternd, platt, zahlreich,
  Granne so lang wie die Deckspelze.

Dachtrespe (*Bromus tectorum*).

- Einfache bis doppelte Traube in auffällig weitem Bogen überhängend,
  Abästungen auf den unteren Stufen nicht viele wie bei allen anderen Trespen, sondern höchstens zwei wie auch bei den Schwingelarten,
  Ährchenansatz spindelfern, Ährchenanzahl gering,
  Ährchen mehrblütig, länglich-lanzettlich,
  Granne etwa von Deckspelzenlänge oder länger.

Rauhe Trespe (*Bromus benekenii* (*Br. asper*).

- Doppeltraube, vor der Blüte zusammengezogen, in der Blüte mit abstehenden Ästen und nur nach der Blüte überhängend,
  Abästungen auf den unteren Stufen meist fünf, drei längere und zwei kürzere Äste,
  Ährchen vielblütig, eiförmig-länglich,
  Granne kürzer als die Deckspelze, oft etwas geschlängelt,
  Deckspelze in der Fruchtzeit eingerollt.

Roggentrespe (*Bromus secalinus*).

4. 2.3.3. **Ährchen mit Spitzengranne,**
Schwingel-Gräser (*Festuca*-Arten).

Streng genommen gehören nicht alle Schwingelgräser ohne weiteres hierher. So hat u. a. der Wiesenschwingel keine Grannen, und der Rohrschwingel ist nur grannenspitzig. Zur Charakterisierung ziehen wir daher ein weiteres Merkmal, die Ästigkeit des Blütenstandes, heran. Im Gegensatz zu den Trespen haben die Schwingelgräser nur zwei Abästungen auf den unteren Stufen und mindestens vier, meist aber mehr Einzelährchen an der Blütenstandsspitze.

- Grannen sehr lang, mehr als doppelt so lang wie die Deckspelze, schlängelig.
  Lange, schlanke, überhängende, rispige Doppeltraube,
  Abästungen ein bis zwei,
  Ährchenansatz spindelfern,
  Ährchen sehr groß, mehr- bis vielblütig.

Riesenschwingel (*Festuca gigantea*).

- Grannen kürzer, nicht so lang wie die Deckspelze.
  Lockere, an der Spitze oft überhängende Doppeltraube bis Rispe,
  zwei Abästungen auf jeder Stufe, der längere Ast der untersten Stufe halb so lang wie der gesamte Blütenstand,
  Ärchen mehr- bis vielblütig.

Verschiedenblättriger Schwingel (*Festuca heterophylla*).

- Grannen kurz, höchstens halb so lang wie die Deckspelze.
  Einfache bis doppelte, aufrechte Traube,
  ein bis zwei Abästungen auf den untersten Stufen, der längere Ast der untersten Stufe halb so lang wie der gesamte Blütenstand,
  Ährchen mehrblütig, meist violett angelaufen.

Rotschwingel (*Festuca rubra*).

- Grannen kurz, etwa halb so lang wie die Deckspelze.
  Einfache bis doppelte, aufrechte Traube, vor und nach der Blüte zusammengezogen,
  auf jeder Stufe nur ein Ast, unterster Ast höchstens ein Drittel so lang wie der Blütenstand,
  Ährchen mittelgroß, mehr- bis vielblütig.

Schafschwingel (*Festuca ovina*).

- Ährchen ohne Grannen, Deckspelze grannenspitzig.
  Große, an der Spitze etwas überhängende rispige Doppeltraube,
  Abästungen auf den unteren Stufen zwei, deren längerer Ast reichährig, der kürzere Ast mindestens mehrährig,
  Ährchen mehrblütig, von mehr plumper Gestalt.

Rohrschwingel (*Festuca arundinacea*).

- Ährchen ohne Grannen, Deckspelze auch nicht grannenspitzig.
  Einfache bis doppelte, aufrechte Traube, vor und nach der Blüte einseitswendig zusammengezogen,
  Abästungen auf den unteren Stufen zwei, deren längerer Ast mit 4—6 Ährchen, der kürzere Ast mit 1—3 Ährchen,
  Ährchen länglich, nicht plump, vielblütig.

Wiesenschwingel (*Festuca pratensis*).

4. 3. **Blütenstand mit mehrmals verzweigten Seitenästen.**

Ährchen sitzen an Stielen an der Blütenstandsachse, die nicht einmal verzweigt sind, wie bei der Doppeltraube, sondern stets zweimal und mehr (**echte Rispe**).

Eine echte Rispe haben sehr viele Gräser, nicht nur die eigentlichen „Rispengräser“ (*Poa*-Arten), sondern auch die Straußgräser (*Agrostis*-Arten), Reitgräser (*Calamagrostis*-Arten),

Honiggräser (*Holcus*-Arten), Schmielen (*Deschampsia*-Arten und *Aira*-Arten), Mannagräser (*Glyceria*-Arten) und eine Reihe anderer mehr oder weniger wichtiger Gräser. Von den *Poa*-Arten besitzen zwar nicht alle Gräser eine echte Rispe, so sind die Blütenstände der Hainrispe (*Poa nemoralis*) und der Sumpfrispe (*Poa palustris*) mehr traubig. Trotzdem sollen auch diese bei den echt Rispigen geschlossen mitbehandelt werden. Sie sind durch die kleinen, vielblütigen, unbegrannten Ährchen hinreichend charakterisiert.

4\. 3.1. **Ährchen einblütig.**

4\. 3.1.1. Rispe auf den unteren Stufen nur zweiästig, Rispe allseitswendig, aufrecht, Äste der Spindel anliegend, nur zur Blütezeit abspreizend,
Ährchenansatz spindelnah, Äste dicht mit Ährchen besetzt, Blüten ohne Grannen.

Rohrglanzgras (*Phalaris arundinacea*).

4\. 3.1.2. Rispe auf den unteren Stufen vielästig.

4\. 3.1.2.1. Ährchenansatz ausgesprochen spindelfern, nur am Ende der Äste mit Ährchen besetzt,
Rispenäste regelmäßig kürzer und länger, sehr dünn und namentlich bei der Samenreife sehr überhängend,
Ährchenzahl nicht groß, Blüten ohne Granne.

Flattergras (*Milium effusum*).

4\. 3.1.2.2. Ährchenansatz spindelnah.

4\. 3.1.2.2.1. **Blüten ohne Blütenhaare.**
Straußgräser (*Agrostis*-Arten).
Ährchen halb so groß wie bei den *Calamagrostis*-Arten.

Blüten ohne Granne.

- Rispe mit vielen Abästungen auf den untersten Stufen, meist 7 in geregelter Anordnung und Länge (siehe Bildtafel S. 66),
  Rispenäste 2. und 3. Ordnung spitzwinklig angesetzt,
  Rispe nur in der Blüte ausgebreitet,
  Ährchen zahlreich.

Weißes Straußgras (*Agrostis alba*).

- Rispe mit vielen Abästungen auf den unteren Stufen in geregelter Anordnung und Länge,
  Rispenäste 2. und 3. Ordnung gabelig, Gabeläste einen stumpfen Winkel bildend,
  Rispe immer ausgebreitet, wie ein zarter rötlicher Schleier wirkend,
  Ährchen sehr zahlreich.

Rotstraußgras (*Agrostis tenuis*).

Blüten mit Grannen.

- Grannen lang aus dem Ährchen ragend, mindestens viermal so lang wie das Ährchen, dadurch auffallend gekennzeichnet und von den übrigen *Agrostis*-Arten unterschieden,
  Granne etwas unter der Deckspelzenspitze angesetzt,
  Rispenäste nur der 2. und 3. Ordnung nach der Blüte zusammengezogen,
  Abästungen auf den unteren Stufen zahlreich,
  Ährchen zahlreich.

Windhalm (*Apera* (*Agrostis*) *spica-venti*)

● Rückengranne etwas aus dem Ährchen ragend,
Abästungen auf den unteren Stufen viele, kürzer und länger,
Rispe wie bei *A. alba* nur zur Blütezeit ausgebreitet, Ährchen zahlreich

Hundsstraußgras (*Agrostis canina*).

4. 3.1.2.2.2. **Blüten mit Blütenhaaren.**

Reitgräser (*Calamagrostis*-Arten).
Ährchen doppelt so lang wie bei den *Agrostis*-Arten, begrannt.

Granne nicht aus dem Ährchen ragend.

● Haarkranz am Grunde der Blüten länger als die Deckspelze, fast so lang wie die Hüllspelzen, Granne kurz, rückenständig, länger als die Deckspelze, aber die längeren, pfriemlichen, grannenspitzigen Hüllspelzen nicht überragend,
Rispe steif, aufrecht, nur in der Blütezeit ausgebreitet, mehrere, mindestens drei Abästungen in typischer Anordnung und Länge auf den unteren Stufen,
Ährchen geknäuelt angesetzt, zahlreich.

Sandrohr (*Calamagrostis epigejos*).

● Haarkranz am Grunde der Blüten länger als die Deckspelze, aber kürzer als die Hüllspelzen.
Hüllspelzen ungleich lang, aber doppelt so lang wie die Deckspelze, nicht pfriemlich, sondern flächig,
Granne sehr kurz, endständig in einer Ausrandung der Deckspelze sitzend, kaum länger als diese,
Rispe schlaff, etwas seitlich überhängend, mit mehr als drei Abästungen auf den unteren Stufen,
Ährchen sehr zahlreich, nicht geknäuelt angesetzt.

Schmalblättriges Reitgras (*Calamagrostis canescens*).

● Haarkranz am Grunde der Blüte von Deckspelzenlänge, Hüllspelzen lanzettlich zugespitzt, Granne fast grundständig, etwas länger als die Deckspelze, länger als bei *C. canescens*, Rispe schlaff, ähnlich wie bei C. canescens,
Ährchen zahlreich, meist violett.

Wolliges Reitgras (*Calamagrostis villosa*).

Granne aus dem Ährchen ragend.

● Haarkranz am Grunde der Blüte kurz, etwa $^1/_3$ der Deckspelzenlänge und spärlich,
Granne grundständig, weit aus dem Ährchen ragend,
Deckspelze nur etwas kürzer als die derben Hüllspelzen,
Rispe groß, aufrecht, nur zur Blütezeit ausgebreitet, mit vielen Abästungen auf den unteren Stufen,
Ährchen zahlreich.

Waldreitgras (*Calamagrostis arundinacea*).

● Haarkranz am Grunde der Blüte von Deckspelzenlänge und reichlich,
Granne grundständig, die Hüllspelzen wenig überragend,
Deckspelze nur etwas kürzer als die stumpfen Hüllspelzen,

Rispe lang und schmal, vor und nach der Blüte zusammengezogen, ähnlich wie *C. arundinacea*,
Ährchen zahlreich.

Bergreitgras (*Calamagrostis varia*).

4. 3.2. **Ährchen zweiblütig.**

4. 3.2.1. Blüten ohne Grannen.

Rispe aufrecht, schieferblau, nur zur Blütezeit ausgebreitet,
Abästungen zahlreich, völlig regellos, auch in der Stufenverteilung,
Ährchen zahlreich, den Ästen typisch anliegend.

Pfeifengras (*Molinia caerulea*).

4. 3.2.2. Blüten mit Grannen.

4. 3.2.2.1. Nur eine Blüte im Ährchen mit Granne.

Honiggräser (*Holcus*-Arten).

- Die obere, taube Blüte mit aus dem Ährchen herausragender, gerader Rückengranne, Rispe nur während der Blüte abspreizend, sonst fast scheinährig wirkend, da sich die Seitenäste vor und nach der Blüte der Achse enger anlegen, wenig-, meist 2ästig **auf den** unteren Stufen,
  Ährchen mittelgroß, nicht so zahlreich.

Weiches Honiggras, Hochmoorquecke (*Holcus mollis*).

- Die obere, taube Blüte mit an der Spitze hakig gebogener Rückengranne, die nicht aus dem Ährchen hervortritt, sondern von den Hüllspelzen eingeschlossen wird,
  Rispe spreizt wie bei *H. mollis* nur während der Blüte ab und wirkt ebenfalls sonst wie eine Scheinähre, wenig-, meist 2ästig auf den unteren Stufen,
  Ährchen klein, zahlreich.

Wolliges Honiggras (*Holcus lanatus*).

4. 3.2.2.2. Beide Blüten im Ährchen mit Grannen.

4. 3.2.2.2.1. Rückengranne keulenförmig endend und in der Mitte mit einem behaarten Knoten.
Grannen bleiben von den Hüllspelzen im Ährchen eingeschlossen,
Rispe silberfarbig (Silbergras), oft rötlich überlaufen, nur in der Blüte gespreizt, vor und nach der Blüte ährenförmig zusammengezogen, wenigästig,
Ährchenansatz spindelnah, Ährchen klein.

Silbergras, Igelgras (*Corynephorus canescens*).

4. 3.2.2.2.2. Grannen nicht keulenförmig endend,
Nebenäste 2. und 3. Ordnung der Rispe immer zu zweien abgehend,
Ährchenansatz ausgesprochen spindelfern.

Schmielengräser (*Deschampsia*-Arten).

- Grundgrannen ragen deutlich aus dem Ährchen heraus,
  Rispe rötlich, mit zwei Abästungen auch auf den einzelnen Spindelstufen,
  Rispenäste mehr oder weniger steif und geschlängelt,
  Ährchenzahl gering, Ährchen klein — mittelgroß.

Drahtschmiele (*Deschampsia flexuosa*).

- Grundgrannen ragen nicht aus dem Ährchen heraus,
  Rispe mit 5 und mehr Abästungen auf den unteren Stufen,
  Rispenäste zart, nicht steif, sondern überhängend,
  Ährchen zahlreich, sehr klein.

Rasenschmiele (*Deschampsia caespitosa*).

Hierher gehört an sich auch der Goldhafer (*Trisetum flavescens*), den wir bei den Haferarten mit abgehandelt haben: Rückengranne nicht Grundgranne wie bei *D. flexuosa*, dem „falschen" Goldhafer, Granne weit aus dem Ährchen ragend, Rispe vielästig, Ährchenansatz spindelnah, Ährchen zahlreich.

4. 3.3. **Ährchen dreiblütig.**

Rispe aufrecht, locker, mit wenigen, meist 2 Ästen auf den unteren Stufen, Äste geschlängelt,
Ährchen glockenförmig, aufrecht, bräunlich glänzend, die beiden unteren Blüten im Ährchen männlich, mit sehr kurzer, unter der Spitze der Deckspelze angesetzter Granne, die obere Blüte zwittrig, ohne Granne. Hüllspelzen trockenhäutig, glänzend, das Ährchen einschließend.

Duftendes Mariengras (*Hierochloë odorata*).

4. 3.4. **Ährchen mehr- und vielblütig.**

4. 3.4.1. Rispe mit ausgesprochen geknäuelt angesetzten Ährchen, einseitswendig, meist auf allen Stufen ein-, selten zweiästig, Äste steif,
Ährchenansatz auf den unteren Stufen spindelfern.
Ährchen mittelgroß, 3- bis 4blütig, Deck- und Hüllspelze grannenspitzig.

Knaulgras (*Dactylis glomerata*).

4. 3.4.2. Rispe nicht mit geknäuelt angesetzten Ährchen, allseitswendig,
mehr oder vielästig.

4. 3.4.2.1. Rispe unregelmäßig vielästig,
Ährchen schmal, lang, zahlreich, 3- bis 7blütig, unterste Blüte im Ährchen männlich und unbehaart, oberste Blüten zwittrig mit langen weißen, steifen Haaren unterhalb der Blüten, die aber erst zur Blütezeit sichtbar werden, Deckspelzen lang, grannenspitzig.

Schilfrohr (*Phragmites australis*).

4. 3.4.2.2. Rispe ein- bis regelmäßig mehrästig, ohne Haare unterhalb der Blüten,
Deckspelzen am Rücken typisch gekielt, spitz auslaufend, Ährchen klein bis mittelgroß.

Die eigentlichen Rispengräser (*Poa*-Arten).

Abästungen auf den unteren Stufen regelmäßig, typisch 5sternig, (1 längerer Ast, 2 etwas kürzere, 2 noch kürzere Äste), auf den einzelnen Stufen abwechselnd Seiten versetzt, Rispe daher pyramidal aufgebaut.

● Rispe gedrungen,
Ährchen plump, mittelgroß, 3- bis 5blütig.

Wiesenrispe (*Poa pratensis*).

● Rispe und Ährchen lockerer und zierlicher als bei *Poa pratensis*,
Ährchen nicht plump, sondern schlank, 3- bis 4blütig.

Gemeine Rispe (*Poa trivialis*).

● Rispe lang, locker aufgebaut, etwas überhängend, nur zur Blütezeit ausgebreitet,
Äste rauh,
Ährchen groß, 4- bis 5blütig.

Bergrispe (*Poa chaixii*).

Abästungen nicht regelmäßig 5sternig.

● Abästungen auf den unteren Stufen zahlreich (stark wechselnd), Rispe pyramidenförmig, aber mit etwas hängenden, sehr dünnen Ästen,
Ährchen klein, 3- bis 4blütig, Deckspelzenspitze deutlich gelb abgesetzt.

Sumpfrispe (*Poa palustris*).

● Abästungen auf den unteren Stufen nicht zahlreich, meist nur drei, jedenfalls nie regelmäßig fünf.
Blütenstand steif, eine Doppeltraube bis echte Rispe.
Ährchenansatz spindelnah, daher Rispe nicht von pyramidaler Form, sondern mehr walzlich,
Ährchen klein, aber vielblütig.

Platthalmrispe (*Poa compressa*).

● Abästungen auf den unteren Stufen meist nur drei.
Blütenstand eine lockere Doppeltraube bis echte Rispe.
Rispe nicht walzlich, sondern zierlich, untere Äste lang und überhängend,
Ährchenansatz spindelfern,
Ährchenzahl gering, Ährchen klein, 2- bis 5blütig.

Hainrispe (*Poa nemoralis*).

● Auf den unteren Stufen nur 1 Ast, im Unterschied zu allen anderen *Poa*-Arten, nur gelegentlich auch 2 Äste. Blütenstand eine echte Rispe, Äste senken sich nach der Blüte typisch nach unten,
Ährchen mittelgroß, 2- bis 5blütig.

Jährige Rispe (*Poa annua*).

4. 3.4.2.3. Rispe zwei-, bis mehr-, bis vielästig,
Ährchen mehr- bis vielblütig, Deckspelze nicht gekielt, wie bei den *Poa*-Arten, sondern rundlich, an der Spitze nicht spitz auslaufend, sondern stumpf, typisch für die Schwadengräser.

Schwaden- oder Mannagräser (*Glyceria*-Arten).

● Rispe sehr groß, aufrecht-abstehend, allseitswendig, vielästig,
Ährchen zahlreich, ausgesprochen groß, vielblütig.

Hohes Mannagras (*Gylceria maxima*).

- Rispe viel kleiner, nicht allseitswendig, sondern einseitswendig-wechselseitig, Abästungen mehr als zwei auf den unteren Stufen, während der Blüte waagerecht gespreizt (Spreizschwaden), nach der Blüte nach unten gesenkt. Die einzelnen Spindelstufen sehr weit auseinander (charakteristisch),
  Ährchenansatz spindelfern, Ährchen mittelgroß, schmallänglich, 4- bis 6blütig.

Salz- oder Spreizschwaden (*Puccinellia* (*Glyceria*) *distans*).

- Blütenstand meist eine Doppeltraube, selten rispig,
  Abästungen meist nur zwei auf den untersten Stufen,
  Ährchen sehr lang, schmallänglich, den Tragästen angeschmiegt, diese vor und nach der Blüte der Spindel mehr oder weniger anliegend, dadurch eine sehr schlanke Traube. Äste nur zur Blütezeit waagerecht abstehend,
  Ährchen 7- bis 15blütig.

Flutendes Mannagras (*Glyceria fluitans*).

Zweiter Teil:

Die Darstellung der einzelnen Gräser in Wort und Bild

Blütenstand: eine aufrechte, unterbrochene echte Ähre, wie bei den *Lolium*-Arten, deren Ährchen aber nlcht mit der Schmalseite, sondern mit der Breitseite der Ährenachse anliegen.

Ährchen: groß, meist 5blütig, beide Hüllspelzen etwa halb so lang wie das Ährchen, zugespitzt. Deckspelze grannenspitzig oder kurz begrannt.

Same (Spelzfrucht): **groß,** 7 bis 12 mm lang, **länglich-zugespitzt** mit steifer **Grannenspitze** oder kurzer Granne. Vorspelze etwas kürzer als die Deckspelze, an den Kielen etwas eingekerbt und bewimpert. Stielchen verschieden lang, meist **kurz** mit **tellerförmiger** Vertiefung am Ende und meist etwas behaart.

Chromosomenzahl 2n = 28, 42

Blatt: Spreite mittelbreit, 3 bis 10 mm, schwach gerieft.
Jüngstes Blatt gerollt.
Blätter **mit derben, kralligen Öhrchen,**
Blattscheide offen.
Blatthäutchen **sehr kurz, gerade abgeschnitten,** fein gezähnelt (Lupe!).

Die Behaarung ist wechselnd.

Erste Gruppe: **Leichtkenntliche Gräser**

1. Echte Quecke, Gemeine Quecke (*Agropýron répens* (L.) P. B. — *Tríticum répens* L., *Elytrígia répens* (L.) Desv.) Beschreibung S. 235

Ausdauernd. **Mit langen unterirdischen Ausläufern.** Höhe bis über 1 m. Blüte Juni/Juli. Reife mit dem Winterroggen. Schlimmes Ackerungras. Auch auf dem Grasland allgemein überall auftretend und mit zunehmender Stickstoffdüngung stärker hervortretend. Im Saatgrasbau ebenfalls als Ungras zu werten.

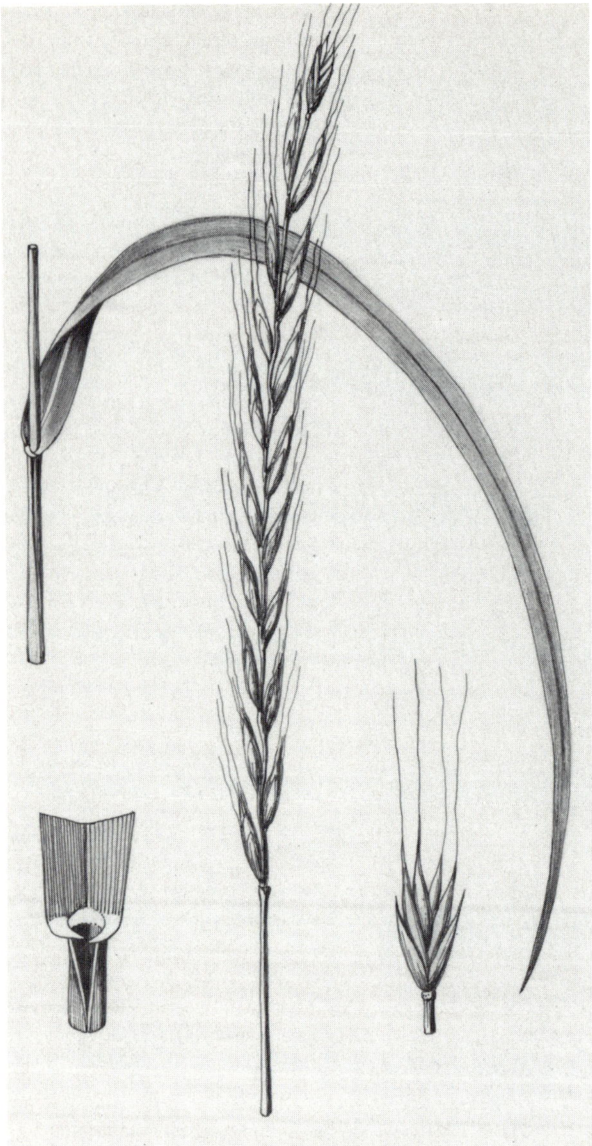

Blütenstand: eine lange, meist etwas überhängende, unterbrochene echte Ähre, wie bei den *Lolium*-Arten, deren Ährchen aber mit der Breitseite und nicht mit der Schmalseite der Ährenachse anliegen.

Ährchen: groß, 10—20 mm lang, länglich, mehr- (3—5) blütig. Hüllspelzen grannenspitzig, Deckspelze mit langer, zarter, geschlängelter Granne von doppelter Spelzenlänge.

Chromosomenzahl 2n = 28

Blatt: Spreite mittelbreit—breit, 4 bis 13 mm, **oberseits graugrün,** matt, **unterseits dunkelgrün glänzend, rauh** (*A. repens* unterseits dagegen glatt), sich auch nach der Basis verjüngend.
Jüngstes Blatt gerollt.
Blätter mit Öhrchen, aber weich und häutig und nicht so krallig wie bei *A. repens.*
Blattscheide offen.
Blatthäutchen weiß und häutig.
Behaarung wechselnd.

Sechste Gruppe: **Gräser mit Zwenkenblättern**

2. Waldquecke, Hundsquecke (*Agropýron canínum* (L.) P. B. — *Tríticum canínum* L., *Roegnéria canína* (L.) Nevski) Beschreibung S. 238

Ausdauernd. **Horstig.** Höhe bis etwa 1 m. Blüte Juni/Juli. Ein ansehnliches Waldgras auf frischen bis feuchten, nährstoffreichen, humosen Böden. Landwirtschaftlich ohne Bedeutung.
Die einzige bei uns vorkommende *Agropyron*-Art ohne Ausläufer.

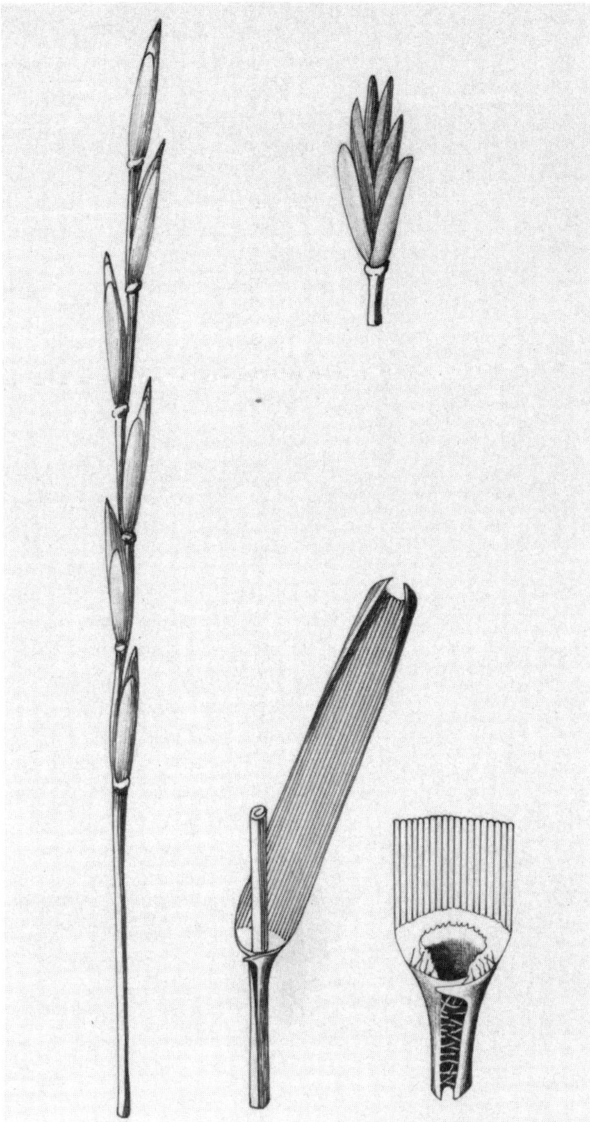

Blütenstand: eine unterbrochene echte Ähre, deren Ährchen mit der Breitseite der Ährenachse anliegen.

Ährchen: sehr groß, bis 3 cm lang, viel-(5–8)blütig, breit auseinandergehend. Hüllspelzen 2/3 so lang wie das Ährchen, typisch stumpf an der Spitze ebenso wie die Deckspelze, diese unbegrannt.

Chromosomenzahl 2n = 28

Blatt: mittelbreit, 2–6 mm, weißlichgraugrün, mit dicken Riefen und vielen Reihen sammetweicher Haare, steif, bei Trockenheit binsenartig zusammengerollt.

Jüngstes Blatt gerollt.
Blätter mit häutigem Öhrchen.
Blattscheide rund, offen.
Blattscheidenrand dicht mit Haaren besetzt.
Blatthäutchen ein deutlicher, gezähnelter Kragen.

Achte Gruppe: **Gräser mit Riefenblättern**

3. Binsenquecke, Strandweizen (*Agropýron júnceum* (L.) P. B., *Tríticum júnceum* L., *Elytrígia júncea* (L.) NEVSKI) Beschreibung S. 239, 252

Ausdauernd. **Mit langen, weißen unterirdischen Ausläufern.** Höhe bis 1 m. Blüte Juni/August. Gehört zusammen mit *Ammophila arenaria*, *Leymus arenarius* zu den häufigsten und wichtigsten Dünengräsern vor allem der Nordsee.

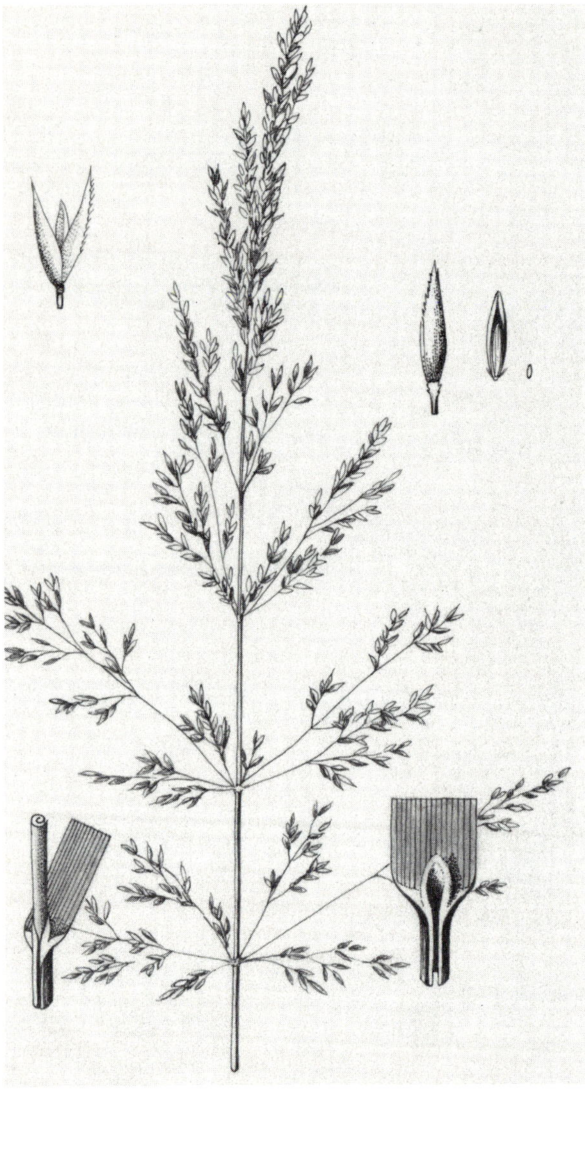

Blütenstand: eine echte Rispe mit sehr vielen Abästungen auf den unteren Stufen. Diese oft sehr regelmäßig, wie die Abbildung zeigt: 1 langer Ast nach vorn, 2 kürzere nach vorn, 2 kürzere nach hinten und 2 noch kürzere dazwischen. Rispenäste 2. und 3. Ordnung, spitzwinklig voneinander abstehend.
Bei *A. gigantea* Rispenäste auch nach der Blüte ausgebreitet,
bei *A. stolonifera* Rispenäste nur während der Blüte ausgebreitet.
Ährchenansatz spindelnah.

Ährchen: sehr klein, sehr zahlreich, einblütig, Hüllspelzen länger als die Deckspelze. Deckspelze bedeutend länger als die Vorspelze, unbegrannt.

Same (Spelzfrucht): 1,5—2 mm lang. Spelzen sehr zart, silberglänzend, lassen die braune Caryopse durchscheinen. Deckspelze an der Basis fein behaart.
TKM 0,08 g
Manchmal auch Ährchenfrüchte (links), zu erkennen an dem Rest des Ährchenstiels.

Chromosomenzahl 2n = 42

Blatt: Spreite schmal bis mittelbreit, 2—8 mm, fein, aber ausgesprochen gerieft.
Jüngstes Blatt gerollt.
Blätter unbehaart und ohne Öhrchen. Blattscheide offen.
Blatthäutchen weißlich, **lang**, eirund spitz
Achte Gruppe: **Gräser mit Riefenblättern**

4. Weißstraußgras (*Agróstis álba* aut. (non L.) p. p.) Beschreibung S. 157

Sehr formenreich, ausdauernd, mit **kürzeren unterirdischen Ausläufern** (Echtes Weißstraußgras), mit **längeren und oberirdischen Ausläufern** (Flechtstraußgras), Höhe bis 1 m, Blüte Ende Juni/Anfang Juli, Reife mit dem Hafer.
Als **Echtes Weißstraußgras** (*A. gigantéa* Roth) eines der besten Futtergräser des feuchten und zur Nässe neigenden Graslandes. In der **Salzabart** (*A. alba* var. *marítima* Meyer) eines der häufigsten und besten Salzgräser. Als **Flechtstraußgras** (*A. alba* var. *stolonífera.* L.) ein Ungras auf zu nassen Äckern und auch auf dem Grasland.

Blütenstand: eine echte allseitswendige Rispe von rötlichem Schimmer mit sehr vielen Abästungen auf den unteren Stufen. Rispenäste erster Ordnung tangential abgehend, zweiter und dritter Ordnung meist gabelig und stumpfwinklig voneinander abstehend. Alle Rispenäste auch **vor** und **nach** der Blüte **ausgebreitet.**

Ährchen: sehr klein, 2—3 mm lang, einblütig, zahlreich. Hüllspelzen länger als die Deckspelze. Deckspelze ohne Granne, Ährchen ähnlich wie bei *A. gigantea.*

Same (Spelzfrucht): ähnlich wie bei *A. gigantea*, nur etwas kleiner.

Chromosomenzahl 2n = 28

Blatt: Spreite schmal bis mittelbreit, 2—5 mm, ausgebreitet, fein aber ausgesprochen gerieft.
Jüngstes Blatt gerollt.
Blätter unbehaart und ohne Öhrchen. Blattscheide offen.
Blatthäutchen gerade abgeschnitten, **kurz**, gestutzt.

Achte Gruppe: **Gräser mit Riefenblättern**

5. Rotstraußgras, Sandquecke (*Agróstis ténuis* SIBTH., *A. vulgaris* WITH.) Beschreibung S. 159

Sehr formenreich, ausdauernd, mit **kurzen und manchmal auch etwas längeren Ausläufern.** Höhe bis über 50 cm. Blüte Anfang Juli.
Als Sandquecke queckenartiges Ungras auf leichteren Äckern. Als Rotstraußgras nicht gerade schlechtes Futtergras auf trockenen Hutungen. Etwas wertvoller im Mittelgebirge in den mäßig gedüngten, frischen Rotstraußgras-, Rotschwingelwiesen und -weiden.

Blütenstand: eine nur zur Blütezeit ausgebreitete echte Rispe mit vielen Abästungen auf den unteren Stufen.

Ährchen: sehr klein, 2–3 mm lang, einblütig, zahlreich. Hüllspelzen länger als die Deckspelze. Deckspelze meist mit geknieter Rückengranne, die etwas aus dem Ährchen herausragt.

Same (Spelzfrucht): ähnlich wie bei *A. gigantea*, aber noch kleiner als *A. tenuis*, 1,3–1,6 mm lang, mit geknieter, 1–2 mm langer Rückengranne.

Chromosomenzahl 2n = 14

Blatt: Spreite sehr schmal bis schmal, 1–3 mm, oft borstenförmig zusammengefaltet, weich, **dünn**, gerieft, hellgraugrün.
Jüngstes Blatt gefaltet.
Blätter unbehaart und ohne Öhrchen.
Blattscheide offen.
Blatthäutchen zarthäutig, **lang**, schmal, spitz auslaufend.

Achte Gruppe: **Gräser mit Riefenblättern**

6. Hundsstraußgras, Sumpfstraußgras (*Agróstis canína* L.) Beschreibung S. 160

Ausdauernd. **Horstig und mit oberirdischen Ausläufern.** Höhe bis über 50 cm. Blüte Juni/Juli.
Man könnte das Gras fast für ein Horstgras mit Borstblättern halten. Aber es bildet nicht nur kleine büschelige Horste, aus denen Blütentriebe emporsteigen, sondern auch Triebe, die sich auf den Boden legen und an den Knoten Blattbüschel treiben. Auch sind die Blätter nicht wirklich borstig, sondern lassen sich, auch wenn sie zusammengefaltet sind, leicht entfalten.
Auf magerem, feuchtem bis nassem, heidigarmen Grünland häufig und manchmal sogar dichte Bestände bildend. Landwirtschaftlich ohne Bedeutung.

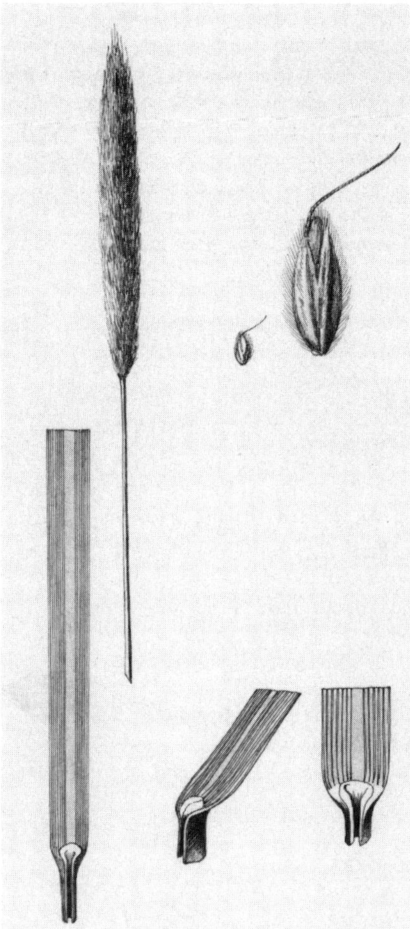

Blütenstand: eine bis über 10 cm lange, bis 10 mm breite, sehr dichte, seidige walzliche Scheinähre rispiger Herkunft, die sich nach oben und unten etwas verjüngt (die Zeichnung stellt also ein sehr kurzähriges Exemplar dar).

Ährchen: klein, 4—6 mm lang, abgeflacht, einblütig. Hüllspelzen so lang wie die Deckspelze bis über die Mitte verwachsen, am Kiel und auf den Rippen weichseidig behaart, Deckspelze mit weit aus dem Ährchen herausragender Grundgranne. Vorspelze fehlt. Alle *Alopecúrus*-Arten sind protogyn, d. h. die Narben sind vor den Staubbeuteln reif.

Same (Ährchenfrucht): 5—6 mm lang, flach, Hüllspelzen bis über die Mitte verwachsen, weich behaart, besonders an den Rippen. Diese bei der Reife sich rötlich verfärbend. Same streut leicht.

TKM 0,8 g, wenn unter 0,6 g, liegt Verdacht auf starken Gehalt an tauben Körnern bzw. Gallmückenlarvenbefall vor.

Chromosomenzahl 2n = 28

Blatt: Spreite mittelbreit bis breit, 4—10 mm, gerieft, aber **in der Mitte meist ein ungeriefter, schmaler Streifen,** sozusagen eine sehr breite Riefe, bis kurz vor der Spitze Blattränder parallel.
Jüngstes Blatt gerollt.
Blätter unbehaart und ohne Öhrchen.
Blattscheide offen.
Blatthäutchen kurz, derb, grünlich, gerade abgeschnitten.

Achte Gruppe: **Gräser mit Riefenblättern**

7. Wiesenfuchsschwanz (*Alopecúrus pratensis* L.) Beschreibung S. 164

Ausdauernd. **Ausgebreiteter Horst mit einigen kurzen Ausläufern.** Höhe bis über 1 m. Blüte Ende Mai. Reife sehr früh, 4—5 Wochen vor dem Roggen.

Wertvolles Mähegras gutfeuchter, nährstoffreicher Dauerwiesen. Kein Weidegras. Ohne Anbaubedeutung im Ackerfutterbau und im Saatgrasbau. Schwierige Saatguterzeugung.

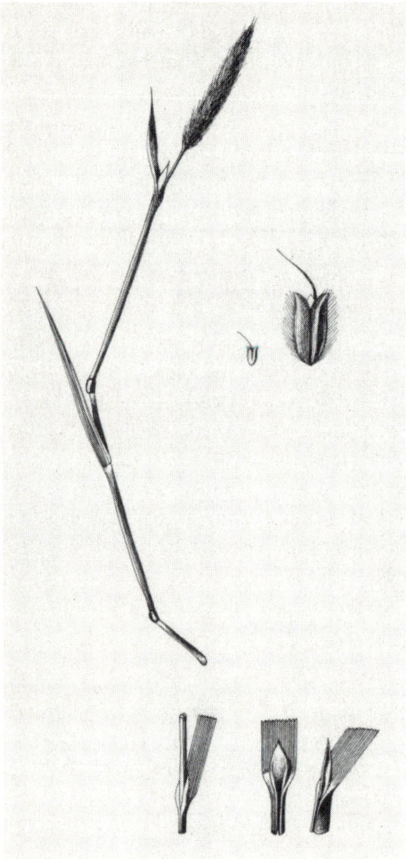

Blütenstand: eine kurze, zierliche, dichte Scheinähre rispiger Herkunft (ähnlich wie bei *A. pratensis*, aber viel kleiner).

Ährchen: klein, etwa 3 mm lang, einblütig, Hüllspelzen nur am Grunde verwachsen, behaart, Vorspelze fehlt. *A. geniculatus*: Deckspelzenrückengranne unterhalb der Mitte entspringend, lang aus dem Ährchen hervorragend, Staubbeutel gelb, später braun. *A. aequalis*: Hüllspelzen kaum verwachsen, Deckspelzenrückengranne aus der Mitte entspringend, nur etwas aus dem Ährchen herausragend, Staubbeutel ziegelrot, später bleich.

Same (Ährchenfrucht): etwa 3 mm lang, flach, Hüllspelzen nur am Grunde verwachsen, behaart.

Chromosomenzahl

A. geniculatus 2n = 28
A. aequalis 2n = 14

Blatt: Spreite schmal bis mittelbreit, 2—6 mm, **hoch** und **scharf** gerieft.
Jüngstes Blatt gerollt.
Blätter unbehaart und ohne Öhrchen.
Blattscheide offen.
Blatthäutchen groß, weiß, zart, sehr spitzdreieckig.

Halm: am Grund niederliegend und an den Knoten bewurzelt, dann knickig aufsteigend. Aus den bewurzelten Knoten manchmal Blattbüschel.

Achte Gruppe: **Gräser mit Riefenblättern**

8. Knickfuchsschwanz (*Alopecúrus geniculátus* L.) Beschreibung S. 165

Überjährig bis mehrjährig. Höhe bis 50 cm. Blüte von Anfang Juni an und wieder im August, im 2. Aufwuchs. Häufig nicht nur auf Überschwemmungsgrasland, sondern auch dort, wo Wasser zeitweilig ansteht. Dort nicht gerade wertlos.

9. Gelb- oder besser **Rotfuchsschwanz** (*Alopecúrus aequális* SOBOL. *A. fúlvus* SMITH) Beschr. S. 166

Überjährig bis mehrjährig. Höhe bis 50 cm. Blüte von Anfang Juni an. Sehr viel seltener als *A. geniculatus*, an ähnlichen Standorten vorkommend.
Die Färbung der Staubbeutel ist wohl das einzig sichere Unterscheidungsmerkmal zwischen beiden Arten.

Blütenstand: eine mehr oder weniger lange, schlanke, dicht besetzte, aber nicht seidige Scheinähre, wie *A. pratensis*, traubiger Herkunft.
Die Ährchen liegen zu zweien sich überdeckend der Ährenachse an.

Ährchen: klein, 4—7 mm lang, einblütig, Hüllspelzen bis zur Mitte verwachsen, kaum behaart. Vorspelze fehlt. Die Granne geht fast am Grunde der Deckspelze ab und ragt weit aus dem Ährchen hervor.

Same (Ährchenfrucht): 6—7 mm lang, Hüllspelzen bis zur Mitte verwachsen, hart und derb, schwach bewimpert und fast unbehaart. Deckspelzengrundgranne ragt weit hervor. Im Gegensatz zu den anderen *Alopecurus*-Arten ist der Same grob und daher aus gröberen Grassaaten wie Weidelgras, Schwingel, Trespen und Glatthafer nicht herauszureinigen.

Chromosomenzahl 2n = 14

Blatt: Spreite schmal bis mittelbreit, 2—8 mm, gerieft.
Jüngstes Blatt gerollt.
Blätter unbehaart und ohne Öhrchen.
Blattscheide offen.
Blatthäutchen ziemlich lang und gezähnelt.

Achte Gruppe: **Gräser mit Riefenblättern**

10. Ackerfuchsschwanz (*Alopecúrus myosuroídes* Huds., A. *agréstis* L.) Beschreibung S. 166

Überjährig und auch einjährig. **Horstig**, Höhe bis 80 cm. Blüte Juni und später.
Schlimmes, schwer zu bekämpfendes Ackerungras auf schweren Böden in feuchtem Klima.
Infolge des verstärkten Getreideanbaus wird er zu einer immer größeren Gefahr, auch im Grassamenbau.

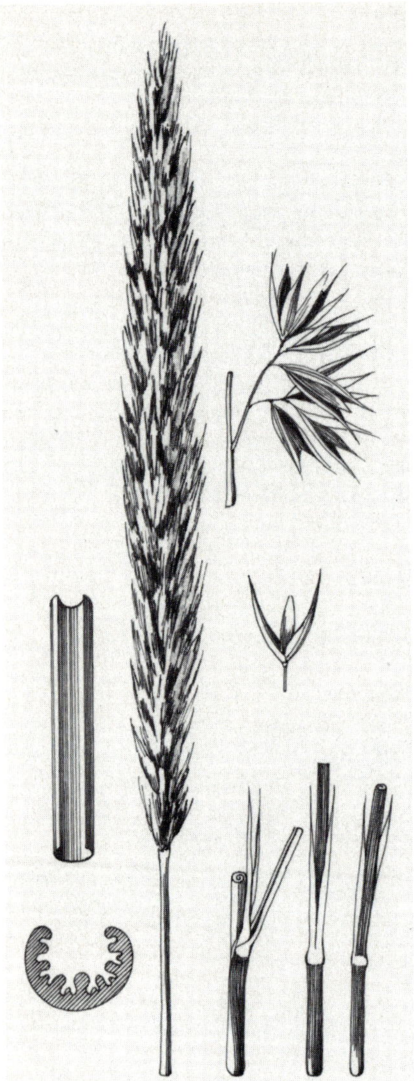

Blütenstand: eine große Scheinähre rispiger Herkunft

Ährchen: groß, 10—15 mm lang, einblütig, Blüte ohne Granne. Hüllspelzen lanzettlich-spitz, länger als die Blüte (Strandhafer), Deckspelze lanzettlich-stumpf, am Grunde etwas behaart.

Chromosomenzahl $2n = 28$

Blatt: Spreite schmal bis mittelbreit, bis 6 mm, gerieft, weißlich-graugrün, steif, bei Trockenheit mit eingerollten Rändern, dann borstig wirkend. Blätter kahl, zuweilen oberseits auf den Riefen ganz kurz weich haarig, ohne Öhrchen.
Blattscheide offen.
Blatthäutchen **außergewöhnlich lang, bis zu 3 cm, tief gespalten**

Achte Gruppe: **Gräser mit Riefenblättern**

11. Strandhafer, Schmaler Helm (*Ammóphila arenária* (L.) LINK) Beschreibung S. 252

Ausdauernd, **dichthorstig, mit weithin kriechenden, unterirdischen Ausläufern.** Höhe über 1 m. Blüte Juli.
Neben *Leymus arenarius* und *Agropyron junceum* das wertvollste Gras zur Festlegung der Dünen. Kommt dort von Natur vor und wird zu diesem Zwecke angepflanzt.

Blütenstand: eine lockere Scheinähre traubiger Herkunft.

Ährchen: mittelgroß, dreiblütig. Die mittlere, unbegrannte Blüte, eine Zwitterblüte mit 2 Narben und 2 Staubbeuteln, blüht aus dem geschlossenen Ährchen. Die beiden seitlichen Blüten bis auf die begrannten Spelzen verkümmerte männliche Blüten. Diese werden deshalb bisweilen auch Hüllspelzen genannt. Das Ährchen ist also danach einblütig mit vier Hüllspelzen, von denen die beiden inneren begrannt sind.

12. *Anthoxanthum odoratum* (links)

Same (Teilährchenfrucht): 3—4 mm lang. In der Mitte die glänzende rostbraune Caryopse, umgeben von den rostbraunen, behaarten und begrannten Deckspelzen der verkümmerten männlichen Blüten. Die eine Spelze mit gerader Granne, die andere mit gedrehter und geknieter Granne. Knie eben oberhalb des Ährchens.

Chromosomenzahl 2n = 20

13. *Anthoxanthum puelii* (rechts)

Same (Teilährchenfrucht): 2,5—3 mm lang. Sonst ähnlich wie bei *A. odoratum*, nur sind die Grannen länger, das Knie ist beträchtlich höher oberhalb des Ährchens angesetzt als bei *A. odoratum*.

Chromosomenzahl 2n = 10

Blatt: Spreite mittelbreit, mehr oder weniger gerieft, kurz, auch nach dem Grunde zu verjüngt.
Jüngstes Blatt gerollt.
Blattscheide offen und weichhaarig.
Blätter mit kleinen Öhrchen.
Blatthäutchen mittelgroß.

Blattgrund bärtig behaart, d. h. mit Haarbüscheln.

Erste Gruppe: **Leichtkenntliche Gräser**

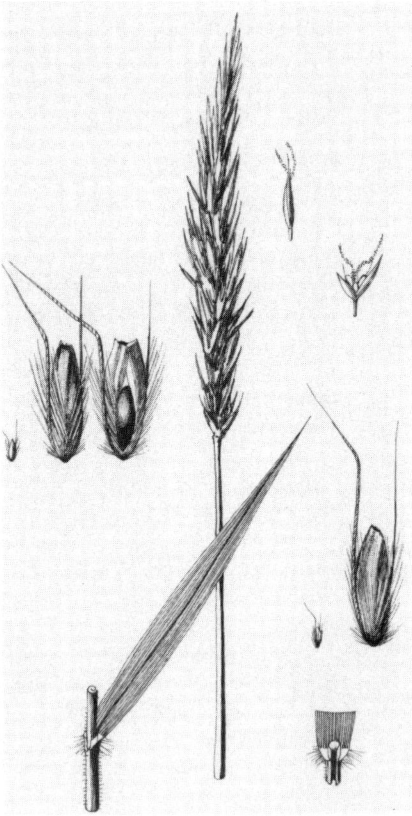

12. Wiesenruchgras (*Anthoxánthum odorátum* L.) Beschreibung S. 168

Ausdauernd. **Kleine blattarme Horste.** Höhe unter 50 cm. Blüte Mai.
Auf nährstoffarmen, vernachlässigten Wiesen und auch Weiden oft bestandbildend. Sehr mäßiges Futtergras mit Kumaringeruch

13. Ackerruchgras (*Anthoxánthum puélii* Lecoq et Lamotte, *A. aristatum* aut.) Beschreibung S. 168

Überjährig und auch einjährig. **Kleine Horste mit verzweigten, drahtigen Halmen.** Höhe bis über 50 cm. Blüte Mai.
Gefährliches Ungras, namentlich unter Roggen, fruchtet vor dem Roggen, aber auch in der Sommerung und in der Hackfrucht auf leichteren Böden.

Blütenstand: eine zierliche, luftige, aber sehr große echte Rispe, mit sehr vielen, besonders dünnen Ästen auf den unteren Stufen. Die Rispenäste zweiter und dritter Ordnung sind vor und nach der Blüte zusammengezogen.

Ährchen: sehr klein, 2,5 mm lang, einblütig, sehr zahlreich. Hüllspelzen ungleich lang, die längste länger als die Deckspelze, diese mit sehr hoch, etwas unter der Spitze angesetzter Granne, die bis viermal so lang wie das Ährchen ist.

Chromosomenzahl 2n = 14

Blatt: Spreite schmal bis mittelbreit, etwa 3—8 mm, stark gerieft.
Jüngstes Blatt gerollt.
Blätter unbehaart und ohne Öhrchen.
Blattscheide offen.
Blatthäutchen **lang, tief gefranst.**

Achte Gruppe: **Gräser mit Riefenblättern**

14. Windhalm (*Apéra spica-vénti* (L.) P. B., *Agróstis spica-vénti* L.) Beschreibung S. 160 .

Überjährig und auch einjährig. **Horstig** ohne Bodenblätter. Höhe bis weit über 1 m. Blüte Juni/Juli.

Weit verbreitetes und gefährliches Ackerungras auf leichteren Böden, insbesondere in der Winterung. Auch an Wegrändern und Ödstellen dortselbst häufig.

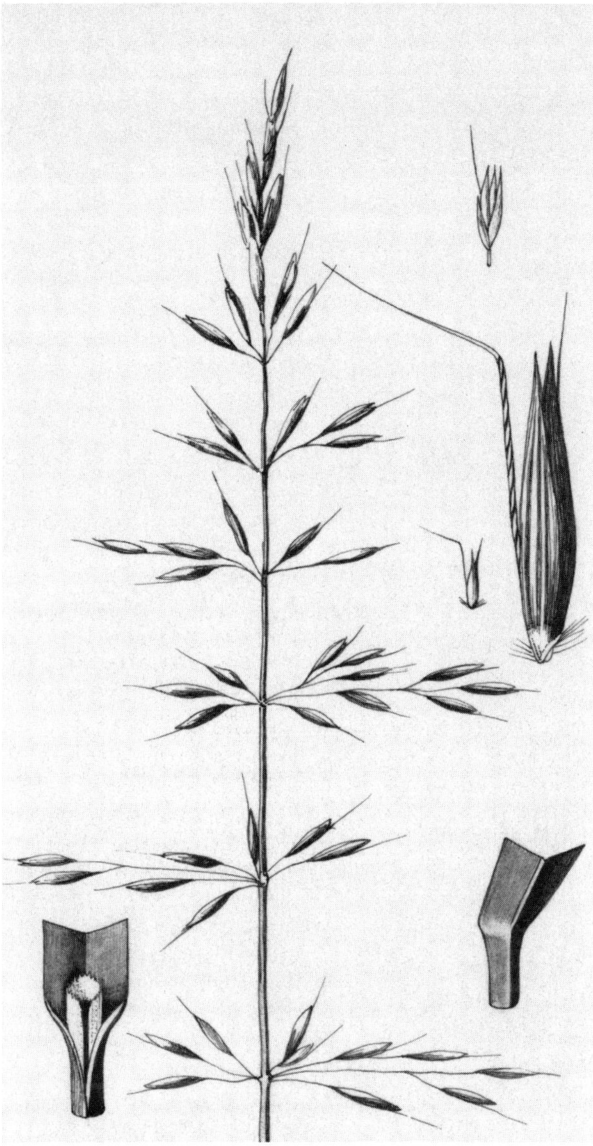

Blütenstand: eine einfache bis doppelte, allseitswendige, lockerbesetzte Traube, mit mehreren bis vielen Abästungen auf fast allen Stufen.

Ährchen: groß, zweiblütig, die eine Hüllspelze kürzer, die andere so lang wie das ganze Ährchen. Die untere Blüte männlich mit langer Rückengranne, die obere Blüte eine Zwitterblüte mit kurzer Granne oder auch grannenlos. Ährchenansatz: spindelfern.

Same (Doppelspelzfrucht): sehr groß, 7—9 mm lang, strohgelb, am Grunde borstig behaart, die untere taube „Spelzfrucht" mit gedrehter und geknieter Rückengranne, die obere „Spelzfrucht" mit kurzer Granne oder auch grannenlos.
TKM 3,5 g

Chromosomenzahl 2n = 28

Blatt: mittelbreit bis breit, 4 bis 10 mm, kaum gerieft, oberseits spärlich behaart (beim Biegen über den Finger sichtbar), bei Zuchtsorten auch unbehaart. **Blattunterseite stark dreikantig gekielt,** namentlich am Übergang zur Scheide.
Jüngstes Blatt gerollt.
Blätter ohne Öhrchen.
Blattscheide offen.
Blatthäutchen groß, weiß, gezähnt bis etwas gefranst, rückwärts meist etwas hochgehend.

Blatthaltung auffällig aufrecht.

Erste Gruppe: **Leichtkenntliche Gräser**

15. Glatthafer, Französisches Raygras (*Arrhenátherum elátius* (L.) J. et C. Presl, *Avéna elátior* L.)
Beschreibung S. 170

Ausdauernd. **Horstig.** Höhe bis weit über 1 m. Blüte Ende Mai/Anfang Juni. Reife drei Wochen vor dem Roggen.

Ein ertragreiches und wertvolles Mähegras der frischen Dauerwiesen. In Mittelgebirgslagen wird es durch den Goldhafer ersetzt. Nur geringe Anbaubedeutung im Ackerfutter- und Saatgrasbau. Nicht beweidbar. Wegen seiner tiefen Bewurzelung sehr dürreresistent.

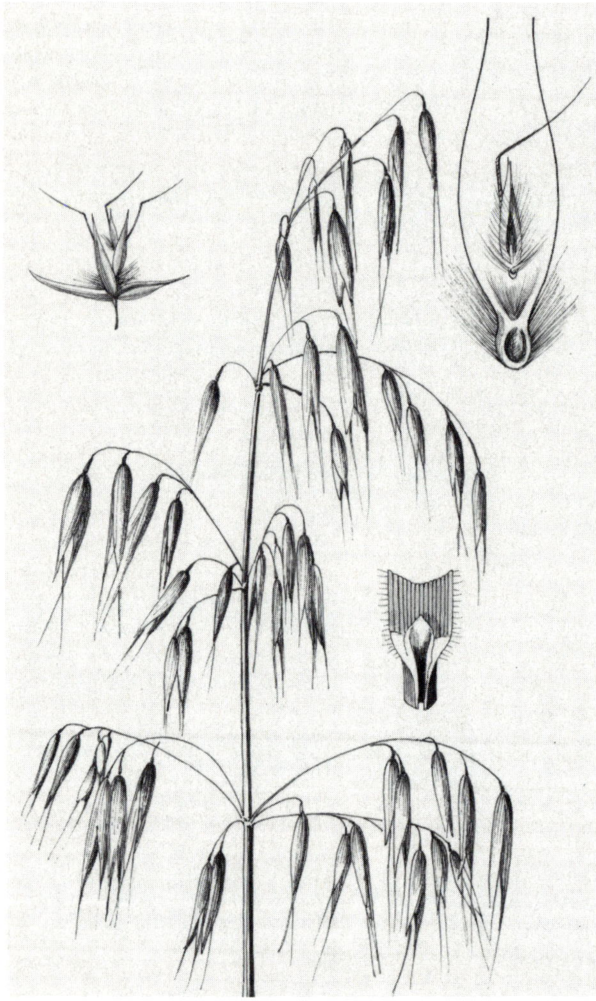

Blütenstand: sehr große, allseitswendige, einfache bis doppelte Traube, viele quirlige, fast waagerechte Abästungen auf den unteren Stufen, sehr große, spindelfern angesetzte Ährchen.

Ährchen: sehr groß, 18 bis 25 mm lang und noch länger, 2- oder 3-, meist 3blütig, hängend, nicht sehr zahlreich, Hüllspelzen lang zugespitzt, länger als die Deckspelze, diese an der Spitze etwas gespalten (beim Sandhafer [*Avena strigosa*] sehr tief gespalten), mit sehr langer Rückengranne. Ährchenspindel und Deckspelze kräftig behaart.

Same (Spelzfrucht): 15—20 mm lang, stark gedrehte und gekniete Rückengranne. 3/4 der Deckspelze lang behaart. Deckspelze und Granne schwarz. Ansatzstelle der Spelzfrucht und Stielchenende hufeisenförmig, wegen der starken Behaarung oft schwer erkennbar.

TKM 11—12 g

Chromosomenzahl 2n = 42

Blatt: Spreite mittelbreit bis sehr breit, etwa 4—15 mm, gerieft, **am Rande, in den unteren Partien sowie am Blattgrund meist bewimpert,** sonst unbehaart.
Jüngstes Blatt gerollt.
Blätter ohne Öhrchen.
Blattscheide offen.
Blatthäutchen groß, weiß, dreieckig-stumpf.

Achte Gruppe: **Gräser mit Riefenblättern**

16. Wildhafer, Flughafer (*Avéna fátua* L.) Beschreibung S. 172

Einjährig. Höhe bis weit über 1 m. Blüte Juni/Juli, Reife Ende Juli/Anfang August.
Schlimmes Ackerungras in trockeneren Gegenden auf guten, kalkhaltigen Böden mit viel Sommergetreide.

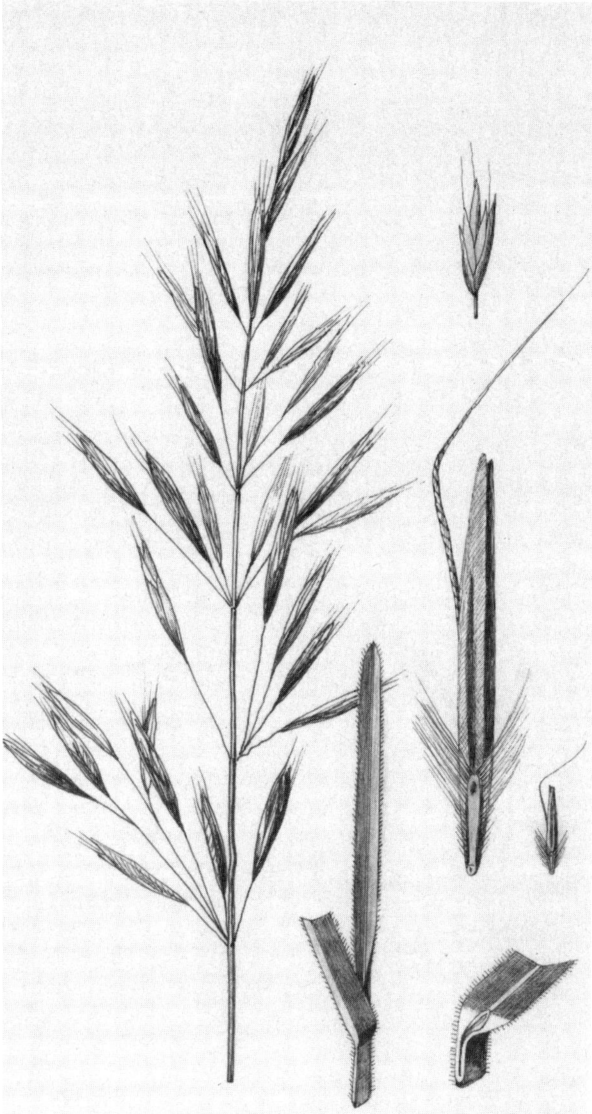

Blütenstand: eine einfache bis doppelte, aufrechte Traube mit mehreren bis vielen Abästungen auf den unteren Stufen.

Ährchen: sehr groß, etwa 20 mm lang, meist 3- aber auch mehrblütig, jede Blüte fruchtbar und mit purpurroter Rückengranne — also mindestens 3 purpurrote Grannen in einem Ährchen. Ährchenansatz spindelnäher.

Same (Spelzfrucht): sehr groß, 10 bis 13 mm lang, mit sehr langer, geknieter und gedrehter Rückengranne. Deckspelze fast die ganze Frucht umgebend. Stielchen lang und mit sehr langen Haaren besetzt.

Chromosomenzahl 2n = 14

Blatt: Spreite schmal bis mittelbreit, 2—6 mm, geschient ohne sonstige Riefen, parallelrandig mit kappenförmiger Spitze, **bewimpert (das einzige behaarte Schienenblatt der deutschen Flora).**
Jüngstes Blatt gefaltet.
Blätter ohne Öhrchen.
Blattscheide geschlossen und behaart.
Blatthäutchen ein kurzer Kragen.

Fünfte Gruppe: **Gräser mit Schienenblättern**

17. Flaumhafer (*Avenóchloa pubéscens* (HUDS.) HOLUB — *Helictótrichon pubéscens* (HUDS.) PILGER — *Avéna pubéscens* HUDS.) Beschreibung S. 172

Ausdauernd. **Lockerhorstig.** Höhe über 50 cm. Blüte Mai/Juni.

Häufig auf mäßig gedüngten Dauerwiesen in frisch-feuchter, frischer und auch etwas trockener Lage. Weicht besserer Kultur und auch der Beweidung.

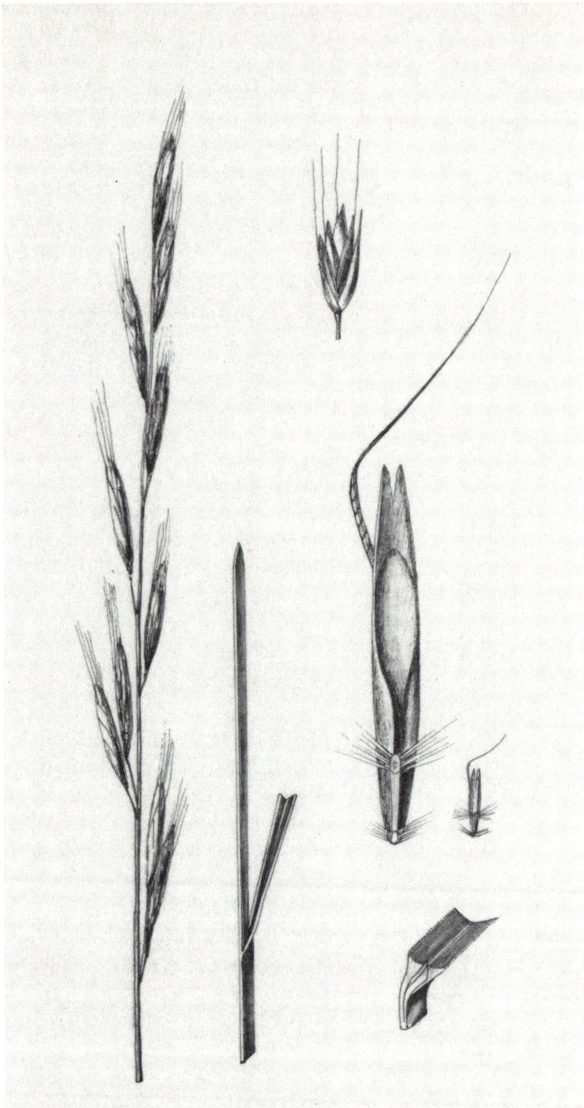

Blütenstand: eine einfache ein- bis zweiästige, aufrechte Traube.

Ährchen: sehr groß, meist vierblütig. Jede Blüte mit langer Rückengranne (also vier Grannen in einem Äjrchen). Ährchenachse unter jeder Blüte behaart.
Ährchenzahl gering.
Ährchenansatz spindelnah, Ährchen der Spindel anliegend.

Same (Spelzfrucht): 7—12 mm lang, schmallänglich, in der Form ähnlich dem von *A. pubescens*, doch hellgelb und Stielchen nicht so lang behaart. Deckspelze mit langer, geknieter und gedrehter Rückengranne.

Chromosomenzahl 2n = 42

Blatt: Spreite schmal bis mittelbreit, um 6 mm, geschient (*Poa*-Blatt), aber meist borstig scharf zusammengefaltet, steif und rauh, Blattrand sehr scharf.
Jüngstes Blatt gefaltet.
Blätter unbehaart und ohne Öhrchen.
Blattscheide geschlossen, platt zusammengedrückt.
Blatthäutchen rückwärts in eine hohe Spitze emporgezogen.

Fünfte Gruppe: **Gräser mit Schienenblättern**

18. Trifthafer (*Avenóchloa pratensis* (L.) Holub — *Helictótrichon pratense* (L.) Besser — *Avenástrum praténse* (L.) Opiz — *Avéna pratensis* L.) Beschreibung S. 172
Ausdauernd. **Dichthorstig.** Höhe über 50 cm. Blüte Juni/Juli. Auf trockenen, kalkhaltigen Hutungen. Landwirtschaftlich ohne Bedeutung.

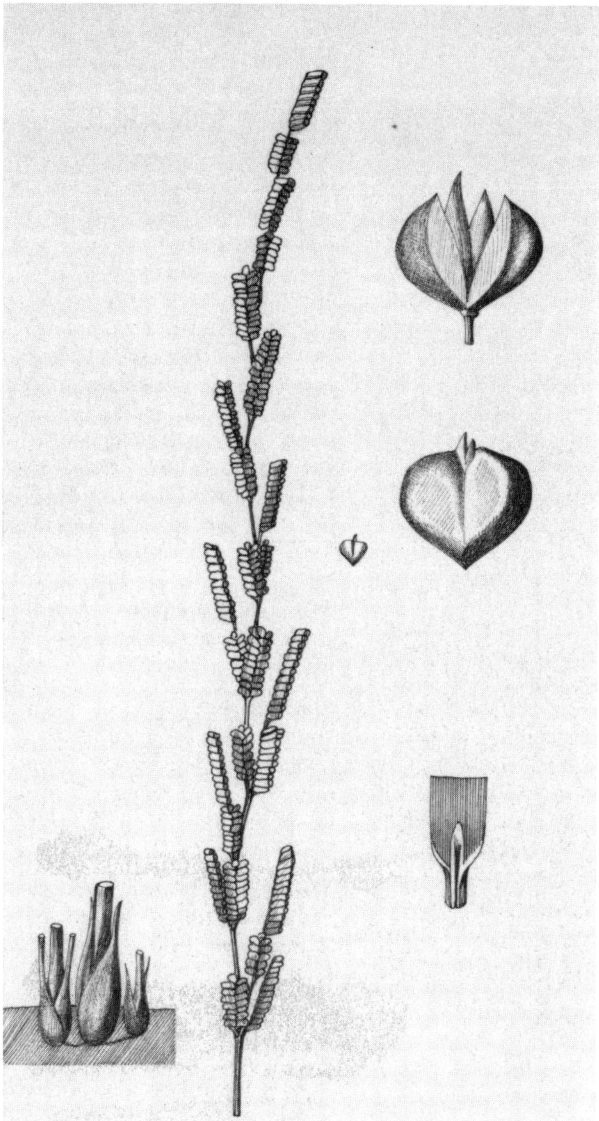

Blütenstand: eine Art Trauben- oder Fiederähre, deren Äste ährenartig, zweiseitig mit Ährchen raupenförmig (*eruca*-Raupe) besetzt sind. Spindel sehr lang und Äste anliegend.

Ährchen: klein, etwa 3 mm lang, zweiblütig, Hüllspelzen kahnförmig, aneinanderstoßend, am Rande fein behaart, zur Blütezeit aufgeblasen. Die zwei Blüten ragen etwas aus den Hüllspelzen hervor.

Same (Ährchenfrucht): etwa 3 mm lang, herzförmig, mit 2 Spelzfrüchten, die etwas aus den Hüllspelzen herausragen.

TKM 0,65–0,85 g

Blatt: Spreite mittelbreit, gerieft, oberseits rauh von Kieselzähnen, auch am Blattrand, allmählich spitz zulaufend, nach der Basis gleichfalls etwas verjüngt.
Jüngstes Blatt gerollt.
Blätter unbehaart und ohne Öhrchen.
Blattscheide offen.
Blatthäutchen lang, weißlich-violett.

Triebgrund meist violett und knollig verdickt.

Achte Gruppe: **Gräser mit Riefenblättern**

19. Raupenförmige Beckmannie (*Beckmánnia erucifórmis* Host) Beschreibung S. 174

Ausdauernd. **Horstig mit kurzen Ausläufern.** Bis über 1 m hoch. Als Mähegras für Überschwemmungsgrasland und feuchtnasse Wiesen vorgeschlagen, hat jedoch vor Rohrglanzgras und Weißstraußgras keine Vorzüge.

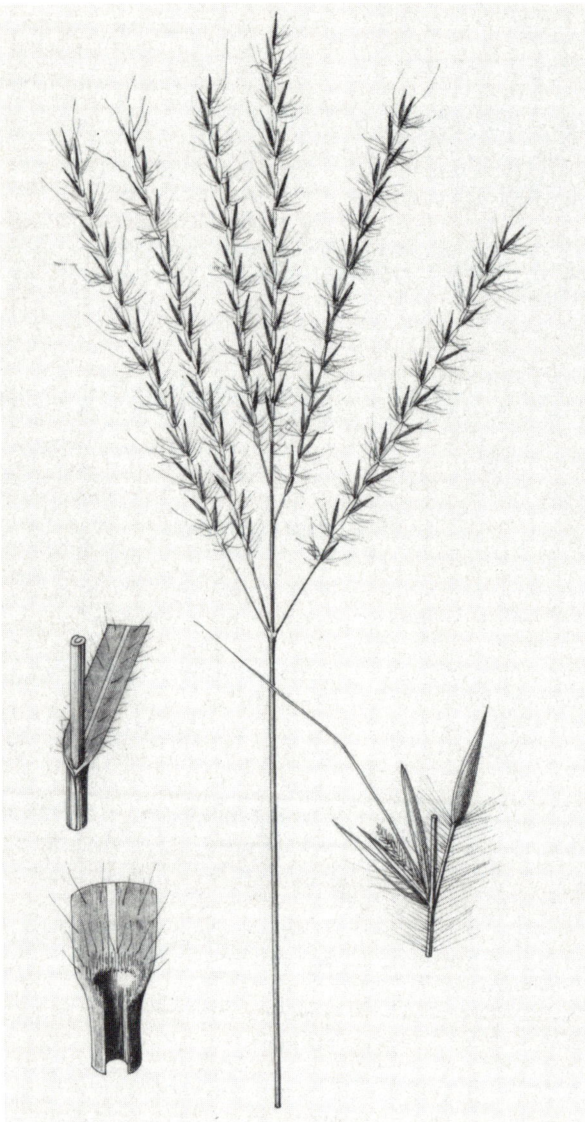

Blütenstand: eine unechte Fingerähre, deren Fingeräste zu 2—6 (selten bis 10) Scheinähren angeordnet sind.

Ährchen: hellviolett, zu zweien, an der Spitze der Scheinähre zu dritt, an einer Ansatzstelle, davon das zwittrige Ährchen sitzend und das männliche gestielt, an der Spitze zwei gestielte Ährchen.
Wie bei allen *Andropogon*-Arten sind drei Hüllspelzen vorhanden, davon zwei gleichlang, länglich-lanzettlich, die dritte kürzer. Deckspelze auf eine am Grunde nur wenig verbreitete Granne reduziert, die bei der Zwitterblüte mehrmals länger als das Ährchen ist, bei der männlichen Blüte nicht aus dem Ährchen schaut. Vorspelze klein, oft verkümmert. Achse der Scheinähren, Ährchenstiele, Basis der Ährchen lang behaart.

Same (Spelzfrucht): 3,5—5 mm lang, Deckspelze violettbraun, mit geknieter und gedrehter, langer, rötlicher Spitzengranne. Spelzfrucht mit zwei lang behaarten Stielchen.

Blatt: Spreite schmal, selten über 3 mm breit, mit einem häutigen Mittelstreifen, graugrün, bewimpert.
Jüngstes Blatt gerollt.
Blätter ohne Öhrchen.
Blattscheide offen,
anstelle des Blatthäutchens einen Haarkranz.

Halm: typisch knickig aufsteigend.

Dritte Gruppe: **Gräser mit Hirseblättern**

20. Gemeines Bartgras, Fingerbartgras (*Bothrióchloa ischáemum* (L.) KENG — *Andropógon ischaémum* L.) Beschreibung S. 217

Ausdauernd. **Mit unterirdischen Ausläufern.** Höhe bis 80 cm, Blüte Juli/ September.
Ein Gras der wärmeren Länder, das bei uns in den wärmeren Gegenden seine Nordgrenze erreicht und nur gegendweise auf sonnigen, ungenutzten Hängen, Weinbergsrändern vorkommt. Im allgemeinen kalkliebend.

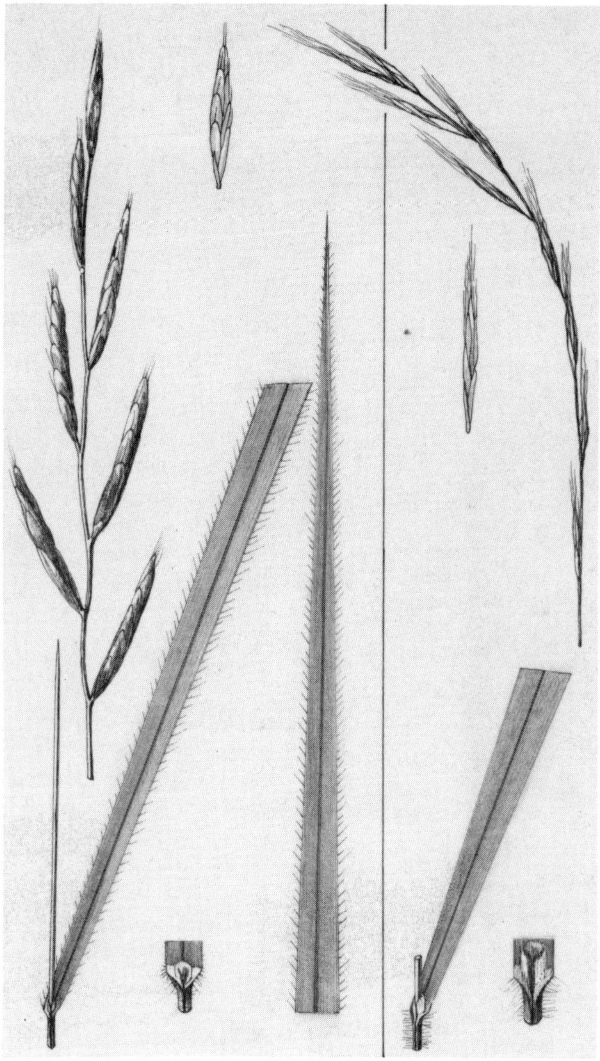

Fiederzwenke (links)

Blütenstand: eine aufrechte, lockere, einfache Traube.

Ährchen: sehr groß, über 20 mm lang, vielblütig, drehrund, sehr kurz gestielt, rötlich-gelb, gerade, oder etwas sichelförmig. Deckspelzen mit kurzer Spitzengranne, sich ziegelartig überdeckend. Ährchen vor und nach der Blüte aufrecht, während der Blüte abstehend. Ährchenzahl gering.

Chromosomenzahl 2n = 28

Blatt: Spreite schmal—mittelbreit, bis 6 mm, hellgrün, steif, sich auch nach der Basis verjüngend, **am Rande bewimpert,** sonst spärlich oder unbehaart.
Jüngstes Blatt gerollt.
Blätter ohne Öhrchen.
Blattscheide offen und weichhaarig.
Blatthäutchen klein.

Halm: an den Knoten weichhaarig.

Waldzwenke (rechts)

Blütenstand: überhängende, lockere, einfache Traube.

Ährchen: groß, aber zierlicher, vielblütig, kurz gestielt, drehrund, grün. Deckspelzen mit langer, haardünner, manchmal geschlängelter Spitzengranne, sich ebenfalls ziegelartig überdeckend.

Chromosomenzahl 2n = 18

Blatt: Spreite mittelbreit bis breit, 4—12 mm, dunkelgrün, weich, sich auch nach der Basis stark verjüngend, **nicht bewimpert,** aber weichhaarig, besonders unterseits.
Jüngstes Blatt gerollt.
Blätter ohne Öhrchen.
Blattscheide offen, **abgespreizt behaart.**
Blatthäutchen groß.
Halm: an den Knoten dichthaarig.
Beide Gräser in
Sechste Gruppe: **Gräser mit Zwenkenblättern**

21. Fiederzwenke (*Bráchypódium pinnátum* (L.) P. B.) Beschreibung S. 175

Ausdauernd. **Mit unterirdischen Ausläufern.** Höhe bis 1 m. Blüte Juni/Juli.
Kein ausgesprochenes Waldgras, sondern mehr ein Lichtgras wärmerer Gegenden, auf Kalkhutungen, Trockenrasen in lichten Wäldern.

22. Waldzwenke (*Bráchypodium sylváticum* (Huds.) P. B.) Beschreibung S. 175

Ausdauernd **Horstig.** Höhe über 1 m. Blüte Juli.
Zierliches Waldgras in Laub-, insbesondere Buchenwäldern, besonders auf besseren Kalkböden.

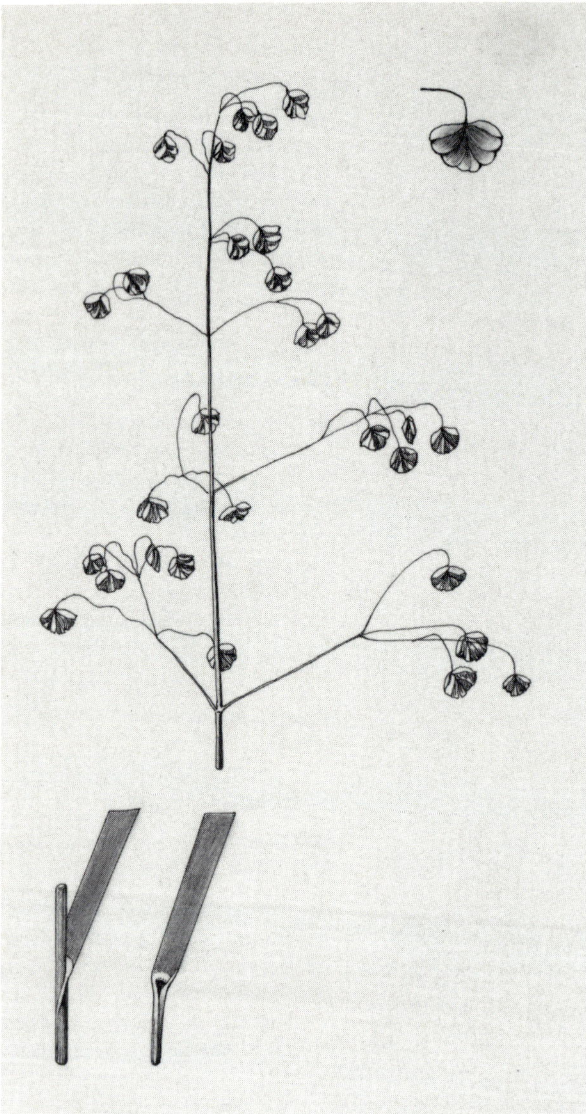

Blütenstand: eine Doppeltraube, zuweilen auch rispig.

Ährchen: mittelgroß, etwa 5 mm lang, mehrblütig, breit herzförmig, glänzend purpurfarbig, spindelfern hängend. Blüte ohne Granne, Deckspelze den Hüllspelzen ähnlich, Vorspelze etwas kürzer als die Deckspelze.
Die zarten, dünnen Äste sind geschlängelt, bei Windstoß zittern sie (Zittergras).

Chromosomenzahl 2n = 14, 28

Blatt: Spreite schmal, 2—4 mm breit, ungerieft.
Jüngstes Blatt gerollt.
Blätter ohne Öhrchen und unbehaart.
Blattscheide **geschlossen.**
Blatthäutchen sehr kurz, fast nicht vorhanden.
Blattunterseite schwach gekielt, fast rundlich.

Neunte Gruppe: **Gräser mit ungerieften Blättern**

23. Zittergras (*Briza média* L.) Beschreibung S. 175

Ausdauernd. **Lockerhorstig. Mit kurzen unterirdischen Ausläufern.** Höhe bis 50 cm. Blüte Mai/Juli

Auf armen Wiesen der verschiedensten Feuchtigkeitslagen als Untergras Weicht der Kultur. Das schöne, zierliche Gras ist daher nur noch selten anzutreffen, hält aber mehr und mehr seinen Einzug in die Gärten wie andere Gräser auch.

Blütenstand: eine große, meist aufrechte, einfache bis doppelte Traube, mit mehreren Abästungen auf den unteren Stufen und selten über drei Einzelährchen am Ende des Blütenstandes.

Ährchen: sehr groß, 20 mm und länger, vielblütig, spindelförmig. Deckspelze grannenlos, höchstens grannenspitzig.

Same (Spelzfrucht): sehr groß, 10 bis 13 mm lang, von schmutzig grauer, braun-violetter Farbe und typisch flach ausgebreiteter Form.

TKM um 3,8 g

Chromosomenzahl 2n = 28, 42, 56, 70

Blatt: Spreite mittelbreit bis breit, um 8 mm, ohne deutliche Riefen, etwas rauh.
Jüngstes Blatt gerollt.
Blätter ohne Öhrchen und unbehaart.
Blattscheide geschlossen, unbehaart.
Blatthäutchen kurz, aber deutlich.

Siebente Gruppe: **Gräser mit auffällig geschlossener Blattscheide**

24. Wehrlose, Unbegrannte Trespe (*Brómus inérmis* LEYS. — *Zérna inérmis* [LEYS.] LINDMANN)
Beschreibung S. 176

Ausdauernd. **Mit langen unterirdischen, queckenartigen Ausläufern (Quecktrespe).** Höhe bis über 1 m. Blüte Ende Juni, Reife mit oder kurz vor dem Roggen.

Ein absolut winterfestes, Trockenheit und auch Überschwemmungen vertragendes, massenwüchsiges Gras, das in kontinentalen Ländern zu den wichtigsten Futtergräsern gehört Bei uns heimisch nur an Wegrändern und gelegentlich auf Dauerwiesen in den Gebieten mit kontinentaler Klimatönung.

Blütenstand: eine steif-aufrechte, einfache bis doppelte Traube. Mit drei bis fünf Abästungen auf den unteren Stufen und nicht mehr als drei Einzelährchen an der Blütenstandsspitze.

Ährchen: sehr groß, etwa 20 mm lang, vielblütig, lanzettlich, plattgedrückt, Deckspelze mit einer sehr hoch, etwas unter der Spitze angesetzten Granne, von halber Deckspelzenlänge.
Ährchenansatz spindelfern.

Same (Spelzfrucht): sehr groß, 11 bis 14 mm lang, schlank, Deckspelze mit drei ausgeprägten Nerven, Vorspelze ungleichmäßig gezähnt und bewimpert.
TKM 3,1 g

Chromosomenzahl 2n = 42, 56

Blatt: Spreite schmal bis mittelbreit, 3–6 mm, mit nicht sehr deutlichen Riefen, **am Rande kammartig bewimpert.**
Jüngstes Blatt gefaltet (einziges gefaltetes *Bromus*-Blatt).
Blätter ohne Öhrchen.
Blattscheide geschlossen, kurz behaart.
Blatthäutchen sehr kurz, kürzer als der Blattgrund.

Siebente Gruppe: **Gräser mit auffällig geschlossener Blattscheide**

25. Aufrechte Trespe, Burst (*Brómus eréctus* HUDS. — *Zérna eréctus* [HUDS.] PANZER) Beschreibung S. 177

Ausdauernd. **Horstig.** Höhe bis 1 m. Blüte Mai/Juni.

Das Gras der Trocken- und Magerwiesen in Kalkgegenden. Aber gering im Ertrag, im Futterwert nicht schlecht. Eine ackerbauliche Nutzung ist auf diesen Trockenländereien vorzuziehen.

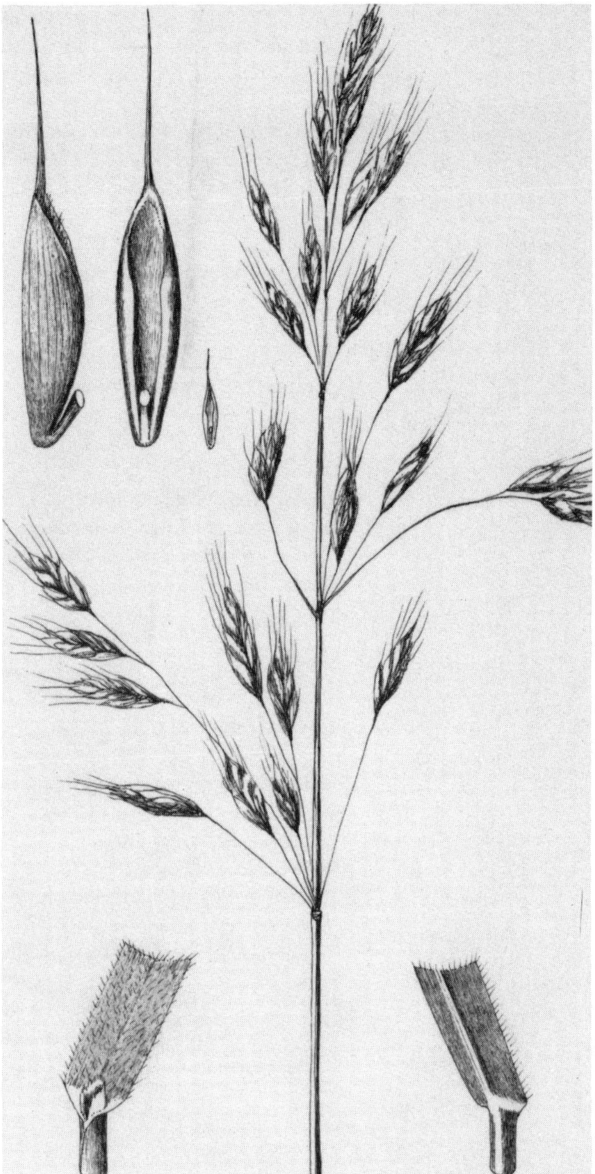

Blütenstand: eine Doppeltraube, **vor** der Blüte zusammengezogen, **in** der Blüte mit abstehenden Ästen, **nach** der Blüte etwas überhängend. Mit fünf und mehr verschieden langen Ästen auf den unteren Stufen.

Ährchen: groß, über 10 mm lang, vielblütig, eiförmig-länglich, Deckspelze stumpf, mit bogenförmigen Seitenrändern, etwas schlängelig begrannt. Grannenansatz etwas unterhalb der Deckspelzenspitze. Die bogigen Seitenränder der Deckspelze zur Fruchtzeit eingerollt, bei der Zuchtsorte sich nicht mehr deckend.
Same (Spelzfrucht): 7—9 mm lang. Deckspelze mit dickem Mittelnerv und schwächeren Seitennerven, unbehaart, gelbgrau, derb.
TKM 11—12 g

Chromosomenzahl 2n = 28

Blatt: Spreite mittelbreit, 4 bis 10 mm, ohne deutliche Riefen, oberseits behaart.
Jüngstes Blatt gerollt.
Blätter ohne Öhrchen.
Blattscheide geschlossen, unbehaart.
Blatthäutchen deutlich, weiß, rundlich, eingekerbt.

Siebente Gruppe: **Gräser mit auffällig geschlossener Blattscheide**

26. Roggentrespe (*Brómus secalínus* L.) Beschreibung S. 178

Überjährig und auch einjährig. Höhe bis 1 m. Blüte bei Herbstsaat Juni, bei Frühjahrssaat Juli, Reife im Juli bzw. im August.

Früher schlimmes Ungras in der Winterung. Heute als Unkraut fast verschwunden. Für den Ackerfutterbau züchterisch bearbeitet, aber ohne Anbaubedeutung geblieben.

Blütenstand: eine nach allen Seiten überhängende, quirlästige, einfache bis doppelte Traube, mit vielen Abästungen auf den unteren Stufen. Äste lang, dünn und zart, mit spindelfernem Ährchenansatz.

Ährchen: sehr groß, 10—20 mm lang, vielblütig, annähernd lineal, an sonnigen Plätzen rot gefärbt. Jede Blüte mit einer etwas unter der Spitze der Deckspelze angesetzten Granne von Deckspelzenlänge.

Same (Spelzfrucht): groß, 6 bis 8 mm lang, schmallänglich. Deckspelze oft stark zusammengerollt und etwas violett angelaufen. Vorspelze am Rande weitläufig bewimpert.

TKM 2,5 g

Chromosomenzahl 2n = 14

Blatt: Spreite schmal bis mittelbreit, 2—5 mm, zottig behaart.
Jüngstes Blatt gerollt.
Blätter ohne Öhrchen.
Blattscheide geschlossen, ausgesprochen zottig behaart.
Blatthäutchen mittelgroß, fein eingekerbt.

Siebente Gruppe: **Gräser mit auffällig geschlossener Blattscheide**

27. Ackertrespe (*Brómus arvénsis* L.) Beschreibung S. 179

Überjährig, seltener auch einjährig. **Horstig.** Höhe bis 1 m. Blüte Ende Juni.

An trocken-warmen Schuttstellen häufig vorkommend. Wegen der späteren Blüte im Gegensatz zu *Br. mollis* kein Wiesenungras und nur selten ein Ungras im Grassamenbau. Züchterisch bearbeitet als Ersatz des Welschen Weidelgrases für den Winterzwischenfutterbau auf leichten Böden, aber ohne größere Anbaubedeutung geblieben.

Blütenstand: eine einfache bis doppelte steif-aufrechte Traube, auf den unteren Stufen mit nur wenigen, aber mehr als zwei Ästen, die der Spindel, bis auf die Blütezeit, eng anliegen. Ährchenansatz sehr spindelnah. Eine gedrungene Traube.

Ährchen: groß, vielblütig, länglich-oval, drehrund. Jede Blüte mit einer sehr hoch, knapp unter der Spitze der Deckspelze angesetzten Granne, von fast Deckspelzenlänge. Deckspelze behaart.

Same (Spelzfrucht): 6–9 mm lang, weich behaart. Deckspelze mit oberhalb der Mitte stumpfwinkligen Seitenrändern. Desgleichen bei der sonst sehr ähnlichen *Bromus commutatus*, deren Deckspelze aber unbehaart ist. Die auch sehr ähnliche *Br. racemosus* hat unbehaarte Deckspelzen mit bogenförmigen Seitenrändern.

Chromosomenzahl 2n = 28

Blatt: Spreite mittelbreit, 4 bis 6 mm, mit nicht sehr deutlichen Riefen, weich behaart.
Jüngstes Blatt gerollt.
Blätter ohne Öhrchen.
Blattscheide geschlossen, dicht behaart.
Blatthäutchen klein–mittelgroß, feingezähnelt, rückwärts hochgezogen.

Siebente Gruppe: **Gräser mit auffällig geschlossener Blattscheide**

28. Weiche Trespe (*Brómus móllis* L. — *Br. hordeáceus* L.) Beschreibung S. 179

Überjährig. **Wintergrüne kleine Horste.** Höhe bis 50 cm. Blüte Mai/Juni.
Ertragsarmes, minderwertiges Gras auf mehr frischen und auch trockenen, lückigen, zu spät geschnittenen Wiesen. Wegen des frühen Wachstums sowie des frühen und leichten Samenausfalls eines der schlimmsten Ungräser im Grassamenbau.

29. Verwechselte Trespe, Angertrespe (*Brómus commutátus* SCHRAD. — *Brómus praténsis* EHRH.) Beschreibung S. 180

Überjährig. **Wintergrüne Horste.** Höhe über 50 cm. Blüte Mai/Juni.
Auf trockeneren, lückigen Wiesen, auch in Klee und Luzerne.

30. Traubentrespe (*Brómus racemósus* L.) Beschreibung S. 180

Überjährig. **Wintergrüne Horste.** Höhe über 50 cm. Blüte Juni.
Auf mehr feuchten Wiesen oft so regelmäßig, daß von Traubentrespenwiesen gesprochen wird.

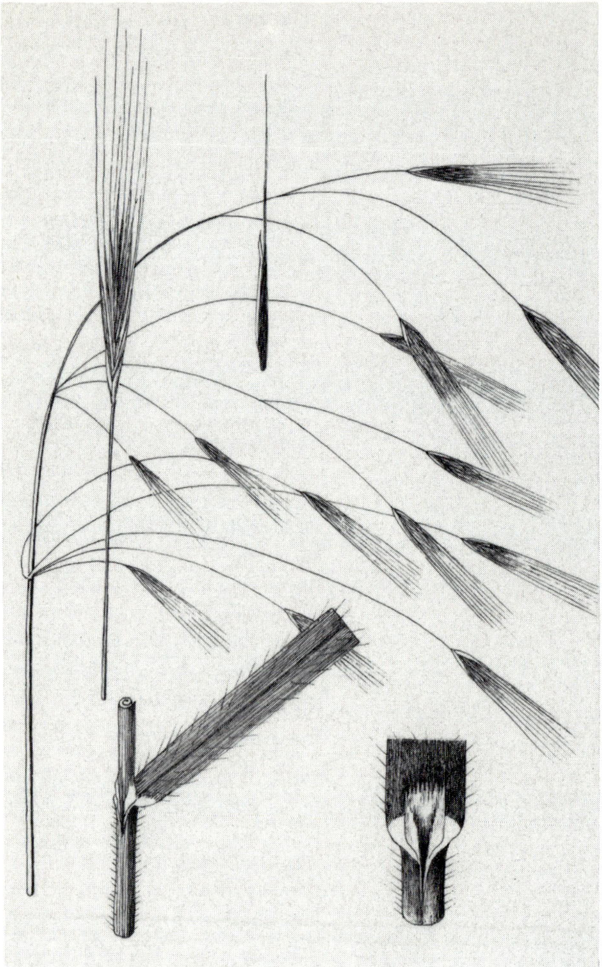

Blütenstand: eine einfache, seltener, doppelte nach allen Seiten weit spreizende, auf den unteren Stufen vielästige Traube. Die an Zahl geringen Ährchen hängen spindelfern graziös über (Peitschengras).

Ährchen: sehr groß, über 20 mm lang, vielblütig, zur Spitze sich spachtelförmig verbreiternd, platt, Blüte mit einer sehr langen, **kurz unter der Spitze der Deckspelze** angesetzten Granne, meist viel länger als die Deckspelze. Ährchen erst grün, dann violettbraun.

Chromosomenzahl 2n = 14

Blatt: Spreite mittelbreit, um 5 mm, mit nicht sehr deutlichen Riefen und spärlich mit längeren Haaren besetzt.
Jüngstes Blatt gerollt.
Blätter ohne Öhrchen.
Blattscheide geschlossen und behaart.
Blatthäutchen **groß, weiß, tief gefranst.**

Siebente Gruppe: **Gräser mit auffällig geschlossener Blattscheide**

31. Taube Trespe (*Brómus stérilis* L. — *Anisántha stérilis* (L.) Nevski) Beschreibung S. 180

Überjährig, seltener einjährig. **Horstig.** Höhe bis über 50 cm. Blüte Mai/Juni.
Sehr häufig an warm-trockenen Schuttstellen und Straßenrändern. Gelegentlich auch Ungras in Luzerne, aber landwirtschaftlich doch ohne Bedeutung.

Blütenstand: eine einfache bis doppelte Traube oder auch echte Rispe. Neigt als einzige Trespenart zur Ausbildung von rispigen Seitenzweigen. Auf den unteren Stufen mit mehreren Abästungen. Äste nach einer Seite schlaff überhängend, ebenfalls die Ährchen.
Die Taube Trespe spreizt dagegen graziös nach allen Seiten.

Ährchen: groß, vielblütig, zur Spitze sich spachtelförmig verbreiternd, platt, zahlreich. Jede Blüte mit einer eben unter der Spitze der Deckspelze angesetzten, langen Rückengranne von etwa Deckspelzenlänge. Deckspelze mit breitem Hautrand, daher Ährchen glänzend, erst grünlich, dann purpurrötlich.

Chromosomenzahl 2n = 14

Blatt: Spreite schmal bis mittelbreit, 2–4 mm, mit nicht sehr deutlichen Riefen, kurz behaart.
Jüngstes Blatt gerollt.
Blätter ohne Öhrchen.
Blattscheide geschlossen, kurzzottig, behaart.
Blatthäutchen kurz, aber deutlich, rund, fein gezähnelt.

Siebente Gruppe: **Gräser mit auffällig geschlossener Blattscheide**

32. Dachtrespe (*Brómus tectórum* L. — *Anisántha tectórum* (L.) NEVSKI) Beschreibung S. 180

Ein- und überjährig. **Horstig.** Höhe unter 50 cm. Blüte Mai/Juni.

Sehr häufig an warm-trockenen Schuttstellen und Straßenrändern. Bei uns ohne jede landwirtschaftliche Bedeutung. Soll aber auf Flächen mit hohem Salzgehalt als kulturaufbauende Pflanze von Wert sein.

Blütenstand: eine in weitem Bogen überhängende einfache bis doppelte Traube.
Abäastungen lang und dünn, auf den unteren Stufen nicht so viele wie bei den Trespen üblich, sondern nur zwei wie bei den Schwingelgräsern, aber an der Blütenstandspitze meist nur 3 Einzelährchen. Ährchenansatz spindelfern, Ährchenzahl gering.

Ährchen: groß, mehrblütig, lanzettlich, zusammengedrückt, Blüte mit einer kurzen, unter der Spitze der Deckspelze angesetzten Granne, kaum von Deckspelzenlänge.

Chromosomenzahl 2n = 28

Blatt: Spreite breit, 8—13 mm, zur Basis und zur Spitze sich verjüngend, am Rande kurz bewimpert, unterseits stark gekielt.
Jüngstes Blatt gerollt.
Blätter mit großen Öhrchen.
Blattscheide geschlossen und behaart.
Blatthäutchen groß, eiförmig-stumpf.

Siebente Gruppe: **Gräser mit auffällig geschlossener Blattscheide**

33. Rauhe Trespe, Benekens Waldtrespe (*Brómus benekénii* [LANGE] TRIMEN — *Zérna benekénii* [LANGE] LINDMANN — *Brómus ásper* MUR. em. BENEKEN) Beschreibung S. 180

Ausdauernd. **Horstig.** Bis weit über 1 m hoch. Blüte sehr spät, erst im Juli/August.
Anspruchsvolles Waldgras, besonders in Buchenwäldern auf frisch-feuchten, kräftigen, kalkhaltigen Böden mit bester Humuszersetzung.

Blütenstand: eine lange, schlaffe, etwas überhängende, nicht geknäuelte echte Rispe, mit mehreren, mindestens drei Abästungen auf den untersten Stufen. Äste dünn, während der Blüte ausgebreitet.

Ährchen: klein, 5 mm lang, etwa doppelt so groß wie bei den *Agrostis*-Arten, einblütig, sehr zahlreich. Hüllspelzen nicht pfriemlich, sondern flächig, länger als die Deckspelze. Diese mit sehr kurzer Granne an der Spitze oder besser in einer Ausrandung der Deckspelze, die Hüllspelzen nicht überragend. Haare um Deck- und Vorspelze länger als diese, aber kürzer als die Hüllspelzen, nach der Blüte besonders stark hervortretend. Bei dem ähnlichen, verwandten, im Gebirge vorkommenden **Wolligen Reitgras** (*C. villosa* [Chaix] J. E. Gmelin) ist die Granne fast grundständig.

Chromosomenzahl 2n = 28, 42

Blatt: Spreite schmal bis mittelbreit, etwa 3–6 mm, gerieft, rauhrandig, zur Basis verschmälert und mit rundrinnigem Abgang.
Jüngstes Blatt gerollt.
Blätter ohne Öhrchen, unbehaart.
Blattscheide offen.
Blatthäutchen deutlich.

Halm: gewöhnlich an den Knoten **oberirdisch verzweigt.** Allein daran, sogar von weitem zu erkennen. Desgleichen nur noch bei *C. villosa*, das seinen Standort aber vor allem in den Wäldern der Mittelgebirge hat. Letztere mit Haarbüscheln unterseits des Blattgrundes.

Achte Gruppe: **Gräser mit Riefenblättern**

34. Schmalblättriges Reitgras, Sumpfreitgras (*Cálamagróstis canéscens* [Weber] Roth – *C. lanceoláta* Roth) Beschreibung S. 181

Ausdauernd. **Mit unterirdischen Ausläufern.** Höhe bis über 1 m. Blüte Juli/August.

Auf nassen Wiesen stellenweise ebenso häufig und bestandbildend wie die Sauergräser und, obwohl Süßgras, ebenso minderwertig als Futtergras wie jene.

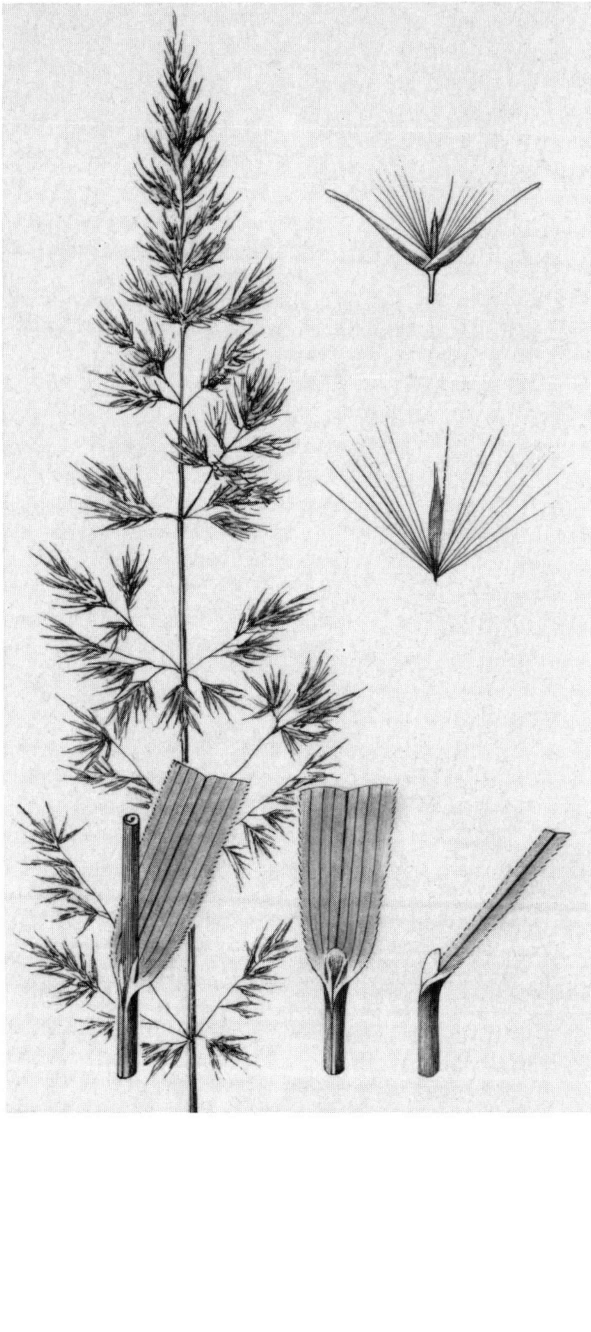

Blütenstand: eine nur in der Blütezeit ausgebreitete, steif-aufrechte echte Rispe, mit mehreren, mindestens drei Abästungen auf den unteren Stufen, typisch verschieden lang und mit **geknäuelt** angesetzten Ährchen.

Ährchen: klein, 5 mm lang und mehr, etwa doppelt so groß wie bei den *Agrostis*-Arten, einblütig, sehr zahlreich. Hüllspelzen pfriemlich, doppelt so lang wie die Deckspelze. Diese mit kurzer, rückenständiger Granne, die nicht aus dem Ährchen herausragt. Haarkranz am Grunde der Blüte fast so lang wie die Hüllspelzen.

Same (Spelzfrucht): 2—3 mm lang, mit Rückengranne und langen Haarbüscheln am Stielchen.

Chromosomenzahl 2n = 28, 42

Blatt: Spreite breit, 8—15 mm, schilfighart (Sandrohr), mit deutlichen Riefen in typischer Art wie in der Zeichnung, am Rande scharf-rauh, graugrün.
Jüngstes Blatt gerollt.
Blätter ohne Öhrchen und unbehaart.
Blattscheide offen.
Blatthäutchen lang, derb, später aufreißend.

Achte Gruppe: **Gräser mit Riefenblättern**

35. Sandrohr, Sandreitgras (*Calamagróstis epigéjos* (L.) ROTH) Beschreibung S. 182

Ausdauernd. **Mit bis zu 20 cm tief streichenden, weithin kriechenden unterirdischen Ausläufern und einem Wurzelfilz bis zu 60 cm Tiefe.** Höhe bis weit über 1 m. Blüte Juni/August.

Schlimmes Waldungras auf leichteren Böden an etwas lichten Stellen. Unterdrückt den Jungwuchs. Bei starkem Auftreten erfordert eine Neubegrünung des Waldes besondere Maßnahmen. Aber gern gesehener Dünenbefestiger. Gelegentlich auch auf nassem, minderwertigem Grasland.

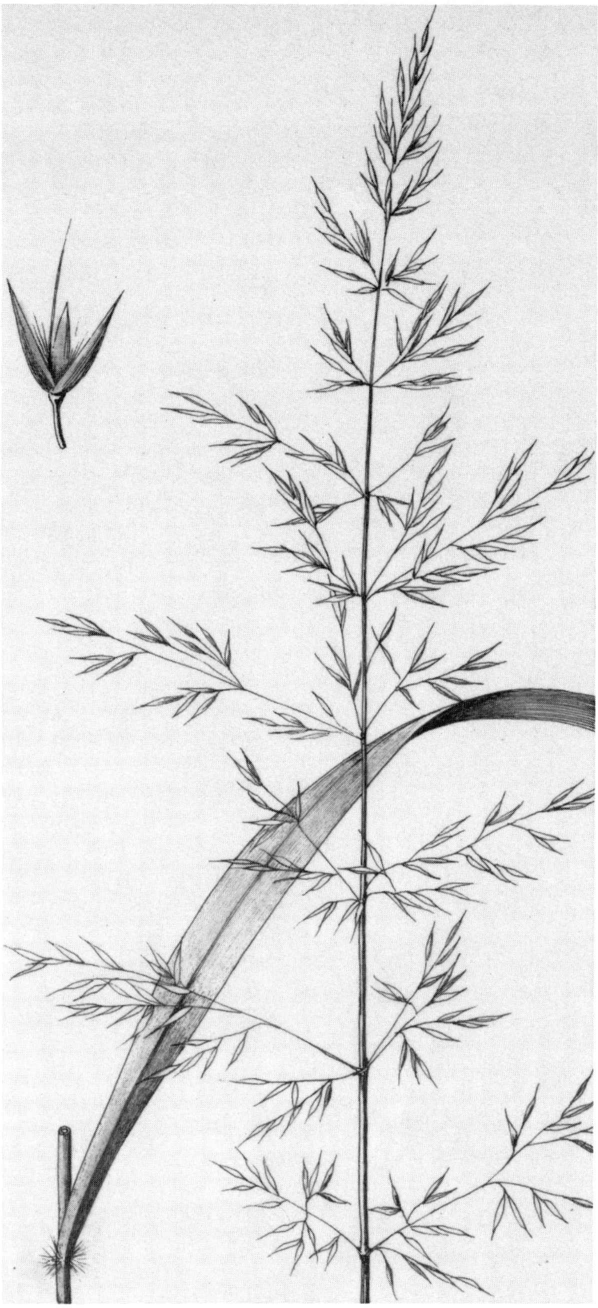

Blütenstand: eine große, aufrechte, zur Blütezeit ausgebreitete Rispe mit vielen Abästungen auf den untersten Stufen. Nach der Blüte ist die Rispe zu einer dünnen Scheinähre zusammengezogen.

Ährchen: klein, 5–6 mm lang, einblütig, zahlreich, mit weit aus dem Ährchen herausragender Deckspelzengrundgranne. Hüllspelzen derb, etwas breiter als bei *C. epigejos* und *C. canescens*, länger als die Deckspelze. Die Haare am Blütengrunde sind nur kurz und auch spärlicher als bei dem sonst sehr ähnlichen Bergreitgras (*C. varia* [SCHRADER] HOST), dessen Deckspelzenrückengranne nicht so weit aus dem Ährchen ragt.

Blatt: Spreite breit, 4–10 mm, gerieft, oberseits matt, graugrün, kurzhaarig, unterseits stark glänzend, dunkelgrün, gekielt.
Jüngstes Blatt gerollt.
Blätter ohne Öhrchen.
Blattscheide offen, oft kurzhaarig.
Blatthäutchen kurz, gestutzt.
Mit Haarbüscheln unterseits des Blattspreitengrundes, nur nicht am Kiel selbst.

Achte Gruppe: **Gräser mit Riefenblättern**

36. Waldreitgras (*Cálamagróstis arundinácea* (L.) ROTH) Beschreibung S. 183

Ausdauernd. **Große Horste bildend, auch Ausläufer treibend.** Höhe bis über 1 m. Blüte Juni/August.

Stattliches Waldgras der Mittelgebirge, aber auch des östlichen Flachlandes in Kiefern- und Laubwäldern auf nicht kalkhaltigen, humosen und auch auf leichteren Mineralböden.

Blütenstand: eine echte Rispe, auf den unteren Stufen mit 4—8 weit abstehenden, sehr dünnen Ästen, mit spindelfernem Ährchenansatz.

Ährchen: klein, um 4 mm lang, meist zweiblütig. Hüllspelzen viel kürzer als die Blüten. Deckspelze auf dem Rücken abgerundet mit weißem, trockenhäutigem Saum, sonst Ährchen violett überlaufen.

Chromosomenzahl 2n = 20

Blatt: Spreite mittelbreit bis breit, 4—10 mm, grasgrün, ganz fein gerieft, in der Mitte mit einer Schiene ähnlich dem Blatt von *Puccinellia distans*, parallelrandig und plötzlich in einer Spitze endend, ähnlich dem Blatt von *Poa pratensis*.
Jüngstes Blatt gefaltet.
Blätter ohne Öhrchen und unbehaart.
Blattscheide bis zur Mitte geschlossen.
Blatthäutchen groß, weiß, eiförmig. Spreite und Blattscheide zeichnen sich durch Querverbindungen aus.

Halm: knickig aufsteigend.

Fünfte Gruppe: **Gräser mit Schienenblättern**

37. Wasserquellgras (*Catabrósa aquática* (L.) P. B.) Beschreibung S. 184

Ausdauernd. **Mit unterirdischen Ausläufern.** Bis 70 cm hoch. Blüte Juni/August.
Auf nährstoffreichen, sumpfigen Böden, an fließendem Wasser. Gehört zu den Röhricht-Gesellschaften. Landwirtschaftlich ohne Bedeutung.

Blütenstand: eine kleine, auf den unteren Stufen wenigästige, zarte echte Rispe, nur während der Blüte ausgebreitet, sonst ährenförmig zusammengezogen.

Ährchen: klein, um 3 mm lang, zweiblütig, hellgrün. Jede Blüte mit einer kurz über dem Grunde der Deckspelze entspringenden gedrehten Rückengranne, die keulenförmig endet und in der Mitte einen behaarten Knoten hat (Lupe!). Hüllspelzen weißlichsilbrig (Silbergras), glänzend, häutig, hüllen Blüten mit Grannen völlig ein.

Chromosomenzahl 2n = 14

Blatt: Spreite borstenartig, scharf zugespitzt, sehr schmal, unter 1 mm, hellgraugrün, steif aufrecht, „igelig", im Querschnitt rund.
Blätter unbehaart und ohne Öhrchen.
Blattscheide offen, oft rosa bis purpurn überlaufen.
Blatthäutchen **sehr lang, weiß, spitz zulaufend.**

Zweite Gruppe: **Horstgräser mit Borstblättern**

38. Silbergras, Igelgras (*Corynéphorus canéscens* (L.) PAL. BEAUV. — *Weingaertnéria canéscens* (L.) BERNH.) Beschreibung S. 235

Mehrjährig bis ausdauernd. Ein **typischer igeliger,** wie bei keinem anderen Gras, **dichter, kleiner Horst.** Höhe bis kaum 50 cm. Blüte Juni/Juli.

Anspruchslosestes Gras unserer Flora. Besiedelt in zerstreuten Horsten die trockensten und ärmsten, heidekrautlosen, sandigen Ödländereien. Bildet nicht einmal Schafhutungen. Von Bedeutung aber zur Festlegung losen Sandes.

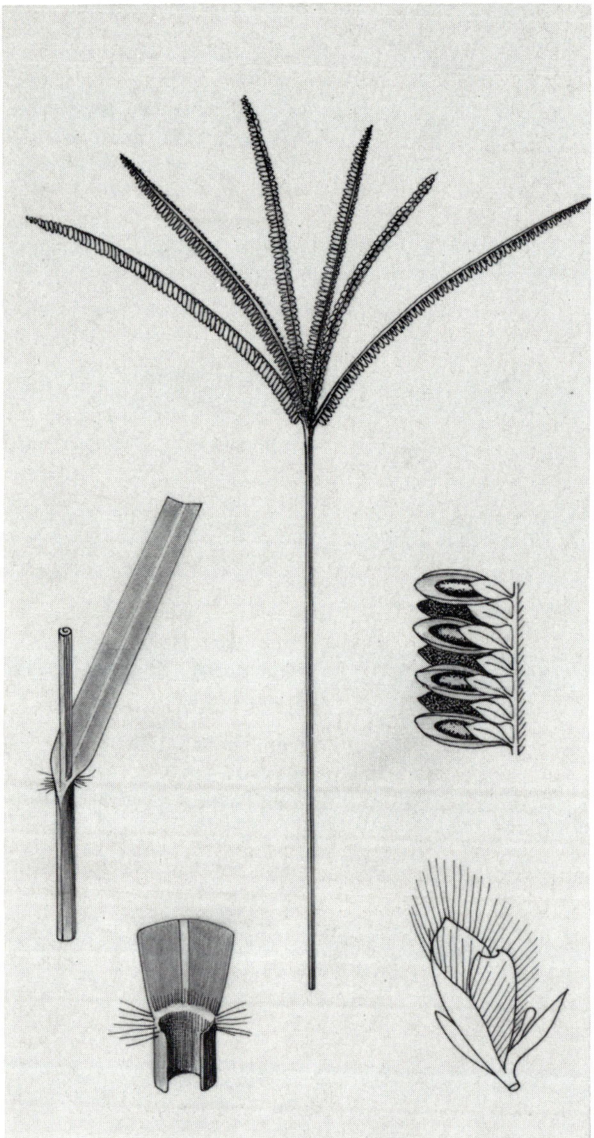

Blütenstand: eine **echte** Fingerähre. Drei bis sieben Ährenäste entspringen genau aus dem Endpunkt der Blütenstandsachse. Ähren dicht mit Ährchen besetzt, die in zwei Zeilen an der unteren Seite der dreikantigen, auffällig grünen Ährenachse abwechselnd inseriert sind.

Ährchen: klein, 2—3 mm lang, einblütig, manchmal mit einer zu keulenförmigem Ansatz verkümmerten 2. tauben Blüte. Hüllspelzen kürzer als das Ährchen. Deckspelze am Kiel und auch am Rand stärker und länger bewimpert. Wimpernhaare spreizen sich erst später, vorher liegen sie am Deckspelzenrand dicht an und sind nicht sichtbar. **Im** Knospenzustand sitzen die Ährchen zahnförmig an der Achse. Später schimmern sie violett und kontrastieren mit der grünen Ährenachse.

Chromosomenzahl 2n = 36

Blatt: Spreite schmal, 2—4 mm, graugrün, mit einem nicht sehr ausgeprägten Hautstreifen in der Mitte.
Jüngstes Blatt gerollt.
Blätter ohne Öhrchen, sparsam mit Haaren besetzt, oder doch wenigstens unterseits.
Blattscheide offen.
Blatthäutchen ganz kurz, in einen Haarkranz übergehend.
Haare am Blattgrund so lang, daß sie ohne Lupe zu sehen sind.

Dritte Gruppe: **Gräser mit Hirseblättern**

39. Fingerhundszahn (*Cýnodon dáctylon* (L.) PERS.) Beschreibung S. 184

Ausdauernd. **Mit sehr langen, dicken, sehr verzweigten, an den Knoten wurzelnden, gelblichen oberirdischen Ausläufern.** Höhe unter 50 cm. Blüte August.
In Weinbergsgegenden ein Ungras, das in heißen Sommern lästig werden kann. Sonst bei uns an den Rainen wärmerer Gegenden. Aber in den warmen Regionen der Erde als Futtergras weit verbreitet.

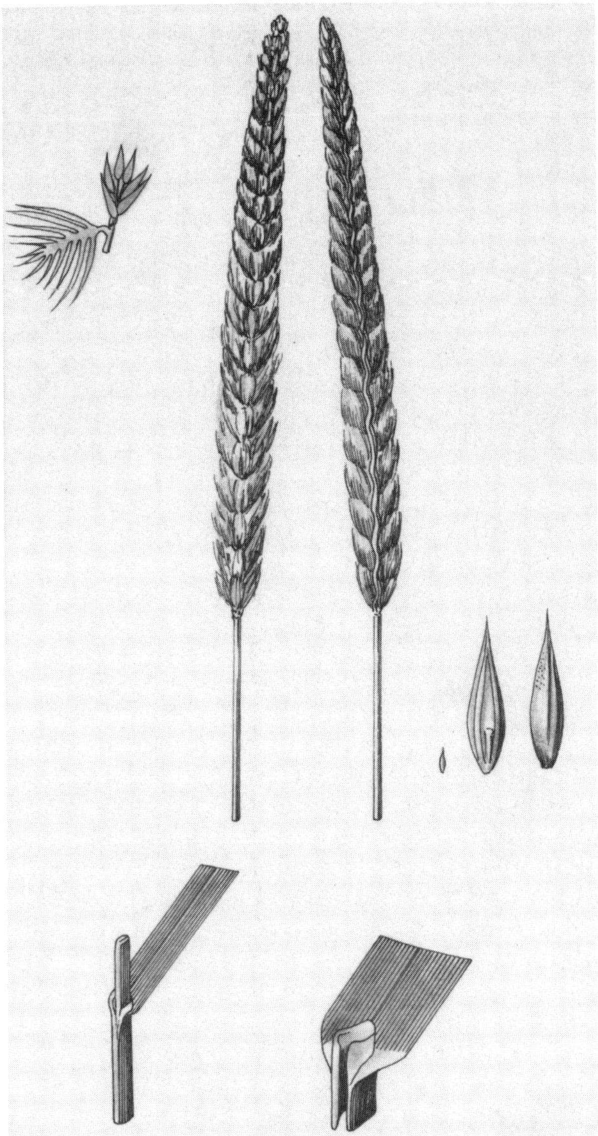

Blütenstand: eine einseitswendige Scheinähre traubiger Herkunft. Ährenachse zickzackförmig.

Ährchen: klein bis mittelgroß, 3—6 mm lang, 2- bis mehrblütig.
Deckspelze länger als die Hüllspelzen mit kurzer, feiner Stachelspitze. Unter jedem Ährchen ein kammartig gefiedertes Deckblatt (*cristatus*: gekämmt — Kammgras), das aus zweizeilig gestellten, tauben Spelzen eines zweiten sterilen Ährchens hervorgegangen ist.

Same (Spelzfrucht): 3—4 mm lang, Deckspelze rötlichgelb, mit weißlichen Borsten namentlich nach der Spitze zu, zur Basis stark gewölbt.
Alte Saat bräunlich.

TKM 0,45 g

Chromosomenzahl 2n = 14

Blatt: Spreite schmal bis mittelbreit, 2—4 mm, deutlich gerieft.
Jüngstes Blatt gefaltet.
Blätter unbehaart und ohne Öhrchen.
Blatthäutchen aber **vorn lappig emporgezogen,** im Gegensatz zum sonst zum Verwechseln ähnlichen *Lolium perenne.*
Aber Blattspreite schwertartig verjüngt und nicht parallelrandig, Blattunterseite **nicht glänzend, im Wuchs sperriger.**

Triebgrund: nicht rötlich angelaufen wie bei *Lolium perenne*, sondern mehr bräunlich.

Achte Gruppe: **Gräser mit Riefenblättern**

40. Kammgras (*Cynosúrus cristátus* L.) Beschreibung S. 185

Ausdauernd. **Horstig.** Höhe über 50 cm. Blüte Anfang Juni. Reife kurz vor dem Roggen.

Ein früher sehr überschätztes Gras. Nicht massenwüchsig und mit geringem Futterwert. Besonders häufig auf mäßig gedüngten Mittelgebirgs- und Heidegrasländereien.

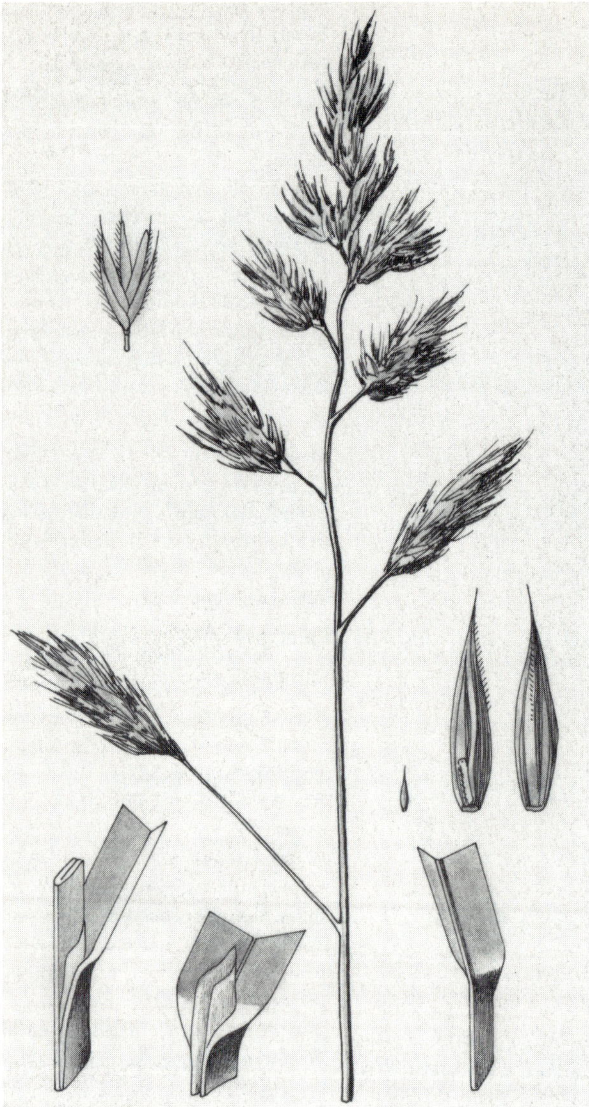

Blütenstand: eine einseitswendige, meist auf allen Stufen **einästige** echte Rispe, mit **Ährchenknäueln,** die auf den unteren Stufen spindelfern angesetzt sind. Äste steif abspreizend.

Ährchen: mittelgroß 5—9 mm lang, 3- bis 5blütig. Deckspelze grannenspitzig, desgleichen die Hüllspelzen. Deckspelzen und Hüllspelzen am Kiel steif bewimpert. Ährchen von der Seite zusammengedrückt.

Same (Spelzfrucht): 5—7 mm lang. Wegen der stark gekielten und steifhaarig bewimperten Deckspelze immer auf der Seite liegend, nie auf dem Rücken. Spitze gekrümmt. Stielchen 1/4 bis 1/5 der Samenlänge, mit keulenförmig verdicktem Ende.

TKM 1 g

Chromosomenzahl 2n = 28

Blatt: Spreite breit, 4—12 mm, ungerieft, **mit einer tiefen, unterseits scharf gekielten Mittelrinne.**
Jüngstes Blatt gefaltet.
Blätter unbehaart und ohne Öhrchen.
Blattscheide offen, **zweischneidig** oder zweikielig, **platt.**
Blatthäutchen **groß, weiß, rückwärts in eine Spitze ausgezogen.**

Erste Gruppe: **Leichtkenntliche Gräser**

41. Knaulgras (*Dáctylis glomeráta* L.) Beschreibung S. 186
Ausdauernd. **Ausgeprägt horstig.** Höhe bis über 1 m. Blüte Ende Mai/Anfang Juni.
Zeitig nutzungsreif. Geschätztes Futtergras auf den frischen und frischfeuchten Dauerwiesen sowie im Saatgrasbau, auf Mäh- und Weideflächen zur frühen Nutzung. Bedeutung auch im Ackerfutter- und im Luzernegrasbau.

42. Wald-Knaulgras (*Dáctylis polýgama* Horvatovszky — *D. aschersoníana* Graebner) Beschreibung S. 187

Ausdauernd. **Horstig.** Im Ganzen kleiner und zierlicher als *D. glomerata.*

Blütenstand: eine allseitswendige, hängende, zarte echte Rispe mit 5 und mehr Abästungen auf den unteren Stufen. Die Nebenäste gehen von den Seitenästen meist zu zweien ab. An den zarten Ästen sitzen die Ährchen sehr spindelfern.

Ährchen: sehr klein, zahlreich, zweiblütig. Hüllspelzen etwas länger als die Deckspelzen. Deckspelzen mit je einer sie etwas überragenden Grundgranne.

Same (Spelzfrucht): um 2,5 mm lang, weißlich-silbergrau. Deckspelze an der Spitze gezähnelt. Basis weiß-haarschopfig, Stielchen ebenfalls weiß behaart.

Chromosomenzahl 2n = 26

Blatt: Spreite mittelbreit, um 5 mm, **mit starken, hohen, meist sieben Riefen,** die durch verkieselte Zähne rückwärts rauh sind, so rauh wie kein zweites Süßgrasblatt. Zwischen den Riefen **weiß durchscheinende Rillen.**
Jüngstes Blatt gefaltet.
Blätter ohne Öhrchen und unbehaart.
Blattscheide offen.
Blatthäutchen **lang, derb, oft zerschlitzt.**

Erste Gruppe: **Leichtkenntliche Gräser**

43. Rasenschmiele (*Deschámpsia céspitósa* (L.) PAL. BEAUV. — *Aíra céspitósa* L.) Beschreibung S. 162

Ausdauernd. **Bültig-horstig.** Höhe bis über 1 m. Blüte Juni/Juli.

Das häufigste und schlimmste Ungras auf dem Grasland verschiedener Feuchtigkeitslagen, auch auf gut feuchten Flächen.

Blütenstand: eine aufrechte echte Rispe mit zwei Abästungen auf den einzelnen Spindelstufen. Auch die Abästungen zweiter und dritter Ordnung gehen von denen der höheren Ordnung immer wieder zu zweien ab. Die Rispenäste mehr oder weniger geschlängelt. Ährchenansatz spindelfern.

Ährchen: klein bis mittelgroß, zweiblütig, Hüllspelzen zugespitzt, etwas länger als die Deckspelzen. Jede Blüte mit je einer Deckspelzengrundgranne, die beide über das Ährchen hinausragen.

Same (Spelzfrucht): 3—5 mm lang. Granne etwas länger als die Deckspelze, gekniet, grundständig und nicht rückenständig wie beim Goldhafer. Stielchen wenig behaart, aber Samen an der Basis schopfig behaart. Farbe des Samens bräunlichgelb, dunkler als beim Goldhafer.

Chromosomenzahl 2n = 28

Blatt: Spreite borstenartig, sehr schmal, unter 1 mm, **glänzend dunkelgrün,** weich, schmiegsam, fast fettig sich anfühlend, im Querschnitt 6eckig (siehe Instruktionstafel 4, S. 22).
Jüngstes Blatt gerollt.
Blätter ohne Öhrchen und unbehaart.
Blattscheide offen.
Blatthäutchen deutlich, stumpf, **eingekerbt.**

Zweite Gruppe: **Horstgräser mit Borstblättern**

44. Drahtschmiele (*Deschámpsia flexuósa* (L.) PAL. BEAUV. — *Avenélla flexuósa* (L.) PARL. — *Aíra flexuósa* L.) Beschreibung S. 163

Ausdauernd. **Breite, lockere Horste.** Höhe bis über 50 cm. Blüte Juni/Juli. Blüht nur im Lichten, schon im Halbschatten nicht mehr.

Hauptgras in lichten Waldbeständen auf kalk- und nährstoffärmeren Böden, aber auch auf entsprechenden Hutungen im Mittelgebirge und auf heidigen Böden häufig.

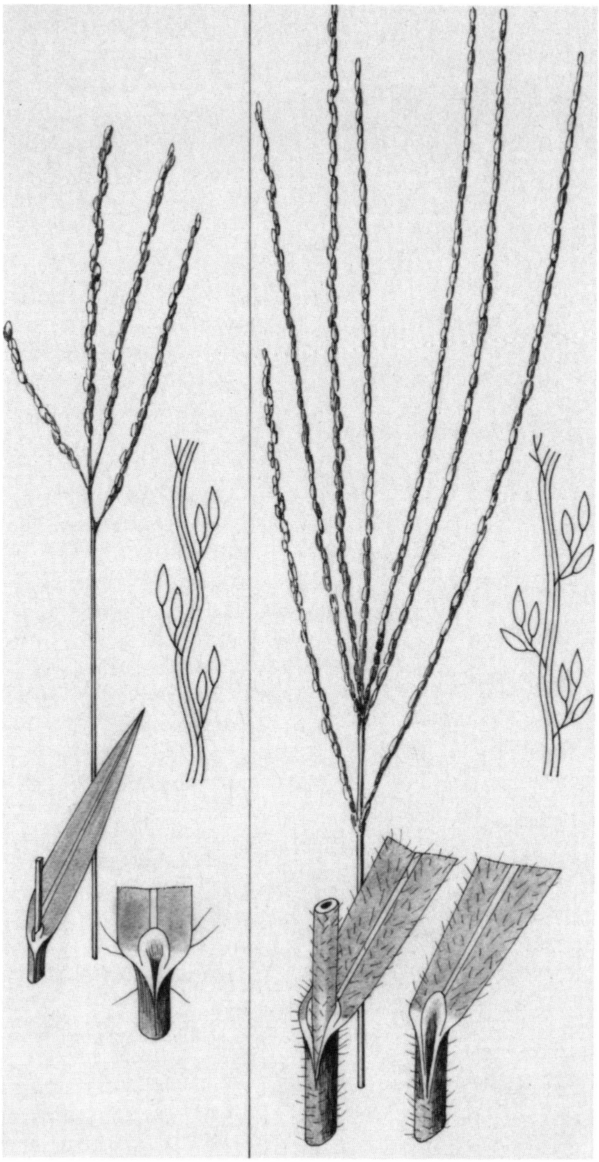

45. Faden-Fingerhirse (links)
Blütenstand: eine unechte Fingerähre, mit 3—5 fadenförmigen Scheinähren traubiger oder rispiger Herkunft.

Ährchen: sehr klein, 2 mm lang, einblütig, in Büscheln zu zweien der Ährenachse anliegend, oft violett überlaufen.

Chromosomenzahl 2n = 36

Blatt: Spreite schmal-mittelbreit, kurz, mit weißem Hautstreifen längs der Mitte.
Jüngstes Blatt gerollt.
Blätter ohne Öhrchen.
Blattscheide geschlossen.
Blatthäutchen deutlich, eirundlich.

46. Blut-Fingerhirse (rechts)
Blütenstand: eine unechte Fingerähre, mit 5—7 fadenförmigen Scheinähren rispiger Herkunft.
Ährchen: sehr klein, 2 mm lang, einblütig, in Büscheln zu 2—5 der Ährenachse anliegend, violett überlaufen.

Chromosomenzahl 2n = 36

Blatt: Spreite mittelbreit bis breit, mit weißem Hautstreifen längs der Mitte, **fein behaart.**
Jüngstes Blatt gerollt.
Blätter ohne Öhrchen.
Blattscheide geschlossen, **stark behaart.**
Blatthäutchen deutlich, gestutzteiförmig.

Halm: knickig aufsteigend.

Dritte Gruppe: **Gräser mit Hirseblättern**

45. Faden-Fingerhirse (*Digitária ischáemum* [SCHREBER] MÜHLENB. — *Pánicum lineáre* KROCKER) Beschreibung S. 214

Einjährig. **Horstig.** Höhe weit unter 50 cm. Blüte Juli/August. Sehr häufiges Ungras auf sehr geringen Sandäckern. Das Gegenstück zum Igelgras, aber auf bebauten, dürren und armen Sandäckern.

46. Blut-Fingerhirse (*Digitária sanguinális* (L.) SCOP. — *Pánicum sanguinále* L.) Beschreibung S. 214

Einjährig. **Horstig.** Höhe bis 60 cm. Blüte Juli/August. Ungras auf trockenen und feuchten, sandigen Äckern.

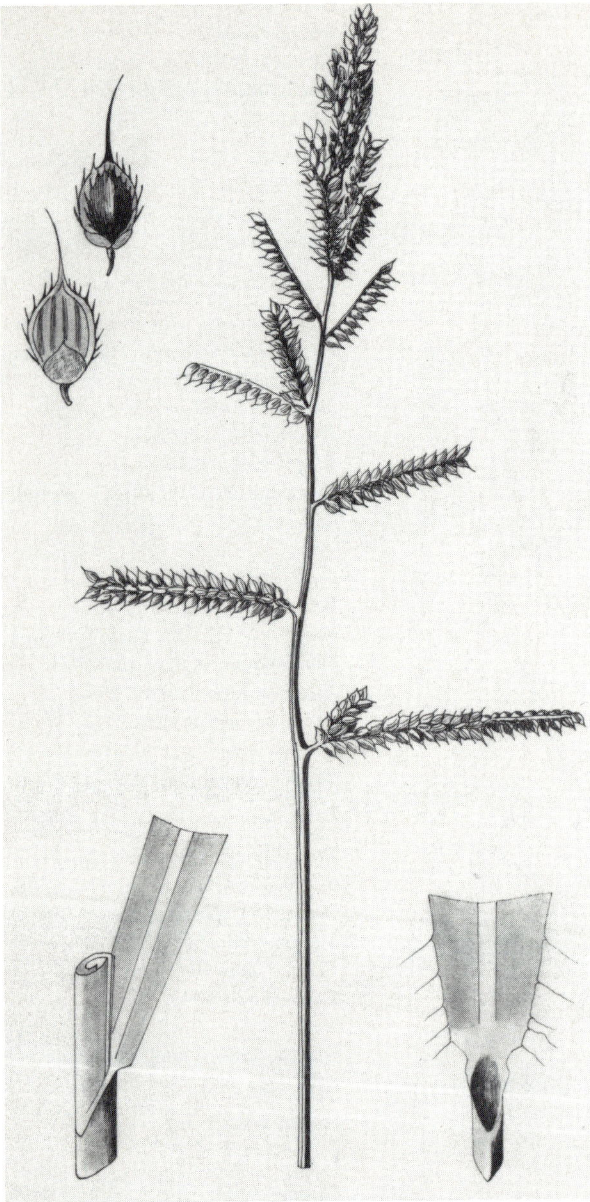

Blütenstand: eine grün-purpurbraune Fiederähre, und zwar eine Traube aus gegenständig und wechselständig angeordneten, seitenästigen Scheinähren rispiger Herkunft.

Ährchen: klein, einblütig, zahlreich, mit drei Hüllspelzen. Die kürzeste Hüllspelze (1/4 des Ährchens lang) umfaßt das ganze Ährchen, die beiden anderen Hüllspelzen so lang wie das Ährchen. Hüllspelzen etwas stachelhaarig. Deckspelze unterhalb der Spitze mehr oder weniger lang begrannt.

Chromosomenzahl 2n = 36

Blatt: Spreite sehr breit, 10 bis 20 mm, mit weißem, häutigen Mittelstreifen, zur Basis mit einigen längeren Randhaaren.
Jüngstes Blatt gerollt.
Blattscheide geschlossen, **seitlich plattgedrückt.**
Blätter ohne Blatthäutchen, ohne Haarkranz und ohne Öhrchen.

Dritte Gruppe: **Gräser mit Hirseblättern**

47. Hühnerhirse (*Echinóchloa crus-gálli* (L.) P. B. — *Pánicum crus-gálli* L.) Beschreibung S. 215

Einjährig. Später Frühjahrskeimer. **Stark horstig, sehr stark und fest wurzelnd.** Höhe bis über 1 m, im Mais bis zu 2 m. Blüte Juli/August/September.

Immer stärker sich ausbreitendes, schlimmes Ungras auf moorigen und humosen, sandigen oder lehmigen Ackerböden im Mais, in der Hackfrucht und im Gartenland.
Stammform der **Japanischen Hirse** (*Echinóchloa frumentácea*) Beschreibung S. 215.

Blütenstand: eine meist ein-, selten zweiästige echte Rispe.

Ährchen: groß, 6—8 mm lang, viel- (über 10) blütig. Hüllspelzen und Deckspelzen gekielt. Deckspelze mit grünem Kiel und violett getönten Seitenflächen, unbegrannt, auch nicht grannenspitzig, bei der Reife mit der kugeligen Frucht abfallend. Vorspelze an der Ährchenachse stehenbleibend.

Blatt: Spreite schmal, 3—4 mm, kurz, schwach gerieft, oberseits und unterseits mit einigen längeren Haaren.
Jüngstes Blatt gerollt.
Blätter ohne Öhrchen.
Blattscheide offen.
Blatthäutchen stark zerschlitzt, später in einem Haarkranz aufgelöst.

Halm: auch oberirdisch verzweigt, meist knickig aus niederliegendem Grunde aufsteigend.
Im Habitus hat *E. minor* Ähnlichkeit mit *Poa annua*, aber ohne Schienenblatt und mit behaarter Spreite.

Vierte Gruppe: **Gräser mit einem Haarkranz anstelle des Blatthäutchens.**

48. Kleines Liebesgras (*Eragróstis mínor* HOST. — *E. poaeoídes* P. B.) Beschreibung S. 188

Einjährig. **Horstig.** Höhe unter 50 cm. Blüte Juli/August/September.

Früher eingeschleppt, zuerst an Güterbahnhöfen vorkommend. Heute eingebürgert an sandigen Wegrändern und neuerdings häufiger werdend. Bei uns ohne Bedeutung, auch als Ungras, aber verwandte Arten sind wichtige Futtergräser in Afrika.

Blütenstand: eine aufrechte einfache bis doppelte Traube mit mindestens 4 Einzelährchen an der Spitze und nur zwei Abästungen auf den unteren Stufen, davon der längere Ast mit vier bis sechs Ährchen, der kürzere Ast mit ein bis zwei Ährchen. Traube vor und nach der Blüte einseitswendig zusammengezogen.

Ährchen: groß, über 10 mm lang, länglich-lanzettlich, viel- (über 5) blütig. Blüten ohne Granne.

Same (Spelzfrucht): 6—7 mm lang, dem Samen von *Lolium perenne* ähnlich, aber zur Basis zu nicht so plump, sondern schlanker, schmaler werdend, ferner Stielchen rundlich, dünner und tellerartig endend, etwas länger und nicht so fest anliegend.

TKM um 2 g

Chromosomenzahl 2n = 14

Blatt: Spreite mittelbreit bis breit, 4—8 mm, mit deutlichen Riefen, unterseits glänzend, am Rande rauh, unbehaart.
Jüngstes Blatt gerollt.
Blätter **mit deutlichen Öhrchen.**
Blattscheide offen.
Blatthäutchen derb, grün, **ein sehr kurzer Saum, kürzer als der Blattgrund** und **kürzer als bei** *Lolium multiflorum.*

Achte Gruppe: **Gräser mit Riefenblättern.**

49. Wiesenschwingel (*Festúca praténsis* Huds., *F. elátior* L. p. p.) Beschreibung S. 188

Ausdauernd. **Lockerhorstig.** Höhe bis über 1 m. Blüte Anfang Juni.

Ausgezeichnetes Futtergras sowohl der Mäh- als auch Weideflächen, von hoher Futterqualität. Für den Kleegrasbau gut geeignet.

Blütenstand: eine große, etwas überhängende, doppelte Traube, mit mindestens vier Einzelährchen an der Spitze und nur zwei Abästungen auf den unteren Stufen, davon der eine Ast reichährig, der kürzere Ast mindestens mehrährig.

Ährchen: groß, nicht so lang wie von *F. pratensis* und auch plumper, mehr- (über 3) blütig, Deckspelze grannenspitzig. Ährchen meist violett überlaufen, zahlreich.

Same (Spelzfrucht): 7—8 mm lang, ähnlich dem Samen von *F. pratensis*, aber grannenspitzig oder die Spitze etwas länger ausgezogen. Am Grund der Deckspelze oder auch darüber hinaus kurz behaart.

TKM über 2 g

Chromosomenzahl 2n = 42

Blatt: Spreite mittelbreit bis sehr breit, 6—12 mm, breiter als bei *F. pratensis*, mit starken Riefen, steif, rauh, unterseits glänzend, am Rande gesägt.
Jüngstes Blatt gerollt.
Blätter mit großen, ausgeprägten Öhrchen, diese und der Blattgrund **borstig bewimpert** oder auch **sägezähnig.**
Blattscheide offen.
Blatthäutchen klein, aber deutlich, derb.

Achte Gruppe: **Gräser mit Riefenblättern**

50. Rohrschwingel (*Festúca arundinácea* SCHREBER) Beschreibung S. 190

Ausdauernd. **Ausgeprägt horstig-bültig.** Höhe bis 1,50 m. Blüte Anfang Juni.

Ein lästiges Bültengras auf feuchten bis nassen Dauerwiesen und Dauerweiden, ähnlich wie die Rasenschmiele.
Wegen seiner Massenwüchsigkeit und Vitalität wurde er in vielen Ländern züchterisch bearbeitet und ist heute zu einem anbauwürdigen Futtergras geworden.

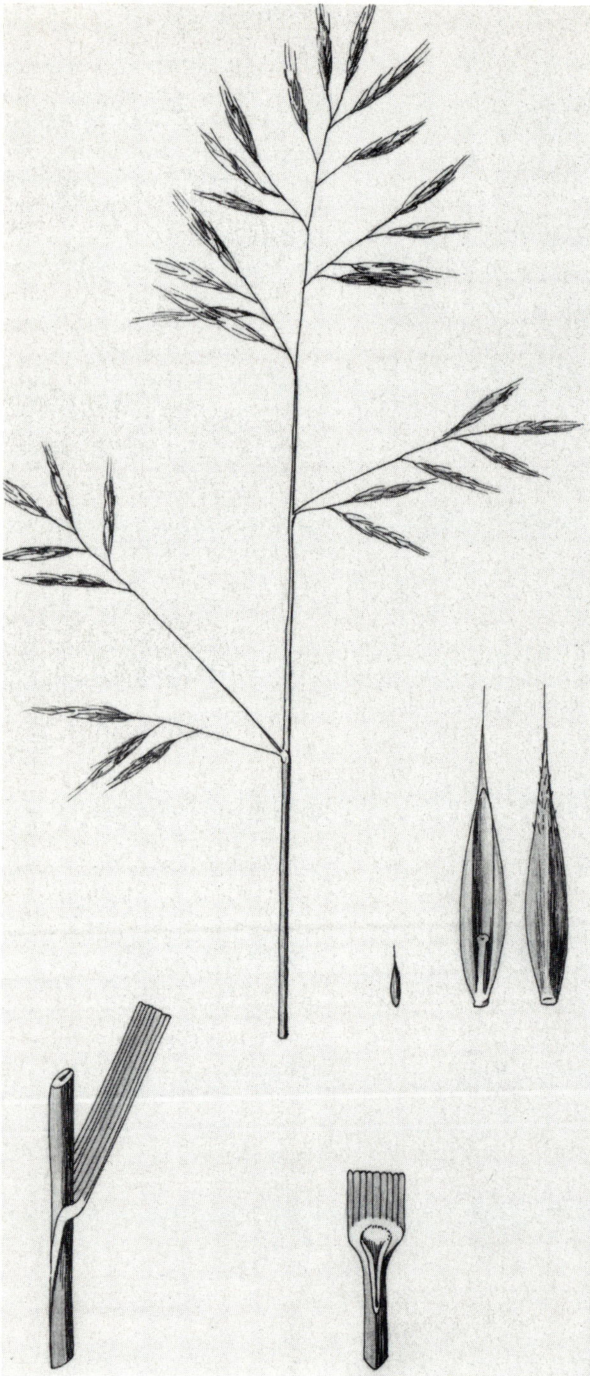

Blütenstand: eine einfache bis doppelte Traube mit ein oder zwei Abästungen auf den unteren Stufen. Der längere Ast der untersten Stufe mindestens **halb so lang** wie der ganze Blütenstand (bei *F. ovina* nur **ein Drittel so lang**). Traube nach der Blüte zusammengezogen.

Ährchen: groß, um 10 mm lang, mehr- (über 3) blütig. Deckspelze mit einer ausgesprochenen Spitzengranne von höchstens halber Spelzenlänge. Ährchen oft violett angelaufen.

Same (Spelzfrucht): um 5 mm lang, rötlich-braun, mit Spitzengranne. Von Samen gewisser Schafschwingelformen nur mikroskopisch zu unterscheiden. Nach Dörter (1966) sind die Vorspelzenkiele von der Spitze bis zur Mitte bezahnt (siehe Schafschwingel).

TKM um 1 g

Chromosomenzahl

2n = 42 (*F. rubra* var. *fállax*)
2n = 56 (*F. rubra* var. *genuína*)

Blatt: Spreite schmal bis mittelbreit, 1—4 mm, auch wenn sehr schmal oder sogar borstlich, Spreite immer entfaltbar, gerieft.
Jüngstes Blatt gefaltet.
Blätter unbehaart.
Blätter **ohne eigentliche Öhrchen**, aber die häutigen Blattscheidenwände sind beiderseits öhrchenartig emporgezogen.
Blattscheide **geschlossen, nur im oberen Drittel offen.**

Achte Gruppe: **Gräser mit Riefenblättern**

51. Rotschwingel (*Festúca rúbra* L.) Beschreibung S. 191
Sehr formenreich. Höhe bis 1 m. Blüte Anfang Juni. In der schmal-, fast borstblättrigen und **fast horstigen** Form als **Horstrotschwingel** (var. *fállax* Hack.) bestandbildend auf mäßigem Mittelgebirgsgrasland, in der breiterblättrigen, **ausläufertreibenden** Form (var. *genuína* Hack.) ein mittelwertiges Dauerwiesen- und Dauerweidegras. Außerdem gibt es eine Salz- und eine Sandstrandform sowie andere Formen.

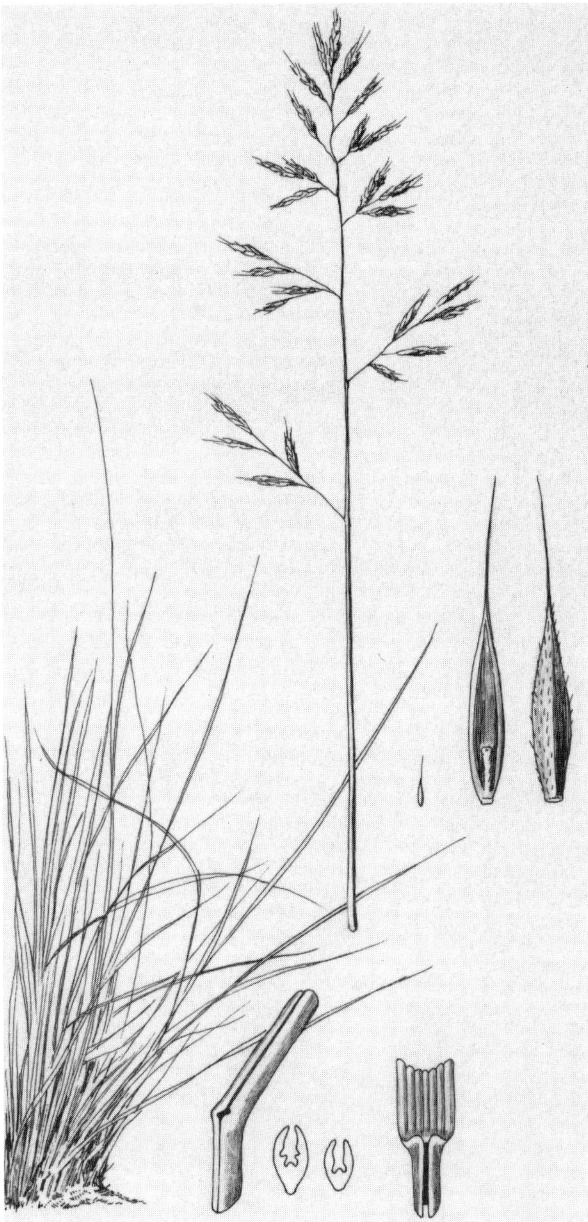

Blütenstand: eine einfache bis doppelte Traube mit nur einer Abästung auf jeder Stufe. Der unterste Ast der Spindel ist **ein Drittel so lang wie der ganze Blütenstand** (bei *F. rubra* **halb so lang**). Traube vor und nach der Blüte zusammengezogen.

Ährchen: mittelgroß bis groß, 5 bis 10 mm lang, mehr- bis vielblütig. Hüllspelzen kürzer als die Deckspelzen. Deckspelze mit Spitzengranne.

Same (Spelzfrucht): bei der Abart var. *duriuscula* um 5 mm lang, Deckspelze behaart, ebenso wie das Stielchen. Vom Rotschwingelsamen mit Sicherheit nur mikroskopisch zu unterscheiden. Nach DÖRTER **(1966) sind die Vorspelzenkiele nur im oberen Drittel bezahnt** (siehe Rotschwingel).

TKM 0,7 g (var. *duriuscula*)

Chromosomenzahl 2n = 28, je nach Abart aber verschieden,

Blatt: Spreite borstenartig, sehr schmal, unter 1 mm, kaum auseinanderzufalten, im Querschnitt oval.

Jüngstes Blatt gefaltet.

Blätter unbehaart.

Blätter ohne Öhrchen, aber Blattscheiden beiderseits halbrundigöhrchenförmig, häutig emporgezogen.

Blattscheide offen, nur im unteren Drittel geschlossen, bei *F. rubra* mindestens zwei Drittel geschlossen.

Blatthäutchen **kaum** sichtbar.

Halm: auch die Halmblätter borstenförmig und nicht flach ausgebreitet wie bei *F. rubra.*

Trieb: Seitentriebe intravaginal und nicht extravaginal wie bei *F. rubra.*

Zweite Gruppe: **Horstgräser mit Borstblättern**

52. Schafschwingel (*Festúca ovína* L.) Beschreibung S. 193

Ausdauernd. **Horstig.** Höhe bis 50 cm. Blüte Ende Mai. Reife vier Wochen vor dem Roggen.

Sehr formenreich. Hier ist nur die größte Abart var. *duriúscula* dargestellt und beschrieben und ein Blattquerschnitt der kleinsten Abart var. *capilláta* daneben hinzugesetzt. Brauchbares Schafhutungsgras auf Sandböden. Zur Samengewinnung auf kiesigen Sandböden angebaut.

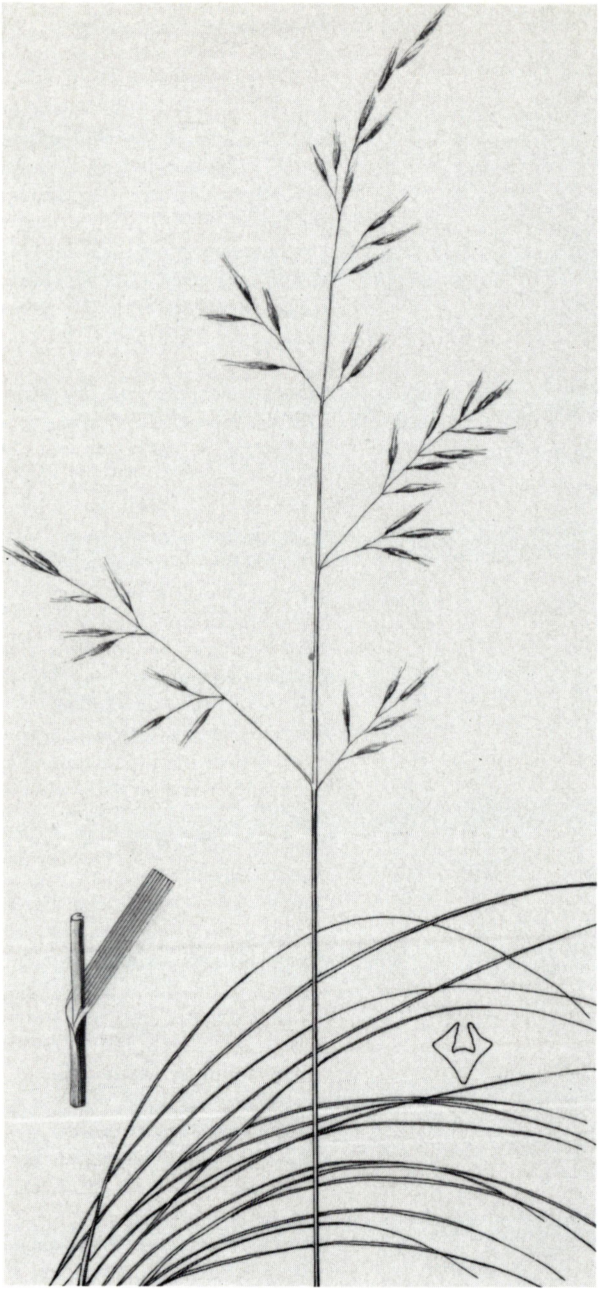

Blütenstand: eine lockere, an der Spitze oft überhängende Doppeltraube bis Rispe, mit zwei Abästungen auf jeder Stufe. Der längere Ast der untersten Stufe halb so lang wie der gesamte Blütenstand (wie bei *F. rubra*)

Ährchen: mittelgroß, 8—10 mm lang, vielblütig, Hüllspelzen klein und grannenspitzig, Deckspelze begrannt, Granne halb bis fast so lang wie die Deckspelze.

Same (Spelzfrucht): ähnlich dem Samen von *F. rubra*, nur schlanker und etwas länger begrannt.

TKM um 1 g

Chromosomenzahl 2n = 28, 42

Blatt: Grund- und Halmblätter verschieden ausgebildet.

Grundblätter: Spreite sehr schmal, bis 0,5 mm, borstig zusammengefaltet mit dreieckigem Querschnitt, sehr lang, schlaff, nach einer Seite meist schopfartig überhängend.

Halmblätter: flach ausgebreitet, schmal-mittelbreit, 2—5 mm, mit 7—11 Riefen.
Jüngstes Blatt gefaltet.
Blätter unbehaart.
Blätter mit sehr undeutlichen und schwach entwickelten Öhrchen.
Blattscheide geschlossen.
Blatthäutchen kaum oder extrem kurz.

Achte Gruppe: **Gräser mit Riefenblättern**

53. Verschiedenblättriger Schwingel (*Festúca heterophýlla* LAM.) Beschreibung S. 194

Ausdauernd. **Dichthorstig.** Höhe 60—100 cm. Blüte Juni bis September.

Zerstreut vorkommendes Waldgras auf mehr trockenen Böden und in lichten Wäldern. Landwirtschaftlich ohne Bedeutung.

Blütenstand: eine lange, schlanke, überhängende rispige Doppeltraube mit ein bis zwei Abästungen auf einer Stufe und mindestens vier Einzelährchen an der Blütenstandsspitze.

Ährchen: sehr groß, bis 20 mm lang, mehr- bis vielblütig. Deckspelze bis 10 mm lang, mit mehr als doppelt so langer, schlängeliger Granne.
Ährchenansatz spindelfern.

Chromosomenzahl 2n = 42

Blatt: Spreite sehr breit, 6 bis 18 mm, gerieft, unterseits speckglänzend, mit rauhen Rändern, unbehaart, lang zugespitzt, meist hängend.
Jüngstes Blatt gerollt.
Blätter mit sehr ausgeprägten Öhrchen.
Blattscheide offen.
Blatthäutchen kurz.

Halm: mit purpurrotem Knoten

Achte Gruppe: **Gräser mit Riefenblättern**

54. Riesenschwingel (*Festúca gigántea* (L.) VILL.) Beschreibung S. 195

Ausdauernd. **Lockerhorstig.** Höhe bis 1,50 m. Blüte Juli/August.

Waldgras auf kräftigen, nährstoffreichen Laubwaldböden mit bester Humuszersetzung.

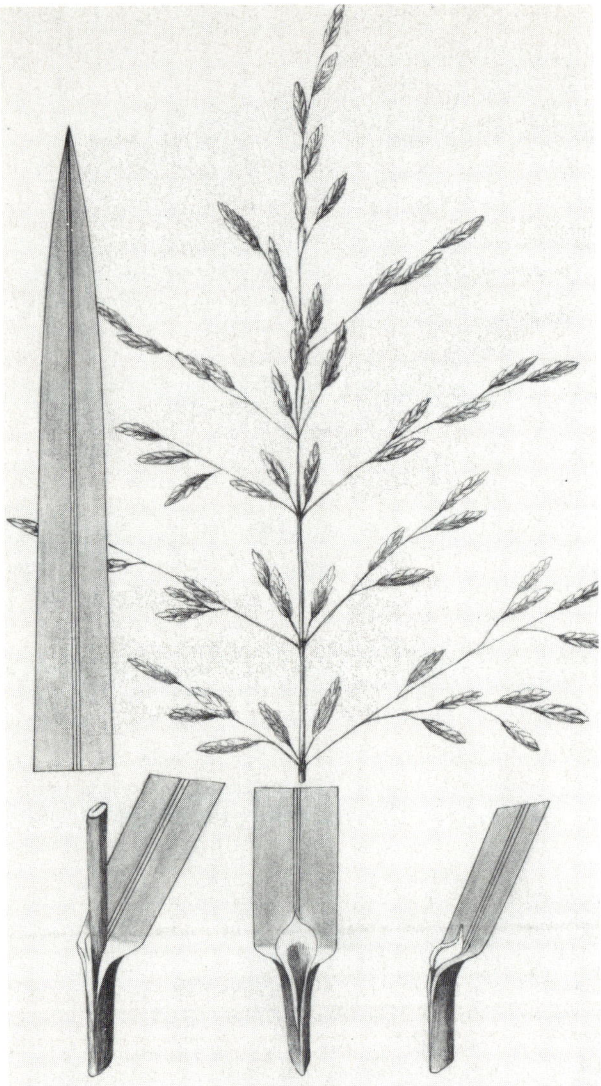

Blütenstand: eine sehr große, bis 50 cm lange, allseitswendige, aufrechtstehende echte Rispe, mit vielen Abästungen auf den untersten Stufen

Ährchen: groß, über 10 mm lang, vielblütig, zahlreich, Blüten ohne Grannen, Deckspelze länglich-stumpf (typisch für Mannagräser)

Same (Spelzfrucht): um 3,5 mm lang, breiter als bei *Gl. fluitans*, Deckspelze gewölbt mit 7 deutlichen Nerven, Vorspelze grobkörnig punktiert.

Chromosomenzahl 2n = 60

Blatt: Spreite sehr breit, 8 bis 20 mm, dicklich, geschient, ohne sonstige Riefen, parallelrandig, **mit kahnförmiger Spitze,** scharfrandig.
Jüngstes Blatt gefaltet.
Blätter unbehaart und ohne Öhrchen.
Blattscheide geschlossen, zweischneidig.
Blatthäutchen **mittelgroß, weiß, rückwärts in eine Spitze ausgezogen.**
Querverbindungen zwischen den Gefäßbündeln in Blattscheide und Blattspreite.

Fünfte Gruppe: **Gräser mit Schienenblättern**

55. Ansehnliches, Prächtiges, Hohes **Mannagras, Wasserschwaden,** Militz (*Glycéria máxima* [Hartmann] Holmberg — *Gl. aquática* (L.) Wahlenb. — *Gl. spectabilis* M. et K.) Beschreibung S. 195

Ausdauernd. **Mit langen, dicken unterirdischen Ausläufern.** Höhe bis 2 m. Blüte Juni bis August.

Bildet auf Überschwemmungsflächen hochertragreiche Militzwiesen, die aber in der Futterqualität nicht befriedigen, oft wegen schlechter Zugänglichkeit schwer nutzbar und wegen des Besatzes mit Giftkräutern und des Befalls mit Pilzen nicht ungefährlich sind.

Blütenstand: eine lange, aufrechte doppelte Traube (sehr selten rispig) mit meist nur 2 Abästungen auf den unteren Stufen. **Ährchen den Tragästen angeschmiegt,** dadurch eine sehr schlanke Traube. Äste nur in der Blüte waagerecht abstehend.

Ährchen: sehr lang, 10–25 mm, schmallänglich, vielblütig, Blüten ohne Grannen, Deckspelze länglich-stumpf (typisch für Mannagräser).

Same (Spelzfrucht): um 6 mm lang, grannenlos. Deckspelze gewölbt, mit 7 kräftigen Nerven. Stielchen sehr lang, 1/3 bis 1/2 des ganzen Samens.

Chromosomenzahl $2n = 40$

Blatt: Spreite mittelbreit bis breit, 5 bis 10 mm, durch die starke Faltung schmäler wirkend, **geschient** und **außerdem gerieft, auch unterseits,** spitz zulaufend.
Jüngstes Blatt gefaltet.
Blätter unbehaart und ohne Öhrchen.
Blattscheide geschlossen, stark zweischneidig.
Blatthäutchen **lang, spitz, dreieckig.**
Querverbindungen zwischen den Gefäßbündeln in Blattscheide und Blattspreite.

Fünfte Gruppe: **Gräser mit Schienenblättern** oder

Achte Gruppe: **Gräser mit Riefenblättern**

56. Flutender Schwaden, Flutendes Mannagras (*Glycéria fluítans* (L.) R. BR.) Beschreibung S. 196

Ausdauernd. **Mit unterirdischen Ausläufern.** Höhe über 1 m. Blüte Juni/Juli.

Im Wasser sowie in und an Gräben. Die Samen wurden früher an solchen Standorten zur Reifezeit abgestreift und als Mannagrütze verwendet. Aber auch auf den Militzwiesen häufig vorkommend und vor allem auch auf nassen Weiden, da es im Unterschied zu den beiden hohen Militzgräsern weideverträglich ist.

Blütenstand: eine aufrechte echte Rispe, mit wenigen, geschlängelten Ästen.

Ährchen: klein, 3–5 mm lang, glockenförmig, dreiblütig. Die beiden äußeren Blüten männlich, die mittlere zwittrig mit 2 Staubgefäßen. Hüllspelzen weiß-trockenhäutig, glänzend. Deckspelzen braun, die der männlichen Blüten derb, am Rande braun behaart, mit sehr kurzer Granne unter der Spitze, die Spelzen kaum überragend. Zwitterblüte ohne Granne.

Chromosomenzahl 2n = 28, 42, 56

Blatt: Spreite mittelbreit bis breit, bis 10 mm, ungerieft, oberseits zart behaart, unterseits glänzend.
Jüngstes Blatt gerollt.
Blätter ohne Öhrchen.
Blattscheide geschlossen, rötlich.
Blatthäutchen lang, spitz.

Halm: steif aufrecht, am Grunde mit mehreren genäherten Knoten, dicht büschelig.

Neunte Gruppe: **Gräser mit ungerieften Blättern**

57. Duftendes Mariengras (*Hieróchloë odoráta* (L.) PAL. BEAUV.) Beschreibung S. 197

Ausdauernd. **Mit langen, dünnen unterirdischen Ausläufern.** Höhe bis 60 cm. Blüte April/Mai.

Sehr seltenes Gras auf feuchtnassen Niederseggenwiesen.
Landwirtschaftlich ohne Bedeutung. Getrocknet nach Kumarin duftend wie Ruchgras.

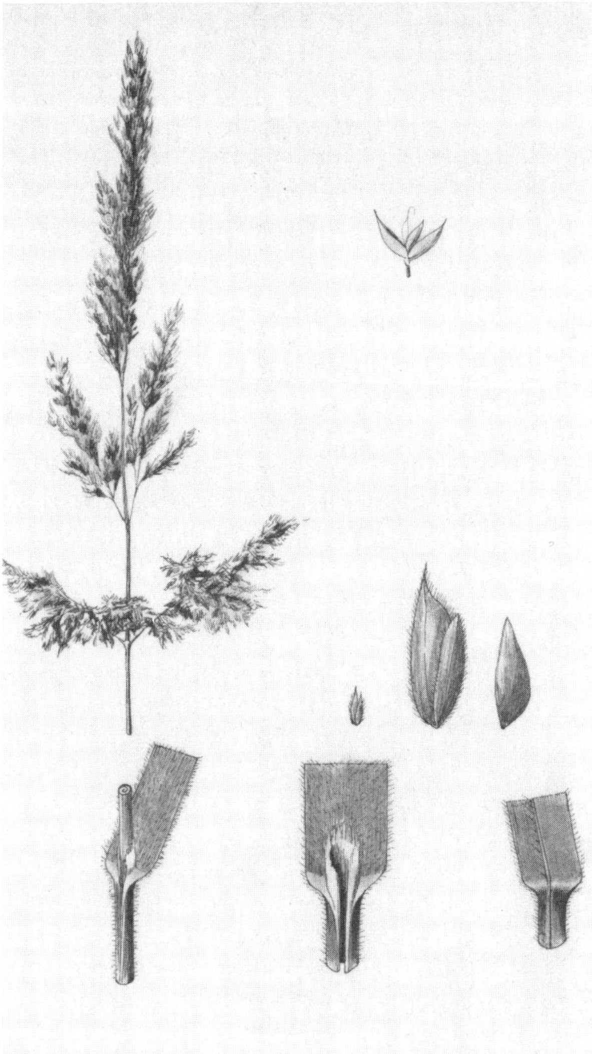

Blütenstand: eine reichährige, wenigästige echte Rispe, deutlich nur während der Blüte, sonst fast scheinährig wirkend, da sich die Seitenäste vor und nach der Blüte an die Hauptachse anlegen.

Ährchen: klein, 4 mm lang, weißlich, purpurn überlaufen, zweiblütig. Die obere Blüte taub, mit an der Spitze hakig gebogener Rückengranne, die nicht aus dem Ährchen hervortritt, sondern von den Hüllspelzen eingeschlossen bleibt.

Same (Ährchenfrucht, Spelzfrucht); **Ährchenfrucht:** 4 mm lang, strohgelb, Hüllspelzen grannenspitzig, nicht verwachsen, fein behaart, die Kiele bewimpert.

Spelzfrucht: 2,5 mm lang, gelblich, glänzend.

Chromosomenzahl $2n = 14$

Blatt: Spreite mittelbreit bis breit, 4—10 mm, schwach gerieft, **stark gekielt,** ober- und unterseits **dicht sammetartig-weichhaarig.**
Jüngstes Blatt gerollt.
Blätter ohne Öhrchen.
Blattscheide offen, weichhaarig, die **jüngeren Scheiden mit senkrechten, rotvioletten Nerven.**
Blatthäutchen groß, kragenförmig, gefranst.

Erste Gruppe: **Leichtkenntliche Gräser**

58. Wolliges Honiggras (*Hólcus lanátus* L.) Beschreibung S. 197

Ausdauernd. **Polsterhorstig.** Höhe bis 1 m. Blüte von Mai an.

Häufig auf vernachlässigten Wiesen der verschiedenen Feuchtigkeitslagen. Auch auf Weiden. Auf gutem Grasland ein Ungras. Der Same war Hauptbestandteil der sogenannten Heublumensaat. Er tritt als Verunreinigung in anderen Grassaaten auf.

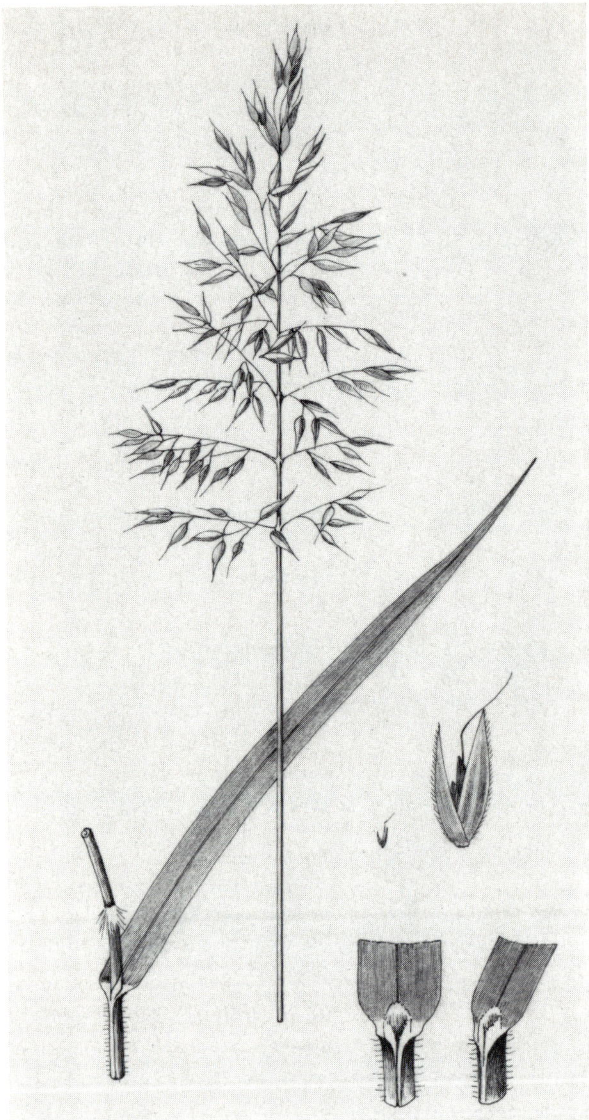

Blütenstand: eine locker-, nicht so reichährige, wenigästige echte Rispe, deutlich nur während der Blüte, da sich die Seitenäste vor und nach der Blüte an die Hauptachse anlegen.

Ährchen: mittelgroß, 4—6 mm lang, weißlich-hellbraun oder auch rötlich überlaufen, zweiblütig, die obere Blüte taub, mit aus dem Ährchen herausragender Rückengranne. Hüllspelzen zugespitzt, an den Rändern bewimpert.

Same (Ährchenfrucht): Ähnlich wie bei *H. lanatus*, nur sind die Hüllspelzen stärker bewimpert und die gekniete Rückengranne der oberen männlichen Blüte schaut weit heraus.

Chromosomenzahl 2n = 28, 35, 42 und 49

Blatt: Spreite mittelbreit, 5 bis 8 mm, mehr oder weniger gerieft, nur sehr wenig und kurz behaart.
Jüngstes Blatt gerollt.
Blätter ohne Öhrchen.
Blattscheide offen und kurz behaart oder kahl.
Blatthäutchen mittelgroß, gezähnelt.

Halmknoten mit schräg nach unten gerichteten Haaren besetzt.
Die ganze Pflanze zarter und schlanker als *H. lanatus*.

Erste Gruppe: **Leichtkenntliche Gräser**

59. Weiches Honiggras (*Hólcus móllis* L.) Beschreibung S. 198

Ausdauernd. **Mit unterirdischen Ausläufern.** Höhe kaum über 50 cm. Blüte von Juni an.

Hänfig in Kiefernwäldern. Aber auch als Ungras, als Sand- und Hochmoorquecke auf mageren Sand-, Hochmoor- und Mittelgebirgsäckern. Dort auch auf magerem Grasland.

---

60. Mäusegerste (*Hórdeum murínum* L.) Beschreibung S. 198

Überjährig. Höhe unter 50 cm. Blüte Juni.

Sehr häufig an Ackerrainen und Straßenrändern in der Nähe der Dörfer und Ansiedlungen.

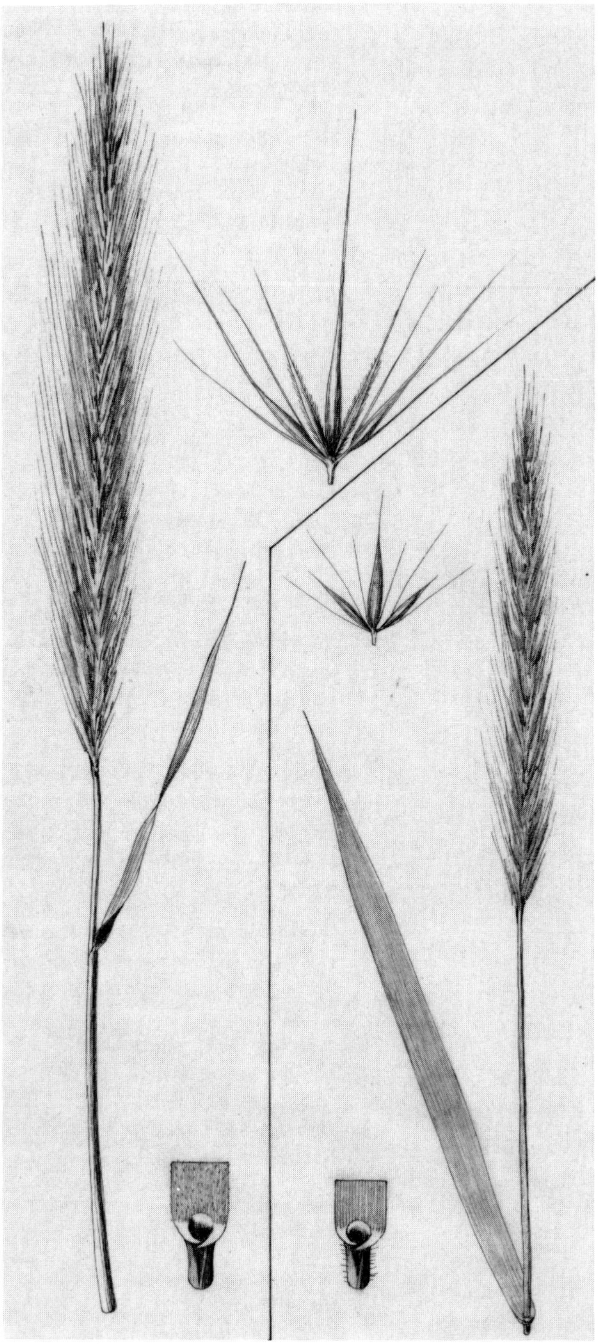

Mäusegerste (links), **Wiesengerste** (rechts)

Blütenstand: eine echte Ähre und auch Scheinähre. Drei Ährchen an einer Spindelansatzstelle, davon das mittlere ungestielt (also echtährig), die beiden seitlichen gestielt (also scheinährig). Ähre der Wiesengerste kürzer.

Ährchen: (Mäusegerste): groß, zahlreich, einblütig. Deckspelze mit sehr langer Spitzengranne. Hüllspelzen der beiden seitlichen Ährchen völlig grannig, des mittleren Ährchens dagegen aus breitem, bewimpertem Grunde in eine Granne auslaufend. Grannen viel länger als bei der Wiesengerste.

Chromosomenzahl 2n = 28

Ährchen: (Wiesengerste): kleiner, alle drei Hüllspelzenpaare grannig. Grannen der Deckspelzen kürzer als bei der Mäusegerste.

Chromosomenzahl 2n = 28

Blatt (Mäusegerste): Spreite mittelbreit, 2—8 mm, gerieft, zart behaart.
Jüngstes Blatt gerollt.
Blätter mit Öhrchen, diese aber nicht derb und krallig wie bei der Quecke, sondern häutig, das Blatthäutchen gleichsam fortsetzend.
Blattscheide offen und unbehaart.
Blatthäutchen ein kleiner Kragen.

Blatt (Wiesengerste): Spreite schmal bis mittelbreit, 2—6 mm, schwach gerieft, kahl.
Jüngstes Blatt gerollt.
Blätter mit Öhrchen, diese aber nicht derb und krallig wie bei der Quecke, sondern häutig wie bei der Mäusegerste, aber kürzer.
Blattscheide offen, stärker behaart.
Blatthäutchen ein kleiner Rand, kürzer als bei der Mäusegerste.

Triebgrund (Wiesengerste): zwiebelig verdickt

61. Wiesengerste, Roggengerste (*Hórdeum secalínum* SCHREBER — *H. nodósum* aut.) Beschreibung S. 198. Ausdauernd. **Horstig.** Höhe bis über 60 cm. Blüte Juni/Juli.
Ein frühwüchsiges, nicht sehr ertragreiches, aber gern gefressenes, nährstoffreiches Gras insbesondere auf Marschweiden, aber auch auf Salzgrasland.

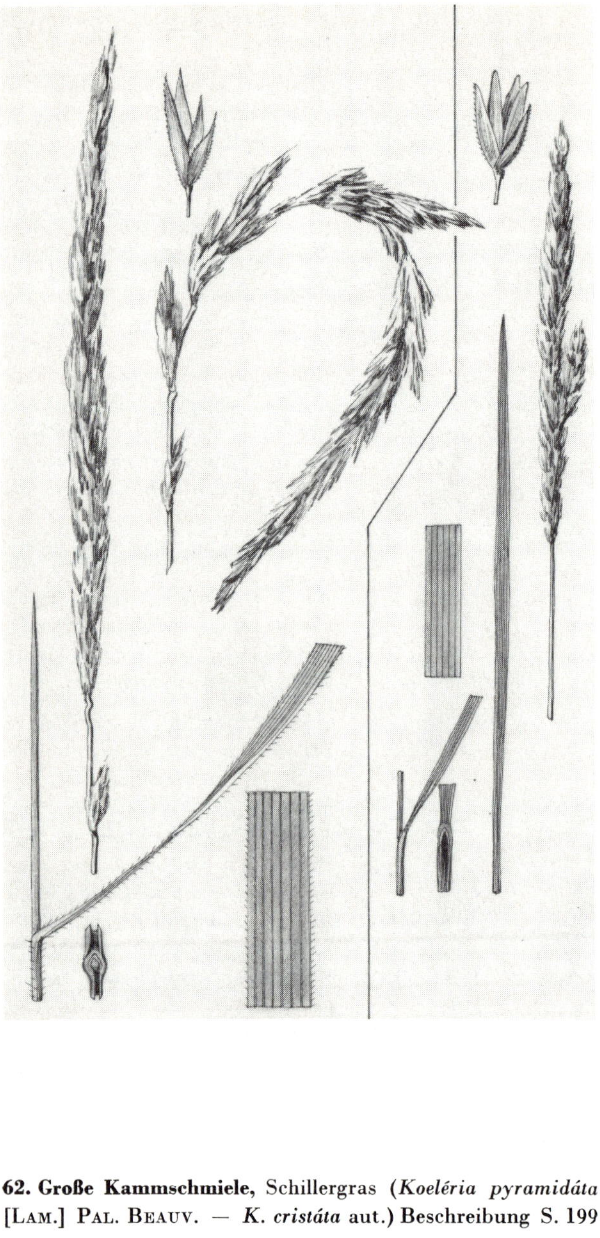

Große Kammschmiele (links)

Blütenstand: eine Scheinähre rispiger Herkunft (beim Biegen besonders deutlich). Spindel kurz unterhalb und innerhalb des Blüten standes behaart, Äste während der Blüte kammartig abstehend.

Ährchen: mittelgroß, silberglänzend, 2- bis 4blütig, Hüll- und Deckspelzen zugespitzt, Hüllspelzenkiele bewimpert, Blüten ohne Granne.

Blatt: Spreite schmal, um 2,5 mm, sich auch zur Basis verjüngend, stark gerieft und am Rande bewimpert.
Jüngstes Blatt gefaltet.
Blätter ohne Öhrchen.
Blattscheide offen, kurz bewimpert.
Blatthäutchen sehr kurz.
Blattgrund sehr lang.

Blaue Kammschmiele (rechts)

Blütenstand: eine Scheinähre rispiger Herkunft (beim Biegen besonders deutlich), Äste nur während der Blüte abstehend.

Ährchen: kleiner, silberglänzend, zwei- bis dreiblütig, Hüll- und Deckspelzen abgerundet. Hüllspelzenkiele gezähnt, Blüten ohne Granne.

Blatt: Spreite schmal, **blau, starr,** zur Basis sich verjüngend und zur Spitze sehr spitz zulaufend, stark gerieft.
Jüngstes Blatt gefaltet.
Blätter unbehaart und ohne Öhrchen.
Blattscheide offen.
Blatthäutchen sehr kurz.

Halm an der Basis **zwiebelartig verdickt.**

Sechste Gruppe: **Gräser mit Zwenkenblättern**

62. Große Kammschmiele, Schillergras (*Koeléria pyramidáta* [LAM.] PAL. BEAUV. — *K. cristáta* aut.) Beschreibung S. 199

Ausdauernd. **Horstig.** Höhe bis 50 cm. Blüte Juni/Juli.

Auf sonnigen Kalkhängen, in Kalktrockenrasen. Landwirtschaftlich ohne Bedeutung.

63. Blaue Kammschmiele, Schillergras (*Koeléria gláuca* [SCHKUHR] DC.) Beschreibung S. 199

Ausdauernd. **Horstig.** Höhe bis 60 cm. Blüte Juni/Juli.

Auf den heidekrautlosen Sandfeldern als Partner in der Igelgrasflur oder in einer eigenen Schillergrasflur.

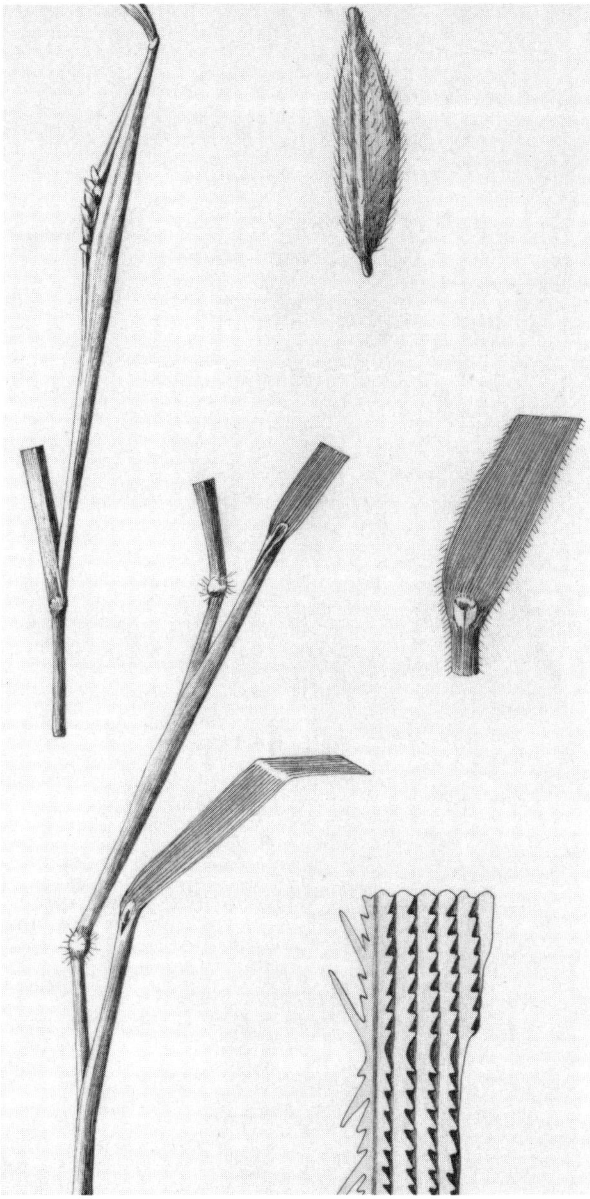

Blütenstand: eine lockere echte Rispe, nur bei anhaltend warmem Wetter nicht in der aufgetriebenen Blattscheide steckenbleibend.

Ährchen: mittelgroß, 4—5 mm lang, einblütig. Hüllspelzen fehlen oder zu kleinen Schuppen verkümmert. Deckspelze unbegrannt, am Rande und ebenso wie die Vorspelze auch am Kiel steifhaarig bewimpert.

Chromosomenzahl 2n = 48

Blatt: Spreite mittelbreit bis breit, 5—10 mm, typisch hellgrün, hart gerieft, **mit hakigen Rändern, die Haken zur Basis zu rückwärts, zur Blattspitze vorwärts gerichtet.**
Jüngstes Blatt gefaltet.
Blätter ohne Öhrchen.
Blattscheide offen, teilweise dornig behaart.
Blatthäutchen sehr kurz.

Halm: knickig aufsteigend, an den Knoten abstehend behaart.

Achte Gruppe: **Gräser mit Riefenblättern**

64. Wilder Reis, Queckenreis (*Leérsia oryzoídes* (L.) Sw. — *Orýza clandestína* [Weber] A. Br.) Beschreibung S. 199

Ausdauernd. **Mit unterirdischen Ausläufern.** Höhe bis 1,50 m. Blüte August/September.

Wärmeliebende Sumpfpflanze in Röhrichten an stehenden und langsam fließenden Gewässern. In den wärmeren Ländern ein gefährliches Mais- und Reisunkraut.

Blütenstand: eine große, fast geschlossene echte Ähre. Ährchen meist in Paaren an jeder Spindelstufe.

Ährchen: sehr groß, um 20 mm lang, zwei- bis dreiblütig. Hüllspelzen so lang oder etwas länger als das Ährchen, sehr zugespitzt und an den Kielen etwas behaart.

Chromosomenzahl 2n = 56

Blatt: Spreite breit bis sehr breit, 10—20 mm, **sehr stark gerieft, blau bereift, steif,** bei Trockenheit zusammengerollt.
Jüngstes Blatt gerollt.
Blätter unbehaart.
Blätter mit stark ausgebildeten Öhrchen.
Blattscheide offen.
Blatthäutchen vorhanden.

Achte Gruppe: **Gräser mit Riefenblättern**

65. Breiter Blauer Helm, Strandgerste (*Léymus arenárius* (L.) HOCHST. — *Élymus arenárius* L.) Beschreibung S. 252

Ausdauernd. **Mit weithin kriechenden unterirdischen Ausläufern.** Höhe über 1 m. Blüte von Juni an. Neben dem Strandhafer (*Ammophila arenaria*) und der Binsenquecke (*Agropyron junceum*) der wichtigste Dünenbefestiger. Versucht wurden Kreuzungen mit dem Weizen, der ZIZIN vornahm, um die Vielkörnigkeit des **Blauen Helms** mit der Großkörnigkeit des Weizens zu kombinieren.

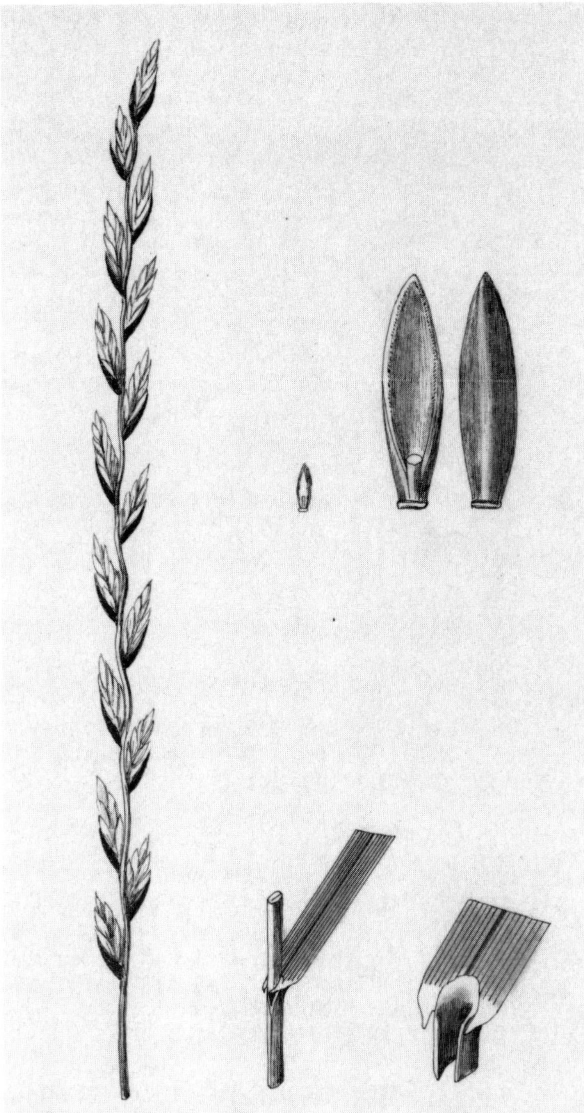

Blütenstand: eine unterbrochene echte Ähre mit zweizeilig angeordneten Ährchen, die mit der Schmalseite der Ährenachse anliegen, und nicht mit der Breitseite wie die Quecke.

Ährchen: groß, über 10 mm lang, viel- (über 4) blütig. Bis auf das Spitzenährchen haben die Ährchen nur eine äußere Hüllspelze von etwa halber Ährchenlänge. Deckspelze unbegrannt (siehe dagegen *L. multiflorum* und *L. temulentum*).

Same (Spelzfrucht): 5—7 mm lang, unbegrannt. Dem Samen von *F. pratensis* ähnlich, aber zur Basis nicht so schlank, sondern plumper, fast rechteckig, ferner ist das Stielchen kürzer, dicker, kantiger, breiter und enger anliegend. Vorspelzenkiele ungleichmäßig gezähnt.

TKM um 2 g

Chromosomenzahl 2n = 14

Blatt: Spreite mittelbreit, 4 bis 6 mm, gerieft, **unterseits stark glänzend,** weitgehend parallelrandig.
Jüngstes Blatt gefaltet.
Blätter mit **kurzen,** aber deutlichen Öhrchen.
Blattscheide offen.
Blatthäutchen deutlich, aber vorn nicht emporgezogen wie bei *Cynosurus cristatus.*

Triebgrund: meist rot angelaufen.

Achte Gruppe: **Gräser mit Riefenblättern**

66. Ausdauerndes Weidelgras, Englisches Raygras (*Lólium perénne* L.) Beschreibung S. 200

Ausdauernd. **Lockerhorstig.** Höhe bis 60 cm.

Das wichtigste Weidegras vor allem auf den schwereren Böden in milden und feuchten Lagen. Das Gras der Fettviehweiden der Marschen. Die Neuzüchtungen haben aber auf nahezu allen Graslandstandorten in Weidemischungen zunehmend Berücksichtigung gefunden und eine große Anbauverbreitung erlangt.

---

67. Welsches Weidelgras, Italienisches Raygras (*Lólium multiflórum* Lam.— *L. itálicum* A. Br.) Beschreibung S. 202

Überjährig bis zweijährig und auch einjährig. **Horstig.** Höhe bis 1 m und auch darüber. Blüte Mitte Juni.
Das massenwüchsigste Gras im einjährigen Hauptfruchtfutterbau.

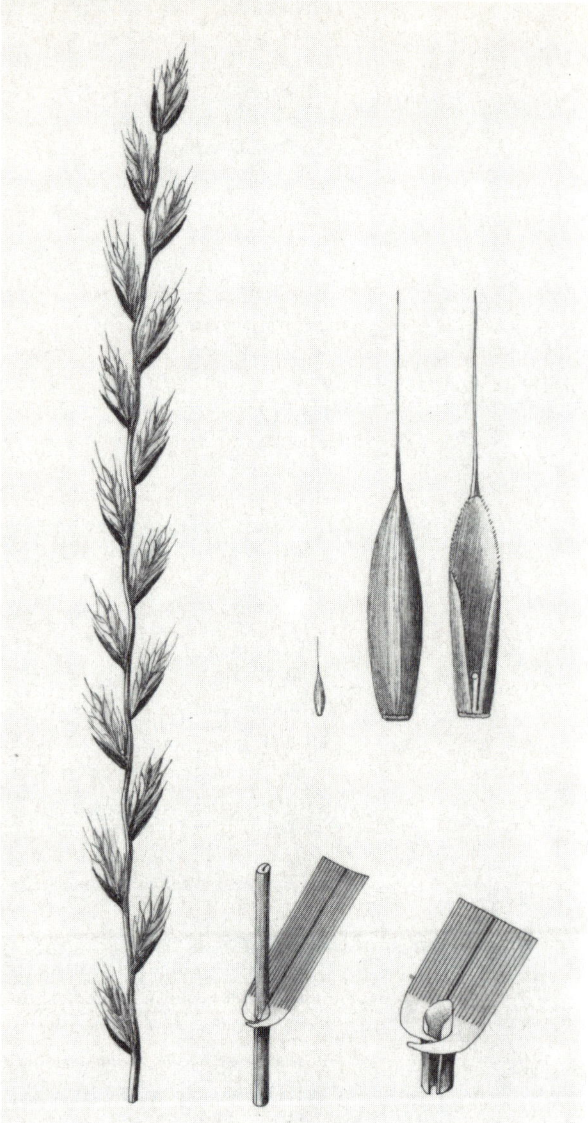

Blütenstand: eine unterbrochene echte Ähre mit zweizeilig angeordneten Ährchen, die mit der Schmalseite der Ährenachse anliegen.

Ährchen: groß, über 10 mm lang, viel- (über 4) blütig, breitgedrückt. Spitzenährchen mit 2 Hüllspelzen, sonst nur eine äußere Hüllspelze von etwa halber Ährchenlänge, nie aber von Ährchenlänge wie beim sonst ähnlichen *L. temulentum.* Deckspelze nicht unbegrannt wie bei *L. perenne*, sondern mit deutlicher Spitzengranne von Blütenlänge.

Same (Spelzfrucht): 5—7 mm lang, begrannt, Vorspelzenkiele regelmäßig gezähnt. Stielchen kantig, schmäler als bei *L. perenne.*

TKM um 2 g

Chromosomenzahl 2n = 14

Blatt: Spreite mittelbreit bis breit, 4—10 mm, gerieft, **unterseits stark glänzend.**
Jüngstes Blatt gerollt.
Blätter unbehaart.
Blattscheide offen.
Blätter mit **stärkeren** Öhrchen.
Blatthäutchen häutiger und **größer** als der Blattgrund im Gegensatz zum sonst sehr ähnlichen Wiesenschwingelblatt. Auch ist der Blattrand glatt und nicht gezähnt.

Achte Gruppe: **Gräser mit Riefenblättern**

68. Einjähriges Weidelgras, Westerwoldisches Weidelgras (*Lolium multiflorum* LAM. var. *westerwoldicum*) Beschreibung S. 204
Ist noch wüchsiger und daher wichtige Zweit- und Stoppelfruchtfutterpflanze.

69. Bastard-Weidelgras (*Lolium hybridum* HAUSSK.) Beschreibung S. 205
Kreuzung von *Lolium multiflorum* mit *L. perenne.* Zweijährig.

70. Wiesenschweidel (*Festulolium braunii* (K. RICHT.) A. CAMUS) Beschreibung S. 206
Kreuzung von *L. multiflorum* mit **Wiesenschwingel** (*Festuca pratensis*). Mehrjährig.

Während das **Einjährige** sowie das **Bastard-Weidelgras** nach den morphologischen Merkmalen vom **Welschen Weidelgras** kaum zu unterscheiden sind, hat der **Wiesenschweidel** größere Ährchen (meist 8blütig), die in noch größeren Abständen an der Blütenstandsachse sitzen, und unregelmäßig vorkommende innere Hüllspelzen, die jedoch nur klein und zart ausgebildet sind. Das Blatthäutchen ist kleiner, etwa so lang wie der Blattgrund.

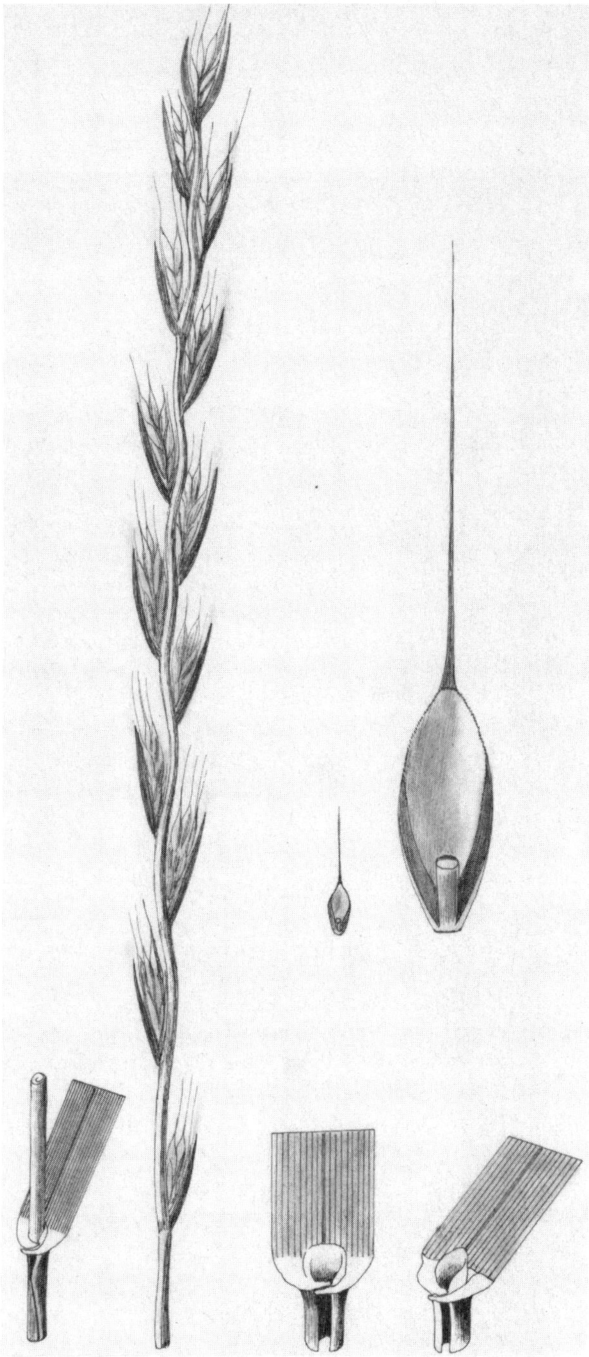

Blütenstand: wie bei allen *Lolium*-Arten eine unterbrochene echte Ähre mit zweizeilig angeordneten Ährchen, die mit der Schmalseite der Ährenachse anliegen.

Ährchen: sehr groß, 15–25 mm lang, vielblütig. Wie bei allen *Lolium*-Arten nur das Spitzenährchen mit 2 Hüllspelzen. Hüllspelzen aber sehr lang, mindestens so lang wie das Ährchen (beim sehr ähnlichen *L. multiflorum* ist die Hüllspelze kürzer, höchstens zwei Drittel so lang wie das Ährchen). Deckspelze mit besonders langer Spitzengranne, von doppelter Spelzenlänge.

Same (Spelzfrucht): groß, 6 bis 7 mm lang (ohne Granne). Dem Leinlolch ähnlich, aber größer und mit sehr langer Granne.

Chromosomenzahl 2n = 14

Blatt: Spreite mittelbreit bis breit, 4–10 mm, gerieft.
Jüngstes Blatt gerollt.
Blätter unbehaart und mit Öhrchen.
Blattscheide offen.
Blatthäutchen deutlich, weiß.

Am Blatt kaum vom Welschen Weidelgras zu unterscheiden.

Achte Gruppe: **Gräser mit Riefenblättern**

71. Taumellolch (*Lólium temuléntum* L.) Beschreibung S. 206

Einjährig. Höhe bis 80 cm. Blüte Juni/Juli/August.

Sommergetreideungras mit giftigen Samen. Die Samen werden vor der Ernte nicht ausgestreut, sie gelangen in das Erntegut. Früher eine Plage, heute durch die moderne Saatgutreinigung so gut wie ausgerottet.

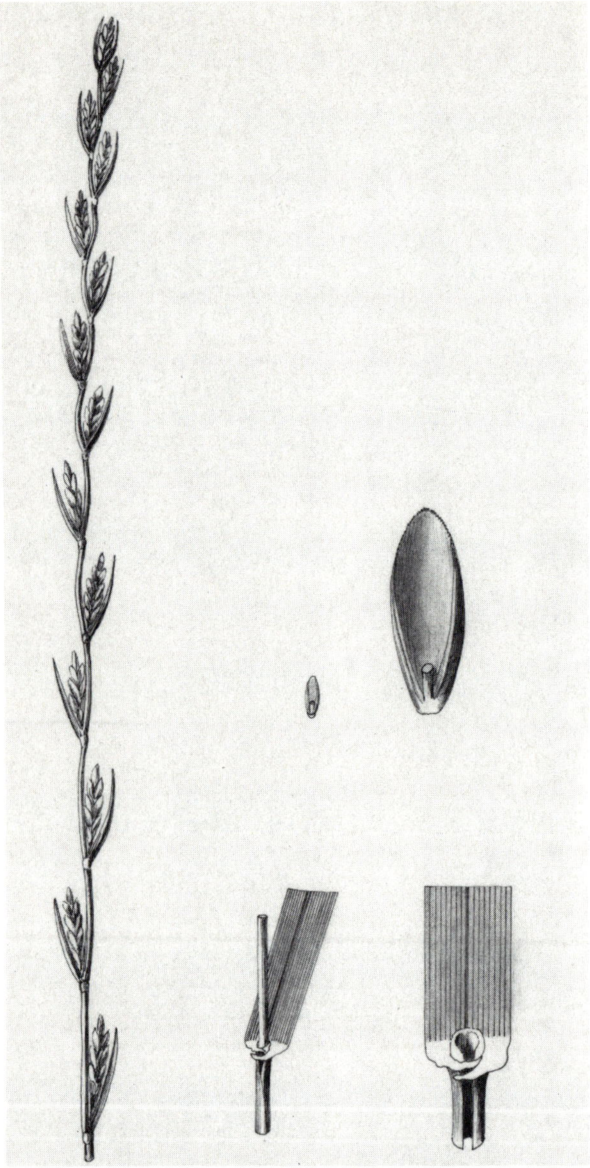

Blütenstand: wie bei allen *Lolium*-Arten eine unterbrochene echte Ähre mit zweizeilig angeordneten Ährchen, die mit der Schmalseite der Ährenachse anliegen.

Ährchen: groß, 7—10 mm lang, kleiner als vom Taumellolch, so wie die ganze Pflanze zarter ist, hellgrün. Deckspelze unbegrannt oder grannenspitzig, manchmal auch begrannt, aber verschieden lang und **nicht regelmäßig** lang begrannt wie beim Taumellolch. Hüllspelzen sehr lang, so lang oder fast so lang wie das Ährchen.
Beim sehr ähnlichen *L. perenne* ist die Hüllspelze kürzer, höchstens zwei Drittel so lang wie das Ährchen.

Same (Spelzfrucht): mittelgroß, 4—5 mm lang, ± begrannt.

Blatt: Spreite schmal, um 3 mm, gelblichgrün, gerieft.
Jüngstes Blatt gerollt.
Blätter unbehaart und mit Öhrchen.
Blattscheide offen.
Blatthäutchen deutlich.
Von *L. multiflorum* kaum im Blatt zu unterscheiden.

Achte Gruppe: **Gräser mit Riefenblättern**

72. Leinlolch (*Lólium remótum* SCHRANK) Beschreibung S. 206

Einjährig. Höhe bis 60 cm. Blüte Juni/Juli.

Leinungras mit giftverdächtigen Samen. Die Samen fallen nicht vor der Ernte ab, sie gelangen in das Erntegut. Aberkennungsunkraut. Früher sehr häufig, heute nur noch bei der Aussaat unreinen Saatgutes vorkommend.

Blütenstand: eine starr aufrechte Scheinähre rispiger Herkunft (deutlich zu sehen beim Umbiegen der Spindel).

Ährchen: klein-mittelgroß, zahlreich, zweiblütig, davon eine Blüte steril, langgestielt mit keulenförmigem Rudiment wie bei allen *Melica*-Arten. Deckspelze der fruchtbaren Blüte mit Seidenhaaren von Spelzenlänge, die nach dem Abblühen aus dem Ährchen spreizen und dem ganzen Blütenstand das Aussehen einer walzigen, seidenhaarigen Bürste geben. Hüllspelzen etwa von Ährchenlänge.

Blatt: Spreite schmal, manchmal etwas eingerollt, oberseits rauh, ungekielt.
Jüngstes Blatt gerollt.
Blätter unbehaart und ohne Öhrchen.
Blattscheide geschlossen.
Blatthäutchen schmal-länglich, zugespitzt.

Siebente Gruppe: **Gräser mit auffällig geschlossener Blattscheide**

73. Wimperperlgras (*Mélica ciliáta* L. — *M. nebrodénsis* Parl.) Beschreibung S. 207

Ausdauernd. **Horstig und mit kurzen unterirdischen Ausläufern.** Höhe über 50 cm. Blüte Mai/Juni. Eine Zierde der trockenen, sonnigen Kalkberge. Landwirtschaftlich ohne Bedeutung.

Blütenstand: eine einseitswendige, lockere einfache bis doppelte Traube mit sehr kurzen Ästen, die der Spindel mehr oder weniger anliegen.

Ährchen: mittelgroß, 6—8 mm lang, gedrungen-eiförmig, nickend, dreiblütig, davon die oberste Blüte wie bei allen *Melica*-Arten steril, langgestielt mit keulenförmigem Rudiment. Hüllspelzen etwas kürzer als die Deckspelzen, purpurbraun mit weißhäutigem Rand, Deckspelze grün, unbegrannt. Ährchenzahl gering.

Chromosomenzahl 2n = 18

Blatt: Spreite schmal bis mittelbreit, 2—6 mm, manchmal oberseits zerstreut behaart.
Jüngstes Blatt gerollt.
Blätter ohne Öhrchen.
Blattscheide geschlossen, vorn und rückwärts mit je einer Längsleiste.
Blatthäutchen ein sehr kurzer, bräunlicher Rand.

Erste Gruppe: **Leichtkenntliche Gräser**

74. Nickendes Perlgras (*Mélica nútans* L.) Beschreibung S. 207

Ausdauernd. **Mit langen unterirdischen Ausläufern.** Höhe über 50 cm. Blüte Mai/Juni.

Waldgras besserer Laubwälder auf kalkhaltigen, lockeren Böden, aber auch auf besseren Sanden. Eines der zierlichsten heimischen Gräser.

Blütenstand: eine allseitswendige doppelte Traube mit weit voneinander entfernten Spindelstufen und sehr langen, abstehenden, ährchenarmen unteren Ästen. Auf jeder Spindelstufe höchstens zwei Äste mit je zwei Ährchen.

Ährchen. mittelgroß, 4—7 mm lang, eiförmig, aufrecht, zweiblütig, davon eine Blüte steril, langgestielt von plumper keulenförmiger Gestalt, wie bei allen *Melica*-Arten. Hüllspelzen kurz zugespitzt, so lang wie das Ährchen, Deckspelze ohne Granne.

Chromosomenzahl 2n = 18

Blatt: Spreite schmal bis mittelbreit, 3—7 mm, meist kahl.
Jüngstes Blatt gerollt.
Blätter ohne Öhrchen.
Blattscheide geschlossen.
Zapfenförmiger Fortsatz der vorderen geschlossenen Blattscheide gegenüber dem Blattspreitengrund, sozusagen ein um 180° verschobenes Blatthäutchen. Einzig in der ganzen Flora!

Erste Gruppe: **Leichtkenntliche Gräser**

75. Einblütiges Perlgras (*Mélica uniflóra* RETZ.) Beschreibung S. 207

Ausdauernd. **Mit dünnen unterirdischen Ausläufern.** Höhe über 50 cm. Blüte Mai/Juni.

Waldgras. Bildet sehr dichte Rasenflächen in Laubwäldern auf schwereren, kalkhaltigen und auch kalkärmeren Lehmböden. Nach HESMER kann es durch seine dichte Rasenbildung bei Massenauftreten die Buchenverjüngung beeinträchtigen.

Blütenstand: eine große, überhängende, allseitswendige echte Rispe mit spindelfernem Ährchenansatz. Äste dünn und namentlich in der Samenreife sehr überhängend. Ährchenzahl nicht groß.

Ährchen: klein, 3–4 mm lang, hellgrün, einblütig. Hüllspelzen eiförmig-spitz, häutig, so lang oder etwas länger als die glänzende, bräunliche Deckspelze. Deckspelze ohne Granne.

Chromosomenzahl 2n = 28

Blatt: Spreite mittelbreit bis breit, 5–15 mm, mit rauhen Rändern, **zur Basis und zur Spitze sich stark verjüngend, unterseits stark gekielt.**
Jüngstes Blatt gerollt.
Blätter unbehaart und ohne Öhrchen.
Blattscheide offen.
Blatthäutchen mittelgroß.

Sechste Gruppe: **Gräser mit Zwenkenblättern**

76. Flattergras, Flatterhirse (*Mílium effúsum* L.) Beschreibung S. 207

Ausdauernd. **Lockerhorstig. Mit kurzen unterirdischen Ausläufern.** Höhe über 1,20 m. Blüte Mai/Juni/Juli.

Einzelstehendes Waldgras, das sich nicht in Massen ausbreitet. Eine Zierde der besseren Laubwälder auf tiefgründigen, frisch-feuchten, humosen, garen Böden. Wurde früher in den Wäldern zum Schmuck angesät, seine Samen werden von den Wildvögeln gern gefressen.

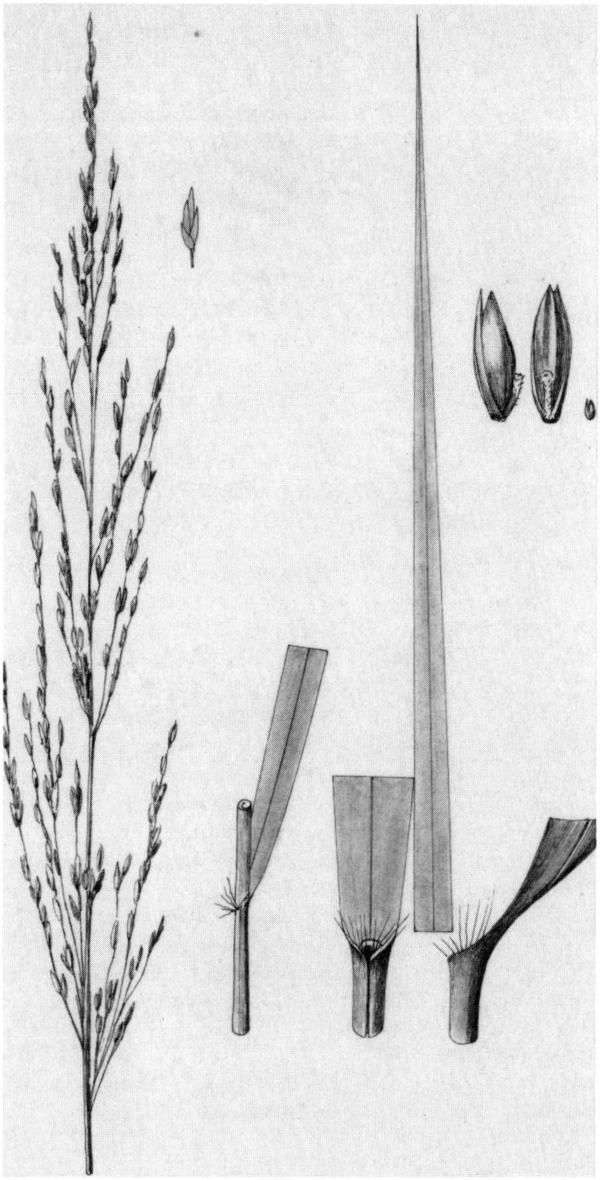

Blütenstand: eine echte Rispe mit vielen, unregelmäßig verteilten, aufrechten Seitenästen, die nur zur Blütezeit abstehen.

Ährchen: klein bis mittelgroß, schieferblau, zwei oder mehrblütig, zahlreich, schmal-länglich, den Ästen anliegend. Hüllspelzen kürzer als die Deckspelze. Deckspelze spitz, ohne Granne

Same (Spelzfrucht): 3—4,5 mm lang, Deck- und Vorspelze klaffen an der Spitze weit auseinander. Stielchen am oberen Ende knopfförmig verdickt, etwas abstehend und schwach behaart.

Chromosomenzahl 2n = 18, 36, 96

Blatt: Spreite mittelbreit, selten bis 10 mm, ohne deutliche Riefen, oberseits und am Rande rauh, lang und scharf zugespitzt.
Jüngstes Blatt gerollt.
Blätter ohne Öhrchen.
Blattscheide offen.
Blätter mit Haarkranz anstelle des Blatthäutchens, aber kein eigentlicher geschlossener Haarkranz wie beim Schilf, sondern am vorderen oberen Scheidenrand Haarbüschel und rückwärts vereinzelte Haare auf dem Blattgrunde und der unteren Spreitenoberseite.

Halm: scheinbar knotenlos. Knoten sind dicht über dem Boden gehäuft (dadurch allein schon von den anderen Gräsern zu unterscheiden)

Vierte Gruppe: **Gräser mit Haarkranz anstelle des Blatthäutchens**

77. Pfeifengras, Besenried, Benthalm (*Molínia caerúlea* (L.) MOENCH) Beschreibung S. 207

Ausdauernd. **Große dichte Horste.** Höhe bis weit über 1 m. Blüte August/September.

Bestandbildend auf magerem, unkultivierten Grasland verschiedener Feuchtigkeitslagen. Pfeifengrasbestände wurden als Streuwiesen sehr geschätzt. Die knotenlosen Halme der *Molinia* wurden gerne zum Reinigen der Tabakpfeifen benutzt, daher „Pfeifengras".

Blütenstand: eine unterbrochene, **einseitswendige,** aufrechte echte Ähre. Ährchen vor der Blüte anliegend, daß sie kaum sichtbar sind, nach der Blüte kammartig abstehend.

Ährchen: pfriemlich, über 7 mm lang, einblütig. Hüllspelzen fehlen oder sind ganz verkümmert, Deckspelze schmal-lanzettlich mit kurzer Spitzengranne, Griffel mit einästiger, fiedriger Narbe. Ährchenzahl gering.

Same (Spelzfrucht): 7–9 mm lang, ohne Granne, pfriemlich.

Chromosomenzahl 2n = 26

Blatt: Spreite sehr schmal, unter 1 mm, nicht ausgebreitet, sondern borstenartig, im Querschnitt sechseckig, hart, steif, zugespitzt, graugrün, **die äußeren Spreiten typisch rechtwinklig abgehend.**
Jüngstes Blatt gerollt.
Blätter unbehaart und ohne Öhrchen.
Blattscheide offen.
Blatthäutchen zart und deutlich, stumpfrundlich, ohne Einkerbung wie bei *Deschampsia flexuosa.*

Zweite Gruppe: **Horstgräser mit Borstblättern**

78. Steifes Borstgras (*Nárdus strícta* L.) Beschreibung S. 209

Ausdauernd. **Horstig mit brettartig angeordneten Trieben.** Höhe selten mehr als 30 cm. Blüte Mai/Juni.

Hauptgras der Ödlandrasen der armen, sauren Rohhumusböden im Mittelgebirge, auf Hochmooren und in Heidegegenden fast aller Feuchtigkeitslagen mit Ausnahme der extrem trockenen und nassen Lagen. Auch im Flachland unter ähnlichen Verhältnissen.

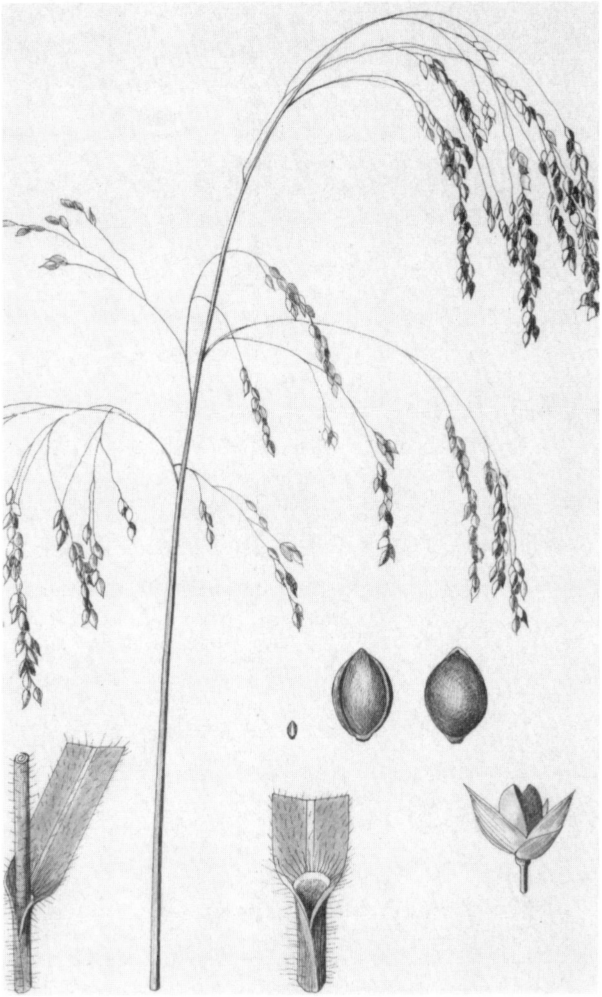

Blütenstand: große, allseitswendige, überhängende echte Rispe, mit dünnen Ästen und spindelfern gehäuften Ährchen.

Ährchen: 3—4 mm lang, eirundlich, deutlich gestielt, zweiblütig. 1. Blüte rudimentär, hellgrün. seltener schwärzlich oder violett überlaufen, drei Hüllspelzen. Hüllspelzen kahl, kurz zugespitzt, die untere ährchenumfassend und bedeutend kürzer als die beiden anderen. Deckspelze unbegrannt, ebenso wie die Vorspelze glänzend.

Same (Spelzfrucht): 2,8—3,2 mm lang, sehr formenreich, meist gelblich, aber auch weiß, rot, dunkelbraun, glatt, glänzend, unbegrannt.

TKM 4—8 g (je nach Varietät)

Chromosomenzahl 2n = 36

Blatt: Spreite sehr breit, über 10 mm, mit einem weißen, häutigen Mittelstreifen, behaart
Jüngstes Blatt gerollt.
Blätter ohne Öhrchen.
Blattscheide offen, dicht abstehend behaart
Blatthäutchen kurz, in einen Haarkranz übergehend.

Dritte Gruppe: **Gräser mit Hirseblättern**

79. Rispenhirse (*Pánicum miliáceum* L.) Beschreibung S. 216

Einjährig. **Horstig, gut bestockt.** Höhe bis 1 m. Blüte Juni. Reife Ende August/Anfang September.

Wahrscheinlich die älteste Halmfrucht. Findet sich schon in den steinzeitlichen Pfahlbauten in Europa.
Als einschnittige Zweitfruchtgrünfutterpflanze wiederholt vorgeschlagen.

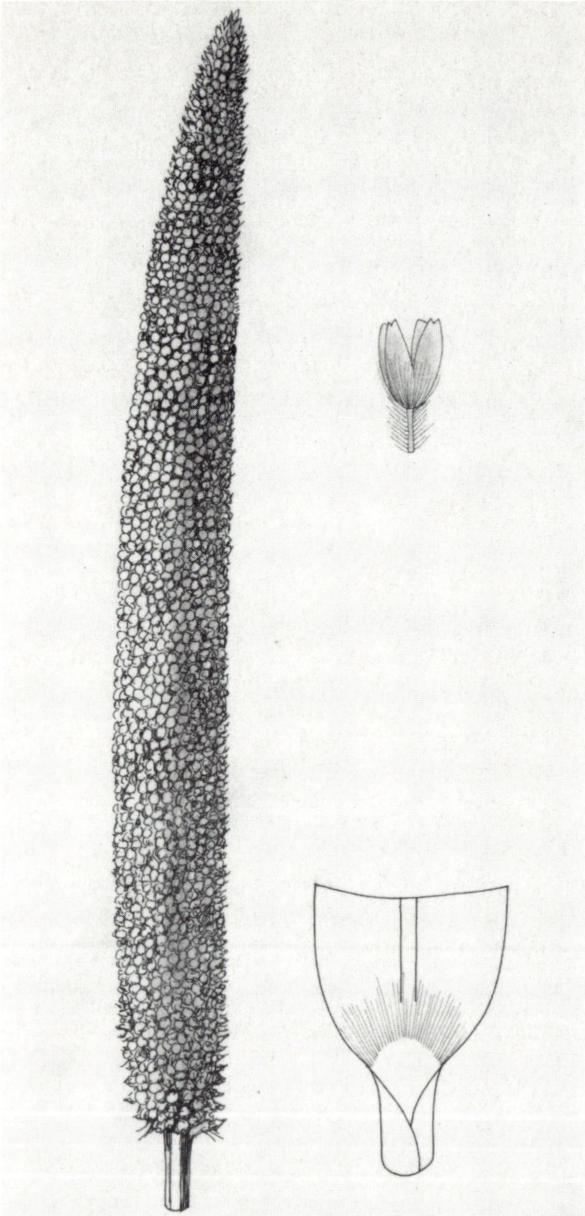

Blütenstand: eine rohrkolbenartige Scheinähre traubiger Herkunft, 15—40 cm lang.

Ährchen: einzeln oder zu zweien oder dreien zusammensitzend mit einem Borstenkranz unterhalb des Ährchens. Borsten von halber Ährchenlänge Mit vier Hüllspelzen. Zweiblütig, aber das 2. Blütchen unfruchtbar.

Same: 3,5—4,5 mm lang. Dickeiförmig.

Blatt: Spreite sehr breit, 3 cm und darüber, mit einem weißen häutigen Mittelstreifen (wie alle Panicum-Arten).
Jüngstes Blatt gerollt.
Blätter unbehaart und ohne Öhrchen.
Blattscheide geschlossen.
Blatthäutchen fehlt, stattdessen ein Haarkranz.

80. Negerhirse, Perlhirse, Rohrkolbenhirse (*Pennisétumamericanum* K. SCHUM., *P. typhoidéum* RICH. Beschreibung S. 216

Sehr formenreich. Einjährig und ausdauernd. Höhe 1,50—3 m. Im tropischen Afrika als Getreide gebaut. In den südöstlichen Staaten der USA als Futterpflanze eingeführt und angebaut.

Blütenstand: eine walzliche Scheinähre traubiger Herkunft.

Ährchen: einblütig. Mit vier Hüllspelzen 2 kleinere und 2 größere. Unterhalb der Ährchen sehr lange, weiche Borsten (Borstenkranz), die der ganzen Scheinähre ein typisches Aussehen geben.

Blatt: Spreite breit, stark zusammengefaltet, nur am Blattgrund und zur Spitze sich flach ausbreitend, unterseits und oberseits besonders von der Blattmitte bis zur Spitze stark rauh.
Jüngstes Blatt gefaltet.
Blätter ohne Öhrchen, oberseits mit einzelnen langen Haaren.
Blattscheide offen, stark zusammengefaltet, kahl.
Blatthäutchen wie ein schmaler, gezackter Rand, mit längeren Haaren besetzt.

81. Lampenputzergras (*Pennisétum comprésssum* R. Br.) Beschreibung S. 216

Ausdauernd. **Große, dichte Horste** bildend. In Australien und Ostasien beheimatet. Als Ziergras in unsere Gärten eingeführt.

Blütenstand: eine nur in der Blütezeit ausgebreitete echte Rispe mit Abästungen auf den unteren Stufen und spindelnahem Ährchenansatz.
Seitenäste allseitswendig und nicht einseitswendig wie beim Knaulgras.

Ährchen: klein bis mittelgroß, etwa 5 mm lang, gelb, oft violett überlaufen, einblütig, mit 4 Hüllspelzen, die beiden äußeren länger als die Deckspelze, die beiden inneren nur Schuppen mit kurz behaarten Rippen. Deckspelze ohne Granne. Ährchen zahlreich.

Same (Teilährchenfrucht): 3,5 bis 4 mm lang, glänzend, hell, reif: dunkelgrau. Deckspelze dunkelbraun, weißlich behaart. Am Grunde der Spelzfrucht zwei behaarte Borsten: die beiden inneren verkümmerten Hüllspelzen (daher Teilährchenfrucht).

TKM 0,75 g

Chromosomenzahl 2n = 28 (auch 14)

Blatt: Spreite schilfartig breit bis sehr breit, 8–20 mm, ohne Riefen, sehr zugespitzt.
Jüngstes Blatt gerollt.
Blätter unbehaart und ohne Öhrchen.
Blattscheide offen.
Blatthäutchen **groß, weiß, kragenförmig,** rückwärts mit dreieckiger, aber stumpflicher Spitze und kein Haarkranz wie beim Schilfrohr (*Phragmites australis*).

Neunte Gruppe: **Gräser mit ungerieften Blättern**

82. Rohrglanzgras, Havelmilitz (*Phálaris arundinácea* L. – *Typhoídes arundinácea* (L.) MOENCH – *Baldingéra arundinácea* (L.) DUM.) Beschreibung S. 219

Ausdauernd. **Mit dicken unterirdischen Ausläufern** und kräftiger Bewurzelung bis in das zügige Grundwasser hinein. Höhe bis 2 m. Blüte Mitte Juni.

Bildet auf nassen, wasserzügigen Überschwemmungsflächen sogenannte Militzwiesen. Das massenwüchsige, hochwertige Gras ist wegen seiner kräftigen Bewurzelung auch unter weniger nassen Verhältnissen ansaatwürdig.

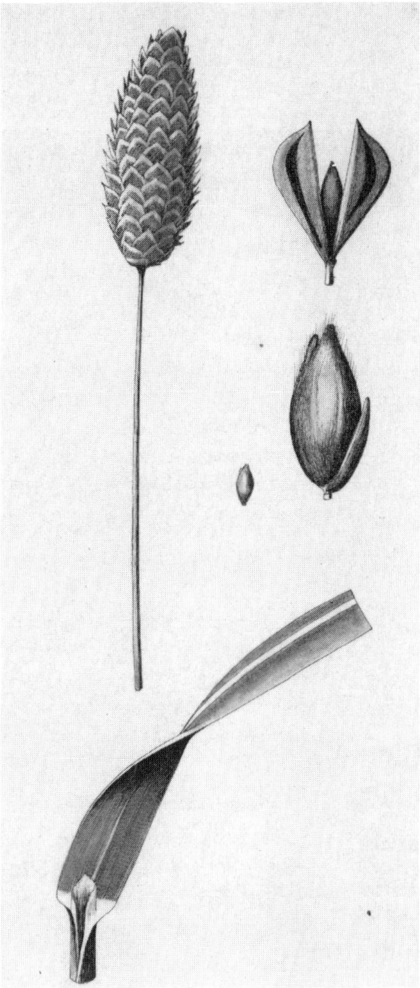

Blütenstand: eine kurze, bis 6 cm lange, aber bis über 2 cm dicke, kegelförmige Scheinähre mit dachziegelartiger Ährchenanordnung.

Ährchen: groß, 6—10 mm lang, einblütig, mit 4 Hüllspelzen, davon die beiden äußeren weißlich mit grünen Nerven, gekielt und am Rande oberhalb der Mitte breit geflügelt, länger als die Deckspelze, die beiden inneren schmal-lanzettlich grünlichweiß und kürzer als die Deckspelze.

Same (Spelzfrucht): mittelgroß, 5—6 mm lang, unbegrannt. Deckspelze glänzend gelb, lederig, nach der Spitze zu am Rande etwas behaart. Manchmal sind die inneren Hüllspelzen noch am Samen (Teilährchenfrucht). Die Spelzen schließen die Frucht so fest ein, daß auch bei Totreife kein Ausfall stattfindet.

TKM 6 g

Chromosomenzahl 2n = 12

Blatt: Spreite mittelbreit bis breit, 4—12 mm, fast ungerieft, beiderseits rückwärts rauh und mit weißlichem, harten Kieselrand, scharf gekielt.
Jüngstes Blatt gerollt.
Blätter unbehaart und ohne Öhrchen.
Blattscheide offen.
Oberste Blattscheide unter dem Fruchtstand aufgeblasen (typisch).
Blatthäutchen groß, weiß, rückwärts gezähnelt.

Halm: auch oberirdisch verzweigt

Neunte Gruppe: **Gräser mit ungerieften Blättern**

83. Kanariengras (*Phaláris canaríensis* L.) Beschreibung S. 221

Einjährig. **Stark bestockte Horste.** Höhe bis über 1 m. Blüte Juni.

Früher als Körnerfrucht angebaut zur Gewinnung von Vogelfutter. Züchterisch als Futterpflanze bearbeitet und als Stützpflanze im Zweitfrucht- und Stoppelleguminosen-Grünfuttergemenge empfohlen. Erlangte jedoch keine Anbaubedeutung.

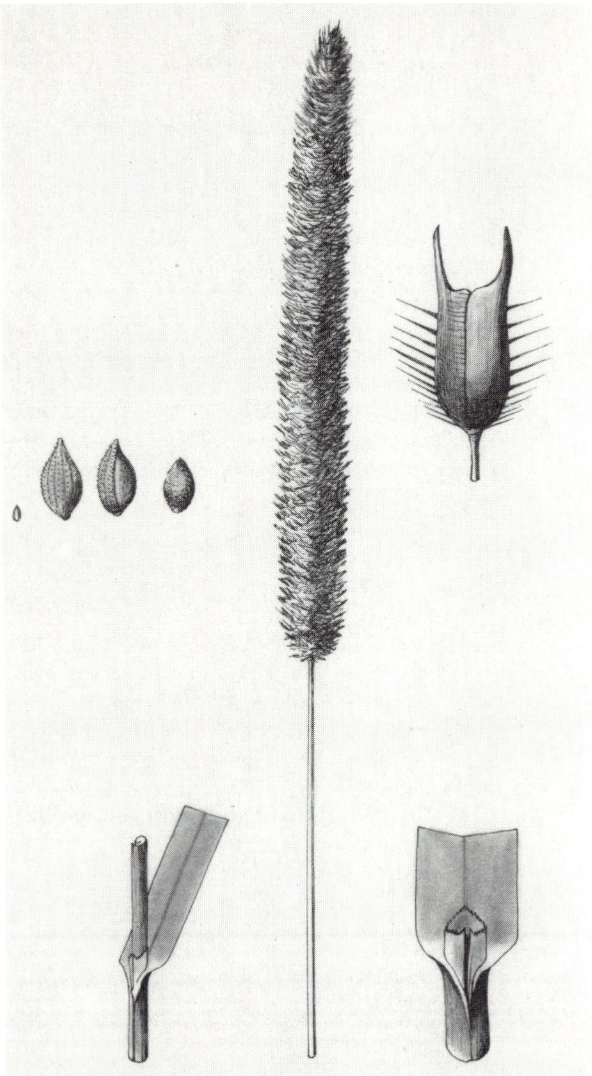

Blütenstand: eine bis über 10 cm lange, bis 1 cm breite, zylindrische, gleichmäßig dicke Scheinähre traubiger Herkunft. Beim Biegen zeigen sich, ebenso wie beim Zwiebeltimothee (*Phl. nodosum*) keine lappigen Äste, wie es bei den Scheinähren rispiger Herkunft der sonstigen *Phleum*-Arten der Fall ist.

Ährchen: klein, 3—4 mm lang, länglich, flach, einblütig, grannenlos. Aber die beiden an den Kielen steifhaarig bewimperten Hüllspelzen in je eine Stachelspitze auslaufend, mit den Rändern aufeinanderliegend, sozusagen einen Stiefelknecht bildend.

Same (Spelzfrucht): klein, um 2 mm lang, eiförmig, silbergrau. Deckspelze **behaart**, auch **zwischen** den Rippen (bei *Phl. nodosum* nur auf den Rippen).

TKM 0,45—0,6 g (wenn unter 0,4 g Verdacht auf Besatz mit *Phl. nodosum*)

Chromosomenzahl 2n = 42

Daneben: nackte Frucht, um 1,6 mm lang, gelbbraun, fällt beim Dreschen leicht an. Unerwünscht, weil meist beschädigt und von Pilzen leicht angreifbar.

Blatt: Spreite mittelbreit bis breit, 5—9 mm, ohne deutliche Riefen, typisch blaugrau und sich weich anfassend.

Jüngstes Blatt gerollt.
Blätter ohne Öhrchen und unbehaart.
Blattscheide offen.
Blatthäutchen groß, weiß, **beiderseits mit je einem Eckzahn,** etwas gezähnelt, rückwärts in der Mitte etwas emporgezogen.

Trieb: am Grunde oft **flaschenförmig** verdickt (bei *Phl. nodosum* mehrere knollige Verdickungen perlschnurartig übereinander).

Neunte Gruppe: **Gräser mit ungerieften Blättern**

84. Wiesenlieschgras, Timothee (*Phléum praténse* L.) Beschreibung S. 222

Ausdauernd. **Horstig.** Höhe bis über 1 m. Blüte Ende Juni. Reife mit dem Getreide (Hafer).

Sehr winterhartes, hochwertiges Futtergras im Saatgrasbau und allen Formen des Kleegrasbaus. Hat seine Bedeutung vor allem als Mähegras.

Blütenstand: eine nach der Spitze zu sich verschmälernde, schlanke Scheinähre rispiger Herkunft (nicht traubig wie *Phl. pratense*). Beim Biegen zeigt sich die rispige Natur durch die dann sichtbar werdenden lappigen Äste. Lappig ist auch der Blütenstand von dem Sandlieschgras (*Phl. arenárium* L.) und dem Rispenlieschgras (*Phl. paniculátum* Huds.).

Ährchen: kleiner als bei *Phl. pratense*, 2,5 – 3 mm lang, einblütig. Die Hüllspelzen laufen je in eine Stachelspitze aus, überdecken sich nicht so stark wie bei *Phl. pratense*, auch ist die steifhaarige Bewimperung der Kiele nicht so lang, sie sind nicht zugespitzt wie bei *Phl. arenarium*, nicht quer gestutzt wie bei *Phl. pratense*, sondern allmählich abgestutzt.

Same (Spelzfrucht): etwas kleiner, 1,3 bis 1,6 mm lang, schmäler und nicht ganz so dick wie bei *Phl. pratense*. Im Gegensatz zu diesem ist die Deckspelze weit herumreichend und die Vorspelze nur schmal sichtbar zwischen den Deckspelzenrändern. Deckspelze zerstreut behaart. Besitzt ein Stielchen im Gegensatz zu *Phl. pratense*.

TKM unter 0,4 g

Chromosomenzahl 2n = 14, 28

Blatt: Spreite schmal bis mittelbreit, 4 – 5 mm, scheinbar ungerieft, etwas gekielt, sich nach oben und unten verjüngend, am Rande von aufwärts gerichteten Zähnen stark rauh, oberseits und unterseits schwach rauh, gegen das Licht gehalten sind weiße Streifen sichtbar.
Jüngstes Blatt gerollt.

Blätter unbehaart und ohne Öhrchen.
Blattgrund aber etwas ausgearbeitet und gewellt.
Blattscheide offen, häufig, wie auch die Blattunterseite, violett angelaufen.

Blatthäutchen weiß, gerade abgeschnitten von wechselnder Höhe, meist höher als der Blattgrund.

Neunte Gruppe: **Gräser mit ungerieften Blättern**

85. Böhmers Lieschgras, Steppen-Lieschgras, Glanz-Lieschgras (*Phléum phleoídes* (L.) Karsten — *Phl. boehméri* Wib.) Beschreibung S. 224

Ausdauernd. **Horstig.** Höhe bis 60 cm. Blüte Juli/August. Trockenrasengras wärmerer Gegenden, ein Bewohner der Pontischen Hügel.

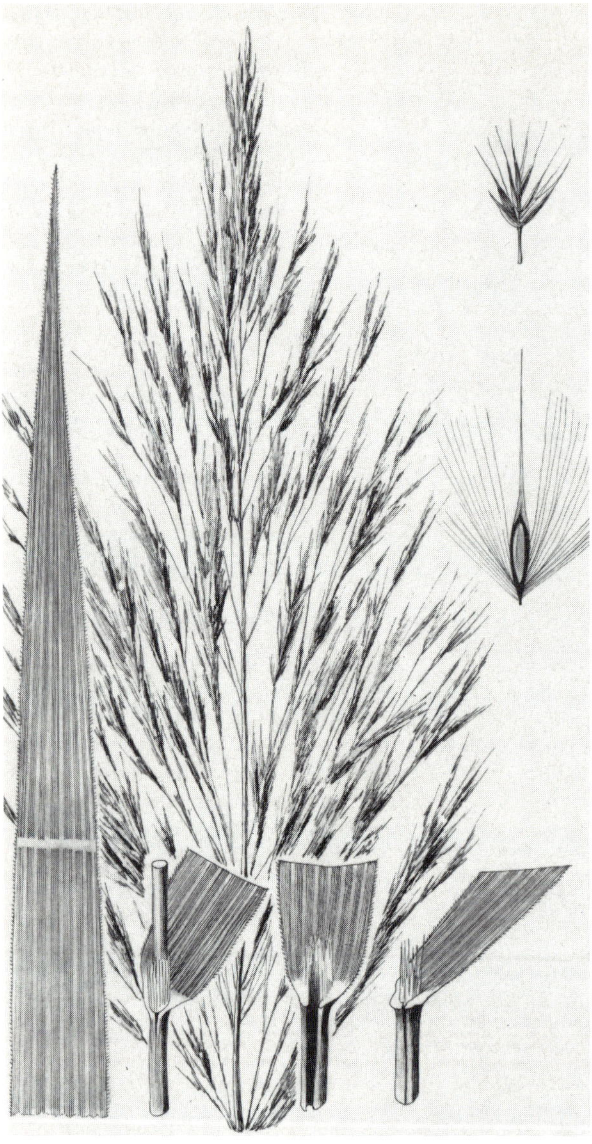

Blütenstand: eine ausgeprägte, große echte Rispe mit zahlreichen, an unregelmäßigen Stufen angeordneten Abästungen.

Ährchen: schmal-lanzettlich, über 10 mm lang, zahlreich, 3- bis 7blütig, unterste Blüte männlich oder geschlechtslos, unbehaart, die übrigen zwittrig, mit langen vom Blütenstiel unterhalb der Deckspelze entspringenden weißen, steifen, seidigen Haaren, die aber erst nach der Blütezeit länger werden und sichtbar hervortreten und so dem ganzen Blütenstand ein wolliges Aussehen geben. Die verschieden langen, spitzigen Hüllspelzen kürzer als die Deckspelze. Deckspelzen lang und lang grannenspitzig.

Same (Spelzfrucht): um 6 mm lang, schmal, Deckspelze in eine lange grannenartige Spitze auslaufend, mit Haarbüschel am Blütenstiel.

Chromosomenzahl 2n = 48, 96

Blatt: Spreite sehr breit, 10 bis 30 mm breit, starr, am Rande messerscharf, zum Grunde verschmälert, sehr lang zugespitzt.
Jüngstes Blatt gerollt.
Blätter unbehaart und ohne Öhrchen.
Blattscheide offen.
Haarkranz anstelle des Blatthäutchens (an alten Exemplaren meist abgebrochen).

Vierte Gruppe: **Gräser mit Haarkranz anstelle des Blatthäutchens**

86. Schilfrohr (*Phragmítes austrális* (CAV.) TRIN. ex STEUD. — *Phragmítes commúnis* TRIN. — *Arúndo phragmítes* L.) Beschreibung S. 225

Ausdauernd. **Mit langen, daumendicken unterirdischen Ausläufern.** Höhe mehrere Meter. Blüte September, Reife Februar. Bildet am und im Wasser große Schilfröhrichte, die von größter Bedeutung sind, kommt außerdem auf nassen Wiesen und auf dem Acker als Ungras vor. Reine Schilfflächen sind zur Reethgewinnung geschätzt.

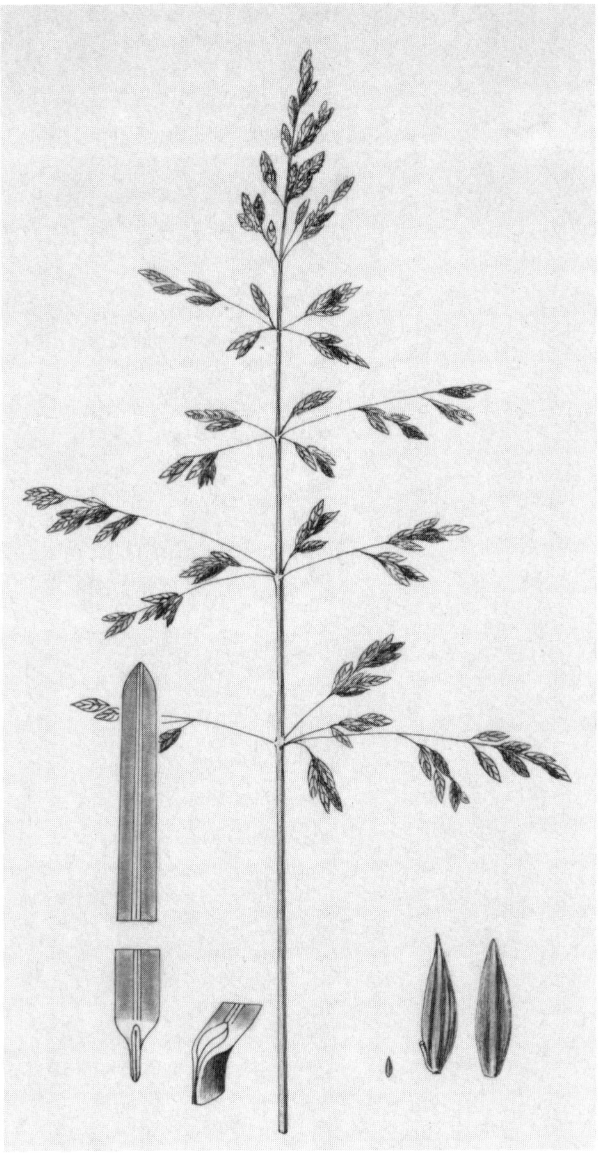

87. Wiesenrispe (*Póa pratensis* L.) Beschreibung S. 227

Ausdauernd. **Mit kräftigen und zähen, 1 mm und mehr starken, nichtgrünen unterirdischen Ausläufern.** Hauptausläuferbildung von Juni bis September. Die *Poa*-Arten lassen sich an den unterirdischen Organen sehr gut bestimmen. Höhe unter 1 m.

In der breitblättrigen Form v. *latifolia* sehr wertvolles Dauerweidegras auf allen Lockerböden. In der geringwertigen, schmalblättrigen Form v. *angustifolia* nur auf trockenem Grasland häufig.

Blütenstand: eine pyramidenförmig, regelmäßig aufgebaute echte Rispe mit 5 Abästungen auf den unteren Stufen, 1 längerer Ast, 2 etwas kürzere und dazwischen 2 noch kürzere Äste, einseitig abgehend, aber auf den einzelnen Stufen abwechselnd versetzt. Rispe und Ährchen gedrungen und nicht so zierlich wie bei *Poa trivialis*.

Ährchen: klein bis mittelgroß, 5 bis 7 mm lang, eiförmig-länglich, zusammengedrückt, mehr- (3—5) blütig wie alle *Poa*-Arten, grünlich, oft etwas violett überlaufen. Hüllspelzen zugespitzt, kürzer als die Deckspelzen. Deckspelzen etwas zugespitzt, scharf gekielt.

Same (Spelzfrucht): um 2,6 mm lang, strohgelb, dreikantig, nicht so schlank wie bei *Poa trivialis*. Vorspelze wenig sichtbar, deren Kiele lang und entfernt gezähnt. Deckspelze derb, nicht hautrandig, das Korn scheint nicht durch, am Grunde mit Wollhaaren (dadurch hängen die Samen zusammen und ein Abreiben ist bei der Aufbereitung notwendig), Stielchen kürzer und auch etwas dicker als bei *Poa trivialis*.

TKM 0,25 g und mehr
Chromosomenzahl 2n = 28—124

Blatt: Spreite schmal (v. *angustifolia* 1—2 mm) oder mittelbreit (v. *latifolia* 2—4—6 mm), geschient, sonst ohne Riefen (*Poa*-Blatt), **parallelrandig mit kahnförmiger Spitze,** unterseits kaum glänzend.
Jüngstes Blatt gefaltet.
Blätter unbehaart und ohne Öhrchen.
Blattscheide offen.
Blatthäutchen kurz, gerade abgestutzt, an den Wurzelblättern gewöhnlich kürzer als der Blattgrund, an den Halmblättern auch höher.

Halm: aufwärts glatt (bei *Poa trivialis* dagegen aufwärts rauh).
Triebgrund: zweischneidig.

Fünfte Gruppe: **Gräser mit Schienenblättern**

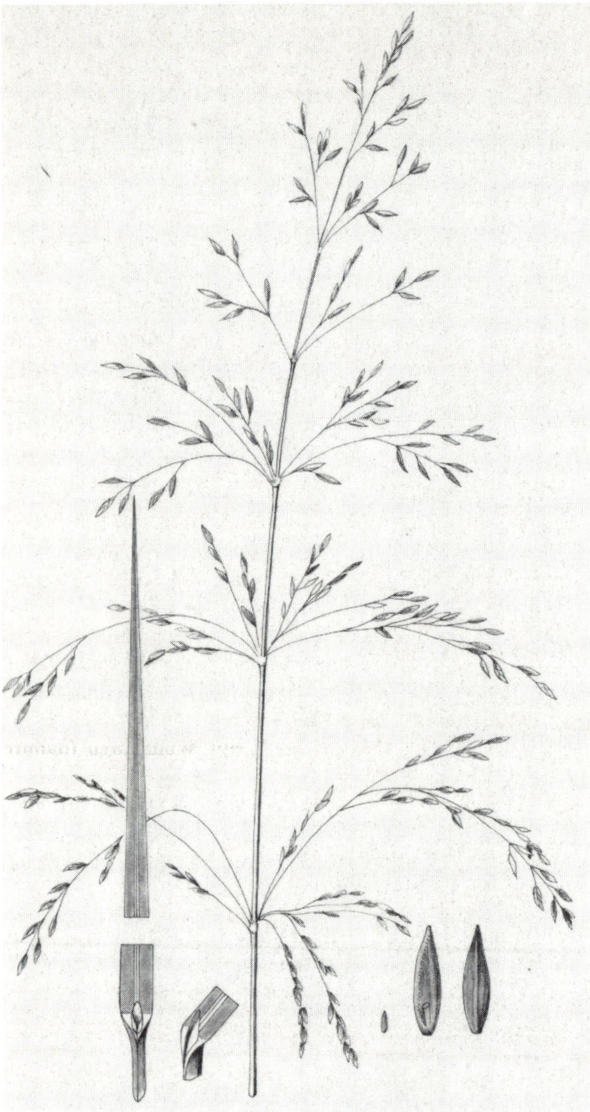

Blütenstand: eine pyramidenförmig regelmäßig aufgebaute echte Rispe, mit 5 Abästungen auf den unteren Stufen wie bei *P. pratensis*, aber Rispe und Ährchen zierlicher und lockerer.

Ährchen: klein, 4–5 mm lang, mehr-(3–4)blütig, grün, oft bräunlich überlaufen oder weißlichgrün, Hüllspelzen zugespitzt, so lang oder kürzer als die ebenfalls spitzen Deckspelzen, Blüten unbegrannt.

Same (Spelzfrucht): um 2,4 mm lang, rötlich-gelb, Spitze mehr violett, scharf dreikantig, schlank. Vorspelze wenig sichtbar, deren Kiele sehr kurz und dicht gezähnt, Deckspelze zart, spitz, das Korn durchscheinend, bernsteinfarbig. Haare am Grunde meist abgerieben, Same fällt deshalb leicht aus. Stielchen lang, über 0,5 mm lang und dünn mit napfförmigem Ende

TKM 0,2 g

Chromosomenzahl 2n = 14

Blatt: Spreite schmal bis mittelbreit, 1,5–6 mm, geschient, sonst ohne Riefen, (*Poa*-Blatt), **spitz zulaufend, unterseits stark glänzend.**
Jüngstes Blatt gefaltet.
Blätter unbehaart und ohne Öhrchen.
Blattscheide offen.
Blatthäutchen lang, zungenförmig, bei jungen Blättern oft kurz, aber immer schon **rückwärts in der Mitte etwas emporgezogen.**

Halm: aufwärts rauh, nicht glatt wie bei *P. pratensis* und *P. palustris.*

Trieb: zweischneidig.

Fünfte Gruppe: **Gräser mit Schienenblättern**

88. Gemeine Rispe (*Póa triviális* L.) Beschreibung S. 231

Als Graslandpflanze ausdauernd. **Mit halb oberirdischen, halb unterirdischen, dünnen, unter 1 mm starken, schlaffen, grünen oder doch grünlichen Ausläufern.** Als Ackerungras überjährig. Höhe bis 1 m Blüte Ende Mai/Anfang Juni.
Wertvolles Gras auf Dauerwiesen und Dauerweiden in der feuchten Lage, jedoch ohne Anbaubedeutung im Saatgrasbau. Ackerungras auf etwas feuchten Äckern im Klee.

Blütenstand: eine große, echte Rispe mit zahlreichen (stark wechselnd), sehr dünnen, leicht etwas hängenden Abästungen. Manchmal auch nur doppeltraubig.

Ährchen: klein, 4—5 mm lang, mehr-(3—4)blütig, zahlreich. Hüllspelzen gekielt und mit feinen Zähnen besetzt, Deckspelzen unbegrannt aber flaumhaarig, an der Spitze deutlich gelb abgesetzt, manchmal violett überlaufen.

Same (Spelzfrucht): um 2,4 mm lang, etwas feiner als der Same von *P. pratensis*, wie dieser am Grunde mit feinen Haaren besetzt, die aber bei der Aufbereitung abfallen. Deckspelze am Grunde scharf gekielt, schmal hautrandig, an der Spitze mit einem **gelben Fleck,** dadurch von den anderen *Poa*-Samen gut zu unterscheiden, Vorspelzenkiele lang und dicht gezähnt. Stielchen lang.

TKM 0,2 g

Chromosomenzahl 2n = 28, 29, 30, 42

Blatt: Spreite schmal bis mittelbreit, 2—6 mm, mit einer Schiene, die sich zur Blattspitze hin verläuft, **unterseits nicht glänzend, sich schwertartig verjüngend** und häufig etwas senkrecht abstehend.
Jüngstes Blatt gefaltet.
Blätter unbehaart und ohne Öhrchen.
Blattscheide offen.
Blatthäutchen **lang, weiß rundspitzig.**
Kurzer Blattgrund.

Blatttrieb: zweischneidig.

Fünfte Gruppe: **Gräser mit Schienenblättern**

89. Sumpfrispe, Späte Rispe, Fruchtbare Rispe (*Póa palústris* L. — *P. fértilis* Host — *P. serótina* Ehrh.) Beschreibung S. 229

Ausdauernd, **horstig.** Höhe bis 1 m. Blüte Ende Juni.
Wild namentlich in Großseggenriedern vorkommend. Wurde züchterisch bearbeitet und zur Ansaat etwas zu nasser Wiesen empfohlen. Aber dort sind Rohrglanzgras und Weißstraußgras überlegen. Ausgesprochenes Mähe- und kein Weidegras.

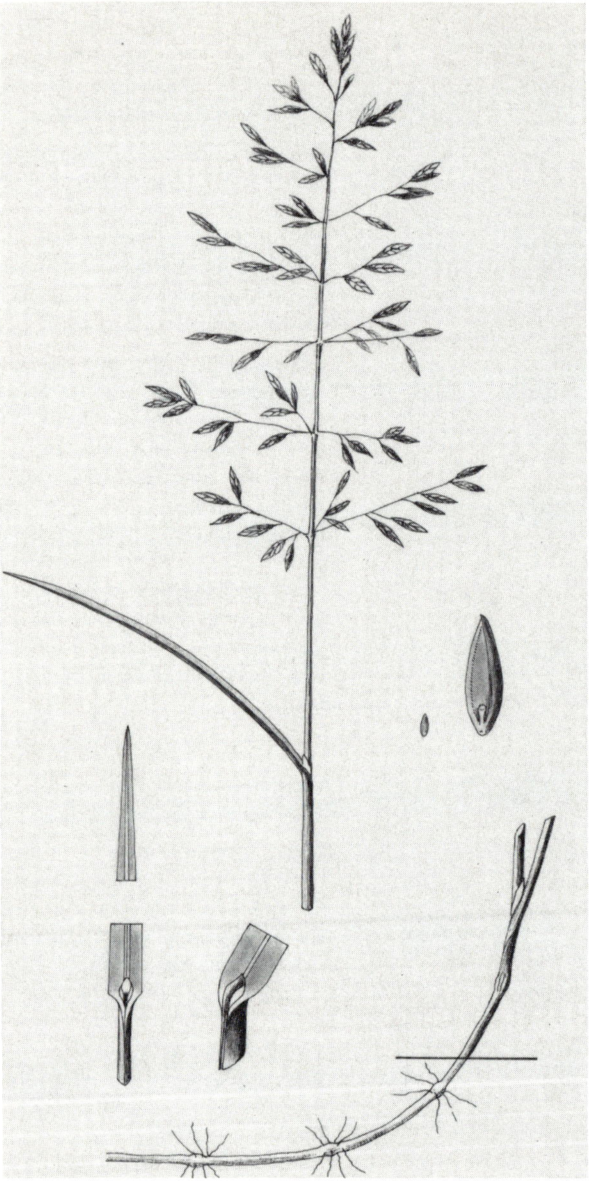

Blütenstand: eine steife, echte Rispe (oder auch doppelte Traube) mit meist nur drei Abästungen auf den unteren Stufen. Ährchenansatz spindelnah, daher nicht von pyramidaler, sondern mehr walzlicher Tracht.

Ährchen: klein, 4—5 mm lang, viel- (5—10) blütig, Blüten unbegrannt, Hüllspelzen lanzettlich-spitz, Deckspelzen lanzettlich-stumpf, am oberen Rande weißtrockenhäutig.

Same (Spelzfrucht): um 2,1 mm lang, nicht so scharf dreikantig, mehr gewölbt. Deckspelze mit kahnförmiger Spitze, Vorspelzenkiele kurz und dicht gezähnt.

TKM 0,2 g

Chromosomenzahl 2n = 35, 42, 45, 49, 56

Blatt: Spreite schmal bis mittelbreit, 2—4 mm, geschient, sonst ohne Riefen, nach der Spitze sich verjüngend, aber doch mit **kahnförmiger Spitze, graugrün,** unterseits nicht glänzend, steif.
Jüngstes Blatt gefaltet.
Blätter unbehaart und ohne Öhrchen.
Blattscheide offen.
Blatthäutchen **deutlich, kragenförmig, weiß.**
Blatttrieb: zweischneidig.
Halm: zweischneidig, knickig aufsteigend.

Fünfte Gruppe: **Gräser mit Schienenblättern**

90. Platthalmrispe (*Póa compréssa* L.) Beschreibung S. 232

Ausdauernd. **Mit langen, derben unterirdischen Ausläufern.** Höhe bis 50 cm. Blüte Anfang Juni.

Wild auf Mauern und an trockeneren Rainen häufig. Als **„Canadian bluegras"** in Canada in mehreren Zuchtsorten vorhanden für trockenere und dürftigere Verhältnisse, als die Wiesenrispe sie verlangt. Bei uns landwirtschaftlich ohne Bedeutung.

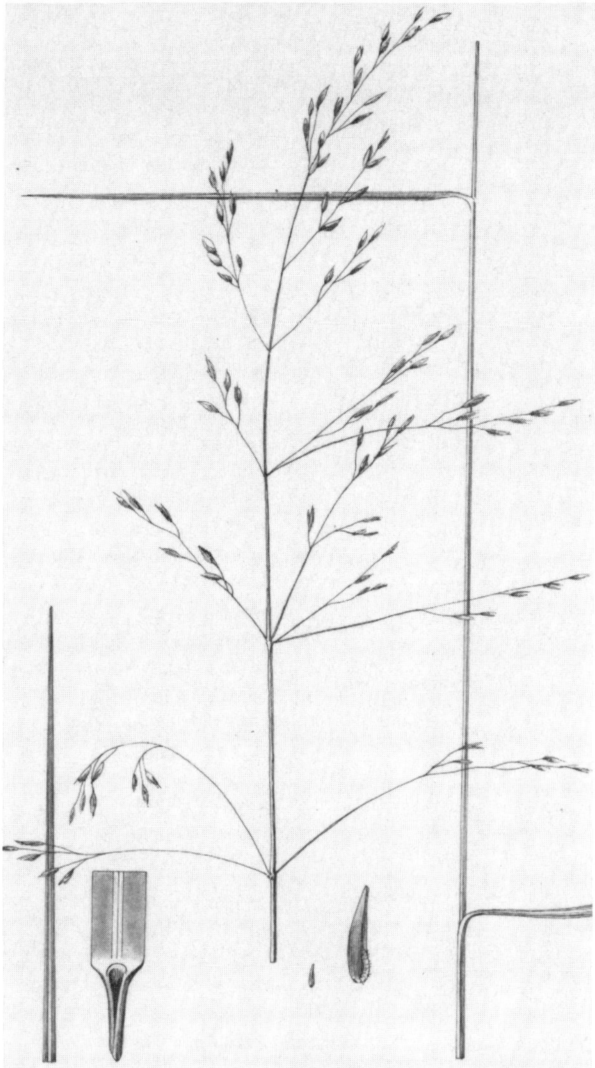

Blütenstand: eine locker besetzte, etwas neigende, echte Rispe oder doppelte Traube, mit meist nur drei Abästungen auf den unteren Stufen.

Ährchen: klein, 3—5 mm lang, mehr- (2—5) blütig, Blüten unbegrannt, grün oder hellbräunlich, Hüllspelzen lanzettlich-spitz, Deckspelzen lanzettlich-stumpf. Ährchenansatz spindelfern. Ährchen nicht zahlreich.

Same (Spelzfrucht): um 2,6 mm lang, Deckspelze gekielt, aber Same nicht so dreikantig, schmal, Stielchen lang, dünn, gebogen und zottig behaart.

TKM 0,2 g
Chromosomenzahl 2n = 28, 42, 56

Blatt: Spreite sehr schmal bis schmal, 2—3 mm, geschient, zur Spitze hin oft undeutlich, sonst ungerieft, unterseits nicht glänzend, nach der Spitze zu sich verjüngend, aber doch mit etwas kahnförmiger Spitze.
Jüngstes Blatt gefaltet.
Blätter unbehaart und ohne Öhrchen.
Blattscheide offen, so kurz, daß sie die nächstfolgenden Halmknoten nicht bedeckt.
Blatthäutchen **unscheinbar klein.**
Blatttrieb: zweischneidig.
Halm: die Spreiten der Halmblätter gehen typisch rechtwinklig ab **(Wegweisergras).**

Fünfte Gruppe: **Gräser mit Schienenblättern**

91. Hainrispe (*Póa nemoralis* L.) Beschreibung S. 232

Ausdauernd. **Mit sehr aufrechten Horsten.** Höhe bis 1 m. Blüte Juni/Juli.

Häufig und gesellig in Laubmischwäldern auf leichteren Böden. **Treibt sehr früh aus.** Bei uns landwirtschaftlich ohne Bedeutung.

Blütenstand: eine kleine echte Rispe mit gewöhnlich nur einem Ast auf den unteren Stufen, zum Unterschied von allen anderen *Poa*-Arten, nur gelegentlich kommt noch ein zweiter kleiner Ast vor. Nach der Blüte senken sich die Äste nach unten.

Ährchen: mittelgroß, 3 bis 10 mm lang, eiförmig, viel-(3—10)blütig, Blüten unbegrannt, grün oder violett überlaufen. Hüllspelzen zugespitzt, gekielt. Deckspelzen eiförmig-stumpf, gekielt, sich überlappend.

Same (Spelzfrucht): fast 3 mm lang, dreikantig. Deckspelze stark gekielt, an der Spitze **breit hautrandig,** Vorspelze an der Spitze eingerollt, ihre Kiele nicht gezähnt, **sondern mit längeren weißen Haaren besetzt.** Stielchen lang und dünn. Caryopse kugelig, Spelzfrucht deshalb bauchig.

TKM etwa 0,4 g
Chromosomenzahl 2n = 28

Blatt: Spreite schmal bis mittelbreit, 2—5 mm, geschient, sonst ohne Riefen, parallelrandig, querwellig, mit kahnförmiger Spitze, unterseits nicht glänzend. Jüngstes Blatt gefaltet.
Blätter unbehaart und ohne Öhrchen.
Blattscheide offen.
Blatthäutchen **groß, weiß.**

Blatttrieb: zweischneidig

Fünfte Gruppe: **Gräser mit Schienenblättern**

92. Jährige Rispe (*Póa ánnua* L.) Beschreibung S. 231

Überjährig und einjährig, aber auch mehrjährig. Ein sehr variables Gras. **Lockerhorstig.** Höhe bis 30 cm. Blüht und fruchtet das ganze Jahr hindurch.

Allerweltsgras. Besonders an Wegen, aber auch auf intensiv bewirtschafteten oder überanstrengten Dauerweiden und als Ackerungras besonders in Luzerne.

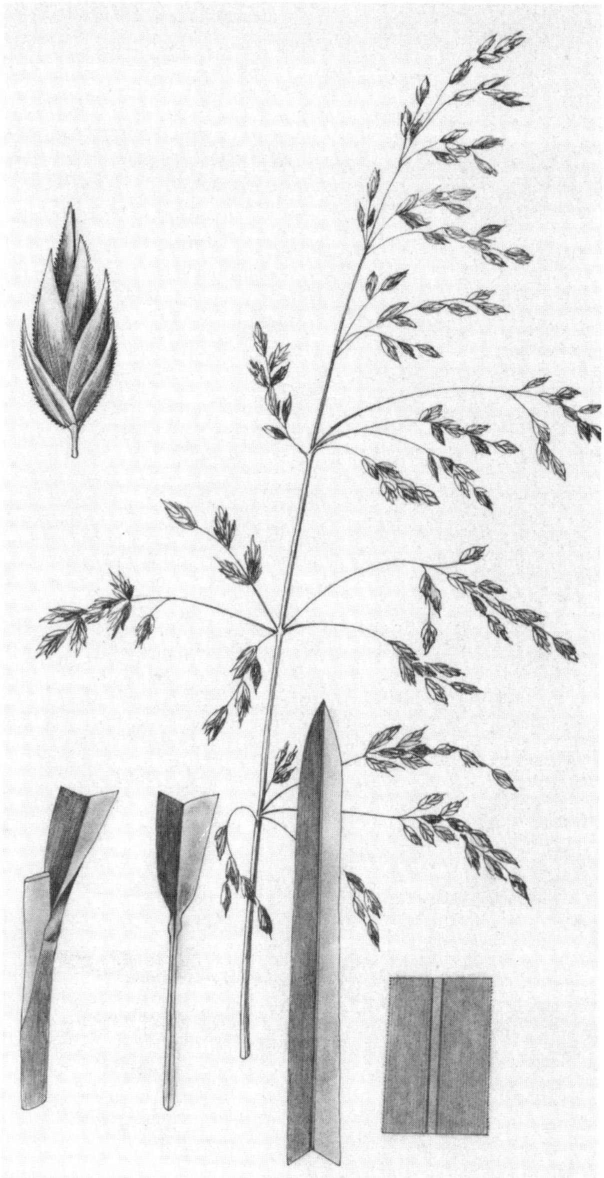

Blütenstand: eine lockere, pyramidenförmige, etwas nickende echte Rispe, mit fünf Abästungen auf den untersten Stufen (1 langer Ast, 2 kürzere, 2 noch kürzere) und wechselseitigen Abstufungen.

Ährchen: groß, 7—10 mm lang, mehr- (4—5) blütig, eiförmig-länglich, zusammengedrückt, Blüten unbegrannt. Deck- und Hüllspelzen aus breitem Grunde lang zugespitzt.

Same (Spelzfrucht): 3,5—4 mm lang, lanzettlich zugespitzt, Deckspelze scharf gekielt, nur wenig über den Rand der Vorspelze greifend.

Chromosomenzahl 2n = 14

Blatt: Spreite breit, 5—12 mm, geschient, sonst ohne Riefen, sehr rauh, parallelrandig und plötzlich in eine kahnförmige Spitze endend, unterseits gekielt.
Jüngstes Blatt gefaltet.
Blätter unbehaart und ohne Öhrchen.
Blattscheide offen, **messerdünn und scharf.**
Blatthäutchen **sehr kurz, gestutzt,** ohne rückwärtige Spitze.

Fünfte Gruppe: **Gräser mit Schienenblättern**

93. Bergrispe, Waldrispe (*Póa cháixii* VILL. — *P. sudética* HAENKE) Beschreibung S. 233

Ausdauernd. **Dichthorstig.** Höhe über 1 m. Blüte Juni/Juli.

Auf mageren Mittelgebirgsgrasländereien, dort aber als Ungras zu werten. In der Pflanzensoziologie wird die „Bergrispengruppe“ oft genannt, da sie kennzeichnend für den montanen Charakter der Goldhaferwiese ist.

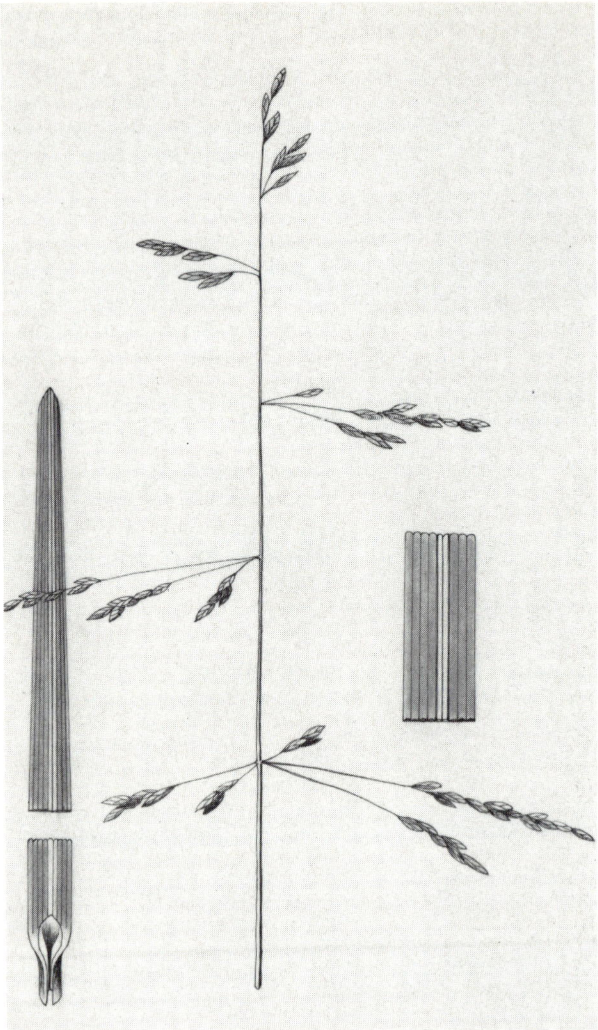

Blütenstand: eine aufrechte, sehr lockere echte Rispe, mit mehr als zwei Abästungen auf den untersten Stufen. Äste wechselseitig angeordnet, die Stufen weit auseinanderliegend, während des Blühens waagerecht gespreizt **(Spreizschwaden),** nach der Blüte nach unten gesenkt.

Ährchen: mittelgroß, 3—7 mm lang, schmallänglich, mehr- bis vielblütig, Blüten ohne Grannen. Deckspelze rundlich, nicht gekielt, abgestumpft, wie bei allen **Schwadengräsern.** Hüllspelzen sehr ungleich, trockenhäutig, kleiner als die Deckspelzen.

Chromosomenzahl 2n = 28, 42

Blatt: Spreite schmal bis mittelbreit, 2—4 mm, graugrün, geschient, aber **daneben noch gerieft,** ungekielt.
Jüngstes Blatt gefaltet.
Blätter unbehaart und ohne Öhrchen.
Blattscheide offen.
Blatthäutchen deutlich, weiß, rückwärts in eine Spitze emporgezogen.

Fünfte Gruppe: **Gräser mit Schienenblättern** oder

Achte Gruppe: **Gräser mit Riefenblättern**

94. Salz- oder Spreizschwaden (*Puccinéllia dístans* (Jacq.) Parl. — *Glycéria dístans* Wahlenb. — *Festúca dístans* Kunth — *Atrópis dístans* Griseb.) Beschreibung S. 250

Ausdauernd. **Horstig.** Höhe bis 50 cm. Blüte Juni bis August.

Wichtiges Gras auf dem Salzgrasland der Ost- und Nordsee, aber auch ganz besonders auf den Salzflächen des Binnenlandes vorkommend.

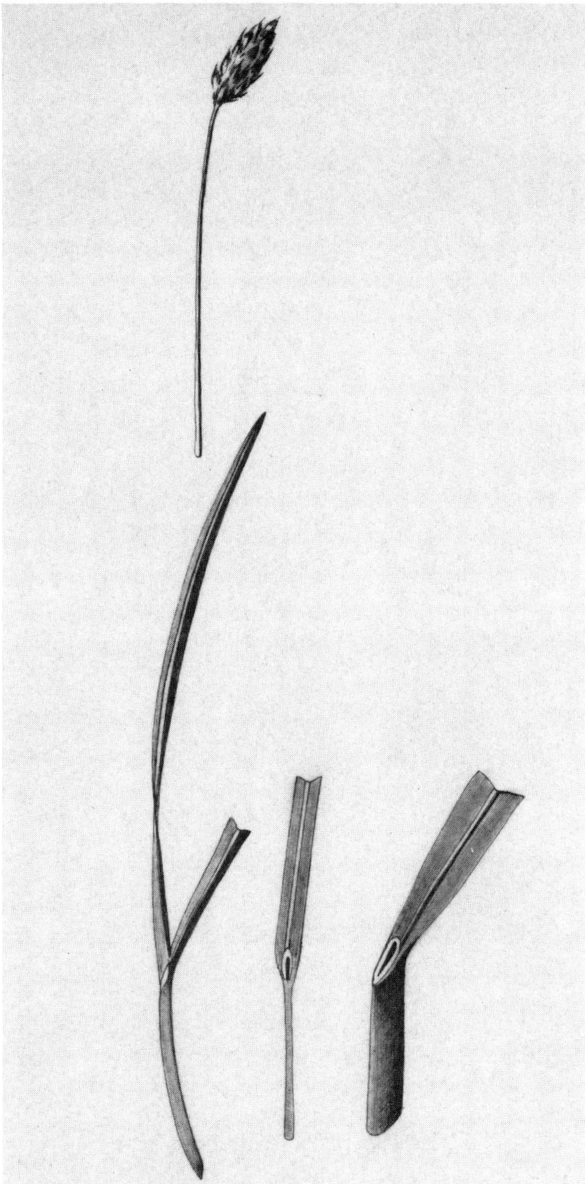

Blütenstand: eine kopfige Scheinähre traubiger Herkunft.

S. varia: Ährentraube länglich oval, schieferblau.

S. uliginosa: Ährentraube kugelig.

Ährchen: klein, 4—5 mm lang, meist zweiblütig. Deckspelze an der Spitze 2- bis 5zähnig und mit kurzer Granne, Hüllspelzen zugespitzt.

Chromosomenzahl 2n = 28

Blatt: Spreite schmal bis mittelbreit, 2—6 mm, geschient, unterseits gekielt und glänzend, parallelrandig und plötzlich in eine Stachelspitze endend, sichelförmig gebogen, glatt, ledrig, starr. Jüngstes Blatt gefaltet.
Blätter unbehaart und ohne Öhrchen.

Blattscheide **völlig bis oben geschlossen, seitlich zusammengedrückt.**

Blatthäutchen nur ein kurzer Hautkranz.

S. varia: Spreite grün, flach, Mittelnerv stark hervortretend.

S. uliginosa: Spreite blau bereift, trocken: eingerollt. Mittelnerv wenig hervortretend.

Fünfte Gruppe: **Gräser mit Schienenblättern**

95. Kalk-Blaugras (*Sesléria vária* (JACQ.) WETTST., *S. caerúlea* (L.) ARD., *S. álbicans* KIT., *S. calcária* OPIZ) Beschreibung S. 233

Ausdauernd. **Dichthorstig.** Höhe meist nicht über 30 cm. Blüht bereits im März. Das früheste Gras der deutschen Flora. Wächst auf Kalkschutthängen und festigt diese durch sein langes, dichtes Wurzelwerk, das in die Gesteinsspalten tief eindringt.

96. Sumpf-Blaugras (*Sesléria uliginósa* OPIZ, *S. caerúlea* aut.)

Ausdauernd. **Lockerhorstig.**

Auf Flachmooren, gern zusammen mit *Carex davalliana* und *Eriophorum latifolium.*

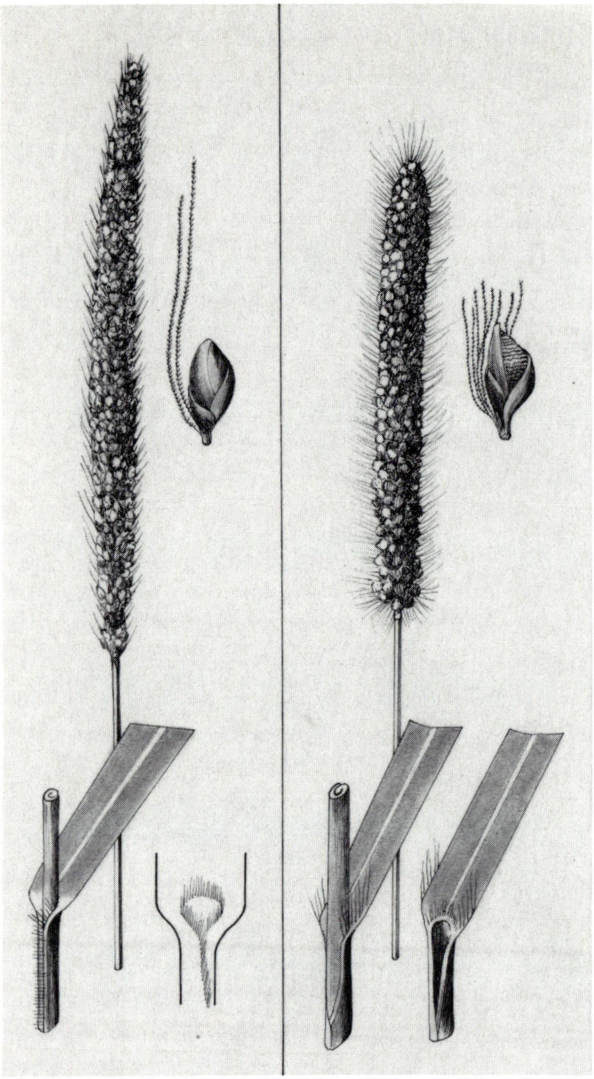

97. Grüne Borstenhirse (*Setária víridis* (L.) P. B. — *Pánicum víride* L.) Beschreibung S. 212

Einjährig. Höhe bis 50 cm. Blüte Juli/August. Ungras auf leichteren Ackerböden.

98. Gelbe Borstenhirse (*Setária púmila* (Poiret) R. et Sch. — *S. gláuca aut.* — *S. lutéscens* [Stuntz] F. T. Hubbard — *Panicum glaucum* L.) Beschreibung S. 213
Einjährig. Höhe unter 50 cm. Blüte August/September. Ungras auf lehmigen Ackerböden.

97. Grüne Borstenhirse (links)

Blütenstand: eine aufrechte Scheinähre rispiger Herkunft, sich zu beiden Seiten verjüngend.

Ährchen: klein, 2—3 mm lang, zweiblütig, aber 2. Blüte verkümmert. Blüte ohne Granne, aber unterhalb des Ährchens 2 sehr lange, grüne Borsten mit aufwärts gerichteten Zähnen. 3 verschieden lange Hüllspelzen. **Deckspelze und das Mittelfeld der Vorspelze fein punktiert.**

Chromosomenzahl 2n = 18

Blatt: Spreite mittelbreit bis breit, 4—10 mm, mit weißem Hautstreifen längs der Mitte, unbehaart.
Jüngstes Blatt gerollt.
Blätter ohne Öhrchen.
Blattscheide geschlossen, plattgedrückt. Haarkranz anstelle des Blatthäutchens, der sich am Blattscheidenrand fortsetzt, im Gegensatz zu *S. pumila.*

98. Gelbe Borstenhirse (rechts)

Blütenstand: eine aufrechte Scheinähre traubiger Herkunft, walzig.

Ährchen: klein, 2—3 mm lang, zweiblütig, aber 2. Blüte verkümmert. Blüte ohne Granne, aber unterhalb des Ährchens mit mehreren gelben, zuletzt fuchsroten Borsten mit aufwärts gerichteten Zähnen, länger als das Ährchen, aber kürzer als bei *S. viridis.* 3 verschieden lange Hüllspelzen. **Deckspelze quer gerunzelt,** Vorspelze punktiert.

Chromosomenzahl 2n = 18, 36

Blatt: Spreite mittelbreit bis breit, 4—10 mm, mit weißem Hautstreifen längs der Mitte, zur Basis mit einigen Randhaaren.
Jüngstes Blatt gerollt.
Blätter ohne Öhrchen.
Blattscheide geschlossen, plattgedrückt.
Haarkranz anstelle des Blatthäutchens, aber Blattscheidenrand ohne Haare.

Dritte Gruppe: **Gräser mit Hirseblättern**

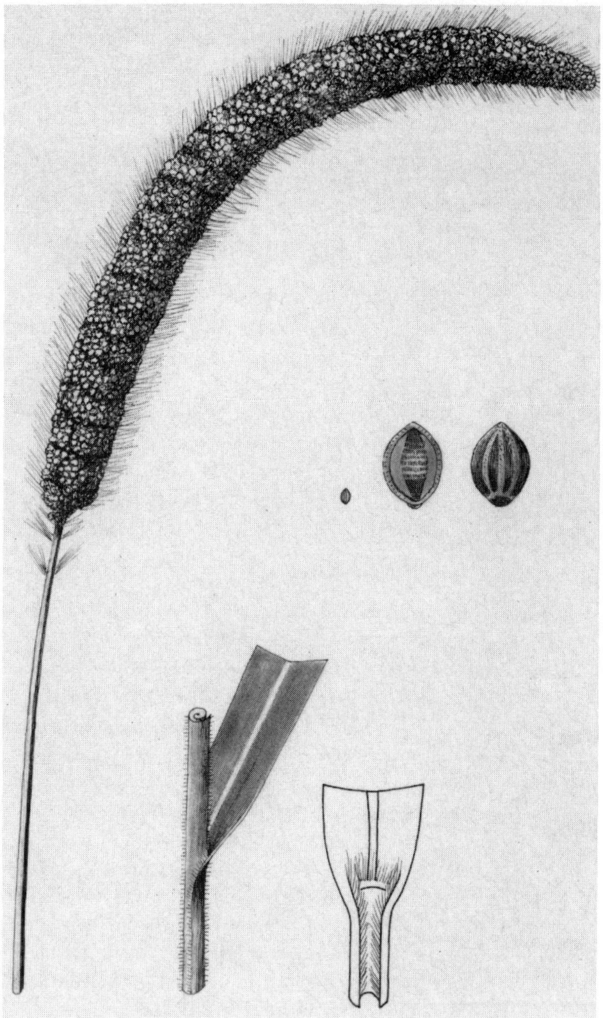

Blütenstand: eine große, lange, dicke Scheinähre rispiger Herkunft, die zur Spitze bei der Reife etwas überhängt.

Ährchen: klein, 2—3 mm lang, zweiblütig, aber 2. Blüte verkümmert, grün, Blüte ohne Grannen, aber mit sehr langen Borsten unterhalb des Ährchens. Hüllborsten gelblich oder schwarz, länger als das Ährchen, 3 verschieden lange Hüllspelzen.

Same (Spelzfrucht): 2—2,5 mm lang, eiförmig. Deckspelze punktförmig rauh, wie auch das Mittelfeld der Vorspelze. Hüllspelzen in der Handelssaat fehlend. Je nach Varietät gelb, rot, braun oder schwarzgrau.

TKM 2,5—4 g
Chromosomenzahl 2n = 18

Blatt: Spreite sehr breit, bis 20 mm, mit weißem Mittelstreifen, **unterseits unbehaart, oberseits ganz schwach behaart.**
Jüngstes Blatt gerollt.
Blätter ohne Öhrchen.
Blattscheide offen und stärker behaart.
Haarkranz anstelle des Blatthäutchens, der sich am Blattscheidenrand fortsetzt.

Dritte Gruppe: **Gräser mit Hirseblättern**

99. Große Kolbenhirse (*Setária itálica* (L.) P. B. — *Pánicum itálicum* L.) Beschreibung S. 214

Einjährig. **Horstig, gut bestockt.** Höhe bis zu 2 m. Blüte Juni/Juli. Reife Anfang bis Mitte September.

Eine Kulturform der Grünen Borstenhirse (*Setaria viridis*). Als einschnittige Zweitfruchtgrünfutterpflanze bei uns vorgeschlagen.

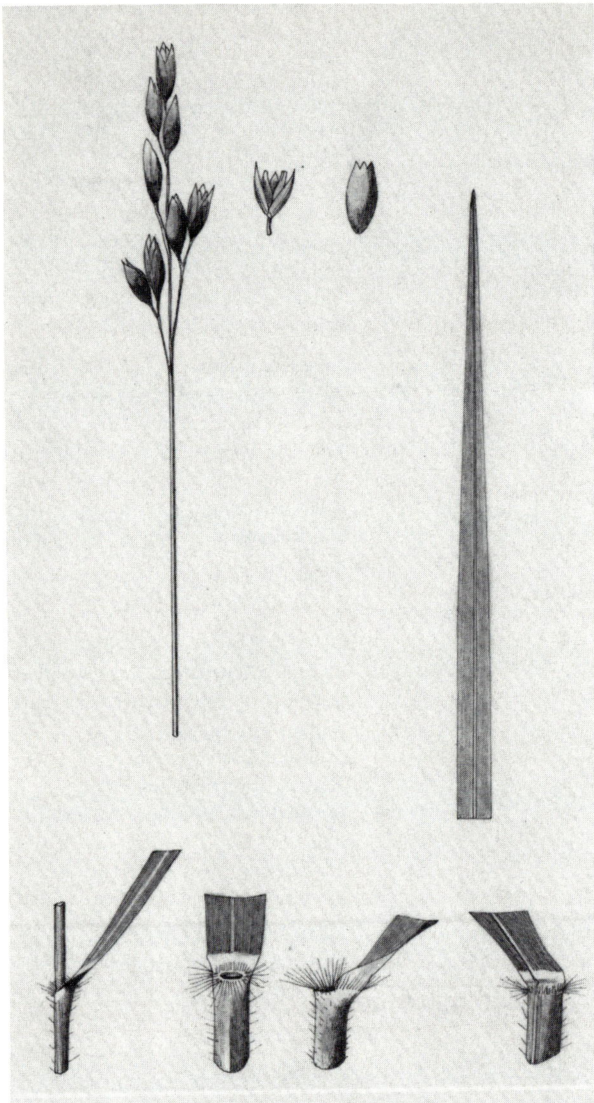

Blütenstand: eine aufrechte einfache, seltener doppelte Traube, mit nur einer Abästung auf jeder Stufe und nur wenigen Ährchen.

Ährchen: aufrecht, groß, 6 bis 12 mm lang, länglich-elliptisch, 3- bis 5blütig, oberste Blüte verkümmert. Hüllspelzen schließen alle Blüten ein. Blüten ohne Granne, Deckspelze an der Spitze dreizähnig (Dreizahn!).

Chromosomenzahl 2n = 18, 36, 124

Blatt: Spreite mittelbreit, 2 bis 5 mm, ohne deutliche Riefen bis auf die etwas ausgeprägte Mittelrinne oder sogar -schiene, steif, Spitze stumpf, fast kahnförmig.
Jüngstes Blatt gefaltet.
Blätter ohne Öhrchen.
Blattscheide geschlossen, langhaarig bewimpert. Haarkranz anstelle des Blatthäutchens, und zwar nicht nur oberseits, sondern auch auf der Unterseite des Blattgrundes sich fortsetzend.

Vierte Gruppe: **Gräser mit Haarkranz anstelle des Blatthäutchens**

100. Niederliegender Dreizahn (*Sieglíngia decúmbens* (L.) Bernh. — *Danthónia decúmbens* (L.) Lam. et Dc. — *Trioídea decúmbens* (L.) P. B.) Beschreibung S. 234

Ausdauernd. **Dichte, mehr liegende Horste.** Höhe bis 50 cm. Blüte Juni/Juli.

Häufiger auf heidigen, mageren Wiesen und Weiden, dort selbst besonders häufig auf viel betretenen Stellen und Wegen.

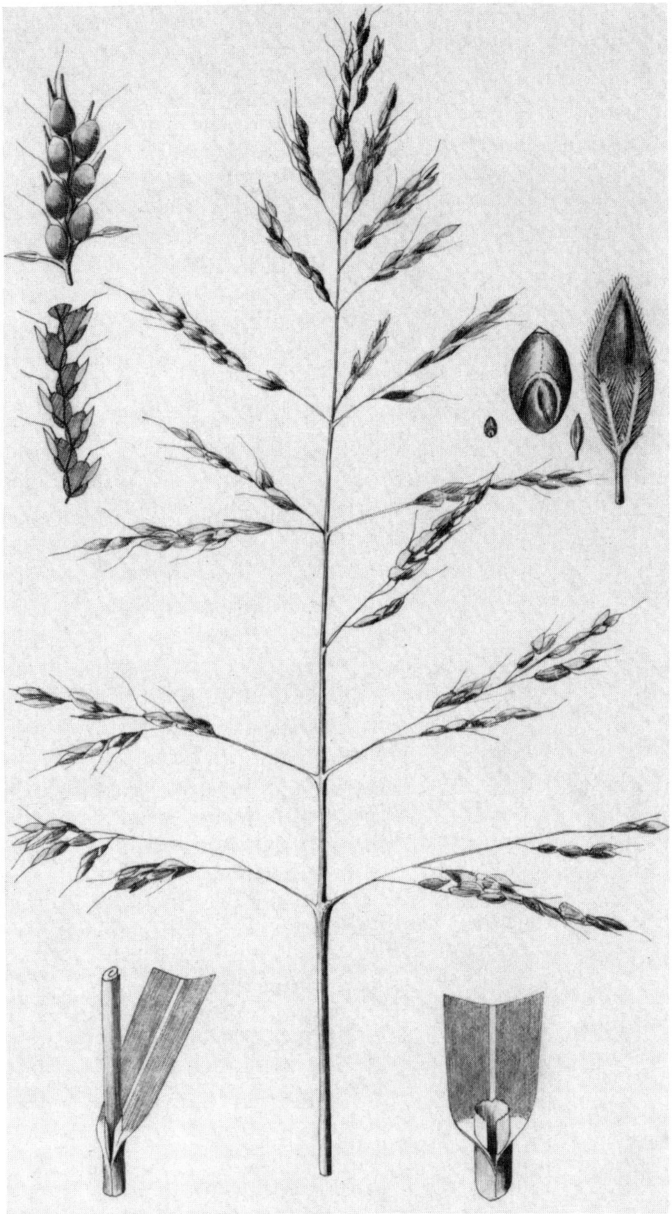

Blütenstand: eine große, aufrechte, allseitswendige echte Rispe, mit wenigen, nicht regelmäßig geordneten Abästungen auf den einzelnen Stufen.

Ährchen: zu Paaren an einer Ansatzstelle, davon das eine zwittrig und sitzend das andere männlich und gestielt. Mehrere Paare scheinährig am Ende des jeweiligen Astes zusammensitzend. Einblütig, wie alle *Andropogon*-Arten mit 3 Hüllspelzen. Die weibliche Deckspelze mit Granne.

Same (Spelzfrucht)

rechts: 5—6 mm lang, von gelber, schwarzbrauner oder violetter Farbe, mit 2 Stielchen und Stielansatz.

TKM zwischen 8 und 14 g

links: entspelztes, nacktes Korn, kräftig braun

Chromosomenzahl 2n = 40

Blatt: Spreite sehr breit, über 10 mm, mit weißem, häutigem Mittelstreifen, unbehaart.
Jüngstes Blatt gerollt.
Blätter ohne Öhrchen.
Blattscheide offen und unbehaart.
Blatthäutchen hoch und deutlich.

Dritte Gruppe: **Gräser mit Hirseblättern**

101. Sudangras (*Sórghum vulgare* PERS. ssp. *sudanénse*) Beschreibung S. 217

Einjährig. **Horstig.** Höhe bis über 1 m. Blüte Juni/Juli. Reife im Oktober, bei uns aber nur in klimatisch sehr warmen Lagen.

Als ein- bis zweischnittige Zweitfruchtgrünfutterpflanze als besonders trockenheitsresistent vorgeschlagen. Ertragsreicher aber in seinen in vielen Ländern herausgebrachten Hybridformen.

Blütenstand: eine aufrechte, ährchenreiche echte Rispe, deren Äste dicht zusammengezogen sind. Ährchenansatz spindelnah.

Ährchen: einblütig, zu Paaren, an der Spitze der Äste zu dreien an einer Ansatzstelle, davon das eine Ährchen zwittrig und sitzend, das andere männlich und gestielt. Mit 3 Hüllspelzen, Deckspelze der weiblichen Blüte mit langer Granne.

Same: (meist entspelzt) 3—5 mm lang. Farbe schwankt zwischen weiß, elfenbein, zitronengelb, braun, rot, violett.

TKM zwischen 10 und 50 g

Chromosomenzahl 2n = 20

Blatt: Spreite sehr breit, über 30 mm, mit einem weißen, häutigen Mittelstreifen.
Jüngstes Blatt gerollt.
Blätter unbehaart und ohne Öhrhen.
Blattscheide offen.
Blatthäutchen deutlich, kürzer als bei *Sorghum sudanense*, später in einen Haarkranz aufgelöst und meist mit einem zweiten Haarkranz dahinter.

Dritte Gruppe: **Gräser mit Hirseblättern**

102. Mohrenhirse, Sorghumhirse (*Sórghum vulgare* PERS. — *S. bícolor* (L.) MOENCH — *Andrópogon sórghum* BROT.) Beschreibung S. 218

Einjährig. Höhe schwankt zwischen 50 cm und 3,50 m.
Sehr formenreich. Von allen bei uns neu vorgeschlagenen Futterpflanzen stellt sie die höchsten Wärmeansprüche und ist so spätreif, daß die meisten Formen in unserem Lande nicht ausreifen.

Blütenstand: eine große, ährchenarme einfache bis doppelte Traube.

Ährchen: sehr lang und schmal, einblütig. Hüllspelzen lanzettlich-pfriemlich, Deckspelze **mit ungewöhnlich langer Granne, etwa 10mal so lang wie das Ährchen.** Granne **nicht bewimpert** wie bei *St. pennata*, daher „Haargras".

Blatt: Spreite schmal, wenn borstlich zusammengefaltet, dann 1 mm breit, auseinandergefaltet 2 mm breit.
Jüngstes Blatt gefaltet.
Blätter unbehaart und ohne Öhrchen.
Blattscheide offen, zweischneidig.

Blatthäutchen **schmal** und **sehr lang zugespitzt.**

103. Haargras, Pfriemengras (*Stípa cápillata* L.) Beschreibung S. 234

Ausdauernd. **Dichthorstig.** Höhe bis über 1 m. Blüte Juli/August.

Steppengras. Bei uns nur in besonders trockenen und warmen Lagen an Rainen und auf steppenartigen Flächen sowie pontischen Hügeln.

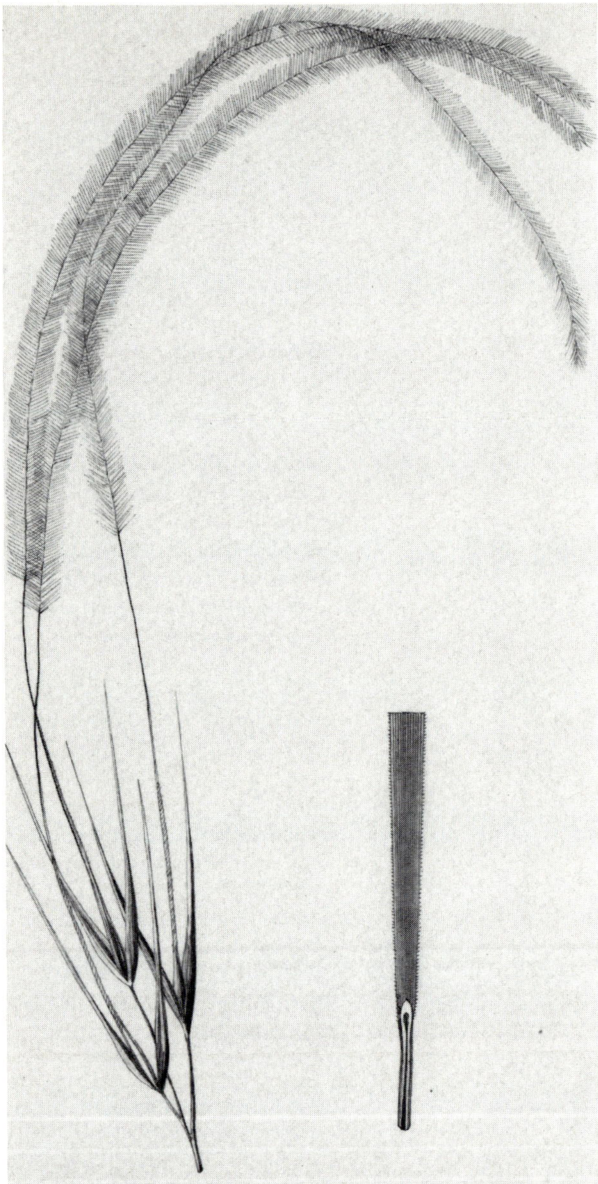

Blütenstand: eine aufrechte, ährchenarme einfache bis doppelte Traube.

Ährchen: sehr schmal und lang, einblütig, grün. Hüllspelzen lanzettlich, besonders lang, und besonders lang zugespitzt. Deckspelze mit **sehr langer, bis 30 cm langer Granne,** die bis zum oberen Knie steif und gedreht und ohne Wimperhaare ist, und oberhalb des Knies ungedreht, dünn, **dicht mit seidigen Wimperhaaren** besetzt ist und zur Spitze sehr lang überhängt (Federgras).

Blatt: Spreite schmal, ausgebreitet und nicht borstlich zusammengefaltet wie bei *St. capillata,* aus schmälerem Grunde bis zur Spreitenmitte hin sich auf 4 mm verbreiternd, gerieft und am Rande scharf gesägt, graugrün.
Jüngstes Blatt gerollt.
Blätter unbehaart und ohne Öhrchen.
Blattscheide offen.
Blatthäutchen nicht so hoch wie bei *St. capillata,* sondern **kürzer** und **stumpfer.**

104. Federgras (*Stípa pennáta* L.) Beschreibung S. 234

Ausdauernd. **Horstig.** Höhe bis über 1 m. Blüte Juli/August.

Steppengras. Bei uns nur in besonders trockenen und warmen Gegenden wild an Rainen und auf steppenartigen Flächen sowie pontischen Hügeln.

Früher zur Pfingstzeit als besonders schönes Gras auf Märkten angeboten.

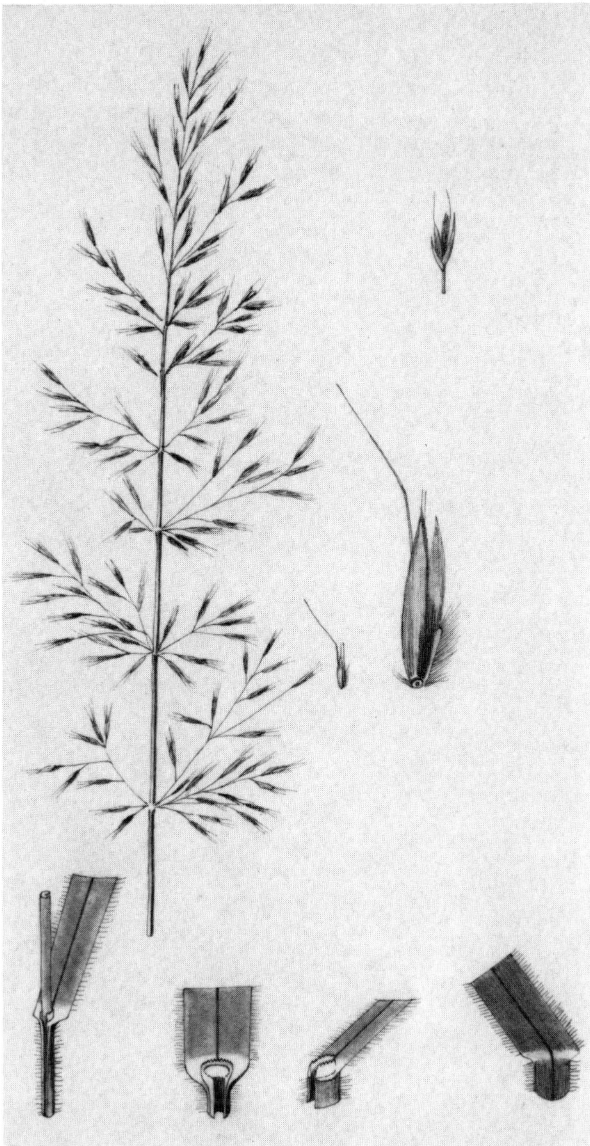

Blütenstand: eine aufrechte, ährchenreiche, zierliche **echte Rispe** (im Gegensatz zu allen anderen Haferarten), mit vielen Abästungen auf den einzelnen Stufen und spindelnahem Ährchenansatz, goldgelb werdend, daher „Goldhafer".

Ährchen: mittelgroß, 5—7 mm lang, glänzend goldgelb, zwei- und auch dreiblütig, jede Blüte mit zarter Rückengranne (also mindestens 2 Grannen in einem Ährchen), die aus dem Ährchen schauen. Hüllspelzen sehr verschieden lang, kürzer als die Blüten.

Same (Spelzfrucht) 4—5 mm lang, goldgelb glänzend. Deckspelze in zwei grannenartige Spitzen auslaufend, Vorspelze weißhäutig, meist abstehend. Beachte die Rückengranne — oberhalb der Mitte angesetzt — im Gegensatz zur Grundgranne des „falschen" **Goldhafers, der Drahtschmiele** (*Deschampsia flexuosa*) und die hellere goldgelbe Farbe des Samens. Stielchen fächerförmig abstehend behaart.

TKM 0,5 g

Chromosomenzahl 2n = 28

Blatt: Spreite mittelbreit, um 4 mm, mehr oder weniger gerieft, weich behaart (bei Zuchtsorten auch unbehaart), unterseits **stumpf gekielt.**
Jüngstes Blatt gerollt.
Blätter ohne Öhrchen.
Blattscheide offen, zottig behaart (bei Zuchtsorten auch kahl).
Blatthäutchen **kurz aber deutlich, gerade abgeschnitten, fein gezähnelt.**

Erste Gruppe: **Leichtkenntliche Gräser**

105. Goldhafer (*Trisétum flavéscens* (L.) P. B. — *Avéna flavéscens* L.) Beschreibung S. 171

Ausdauernd. **Lockerhorstig.** Höhe unter 1 m. Blüte Mai/Anfang Juni.

In den Mittelgebirgen, besonders auf kalkreichen Böden, wertvolles Gras der Wiesen und Weiden und im langjährigen Kleegrasbau der Egartenwirtschaften. In der Ebene örtlich auf Heidegrasland von Bedeutung. Auch sonst nicht gerade selten auftretend.

Dritter Teil:

Die Beschreibung der einzelnen Gräser, ihr Vorkommen, ihre Biologie sowie ihre landwirtschaftliche und landeskulturelle Bedeutung

Straußgräser (*Agrostis*-Arten)

Die *Agrostis*-Arten sind sehr zahlreich über die ganze Erde verbreitet. Die Gattung umfaßt etwa 100 Arten, von denen besonders viele in der nördlichen, gemäßigten Zone und in Europa etwa 25 Species vorkommen (Hegi 1965). Einige Arten sind wichtige Futtergräser und einige werden als Rasengräser kultiviert. Teilweise bevorzugen die Straußgräser extreme Standorte, wie auch manche Arten in ihrer natürlichen Verbreitung sowohl in der alpinen als auch in der arktischen Zone bis an die obere Vegetationszone gehen. So ist die Salzabart von *A. alba* bei uns eines der wertvollsten, natürlich vorkommenden Salzgräser der Küstengrasländereien. Nach Hertzsch (1959) wächst *A. alba* „als einzige Graminee an den warmen Quellen Islands bei Bodentemperaturen von +35 °C und auf den ungarischen Sodaböden bei einem pH-Wert von 8,6".
Zu *Agrostis* zählte früher auch der Windhalm, eines der gefährlichsten Ungräser auf dem Ackerland der leichteren Böden. Er bildet jetzt mit 2 weiteren Arten, die aber bei uns kaum vorkommen, eine eigene Gattung *Apera*. Wir bringen ihn wegen der nahen Verwandtschaft im Anschluß an die *Agrostis*-Arten.

Weißstraußgras (*Agrostis alba aut.* (non L.) p. p.).

Rotstraußgras (*Agrostis tenuis* Sibth.).

Mittleres Straußgras (*Agrostis intermedia* C. A. Weber).

Hundsstraußgras (*Agrostis canina* L.).

Windhalm (*Apera spica-venti* (L.) P. B., *Agrostis spica-venti* L.).

Andere Straußgrasarten sind bei uns so selten, daß sie hier nicht erwähnt werden sollen, wohl aber sei auf die große Variabilität der *Agrostis*-Arten auch in der Natur besonders hingewiesen.

Weißstraußgras (*Agrostis alba* aut. (non L.) p. p.)

Das Weißstraußgras ist eines der formenreichsten unserer heimischen Gräser. Als „echtes" Weißstraußgras (*Agrostis gigantea* Roth) bildet es ein geschätztes Futtergras feuchten Graslandes, in der Salzabart (*A. alba* var. *maritima* Meyer) ist es eines der häufigsten und besten Salzgräser auf dem Salzgrasland der Ost- und Nordsee und als Flechtstraußgras (*A. alba* var. *stolonifera* L.) tritt es als queckenartiges Ungras auf zu nassen Äckern auf.

Weißstraußgras (*Agrostis gigantea* Roth) Bildtafel S. 66.

Das „echte" Weißstraußgras gehört mit zu den besten Futtergräsern des feuchten und zur Nässe neigenden Graslandes. Auf vielen Dauerwiesen und Dauerweiden ist es von Natur aus vertreten, wenn auch oft nur mit geringem Anteil und nur stellenweise wird es in den feuchteren Lagen bestandbildend. Nicht immer hat es die gleiche Wertschätzung erfahren, was vielleicht mit seinem Formenreichtum zusammenhängt.
Das Weißstraußgras hat kurze unterirdische Ausläufer im Gegensatz zum Flechtstraußgras. Es ist absolut winterfest, verträgt Nässe und Überschwemmungen, aber keine Trokkenheit. Es treibt sehr früh, schoßt und blüht aber spät, grünt bis in den Herbst hinein und bildet einen dichten Pflanzenbestand. Aufgrund seiner reichbewurzelten unterirdischen Ausläufer trägt es wie kaum ein zweites Futtergras zur Festigkeit der Narbe bei (Näheres zur Wurzelmengenbildung und zum Wurzelbild S. 249 in Gegenüberstellung zur Salzabart *Agrostis alba* var. *maritima*).
Bei dem Formenreichtum von *Agrostis alba* waren die Handelssaaten früher von sehr verschiedenem Wert, zumal sie meistens noch von Wildbeständen gewonnen wurden. Auch die ersten Zuchtsorten sind durch Auslese aus Wildmaterial hervorgegangen. Die meisten

Zuchtsorten bilden, wie ‚Karmos' bei uns, aufrecht hochwüchsige Mähtypen für den Mähfutterbau. Sie bringen bei zwei bis drei Schnitten sehr hohe Erträge und gehören in der Futterqualität zu den Gräsern von hohem Wert. Auf intensiv genutzten Weiden befriedigen sie jedoch nicht. Wegen des geringen Blatttriebanteils hat Weißstraußgras einen verzögerten Nachwuchs und leidet bei häufiger Nutzung sowohl in der Ausdauer als auch in der Ertragsbildung. Außerdem ist es infolge seiner langsamen Jugendentwicklung und späten Halmbildung verdrängungsgefährdet und setzt sich in Weideansaaten auch mit seinen Zuchtsorten selten bestandsbildend durch. Selbst bei höheren Saatanteilen erreicht es in dichten und wüchsigen Weidemischungen, insbesondere mit dem stark verdrängend wirkenden *Lolium perenne*, kaum nennenswerte Bestandesanteile (Mott, N., Müller, G. 1967).

Demgegenüber behauptet es sich aber gut in artenarmen Mischungen zur Mähnutzung mit weniger verdrängend wirkenden Gräsern, wie zusammen mit Mähtypen von Wiesenschwingel und Wiesenlieschgras bei Saatmengenanteilen von 3 kg/ha (Wacker, G., Kunkel, G. 1969). Auf Niedermoor, auf Standorten also, deren Grasbestände leicht lückig werden, ist sein besonderer Platz. Das trifft auch zu für Höhenlagen über 500 m. Hier trägt es wesentlich zur Ertragssteigerung und Ertragssicherheit bei. Als ausbreitungsfähiges Gras vermag es Lücken schnell zu schließen und dadurch dichte Grasbestände zu schaffen.

Gut geeignet ist Weißstraußgras ebenfalls als Mischungspartner zu Rohrglanzgras für die Anssaat zur Mähnutzung auf feuchten bis nassen Standorten, obgleich seine Zuchtsorten weniger nässeverträglich sind als die Naturformen.

Im allgemeinen haben auch die Zuchtsorten eine langsame Entwicklung. Sie schieben erst relativ spät Blütenstände und befriedigen deshalb in der Futterqualität auch noch bei späterer Ernte des ersten Aufwuchses, in der zweiten Junidekade. Aufgrund dieses Wachstumsrhythmus' und im Zusammenhang mit hohen Nachwuchserträgen ist die Ertragsverteilung bei *Agrostis gigantea* eine sehr günstige. Die größte Anbaubedeutung wird das Weißstraußgras deshalb zukünftig für die Etablierung spät nutzungsreif werdender Grasbestände zur Mähnutzung auf feuchten und zur Nässe neigendem Grasland gewinnen. Im System gestaffelt nutzungsreif werdender Grasbestände bildet es einen wichtigen Mischungspartner für späte Mähtypen von Wiesenschwingel und Wiesenlieschgras (Wacker 1968, 1969).

Nicht geeignet ist das Weißstraußgras für den Anbau in Reinsaat und im Ackerfutterbau. Wenn es auch rasch keimt, so bringt es doch infolge seiner langsamen Jugendentwicklung im Ansaatjahr und im ersten Nutzungsjahr zu geringe Erträge.

Die Saatguterzeugung ist nicht ganz einfach. Die Tausendkornmasse beträgt 0,08 g. Als feinstsamiges, langsam sich entwickelndes, ausläufertreibendes Gras stellt es an Ansaat, Pflege und Düngung hohe Anforderungen. Das Saatgut erfordert eine flache Aussaat auf sorgfältig hergerichteten, sauberen und gut feuchtem Saatbett. Die Ansprüche an Boden und Klima sind dagegen nicht sehr hoch. Nur die trockenen, leichten Böden und die schlecht offen zu haltenden, verkrustenden, schweren Böden, die die Bestockung und Ausläuferbildung erschweren, scheiden für den Samenbau aus. Humose und anmoorige Böden, wenn sie nicht zu naß und unkrautwüchsig sind, sagen dem Weißstraußgras sehr zu.

Salzweißstraußgras (*Agrostis alba* var. *maritima* Meyer)

Nähere Beschreibung innerhalb des Kapitels „Das Salzgrasland der Ostsee", S. 246.

Flechtstraußgras (*Agrostis alba* var. *stolonifera* L.)

Diese Abart tritt als Ungras auf zu feuchten Äckern auf. Es überzieht den Boden nach allen Seiten hin mit seinen langen, oberirdischen Ausläufern, die sich an den Knoten bewurzeln,

bestocken und verzweigen, gleichsam wie mit einem Flechtwerk. Das normale Längenwachstum der Ausläufer beträgt bis zu 2 m in einem Jahr, bis zu 6 m sind in Ausnahmefällen festgestellt worden.
Die Bekämpfung dieses Ungrases ist trotz seiner Ausdauer und seiner wuchernden Wüchsigkeit nicht allzu schwierig, da das Flechtstraußgras nur grüne, oberirdische, wenig speichernde, nicht aber dicke, unterirdische, stark speichernde Ausläufer bildet wie die Echte Quecke und andere Queckengräser. Werden die oberirdischen Ausläufer beim Schälen und Pflügen wirklich vollständig mit Erde bedeckt, dann vergehen sie bald und treiben nicht wieder aus. Wird der Acker aber nicht sorgfältig bearbeitet, läßt man sie unbedeckt weiter grünen oder hat das Flechtstraußgras Gelegenheit, sich nach der Ernte auf ungeschältem Acker bis in den Winter hinein auszudehnen und zu kräftigen, dann kann seine Vertilgung Schwierigkeiten bereiten. Stark tritt es nur auf feuchten Äckern auf, besonders der Lehm- und Tonböden, übersteht aber Trockenzeiten im Gegensatz zu *Agrostis gigantea* sehr gut, wird dabei allerdings so hart und steif, daß selbst Schafe es meiden. Auf drainagebedürftigen Böden schafft erst die Entwässerung die Voraussetzung einer wirksamen, anhaltenden Bekämpfung.
Außer auf dem Acker tritt das Flechtstraußgras auch auf dem Graslande auf. Auch dort ist es in seiner alles verfilzenden Form ein Ungras, läßt sich kaum mähen und wird von den Tieren wegen seines dumpfen Geruchs verschmäht. Die an Fäulnisstoffen reichen Moräste sind typische Standorte des Flechtstraußgrases, schon GRADMANN bezeichnete es als eigentliche Morastpflanze. Nach STÄHLIN (1969) „an seinen Standorten mit faulig verwesenden Blättern Lieblingsspeise der Leberegelschnecke".
Agrostis stolonifera wird als Rasengras züchterisch bearbeitet und soll sich für den Gebrauchs- und den Landschaftsrasen besonders eignen. Es zeichnet sich durch eine besondere Salztoleranz aus.

Rotstraußgras (*Agrostis tenuis* SIBTH., *A. vulgaris* WITH.) Bildtafel S. 67.

Auch das Rotstraußgras ist sehr formenreich. Es tritt auf dem Grasland auf und ebenso wie das Flechtstraußgras auch als queckenartiges Ungras auf dem Acker. Als Graslandgras wächst es im allgemeinen bei uns mehr horstig, auf dem Acker treibt es Ausläufer. In geringen Mengen kommt dies weitverbreitete Gras auf den verschiedensten Grasländereien vor. In größerer Menge tritt es in den mäßig gedüngten Rotschwingel-Rotstraußgraswiesen und -weiden der Mittelgebirge über 500 m auf sowie als Partner der besseren Goldhaferwiesen. In den höheren Gebirgslagen, wo die wertvollen Futtergräser versagen, ist dieses weitgehend klimaunempfindliche Gras trotz seiner geringeren Ertragsfähigkeit ein brauchbares Futtergras. In der trockenen Lage des Flachlandes sind seine eigentlichen Standorte die leichteren, kalkarmen, grundwasserfernen Sandböden. Zwar werden diese Böden meist ackerbaulich genutzt, Rotstraußgras beherrscht dann die Ackerraine. Die ärmsten und dürrsten Ränder überläßt es dem Igelgras, die etwas frischeren dem Rotschwingel und die noch besseren der Wiesenrispe. Die Rotstraußgrashutungen lassen sich kaum durch Jungvieh nutzen, am ehesten durch Schafe. Auf in der Düngung vernachlässigten oder zur Austrocknung neigendem Grasland tritt es auch im Flachland auf besseren Böden häufiger auf. Bei Düngung weicht es wertvolleren und wüchsigeren Gräsern.
Nach STEBLER soll *Agrostis tenuis* in der Schweiz in Höhenlagen über 1000 m gerade auf gedüngten Wiesen einen eigenen Typ bilden, ähnlich wie vielleicht bei uns in den Mittelgebirgen über 500 m. Die konkurrierenden besseren Futtergräser fehlen dort z. T. aus Wärmemangel, treten aber vor allem auch zurück, da die Nährstoffversorgung doch nicht optimal ist. Bei der Formenmannigfaltigkeit von *A. tenuis* wird es sich in den Höhenlagen vielleicht auch um besondere Formen handeln.

Rotstraußgrassaatgut für landwirtschaftliche Zwecke ist nicht mehr im Handel. Züchtung sowie Anbau als Futtergras sind bei uns nicht mehr lohnend. In den Mittelgebirgen stellt es sich von selbst ein. Bei Neuansaaten wird man aber nicht nur die mittelwertigen Rotschwingel-Rotstraußgraswiesen und -weiden anstreben, sondern hochwertige Grasbestände mit Wiesenlieschgras, Wiesenschwingel, Wiesenrispe und Echtem Weißstraußgras.
Wohl aber eignet sich Rotstraußgras für die Anlage ganz besonders von Zierrasen. Kaum ein Gras bildet auf armen und sandigen Standorten und in rauhen Lagen einen so schönen dichten Rasen wie *Agrostis tenuis*. Formen mit feinen Trieben und kurzen Ausläufern wären hier auszulesen. In mehreren Ländern sind Zuchtsorten von diesem Gras für Rasenansaaten vorhanden.
Als Ungras tritt das Rotstraußgras auf dem Ackerland der leichten Böden auf und bleibt meistens auf diese beschränkt, wenn es auch auf die dürrsten Äcker übergreift und auch auf frischere und reichere Äcker geht. Wegen seiner queckenartigen Ausläufer wird es „Sandquecke" genannt. Diese läßt sich aber leichter bekämpfen als die Echte Quecke (*Agropyron repens*). Sie schoßt, blüht und fruchtet ähnlich wie diese ziemlich spät. Doch sind ihre Ausläufer weniger lang, sie speichern weniger und schlagen auch nicht so kräftig aus. Wenn man das zur Bekämpfung der Echten Quecke (S. 236) Gesagte beherzigt, wird man über die Sandquecke keine Klage zu führen haben. Sie verschwindet schon bei mäßiger Bodenkultur.
Agrostis tenuis ist keineswegs ein Säureanzeiger, wofür sie oft zitiert wird, wenn sie auch auf armen, sauren, kulturlosen Sandböden häufig auftritt.

Hundsstraußgras (*Agrostis canina* L.) Bildtafel S. 68.

Hundsstraußgras oder, wie es auch genannt wird, Sumpfstraußgras, ist ein landwirtschaftlich wertloses Gras auf magerem, feuchtem bis nassem, heidigarmen Grasland. Es erlangt für die Graslandbeurteilung nur dadurch an Bedeutung, daß es zu den wenigen Süßgräsern gehört, die auch auf nassem Grasland oft bestandbildend auftreten. Sonst trifft man es im allgemeinen mehr mit den Kleinseggen und nur gelegentlich auch mit den Großseggen vergesellschaftet. Nach STÄHLIN (1969) als „Wirtspflanze der Leberegelschnecke gefährlich".
Als Rasengras, besonders für Zierrasen, ist *Agrostis canina* geschätzter. Es bildet mit seinen feinen Blättern sehr dichte Narben. In anderen Ländern sind mehrere Sorten im Handel.

Mittleres Straußgras (*Agrostis intermedia* C. A. WEBER).

Alle *Agrostis*-Arten sind leicht kreuzbar und ihre Wildbestände sehr formenreich. Ein Beispiel spontaner Kreuzung in der Natur bildet das „Mittlere Straußgras". C. A. WEBER (1921) machte auf dieses Straußgras in seiner Arbeit über „Die mesophilen Straußgraswiesen" aufmerksam. Er fand in ihm eine Zwischenform zwischen *A. alba* und *A. tenuis*, die sich im blütenlosen Zustand kaum von diesen unterscheidet — das Blatthäutchen ist lang und gestutzt und nicht kurz und gestutzt wie bei *A. tenuis* und nicht lang und spitz wie bei *A. alba* —, wohl aber im Blütenzustande. Nach der Blüte ist die Rispe nicht wie beim Rotstraußgras sperrig, auch nicht wie beim Weißstraußgras völlig zusammengezogen, sondern nur an der Spitze und sonst ausschließlich in den Ästen zweiter und dritter Ordnung. In den Standortansprüchen soll es weder feuchte wie *A. alba* noch trockene wie *A. tenuis* lieben. C. A. WEBER nannte es daher das „Mittlere Straußgras". Die von ihm aufgenommene Züchtung dieses Grases wurde aber später wieder aufgegeben.

Windhalm (*Apera spica-venti* (L.) *P. B.*, *Agrostis spica-venti* L.) Bildtafel S. 74.

Der Windhalm gehört zu den schlimmen Samenungräsern des Ackerlandes. Im Gegensatz zum Wildhafer kommt er hauptsächlich auf leichteren Böden vor und hauptsächlich in

der Winterung und nie in der Hackfrucht. Er ist nicht durch Bewirtschaftungsmaßnahmen allein, sondern bei starkem Wintergetreidebau nur über den zusätzlichen Einsatz von Herbiziden zu bekämpfen.
Im allgemeinen schoßt der Windhalm vor den Getreidepflanzen und ist somit bei starkem Auftreten ein den Getreideertrag stark beeinträchtigender Konkurrent. Seine reifen Früchte fallen zum größten Teil vor der Getreideernte aus. Eine Ernteverzögerung beim Mähdrusch erhöht diese Gefahr der Ausbreitung und durch das Abblasen der Spreu gelangt der restliche Samen auf den Acker. Eine einzige Windhalmpflanze kann bis zu 10000 keimfähige Samen streuen. Aus dem Saatgut werden die Samen durch eine einfache Windfege entfernt.
Der Windhalmsame ist kurz nach der Feuchtreife keimfähig. Er keimt in mäßiger Wärme von 3 bis 4 °C an aufwärts, aber bei einer auf die den Samen dicht umschließenden, harten Deckspelzen länger einwirkenden Feuchtigkeit und als Oberflächenkeimer auf belichtetem, offenen Boden, höchstens bei 1 mm-Erdbedeckung. Schon bei einer 1 cm tiefen Unterbringung keimen die Samen aus Lichtmangel nicht mehr. Gegen Bodenverkrustung ist der feine Same sehr empfindlich und ebenso gegen Frost. Geht der Frost im Winter durch die Ackerkrume, so keimt beim Frühjahrspflügen kein Windhalmsame (Wehsarg 1927). Bei guter Ackerkultur bleibt der Same nicht lange lebensfähig im Boden und geht nach Wehsarg meist in einem Jahr zugrunde, nach dem Windhalmmonographen H. Pieper (1912) in längstens zwei Jahren. Bei der leicht eintretenden Keimreife unterliegen die Samen auch leicht den Bakterien im Boden. Im geschlossenen Bestand auf dem Grasland kann der Windhalmsame zwar zum Keimen gelangen, aber die Keimpflanzen gehen bald ein.
Die Hauptkeimzeit des Windhalms liegt fast ausschließlich im Herbst. Er tritt somit hauptsächlich im Wintergetreide auf, sehr viel seltener im Sommergetreide. Sehr früh gesätes sowie eingeschmiertes Sommergetreide befällt allerdings auch oft stärker mit Windhalm. Im Herbst gekeimter, im Frühjahr durch die Bodenbearbeitung nicht zerstörter Windhalmsame wächst hier mit auf. Daneben kann der Windhalm noch eine zweite Keimzeit im frühen Frühjahr haben, was unter bestimmten Witterungsverhältnissen, namentlich nach milden Wintern, vorkommt. Er entwickelt sich dann insbesondere im frühen Sommergetreide. In später gesäter Sommerung fehlt er dagegen fast völlig und ebenso in der Hackfrucht. Nicht selten fliegt Windhalmsame im Klee an. Hier ist aber das Ungras vor dem Absamen mit dem ersten Schnitt verschwunden. Die im Frühjahr gekeimten Windhalmpflanzen bestocken sich nicht so stark wie die im Herbst gekeimten. Sie bilden nur 2—3 anstatt 10—12 Halme.
Bei starkem Wintergetreidebau in der Fruchtfolge kann der Windhalm zur Plage werden, insbesondere bei starkem Winterroggenanbau auf den leichteren, sandigen Ackerböden. Zunehmend ist sein Auftreten in Massen aber heute auch in Wintergerste und auch in Winterweizen, der durch seine geringere Kampfkraft noch stärker gefährdet ist als der Roggen. Eindämmend auf den Windhalm wirkt ein Eggen im Herbst in Wintergerste nach dem Auflaufen im Keimblatt- und kleinen Rosettenstadium des Unkrauts. Bei fortschreitender Entwicklung wird es unempfindlich und im großen Rosettenstadium im Frühjahr widerstandsfähig. Das Eggen des Roggens muß vorsichtig gehandhabt werden, um nicht die flachen Wurzeln des Roggens dem Frost auszusetzen. Bei der Bekämpfung wurden früher gute Erfolge mit der sachgemäßen Anwendung von Kalkstickstoff erzielt (Borchert 1932). Die unkrautvertilgende Wirkung des Kalkstickstoffs beruht darauf, daß die in der oberen Bodenschicht gekeimten oder flachwurzelnden und sehr anfälligen jungen Windhalmpflanzen durch das sich bei der Umsetzung bildende giftige Cyanamid vernichtet werden. Die giftige Cyanamidphase, die den mehr erdkeimigen Getreidearten ungefährlich bleibt, dauert etwa eine Woche an. Dann wird das Cyanamid in frischen, tätigen Böden weiter umgewandelt in ungiftige, düngende Stickstofformen. Anstelle von Kalkstickstoff werden heute Herbizide angewandt, die die Ungräser im Keimstadium vernichten. Der

Acker muß ordnungsgemäß für die Saat vorbereitet, ausreichend gedüngt und abgesetzt sein. Die Anwendung erfolgt bis zu drei Tagen nach dem Drillen oder im 3- bis 4-Blattstadium des Windhalms.
Der Windhalmplage wird man in Gegenden mit viel Winterung nicht Herr werden, wenn nicht allgemein eine Neuinfektion von den Nachbarfeldern und vom Ackerrain unterbunden wird. Der Same hat einen hohen Flugkoeffizienten, d. h. das Verhältnis von Oberfläche in cm^2 zum Gewicht in g ist sehr groß, nämlich 45. Schon ein gewöhnlicher Wind trägt ihn über 100 m fort, bei Sturm fliegt er kilometerweit. Kein Wunder, daß es in verseuchten Gegenden auch auf reinen Feldern in feuchten Herbsten, in denen die licht- und nässebedürftigen kleinen Windhalmsamen günstige Keimbedingungen finden, zu ausgesprochenen Windhalmjahren kommt.
Sehr wichtig ist die Ausdränierung von zu nassen Ackerstellen. Hier hält sich der Windhalmsame länger als zwei Jahre im Boden keimfähig. Diese nassen Stellen werden ebenso wie die nichtgemähten Ackerränder zu neuen Quellen der Verunkrautung für die ganze Gegend.

Schmielen (*Aira*- und *Deschampsia*-Arten).

Die Gattungen *Aira* und *Deschampsia* stehen sich sehr nahe und wurden früher unter *Aira* vereinigt. Wir bringen sie hier gemeinsam. Die bei uns vorkommenden *Aira*-Arten sind klein und zart, treten wenig in Erscheinung und haben landwirtschaftlich keinerlei Bedeutung. Zu den zahlreicher vertretenen *Deschampsia*-Arten gehört eines der gefährlichsten Ungräser des Graslandes, die Rasenschmiele (*Deschampsia cespitosa*).

Rasenschmiele (*Deschampsia cespitosa* (L.) P. B.).

Drahtschmiele (*Deschampsia flexuosa* (L.) P. B.).

Kleine Schmiele (*Aira praecox* L.).

Nelkenschmiele (*Aira caryophyllea* L.).

Rasenschmiele (*Deschampsia cespitosa* (L.) P. B., *Aira cespitosa* (L.)) Bildtafel S. 99.

Die Rasenschmiele ist mit das verbreitetste und schädlichste Ungras des Graslandes. Sie gedeiht in fast allen Feuchtigkeitslagen, nicht nur in der für gutes Grasland etwas zu nassen, naßfeuchten, sondern auch in der gut feuchten Lage, die nur manchmal zu naß ist und auch auf frischfeuchten Wiesen und Weiden und sogar auf solchen, die gelegentlich zu trocken werden. Sonst wäre sie nicht das so gefürchtete Graslandunkraut, das sie ist. Sie meidet lediglich die sehr nassen, mit Hochseggen bestandenen Wiesen, ebenso wie sie auf regelmäßig überschwemmten Flächen fehlt. Mit der Entwässerung verschwindet also die Rasenschmiele nicht. Bei Düngung tritt sie kaum zurück. Als Futter ist das sehr harte, ausgesprochen kieselige Gras wertlos. Außerdem erschweren ihre bültigen Horste sowohl die Wiesen- und Weidepflege als auch die Ernte.
Ein Radikalmittel zur selektiven Bekämpfung der Rasenschmiele gibt es nicht, ohne daß nicht auch die wertvollen Gräser länger geschädigt bleiben. Schon ein Vorbeugen ist sehr schwierig, wenn nicht fast unmöglich. Das beste Mittel, dieses Ungras fernzuhalten, ist zweifellos die Schaffung und Erhaltung einer dichten und geschlossenen Grasnarbe. Aber selbst eine solche ist kein unbedingter Schutz. Auch ein lückenloser Grasbestand verhindert im Frühjahr nicht völlig das Eindringen der Rasenschmiele, denn zu dieser Jahreszeit keimen, wie von Horn (1935) festgestellt hat, die an sich lichtbedürftigen Schmielensamen auch ohne Lichtreiz. Nur im Herbst ist Belichtung zur Keimung unbedingt notwendig.
Die Samenproduktion der Rasenschmiele ist außerordentlich hoch. Bis zu 100000 Samen sind an voll ausgewachsenen 30 cm starken Bülten gezählt worden. Allerdings kommt es auf dem Grasland kaum zu dieser mengenmäßigen Entwicklung. Obwohl die wintergrüne

Rasenschmiele im Frühjahr sehr früh austreibt, fast als allererstes Gras, schoßt sie sehr spät. Auf den Wiesen finden sich nur selten blühende Halme zum ersten Schnitt, sondern erst im zweiten Aufwuchs blüht und fruchtet sie reichhaltig. Die meisten blühfähigen Triebe werden durch den rechtzeitigen ersten Schnitt zur Zeit des Schossens entfernt und nur die seitlichen, vom Schneidwerk nicht erfaßten Triebe kommen im zweiten Aufwuchs zum Blühen und Fruchten. Bei insgesamt drei Nutzungen und frühem 1. Schnitt gelangt aber die Rasenschmiele kaum zur generativen Vermehrung. Werden auf den Weiden die Horste nachgemäht, bleibt die Samenproduktion in Grenzen.
Wenn auch die Vermehrung der Rasenschmiele im eigentlichen Sinne generativ durch Samen geschieht, so vermag sich dieses ausdauernde Ungras auch vegetativ durch Bestockung vermittels Stengelkurztriebe zu erhalten. Regenerationsfähig sind nur die Sproßteile und nicht die Wurzeln, die im Boden verbleiben können, ohne daß es zu einem Neuausschlagen kommt. Im Frühjahr nach der Schneeschmelze sind ihre Bülten besonders empfindlich gegen eine Behandlung. Der Frost löst die innige Verbindung zwischen Wurzel und Boden. Alte Wurzeln sind abgestorben, neue noch nicht gebildet. Die Rasenschmielenbülten wachsen um diese Zeit förmlich aus dem Boden heraus und lösen sich viel leichter und vollständiger aus der Erde als zu irgendeiner anderen Zeit im Jahr. Nach wenigen Wochen können sie durch neugebildete Wurzeln wieder fest im Boden verankert sein.
Bei der Bekämpfung machte man sich dieses Wachstum durch ein Aushacken, Ausstechen oder Ausreißen der einzelnen Horste zu nutze. Die aufwendige Einzelbehandlung brachte aber nicht den durchschlagenden Erfolg. Immer bleiben am Rande der Bülten Sproßteile im Boden, die sich neu bewurzeln. Das Bestreuen der einzelnen Bülte mit chemischen Mitteln führt zwar zur totalen Vernichtung, ist aber sehr arbeitsaufwendig.
Billiger und auch wirksamer als die Einzelbehandlung der Bülte ist das tiefe Nachmähen der Rasenschmielenflächen besonders nach dem zweiten und dritten Umtrieb auf Umtriebs- und Portionsweiden, das die Ausbreitung dieses Ungrases begrenzt. Nach den grundlegenden Untersuchungen von O. Wehsarg (1935) über die Vermehrungsweise der Unkräuter ist die Rasenschmiele, da ihre vegetative Vermehrung so oberflächlich erfolgt wie bei fast keinem anderen horstigen Graslandunkraut, gegen häufigen Tiefschnitt sehr empfindlich. Je mehr sich der Rasenschmielenhorst vegetativ ausbreitet, um so stärker setzt auch, besonders im Innern des Horstes, eine stockwerkartige Bestockung ein. Die unteren Stockwerke sterben ab, auch aus Lichtmangel, und die eigentliche vegetative Vermehrung wird immer oberirdischer. Damit erklärt sich auch die Wirkung des tiefen Verbeißens der Horste, namentlich durch Pferde. Untersuchungen von W. Breunig (1959) haben bestätigt, daß das regelmäßige tiefe Nachmähen auf der Umtriebs- und Portionsweide die Rasenschmiele in Schach halten kann. Nur ist darauf zu achten, daß das Nachmähen in abwechselnder Richtung erfolgt, damit möglichst alle Triebe erfaßt werden.
Bei sehr starker Verschmielung hilft nur der Umbruch. Seitdem es gelungen ist, die Antriebsfurche mit Hilfe des Erdwolfs bzw. des Mietenzudeckgerätes mechanisiert durchzuführen, gelingt es, beim Pflügen mit Umbruchpflug und Vorschäler die Pflugbalken um 180° zu wenden, so daß die Rasenschmiele dann nicht wieder durchwächst, auch wenn ohne ackerbauliche Zwischennutzung sofort eine Graslandneuansaat erfolgt (H. Thöns 1959, H. Thöns und K. H. Wellenbrock 1980).
In den Höhenlagen der Alpen soll die Rasenschmiele ihre Rauheit verlieren und ein gesuchtes Futtergras sein.

Drahtschmiele, Geschlängelte Schmiele (*Deschampsia flexuosa* (L.) P. B., *Aira flexuosa* L.)
Bildtafel S. 100.

Die Drahtschmiele ist ein weitverbreitetes Gras der Wälder geringerer Bonitäten, das typische Gras der trockenen Kiefernwälder. Auch außerhalb des Waldes kommt sie auf

trockenen und armen Böden häufig vor. Ein eigentliches Graslandgras ist sie nicht. Auf besseren Standorten zeigt sie an, daß sich das Grasland in einem schlechten Zustand der Düngung und Pflege befindet. Sie liefert ein brauchbares Schaffutter. Nach H. HESMER (1950) gilt sie im Walde als Rohhumuszehrer und ist dann sehr nützlich. Bei starker Verbreitung auf Kahlschlägen kann sie aber durch ihr tiefes und dichtes Wurzelnetz den Forstkulturen gefährlich werden.
Im Walde gesammelte Saat wurde früher als Goldhafer verkauft. Dieser falsche Goldhafer ist aber, wie die Abbildungen zeigen, nicht mit dem echten Goldhafer (*Trisetum flavescens*) zu verwechseln, sondern von diesem leicht zu unterscheiden.
Die Drahtschmiele kann bei der Anlage schattiger Rasenplätze auf armen Böden, nicht aber zu landwirtschaftlichen Zwecken genutzt werden. Das Gras zeichnet sich durch eine besonders schöne, glänzend-dunkelgrüne Farbe aus, dessen Blätter, obwohl borstenartig, weich und schmiegsam sind.

Kleine oder Frühe Schmiele (*Aira praecox* L.).

Sehr kleines, leicht zu übersehenes, schon früh im Jahr vergehendes, zierliches Gras auf trockenen Sandfeldern, auf Binnendünen und der grauen Düne der Meeresküsten.
Überjährig. Horstig. Höhe bis 15 cm. Blüte April/Mai. Blütenstand traubig, zu einer Scheinähre zusammengezogen. Ährchen spindelnah angesetzt, länger als ihre Stiele, zweiblütig. Blüte mit aus dem Ährchen herausragender Rückengranne. Blattspreite sehr schmal, borstenförmig eingerollt.

Nelkenschmiele (*Aira caryophyllea* L.).

Kleines, zierliches, leicht zu übersehenes, schon früh im Jahr vergehendes Gras auf trockenen Sandböden und ebenfalls auf Binnendünen und der grauen Düne der Meeresküsten.
Überjährig. Horstig. Höhe über 15 cm. Blüte Mai/Juni. Blütenstand rispig, zur Zeit der Blüte ausgebreitet. Seitenäste immer zu zweien abgehend. Ährchenstiele so lang oder länger als die Ährchen. Ährchen zweiblütig. Blüten mit aus dem Ährchen herausragender Rückengranne.

Fuchsschwanzgräser (*Alopecurus*-Arten).

Alopecurus ist mit ungefähr 20 Arten vor allem im gemäßigten Europa, Asien, vereinzelt auch in Nord- und Südamerika und Australien verbreitet (HEGI 1965). Als Futtergras hat nur *A. pratensis* größere Bedeutung erlangt. Ein schlimmes Ungras schwerer Böden in feuchten Klimaten bildet *A. myosuroides.*

Wiesenfuchsschwanz (*Alopecurus pratensis* H.).

Knickfuchsschwanz (*Alopecurus geniculatus* L.).

Rotgelbfuchsschwanz (*Alopecurus aequalis* SOBOL.).

Ackerfuchsschwanz (*Alopecurus myosuroides* HUDS.).

Sonstige Fuchsschwanzarten, die so selten und landwirtschaftlich ohne Bedeutung sind, daß sie nur kurz erwähnt werden.

Wiesenfuchsschwanz (*Alopecurus pratensis* L.) Bildtafel S. 69.

Der Wiesenfuchsschwanz kommt auf den verschiedensten Wiesenstandorten vor, sofern sie nicht zu nährstoffarm sind, von der frischen bis zur feuchten, bis hin zur Militzlage. Im allgemeinen wird er trotz seiner Massenwüchsigkeit und seines hohen Futterwertes nicht sehr geschätzt. Er blüht sehr früh, bereits im Mai, und wo er nicht bestandbildend

auftritt, sondern mit anderen Gräsern vergesellschaftet, kann man sich in der Schnittzeit nicht nach ihm richten. Wiesenfuchsschwanzwiesen müssen unbedingt sehr früh geschnitten werden. Bei verspätetem Schnitt erntet man gerade von diesem Gras besonders schnell nur noch strohige Halme, und die Blätter am Grunde sind bei der Ernte verfault. Bildet der Wiesenfuchsschwanz aber Reinbestände, einen eigenen Typ, was auf feuchten, nährstoffreichen Wiesen, auf Bewässerungs- und Überschwemmungswiesen häufiger der Fall ist, dann gehört er zu den geschätzten Gräsern. Wiesenfuchsschwanzwiesen liefern drei Schnitte wertvollen Futters, bis zu 100 dt Trockensubstanz und mehr je ha. Neben den bestausgebildeten, hochertragreichen Rohrglanzgraswiesen, die aber nur unter besonderen Verhältnissen der nassen Lage möglich sind, bilden sie die ertragreichste Wiesenform der feuchten Lage, die wir von Natur haben. Nach sehr frühem, halmreichen ersten Aufwuchs zeichnet sich der Wiesenfuchsschwanz zu den nachfolgenden Schnitten durch einen schnellen und ertragreichen Nachwuchs mit in erster Linie üppiger Blatttriebbildung aus. Sein Nachteil aber ist die zu frühe Halm- und Blütenbildung mit wenig Blattmasse zum ersten Aufwuchs. Auch vergilben die unteren Blätter nach der Blüte bald.
Die reinen Wiesenfuchsschwanzwiesen sind dicht im Bestand und hochwüchsig. Obwohl horstig, treibt der Wiesenfuchsschwanz einige kurze unterirdische Ausläufer. Er wächst daher nicht polsterförmig, sondern in mehr ausgebreiteten Horsten. Der Boden muß für dieses anspruchsvolle, aber flachwurzelnde Gras nährstoffreich und dauernd feucht sein. Er bevorzugt daher den schweren, reichen, feuchten Boden, besiedelt aber auch die humosen Sand- und die Moorböden, wenn diese seinen Ansprüchen an Nährstoffgehalt und Feuchtigkeit genügen. Wiesenfuchsschwanz übersteht Nässe und Überschwemmungen, aber auf keinen Fall stauende Nässe. Besondere Klimaansprüche stellt er nicht. Er ist sehr wetterhart, verträgt große Kältegrade sowie längere Schneebedeckung und dauert besonders lange aus. Bei Ansaaten unter zusagenden Bedingungen setzt er sich aus kleinen Saatanteilen bis zu Reinbeständen durch. Aber man sollte ihn nur dort ansäen, wo das zu erwarten ist.
Als Weidegras spielt der Wiesenfuchsschwanz im allgemeinen keine Rolle, obwohl er eine Beweidung verträgt, auch grün gefressen wird und durch sein starkes Nachwuchsvermögen vorzüglich geeignet wäre. Von allen wertvollen Gräsern ist er das früheste Gras. So hat er bereits geschoßt und wird überständig, wenn der Weideaustrieb im allgemeinen beginnt.
Abgesehen von seinen hohen Wasseransprüchen scheidet der Wiesenfuchsschwanz im Ackerfutterbau auch wegen seiner langsamen Jugendentwicklung aus. Bei Ansaaten erlangt er seine volle Ertragsbildung erst im dritten Jahr.
Die Saatguterzeugung bereitet große Schwierigkeiten. Der leichte, behaarte und begrannte Samen ballt sich zusammen und läßt sich schwer maschinell drillen. Wegen seiner langsamen Keimung und langsamen Jugendentwicklung bedarf der Wiesenfuchsschwanz im Samenbau einer sehr intensiven Pflege. Durch ungleichmäßiges Schossen reift der Same sehr ungleichmäßig und fällt außerdem leicht aus. Eine maschinelle Samenernte ist deshalb kaum möglich oder mit sehr geringen Erträgen verbunden. Früher erfolgte die Samengewinnung meist von Hand. Die Anbaubedeutung von Wiesenfuchsschwanz ist dadurch sehr beeinträchtigt.
Die züchterische Bearbeitung von *Alopecurus pratensis* ist wieder zurückgegangen. In der DDR wurden Züchtung und Vermehrung vor allem wegen der Schwierigkeit in der Samengewinnung völlig aufgegeben. Hinzu kommt, daß leichter zu vermehrende Arten das Ertragsvermögen von Wiesenfuchsschwanz erreichen bzw. übertreffen.

Knickfuchsschwanz (*Alopecurus geniculatus* L.) Bildtafel S. 70.

Der Knickfuchsschwanz ist auf dem Grasland nicht gerade selten. In der Pflanzensoziologie gilt er als Überschwemmungsgras. Er tritt neben Weißstraußgras (*Agrostis alba*)

oder der Sumpfrispe (*Poa palustris*) auf den sehr nassen Überschwemmungsflächen des Flutenden Mannagrases (*Glyceria fluitans*) auf, bildet aber auch eigene Weideflächen. In den schlickigen Flutmulden der Flußniederungen oder anderer Überschwemmungsgelände mit langer winterlicher und auch gelegentlicher sommerlicher Überflutung findet sich meist eine eigenartige Flora unter Führung des Knickfuchsschwanzgrases mit Quecke (*Agropyron repens*), Flechtstraußgras (*Agrostis stolonifera*), Gemeinem Sumpfriet (*Heleocharis palustris*), Kriechendem Hahnenfuß (*Ranunculus repens*) und Gänsefingerkraut (*Potentilla anserina*). Der Knickfuchsschwanz wächst aber auch auf Flächen, die nicht überschwemmt werden, und zwar an Stellen, wo sich nur gelegentlich Wasser ansammelt oder auch auf Grasland, das höchstens gut feucht ist, wenn wüchsige Gräser ihn dort nicht verdrängen. Er wird gern gefressen, befriedigt aber nicht im Ertrag. Man wird ihn also nicht fördern, er wird aber auch nicht lästig.
Als Ackerunkraut tritt er nur gelegentlich in Mulden und Senken auf.

Gelb- oder Rotfuchsschwanz (*Alopecurus aequalis* SOBOL., *A. fulvus* SMITH) Bildtafel S. 70

Der Gelb- oder Rotfuchsschwanz kommt unter ähnlichen Verhältnissen wie der Knickfuchsschwanz vor, ist aber viel seltener. Wie man ihn von diesem unterscheidet, wurde bei der Beschriftung auf der Bildtafel von *A. geniculatus* erwähnt.

Ackerfuchsschwanz (*Alopecurus myosuroides* HUDS., *A. agrestis* L.) Bildtafel S. 71

Der Ackerfuchsschwanz gehört zu den schlimmen Samenungräsern des Ackerlandes. Gefährlich wird er aber nur unter bestimmten Verhältnissen. Auf den schweren Böden klimatisch feuchterer Gegenden, wo Herbstregen regelmäßig sind, ist er oft das gefürchtetste Ungras, während er in Gebieten mit schweren Böden aber im trockenen, mehr kontinentalen Klima, wo der Wildhafer so stark auftritt, auf den schweren Böden völlig fehlt.
Die Hauptkeimzeit von Ackerfuchsschwanz liegt im Herbst, das Hauptvorkommen ist dementsprechend in der Winterung, also bei seinen hohen Bodenansprüchen vornehmlich in Winterweizen, Wintergerste und Winterraps. Eine zweite Keimzeit fällt in das späte Frühjahr. Rüben und Kartoffeln können stark befallen sein. Ein Nebenvorkommen ist auch die ungeschälte Getreidestoppel. In den Hackfrüchten bleiben die Pflanzen zwar kleiner, aber sie bestocken sich stark und je Pflanze können reichlich, mehrere hundert Samen erzeugt werden. Nach FRUWIRTH (1908), dem Monographen des Ackerfuchsschwanzes, erzeugen mäßig bestockte Pflanzen 150—200 Samen, stark bestockte 600 und mehr. Im frühen Frühjahr keimen im allgemeinen kaum Samen. Die Sommerung ist deshalb meist nur dann verunkrautet, wenn sie eingeschmiert wird und die im Herbst gekeimten Samen vor der Bestellung nicht vernichtet werden oder wenn die Sommerung zur zweiten Keimzeit dieses Ungrases, im Spätfrühjahr, noch nicht schließt, was namentlich bei Ackerbohnen häufig der Fall ist. Unter bestimmten Witterungsverhältnissen ist aber auch eine frühe Frühjahrskeimung nicht ausgeschlossen, dann tritt der Acherfuchsschwanz ebenfalls im normal bestellten Sommergetreide auf. Je später die Samenreife im Herbst eintritt, desto weniger Keimlinge bilden sich im Herbst und desto mehr im Frühjahr. Was im zeitigen Frühjahr zur Entwicklung kommt, ist im Herbst bereits angekeimt. Im Boden überwinterte und nicht angekeimte Samen keimen wieder im Mai. Praktisch können wir das ganze Jahr hindurch frisch gekeimte Pflanzen von *Alopecurus myosuroides* vorfinden (WEHSARG 1927). Mit Ausnahme der Futterschläge kann somit der Ackerfuchsschwanz in allen Ackerkulturen auftreten, wenn er auch hauptsächlich in der Winterung vorkommt und ganz besonders zur Plage wird, wo viel Winterung gebaut wird. Durch die Entwicklung zum vermehrten Getreidebau und infolge der Bekämpfung dikotyler Unkräuter mit Hilfe von selektiven Herbiziden tritt aber der konkurrenzstarke Ackerfuchsschwanz wie alle grasartigen Unkräuter immer stärker in Erscheinung. Da er zudem nicht nur in 2 cm

Tiefe keimt, sondern auch noch aus 4—6 cm, seine Samen als Tiefenkeimer viel widerstandsfähiger sind und im Boden jahrelang keimfähig bleiben, liegen die Keimungsverhältnisse für die Bekämpfung viel ungünstiger und schwieriger als z. B. beim Windhalm. Durch seine starke Bestockungsfähigkeit, 2000—4000 Ackerfuchsschwanzhalme/m^2 kommen nicht selten in verseuchten Gegenden vor (Diercks 1966), ist er besonders konkurrenzstark.

Ackerfuchsschwanz reift früher als das Getreide, seine Samen fallen daher meist auf dem Acker aus. Eingeerntet werden sie in beträchtlicher Menge nur beim Raps und beim Samenbau von Gräsern, deren Reife vor der Getreideernte liegt. Da sich seine Samen aus den großsamigen Gräsern, den Weidel-, Schwingel- und Hafergräsern, nicht herausreinigen lassen, ist seine Bekämpfung beim Samenbau dieser Gräser besonders problematisch.

Die Bekämpfung von Ackerfuchsschwanz bereitet ganz besondere Schwierigkeiten. Voraussetzung ist die Schaffung einer guten Ackerkultur. Verunkrautete, drainagebedürftige Böden wird man kaum von diesem Ungras befreien können.

Notwendig ist das sofortige Stoppelschälen, weniger um möglichst viele Ackerfuchsschwanzsamen zum Auflaufen zu bringen, sondern mehr, um die Unterpflanzen im Getreide vor dem Absamen zu vernichten und in und auf dem Boden befindliche Samen, die um diese Zeit besonders anfällig sind, zum Vergären zu bringen. Das betrifft einmal die abgefallenen frischen Samen, die sich noch nicht verfestigt haben, ferner ältere Samen, die um diese Zeit besonders anfällig sind.

Nach Möglichkeit sollte die Sommergetreidefläche im Herbst zuletzt, nach den für Hackfrucht vorgesehenen Schlägen, gepflügt werden, damit keine Ungraspflanzen zur Überwinterung kommen.

Fruchtfolgeumstellungen, mit denen früher soviel erreicht wurde im Kampf gegen den Ackerfuchsschwanz, sind heute kaum oder nur ausnahmsweise anwendbar. So verhindern mehrschnittige Futterpflanzen eine Neuinfektion, da die Ungraspflanzen vor dem Absamen geschnitten werden. Klee in nach Hackfrucht gestellte Sommerung untergesät und zweimaliger Hackfruchtbau nacheinander sind besonders wirksame Fruchtfolgen zur Befreiung von Ackerfuchsschwanz.

Mechanisch ist der Ackerfuchsschwanz durch intensives Eggen und Hacken zu bekämpfen. wobei zu berücksichtigen ist, daß die Egge vor allem im Keimlingsstadium des Ungrases vernichtend wirkt, im fortgeschritteneren Wachstumszustand aber Hackgeräte wirksamer werden (Koch 1964). Nach Rademacher (1959) führt die Saatverzögerung von Winterweizen mit vorzeitiger Saatbettbereitung und -bearbeitung zu einer guten Verminderung von Ackerfuchsschwanz.

Zur chemischen Bekämpfung stehen Herbizide zur Verfügung.

Der Samenanflug von fremden Feldern oder vom Ackerrain spielt beim Ackerfuchsschwanz keine große Rolle.

Sonstige Fuchsschwanzgräser:

Rohrartiger Fuchsschwanz (*Alopecurus arundinaceus* Poiret, *A. ventricosus* Pers.)

Der Rohrartige Fuchsschwanz ist dem Wiesenfuchsschwanz sehr ähnlich, aber noch höher als dieser und mit langen Ausläufern. Blüte Mai/Juli. Die Scheinähren (Ährenrispe) sind meist kürzer und dicker, die Hüllspelzen länger als die Deckspelze und nach der Blüte schwärzlich überlaufen. Die Granne ist nicht am Grunde, sondern etwa in der Mitte der Deckspelze angesetzt. Auf den Salzwiesen an der Ostseeküste vorkommend.

Von Hertzsch (1942) wurden Kreuzungsversuche mit *A. pratensis* durchgeführt, um einen festeren Samensitz der Ährchen an der Spindel zur Zeit der Reife und ein gleichmäßiges Schossen von Wiesenfuchsschwanz zu erreichen.

Knollenfuchsschwanz (*Alopecurus bulbosus* Gouan).

Ausdauerndes Horstgras, klein, bis 40 cm hoch. Am Stengelgrunde knollig verdickt. Mit sehr schmalen, um 1 mm breiten Blättern. Blüte Mai/Juli. Hüllspelzen etwa so lang wie die Deckspelze. Deckspelze mit langer geknieter Grundgranne.
Gelegentlich auf Salzgrasland im Brackwasserbereich vorkommend.

Aufgeblasener Fuchsschwanz (*Alopecurus utriculatus* (L.) Sol.).

Ein- bis überjährig. Obere Blattscheide aufgeblasen. Höhe 15—30 cm. Blüte Mai/Juni. Mit kurzer Ährenrispe.
Selten auf sehr nassem Grasland.

Ruchgräser (*Anthoxanthum*-Arten).

Zu *Anthoxanthum* gehören nur sehr wenige (etwa 4) Arten, von denen *A. odoratum* bei uns sehr verbreitet ist und als Wiesengras, wenn auch zu unrecht, geschätzt wurde, während *A. puelii*, ein Ackerungras, mit dem Saatgut aus dem Mittelmeergebiet eingeschleppt wurde.

Wiesenruchgras (*Anthoxanthum odoratum* L.).

Ackerruchgras (*Anthoxanthum puelii* Lecog et Lamotte).

Wiesenruchgras (*Anthoxanthum odoratum* L.). Bildtafel S. 73.

Das Wiesenruchgras wurde früher stark überschätzt. Um die Jahrhundertwende empfahl man es noch allgemein als Beigabe zu jeder Wiesen- und Weidemischung, und im Streit mit Huntemann konnte C. A. Weber noch alle Autoritäten für sich, d. h. für das Wiesenruchgras, in Anspruch nehmen. Heute wird es allgemein abgelehnt.
Die kleinen blattarmen Horste von *Anthoxanthum odoratum* sind beim ersten Schnitt schon strohig und wachsen wenig nach. Der geringe Mengenertrag wird nicht, wie man früher meinte, durch einen besonderen Futterwert dieses Grases wettgemacht. Sein Kumaringeruch täuscht nur gute Qualität vor, schon kleine Ruchgrasmengen verleihen dem schlechtesten Heu den Duft guten Grases. Von den Tieren wird es sehr ungern gefressen. Mit Recht hat es bei der Heubonitierung einen fast ebenso schlechten Ruf wie die noch durchdringender riechende Wasserminze.
Das Wiesenruchgras kommt auf dem Grasland aller Feuchtigkeitslagen vor, mit Ausnahme der extrem nassen und der extrem trockenen Lage. Als typisches Armutsgras wird es aber nur auf nährstoffarmem, vernachlässigten Grasland wirklich häufig, ja oft sogar bestandsbildend. Auf gut feuchtem und auf frischem Grasland ist es ein Anzeiger von Nährstoffarmut. Es weicht bei besserer Düngung und Pflege wertvollen Gräsern.

Ackerruchgras (*Anthoxanthum puelii* Lecoq et Lamotte, *A. aristatum* aut.) Bildtafel S. 73.

Das Ackerruchgras gehört zu den schlimmen Samenungräsern des Ackerlandes. Es ist noch mehr als der Windhalm auf die leichteren Böden beschränkt, kommt aber im Gegensatz zu diesem auch in der Sommerung und in der Hackfrucht reichlich vor.
Wenn der Ackerruchgrassame auch keine Keimruhe hat und an sich zu jeder Zeit keimen kann, so besitzt er doch zwei ausgesprochene Keimzeiten. Die eine Hauptkeimzeit liegt im frühen Herbst, in den Monaten September und Oktober, im November laufen nur noch wenige Samen auf. Die andere Hauptkeimzeit fällt in das späte Frühjahr, in die Monate April, Mai und Juni. Das Hauptvorkommen ist dementsprechend im Winterroggen, das zweite Vorkommen in der Hackfrucht und im Sommergetreide. Früh gesäter Winter-

roggen ist besonders gefährdet. Im Gegensatz zum Wiesenruchgras kann das Ackerruchgras eine Höhe erreichen, die fast der des Roggens gleichkommt; auf leichten Böden in geringer Kultur steht es oft rasig dicht. Die Bauern nannten es früher „Seißendüwel", weil die Sense beim Mähen solcher verunkrauteten Roggenflächen schnell stumpf wurde.
Im Winterroggen samt Ackerruchgras vor der Ernte ab, kommt also auf der ungeschälten Stoppel zum Keimen. Im Sommergetreide werden die Samen größtenteils mit eingeerntet. Der Same hält sich bei guter Ackerkultur nur ein bis zwei Jahre keimfähig im Boden. Durch Aufkalkung auf pH 5,5 und durch Humuszufuhr sollte man die Umsetzungstätigkeit im Boden zu heben versuchen. Die Bekämpfung ist ohne den Einsatz von Herbiziden sehr schwierig, da auf den leichten Böden der Winterroggenbau einen so großen Umfang einnimmt.
Bei termingerechter Bestellung im Herbst wird zur Vernichtung des Ruchgrases ein Striegeln im Frühjahr empfohlen (Seiffert 1960), das sonst beim Roggen im allgemeinen nicht üblich ist. Nach Wehsarg (1927) wirkt auch ein Striegeln im Herbst vor der Bestockung des Roggens stark unkrautvernichtend. Sehr wirksam ist das Stoppelschälen. Einmal werden die auf dem Boden liegenden noch nicht verfestigten Samen mit Erde bedeckt und in diesem noch weichen Zustand leicht ein Opfer der Pilze und Bakterien, zum anderen laufen viele Samen auf und werden ebenso wie die zur zweiten Keimzeit im Sommergetreide spät gekeimten Ungraspflanzen vernichtet, ehe sie zur Samenbildung gelangen.
Vermeiden sollte man bei starker Verunkrautung möglichst zweimal Winterroggen hintereinander, anstreben dagegen zweimal hintereinander Früchte, in denen das Ruchgras nicht zur Reife kommt. Besonders geeignet sind dazu mehrschnittige Futterpflanzen und Hackfrüchte. Die Hackfrucht muß beim Ruchgras allerdings rein gehalten werden, während sie beim Windhalm von Natur aus rein ist.
Im Winterroggen wurden früher mit dem Einsatz von Kalkstickstoff gute Erfolge erzielt. Anstelle von Kalkstickstoff werden heute ebenso wie beim Windhalm gegen das keimende Ungras Herbizide empfohlen.
Wo das Ackerruchgras als Ungras noch eine größere Bedeutung hat, sollte besondere Sorgfalt gegen eine Verschleppung geübt werden. Die borstigen, zweigrannigen Ruchgrassamen hängen sich überall an. Auch das Saatgut enthält manchmal Ruchgrassamen, obwohl er leicht ausfällt, wie das Ungras auch seinerzeit Anfang des 19. Jahrhunderts über das Saatgut aus dem Mittelmeergebiet zu uns eingeschleppt wurde. Weit verbreitet wird der Ruchgrassame durch den Wind. O. Wehsarg hat, man möchte fast sagen, dramatisch geschildert, wie die hygroskopischen Borsten und Grannen beim Austrocknen die Samen zum Hüpfen bringen und wie die hüpfenden Samen vom Winde erfaßt und fortgetragen werden.

Hafergräser (*Avena*-Arten).

Von allen Hafergräsern, die in größerer Zahl besonders in der gemäßigten Zone verbreitet sind, haben aus der Gattung *Arrhenatherum* nur der Glatthafer und aus der Gattung *Trisetum* der Goldhafer eine wirkliche Bedeutung als Futtergräser erlangt. Der Wildhafer aus der Gattung *Avena* bildet ein sehr gefährliches Ungras auf allen schweren Böden des Ackerlandes im trockenen Klima.

Glatthafer (*Arrhenatherum elatius* (L.) J. et C. Presl).

Goldhafer (*Trisetum flavescens* (L.) P. B.).

Flaumhafer (*Avenochloa pubescens* (Huds.) Holub).

Trifthafer (*Avenochloa pratensis* (L.) Holub).

Wildhafer (*Avena fatua* L.).

Glatthafer, Französisches Raygras, Fromental (*Arrhenatherum elatius* (L.) J. et C. PRESL, *Avena elatior* L.) Bildtafel S. 75.

Der Glatthafer ist ein ertragreiches, wertvolles Futtergras der nicht gerade feuchten, mehr frischen und auch der zur Trockenheit neigenden Wiesen. Er hat eine zeitige Frühjahrsentwicklung, treibt viele reichbeblätterte Halme, ist sehr hochwüchsig und bringt nach dem ersten Aufwuchs einen befriedigenden halmreichen Nachwuchs. Bei angemessener Stickstoffversorgung liefert er hohe Futtererträge in zwei bis drei Schnitten. Ein wiederholt häufiges Schneiden verträgt er allerdings wegen des geringen Anteils an nachwuchsfähigen Blatttrieben nach dem Schnitt ebensowenig wie *Agrostis gigantea*. Der erste Schnitt darf zur Gewährleistung einer hohen Futterqualität nicht zu spät erfolgen. Sein Vorteil liegt darin, daß er bereits im ersten Nutzungsjahr einen hohen Ertrag liefert und auch in den folgenden Jahren nicht nachläßt.
Der Glatthafer bevorzugt die kalkreichen, warmen, gut durchlüfteten Mineralböden im milden Klima, wächst aber auch auf allen anderen nicht gerade geringwertigen Böden recht gut, während er Nässe nicht verträgt und Überschwemmungen ihm nicht zusagen. Daß er auf nassen Moorböden nicht verbreitet ist, hängt allerdings auch mit dem Auffrieren dieser Böden zusammen und mit seiner Empfindsamkeit gegen Spätfröste. In sehr rauhen Lagen wintert er aus. So fehlt er in den hohen Kammlagen der Mittelgebirge, wächst dagegen in wärmeren Gebieten des Südens auch in höheren Lagen. Seine nördlichste Verbreitung findet ihre Grenze im südlichen Norwegen, Schweden und Finnland mit dem 60° nördlicher Breite (HERTZSCH 1959). Besonders hervorzuheben ist seine tiefe Bewurzelung und damit zusammenhängend seine große Dürreresistenz, worin er allen massenwüchsigen Futtergräsern bei uns überlegen ist. Daher kommt er noch auf verhältnismäßig trockenen Böden fort. Nach den Untersuchungen von WITTE (1929) erreichen seine Wurzeln Tiefen von 2,80 m.
In der Pflanzensoziologie wird seit langem die Glatthaferwiese als Hauptassoziation der frischen Tal-Fettwiesen herausgestellt. Mit Recht werden auch mehrere Subassoziationen unterschieden, die typisch sind für die etwas trockene, für die frische und die frisch/feuchte Lage.
Für den landwirtschaftlichen Anbau verliert aber der Glatthafer heute bei uns immer mehr an Bedeutung. Die Lagen, in denen er von Natur vorherrscht, sind in den meisten Fällen ackerfähig. Seine Standorte wird man also mehr und mehr in die überlegene Ackernutzung überführen. Wo aber die Ackerbarkeit wegen Steinigkeit, Kupiertheit o. a. m. nicht gegeben ist, sind andere Futtergräser, wie Knaulgras, oft überlegen, oder die Standorte sind weidefähig. Eine Beweidung verträgt jedoch der Glatthafer besonders wegen seiner steil aufrecht steigenden Halmtriebe und seines geringen Anteils an Blatttrieben nicht. Außerdem wird er wegen seines bitteren Geschmacks in Form von Grünfutter von den Tieren nicht gern gefressen.
Im Kleegrasbau auf dem Acker, sei es nun ein- oder mehrjährig, ist der Glatthafer den hohen Weidelgräsern, dem Wiesenschwingel und Timothee im Ertrag meist nicht gewachsen. Selbst im Luzernegrasbau der gerade noch luzernefähigen anlehmigen Sandböden tritt, wenn überhaupt, an seine Stelle immer mehr das Knaulgras als Graspartner.
Man muß also geradezu nach Möglichkeiten suchen, die dem Glatthafer in der Zukunft einen Platz im Futterbau sichern. Er behält weiter seine Berechtigung auf den verbleibenden Dauerwiesen. Als massenwüchsiges Futtergras wird er unter entsprechenden Klimabedingungen auf den zur Trockenheit neigenden Böden seine Anbaubedeutung weiter behaupten.
Die Neuzüchtung von Glatthafer ist wegen seiner geringen Anbaubedeutung allgemein zurückgegangen und zum Teil ganz eingestellt worden. In mehreren Ländern wird jedoch die Züchtung sowie die Vermehrung aufrecht erhalten.

Die Saatgutgewinnung ist sowohl in der Ansaat als auch in der Ernte recht schwierig. Zwar läuft der Glatthafer nach der Ansaat schnell auf, auch hat er eine schnelle Jugendentwicklung. Aber der Same läßt sich schwer drillen. Die gekniete und gedrehte Rückengranne an der Deckspelze der männlichen Blüte macht das Saatgut sperrig, und die starke Behaarung an der Basis der Spelzfrucht läßt es verfilzen. Die Spelzfrüchte ballen sich zusammen beim Drillen und fließen schwer nach. Diese ungünstigen Eigenschaften der Glatthaferfrüchte erschweren ebenfalls die Saatguternte und -aufbereitung, die nur mit Spezialmaschinen erfolgen kann. Auch fällt der Same leicht aus. Nur einige Sorten, zu denen auch unsere ‚Motterwitzer' gehörte, haben bereits einen festen Samensitz. Versuche zur Entspelzung der Glatthaferfrüchte brachten insofern keinen Erfolg, da damit eine wesentliche Minderung der Keimfähigkeit verbunden ist (LAMPETER 1956). Erfolgversprechender könnte die Züchtung eines grannenlosen Glatthafers sein. Da die Saatgutreinigung so schwierig ist, müssen die Samenbestände unbedingt saubergehalten werden.
In der UdSSR ist eine einjährige Art von *Arrhenatherum elatius* verbreitet. Sie besitzt die kürzeste Vegetationszeit, 65—70 Tage von der Saat bis zur Blüte, und stellt geringe Bodenansprüche. Die Erträge liegen bei 150 dt/ha Grünmasse im Ansaatjahr ohne Deckfrucht.
Eine knollenbildende Abart des Glatthafers ist der **Knollenglatthafer** (*Arrhenatherum elatius* var. ***bulbosum*** (WILLD.) SPENNER, *A.* ***tuberosum*** (GILLB.) F. W. SCHULTZ), dessen kurze, basale Halminternodien perlschnurartig knollig verdickt sind. Er ist ein gefährliches Unkraut aller Ackerländereien in Südeuropa, besonders in Südfrankreich und Italien, das sich sowohl durch die Knollen als auch die reichhaltigen Samen vermehrt. Seit den fünfziger Jahren auch in einigen Gegenden der Bundesrepublik Deutschland sehr lästig auftretend.

Goldhafer (*Trisetum flavescens* (L.) P. B., *Avena flavescens* L.) Bildtafel S. 153.

Der Goldhafer hat ähnlich wie der Glatthafer in weiten Gebieten Europas und Asiens seine natürliche Verbreitung. Da er widerstandsfähiger gegen das rauhe Klima ist, fand er vor allem seine Bedeutung als Wiesen- und auch Weidegras in den Mittelgebirgslagen und im Alpenvorland. Wo der Glatthafer aus klimatischen Gründen wegen der rauhen Lage über 500 m nicht mehr fortkommt, tritt er an seine Stelle und ist führend an der Bildung von Bergwiesen und Bergweiden beteiligt. Die Goldhaferwiesen sind in der Pflanzensoziologie die Berg-Fettwiesen, so wie die Glatthaferwiesen als die frischen Tal-Fettwiesen gelten. Im langjährigen Kleegrasbau der Egartenwirtschaften bildet der Goldhafer neben der Wiesenrispe und dem Rotschwingel das wertvollste Gras.
Eine gewisse Bedeutung kam dem Goldhafer auch im Flachland zu, obwohl er seine beste Entwicklung in den Berglagen findet. Auf den frischen Kalkverwitterungsböden, die ihm ganz besonders zuzusagen scheinen, hat man ihn bevorzugt mit angesät. Auf den meisten Wiesen im nördlichen Flachland tritt er von Natur im allgemeinen nur spärlich auf. Berücksichtigung in der Ansaat fand er dort nur auf genügend entwässertem Hochmoorgrasland. Er meidet nasse Lagen. Bei ausbleibender Düngung geht er zurück.
Der Goldhafer ist kein ausgesprochener Mähtyp wie der Glatthafer. Er ist niedriger und zierlicher im Wuchs, aber im Gegensatz zu diesem beweidbar, wenn auch nicht unbedingt weidefest. Er bildet lockere, stark bestockte Horste, kommt ziemlich früh im Jahr, treibt viele feine, feinblättrige Halme, wächst sehr gut nach mit reichlich Blatt und Halm, bis in den Herbst hinein, weswegen er besonders geschätzt wird. Auf den Wiesen vermehrt er vor allem den zweiten Schnitt. Unter zusagenden Standorten, wo eine Konkurrenz von Glatthafer, Knaulgras und Weidelgras ausbleibt, findet aufgrund seiner frühen Blüte und Reife eine dauernde Vermehrung durch Aussamung statt. Bei Ansaaten genügt daher ein geringer Saatgutanteil. Goldhafer wirkt weniger verdrängend als andere Gräser. Im Futter ist er sehr schmackhaft und im Gegensatz zu Glatthafer grün nicht bitter. Auf den absoluten Graslandstandorten im Flachland bringt Goldhafer im Vergleich zu anderen Futtergräsern jedoch zu geringe Erträge.

In den letzten Jahren trat vorwiegend im bayrischen Voralpenland und in Österreich, wo der Goldhafer einen großen Anteil im Grasland einnimmt, unter den Rindern und Schafen, vor allem auf gut gedüngten Intensivweiden, enzootische Kalzinose auf, die nach Untersuchungen auf die Aufnahme von Goldhafer zurückgeführt wird. Vermutlich handelt es sich um einen Wirkstoff, der im Effekt dem Vitamin D ähnlich ist und der schädlich erst bei Aufnahme über einen längeren Zeitraum und von größeren Mengen auf der Weide wirkt. Auch ist das kranke Tier nicht die Regel im Goldhafergebiet, sondern immer noch das gesunde Tier. In geringen Mengen wird *Trisetum flavescens* weiter als wertvolles Futtergras empfohlen (Simon, Daniel, Dirksen 1975; Simon 1980 u. a.).
In mehreren Ländern bestehen einige Zuchtsorten. Durchweg hat Goldhafer jedoch nur in Gebirgsregionen eine gewisse Anbaubedeutung und wird vorwiegend dort züchterisch bearbeitet. In verschiedenen Ländern bestehen einige Zuchtsorten.
Der Samenbau ist noch mühsamer als beim Glatthafer. Alles dort Ausgeführte gilt hier in verstärktem Maße. Das leichte, begrannte, sperrige, zusammenballende Saatgut ist sehr schwer zu drillen, zu ernten und zu reinigen. Die Samenerträge sind niedrig. Goldhafersaatgut ist dementsprechend sehr teuer, doch ist seine Tausendkornmasse niedrig.
Auch beim Goldhafer gibt es eine Form ***bulbosum***, die sich durch eine knollenförmige Verdickung des untersten Stengelgliedes auszeichnet.

Flaumhafer (*Aveochloa pubescens* (Huds.) Holub, *Helictotrichon pubescens* (Huds.) Pilger, *Avena pubescens* Huds.) Bildtafel S. 77.

Der Flaumhafer ist ein mittelhohes, horstbildendes Gras, das früh treibt und lange ausdauert und auf vielen Wiesen und Weiden in frisch-feuchter, frischer und auch etwas trockener Lage von Natur anzutreffen ist. Eine größere Bedeutung kommt ihm weder auf Wiesen noch auf Weiden und noch weniger im Ackerfutterbau zu. Auf dem Grasland befriedigt er schon deshalb nicht, weil seine Blätter nach dem Schossen absterben. Wegen seiner starken Behaarung wird er nicht gern gefressen. Nach Hertzsch (1959) sollen allerdings bei *Avena pubescens* auch blattreiche, breitblättrige und unbehaarte Typen vorkommen. Landwirtschaftlich bedeutsam ist der Flaumhafer eigentlich nur als Anzeigergras. Er tritt auf Grasland auf, das sich in nicht besonders gutem Nährstoffzustand befindet.

Trifthafer, Wiesenhafer (*Avenochloa pratensis* (L.) Holub, *Helictotrichon pratense* (L.) Besser, *Avenastrum pratense* (L.) Opiz, *Avena pratensis* L.) Bildtafel S. 78.

Der Trifthafer führt auch den Namen „Wiesenhafer", aber mit Recht wurde immer wieder betont, bereits von L. Wittmack schon, daß der aus dem Lateinischen ins Deutsche übersetzte Name irreführend ist. Der „Wiesenhafer" kommt nämlich auf Wiesen überhaupt nicht vor. Er wächst hauptsächlich auf trockenen, kulturlosen Kalkböden und ist dort ohne jeden landwirtschaftlichen Wert. Selbst als Hutungspflanze hat er keine Bedeutung, da sogar die Schafe seine harten Blätter schmähen. Der Name „Trifthafer" trifft seinen wahren Charakter. Er bildet einen kleinen, aber dichten Horst und dauert lange aus.

Wildhafer, Flughafer (*Avena fatua* L.), Bildtafel S. 76.

Der Wild- oder Flughafer gehört zu den schlimmen Samenungräsern des Ackerlandes. Insbesondere auf besseren, kalkreichen Böden in Trockengegenden mit viel Sommergetreide- und Winterweizenanbau kann er zur Plage werden, tritt aber auch auf den Muschelkalkböden Thüringens und ähnlichen Gebieten stark schädigend auf. Er ist ein verhältnismäßig junges Unkraut bei uns. Im 18. Jahrhundert begann er sich stärker im Getreidebau zu verbreiten und erst im 19. Jahrhundert spricht man von einer richtigen

Bekämpfung. Er gilt als die Stammpflanze unseres Saathafers (*Avena sativa*), nicht jedoch des Sand- oder Schwarzhafers (*Avena strigosa*), der zu den Formen des atlantischen Raumes gehört.
Der Wildhafer keimt vom frühen bis zum späten Frühjahr. Nach dem Juni erfolgt normalerweise keine Keimung mehr. Der Same geht in Keimruhe über. Die periodische Entwicklung von Keimreife und Keimruhe ist beim Flughafer ziemlich scharf ausgeprägt (WEHSARG 1927). Ein Hauptvorkommen ist also in der Sommerung. Sommerweizen, Sommergerste und Hafer können stark mit Wildhafer verunkrauten. Der Ertrag kann oft bis zur Hälfte herabgedrückt oder die Halmfrucht muß sogar grün geerntet werden. Am stärksten führt der Sommerweizen zu einer Verseuchung mit diesem Ungras. Infolge seiner späten Reife kommen alle Wildhaferpflanzen, die die Bekämpfungsmaßnahmen überstanden haben, zur Samenreife vor der Getreideernte und eine Infektion des Bodens mit keimfähigen Unkrautsamen sondergleichen findet statt.
Aber auch die Winterung ist mehr oder weniger stark befallen, doch nicht etwa durch im Herbst gekeimte Unkrautsamen, was unter gewissen Witterungsbedingungen der Fall sein kann. Aber herbstgekeimte Wildhaferpflanzen überstehen den Winter nicht. Der Flughafer bei uns ist nicht winterfest, im Gegensatz zum Winterflughafer (*Avena ludoviciana*), der die milden Winter in England und Frankreich erträgt und dort ein gefährliches Ungras im Winter- und Sommergetreide bildet (LINDENBEIN, RADEMACHER 1960). Der Befall der Winterung mit *A. fatua* führt von Samen her, die im Frühjahr keimen. Je weniger das Wintergetreide den Boden im Frühjahr abdeckt, je ungestörter somit der Witterungswechsel, Feuchtigkeits- und Temperaturschwankungen als Keimreiz auf die Samen im Boden wirken können (ZADE 1912, WEHSARG 1927, BACHTHALER 1957), um so mehr keimt Wildhafer im Frühjahr auch in der Winterung. Spätgesäte und schlecht bestandene Winterung ist somit mehr gefährdet und die später schossenden stärker als die früher schossenden Wintergetreidearten und -sorten. Im rechtzeitig gesäten, kräftig entwickelten Winterroggen kommt der Wildhafer nur als Kümmerpflanze vor. Aber selbst diese Kümmerpflanzen können den Boden noch beträchtlich mit Samen anreichern, wenn ihr Fruchten nicht durch die Roggenernte oder bei den nicht erfaßten Unterpflanzen durch ein rechtzeitiges Stoppelschälen unterbunden wird. Ein weiteres Hauptvorkommen ist in der Hackfrucht. Sowohl Kartoffeln, wie Rüben und Mais können stark mit diesem Ungras verunkrauten, auch schon in der Zeit vor der Bestellung, wenn das Saatbett nicht besonders gut vorbereitet wird.
Nicht zur Samenreife kommt der Wildhafer auf den Futterschlägen, also im Klee, in der Luzerne und im Ackergrasbau.
Der Wildhafersame ist sehr lebenskräftig. Als Erdkeimer keimt er nur auf bearbeitetem Boden, also auf Ackerland, nicht auf dem Grasland, und zwar aus 3—4 cm Tiefe. Bei genügender Bodendurchlüftung findet eine Keimung aus noch größerer Tiefe, bis zu 8 cm statt (WEHSARG 1927) und ZADE (1912) spricht sogar von 20 cm. Wildhafersamen bewahren im Boden eine ziemlich gute Ausdauer, so daß sie besonders in untätigen, feuchten Böden mehrere Jahre ruhen und dennoch keimen können. Auch bei guter Bodengare erhält sich der Wildhafersame zwei bis drei Jahre lebensfähig. Es gilt also über mehr als zwei Jahre von Wildhafer freie Ackerkulturen zu seiner Vernichtung zu schaffen.
Gute Landwirte verstanden es früher im Kampf gegen den „swatten Düwel", wie er in Fehmarn hieß, allein durch Anbau- und Bewirtschaftungsmaßnahmen mit diesem Ungras fertig zu werden. Im Kampf gegen den Wildhafer ist neben dem Stoppelschälen und der Beachtung einer zweckmäßigen Fruchtfolge, wobei Hackfrucht nach Hackfrucht oder Hackfrucht nach Futterpflanzen besonders günstig wirken, die Behandlung der Hackfrucht am wichtigsten. Schon vor der Hackfruchtbestellung ist die Bekämpfung zu beginnen. Der nach dem Abschleppen im Frühjahr oft bürstendicht auflaufende Wildhafer kann nicht durch Eggen allein beseitigt werden. Die aus größeren Tiefen noch auflaufenden

Keimpflanzen entgehen größtenteils den Eggenzinken, sie müssen mit Hackwerkzeugen abgeschnitten werden. Beim zweimaligen Einsatz von Hackgeräten vor der Hackfruchtbestellung werden fast alle aufgelaufenen Wildhaferpflanzen zerstört. Nach dem Abschleppen ist das Hacken zunächst etwa 5 cm tief durchzuführen. Später erfolgt kurz vor der Bestellung ein 2 cm tiefer Einsatz mit anschließendem Abeggen. Die wenigen Wildhaferpflanzen, die diese Prozedur überstehen und diejenigen, die später auflaufen, werden dann durch das Häufeln und Striegeln der Kartoffeln, durch das Hacken in den Rüben, durch das Striegeln und Hacken des Maises beseitigt.
Eine chemische Bekämpfung des Wildhafers ist mit Herbiziden sowohl zu Getreide, mit Ausnahme von Hafer, als auch zu Hackfrüchten möglich. Selbstverständlich muß man ständig auf der Hut sein, daß der Wildhafer sich nicht doch wieder einschleicht. Das kann einmal von nassen Stellen her geschehen, die erst nach der Drainage in Gare kommen. Eine Neuinfektion erfolgt auch von unsauberen Nachbarfeldern. Der Flughafer kann trotz der Größe seines Samens recht weit vom Winde transportiert werden, von 2—3 bis zu 20—30 m, bei stärkeren Winden und auf freien, ebenen Flächen wird er kilometerweit gejagt. Ebenso wie der Kulturhafer ist der Wildhafer in der Regel Selbstbefruchter, gelegentlich kommen aber doch Fremdbefruchtungen vor und fruchtbare Bastardierungen mit dem Kulturhafer. Nicht nur auf reines Saatgut, sondern auch auf Saatgut von reinen Feldern ist deshalb zu achten.
Allgemein scheint sich der Flughafer immer größere Areale zu erobern, wozu auch die stärkere Düngung der Böden, vor allem mit Kalk und kalkreichen Phosphaten, beiträgt (WEHSARG 1954). Die grünen Früchte werden von allen Tieren ungern genommen. Sogar das hafergierige Pferd sucht sie aus der Krippe auszublasen. Sie führen zu Verstopfungen und Magenerkrankungen bei Pferden.

Raupenförmige Beckmannie (*Beckmannia eruciformis* HOST) Bildtafel S. 79.

Der österreichische Arzt und Botaniker N. HOST hat dieses Gras in seinem Werk „Abbildungen der Gräser Österreichs" 1805 zum ersten Mal herausgestellt und zu Ehren von J. BECKMANN (1739—1811), Professor „oeconomiae ruralis" an der Universität Göttingen, „Beckmannia" genannt. Raupenförmig aber heißt es wegen der dichten, raupenartig geringelt erscheinenden Anordnung der Ährchen in den Ähren. Von der Gattung *Beckmannia* gibt es nur diese einzige Art, die zum Tribus der *Chlorideen* gehört. Sie fehlt nach WITTMACK (1914) in Westeuropa, ist aber in Italien, Südost- und Osteuropa über Nord- und Mittelasien bis nach dem nordwestlichen Amerika verbreitet. Immer tritt sie an Flußläufen auf, auf den Standorten unserer hohen Militzgräser.
Beckmannia eruciformis wurde zu Beginn dieses Jahrhunderts von WITTMACK aus Rußland nach Deutschland eingeführt und von FELDT züchterisch bearbeitet für feucht-nasse Wiesen und für Überschwemmungswiesen. Beckmannia treibt früh und ist absolut winterfest. Die großen Hoffnungen, die FELDT auf dieses Gras setzte, haben sich aber nicht erfüllt. Die Beckmannie wurde wegen ihres Kumaringehalts selbst als Heu schlecht gefressen und befriedigte auch nicht im Mengenertrag.
In den 50er Jahren hat J. SCHIEBLICH die Züchtung der *Beckmannie* im Rhinluch wieder aufgenommen. Die neuen Sorten sind kumarinfrei und sollen auch gern gefressen werden. Sie haben aber sowohl in der horstbildenden Form von *Beckmannia* I (*syzigachne*) als auch in der kurze Ausläufer treibenden Form von *Beckmannia* II (*eruciformis*) keine Anbaubedeutung bei uns gewonnen. Die einheimischen Gräser Rohrglanzgras, Wiesenlieschgras und Weißstraußgras bringen auf den Standorten der Beckmannie, den ausgesprochenen Moorböden, höhere Nährstofferträge, wie auch C. A. WEBER immer wieder betonte. Außerdem wird sie im Gemenge mit anderen Gräsern unterdrückt und soll auch eine Beweidung nicht vertragen.

Die Saatguterzeugung ist relativ einfach. Beckmannie läßt sich leicht drillen, keimt langsam, hat aber eine schnelle Jugendentwicklung. Eine gewisse Schwierigkeit bereitet die Reinhaltung der Bestände. Die Samen fallen leicht aus. Die Samenerträge liegen durchschnittlich bei 10 dt/ha.

Zwenkengräser (*Brachypodium*-Arten).

Zu *Brachypodium* gehören nur wenige Arten, davon sind in Mitteleuropa die beiden folgenden Zwenkengräser verbreitet.

Fiederzwenke (*Brachypodium pinnatum* (L.) P. B.).

Waldzwenke (*Brachypodium sylvaticum* (HUDS.) P. B.).

Fiederzwenke (*Brachypodium pinnatum* (L.) P. B. Bildtafel S. 81.

Die Fiederzwenke ist ein Gras der Halbtrockenrasen, Hügelsteppen und Kalkböden. ELLENBERG (1952) hält ihre Standorte für sehr produktionsfähig. „Sie bevorzugt", heißt es bei ihm, „tiefgründigere Böden und ist besonders an Wegböschungen in kalkreichem Löß sowie auf den mit Feinerde angereicherten Böschungen von Ackerterrassen an Kalksteinhängen zu finden". Ebenso weist auch HESMER (1950) darauf hin, daß ihr Vorkommen auf vernachlässigte Kalkböden hindeuten kann. Sie wächst auch in lichten Wäldern, aber schon im Halbschatten bleiben ihre Rasen steril. Sie bildet einen dichten, geschlossenen Rasen aufgrund der stark verzweigten und auch reich bewurzelten unterirdischen Ausläufer, wodurch sie nicht nur verdrängend auf andere Pflanzen wirkt, sondern auch im Walde nach HESMER (1950) jungen Kulturen gefährlich werden kann, wenn auch in viel geringerem Maße als das Sandrohr (*Calamagrostis epigejos*).
Als Futtergras hat die Fiederzwenke kaum einen Wert. Von den Tieren wird sie nur in ganz jungem Zustand angerührt. Später sind ihre Blätter so hart, daß sie nicht einmal als Schaffutter in Betracht kommt.

Waldzwenke (*Brachypodium sylvaticum* (HUDS.) P. B.) Bildtafel S. 81.

Die Waldzwenke ist ein Gras frischer, humoser, nährstoffreicherer Laubwälder mit bester Humuszersetzung. Sie bildet eine Zierde der Wälder, ist aber landwirtschaftlich ohne Bedeutung.

Zittergras (*Briza media* L.) Bildtafel S. 82.

Die Gattung umfaßt etwa zehn Arten, davon kommen in Europa neben dem ausdauernden *Briza media* noch einige einjährige Arten vor, wozu auch die bei uns häufig als Ziergräser kultivierten *B. maxima* mit wenigen, aber sehr großen Ährchen und *B. minor*, ähnlich *B. media*, gehören.
Das in lockeren Horsten wachsende Gras mit den feinen Blättern und den zierlichen Blütenständen kommt auf den Grasländereien fast jeder Feuchtigkeitslage hier und da vor. Auf frischen und feuchten Böden ist es ein Zeichen der Nährstoffarmut. Man findet es heute dort kaum noch. „Das Zittergras", so heißt es in dem Bericht über die 100jährigen Rothamstedter Wiesendüngungsversuche, „ist im allgemeinen ein Zeichen der Armut und der Erschöpfung des Bodens und verschwindet, wenn die Verhältnisse sich bessern".

Trespen-Gräser (*Bromus*-Arten).

Von den zahlreichen *Bromus*-Arten haben die meisten in der nördlichen gemäßigten Zone vorwiegend ihre natürliche Verbreitung und nur wenige sind im gemäßigten Südamerika und in den Hochgebirgen der Tropen beheimatet (HEGI 1965). Zum großen Teil galten sie als Unkraut, einzelne wurden bei uns als Wiesengras genutzt und einige in den letzten Jahrzehnten als Kulturpflanze versucht.

Wehrlose Trespe (*Bromus inermis* LEYS.).

Aufrechte Trespe (*Bromus erectus* HUDS.).

Roggentrespe (*Bromus secalinus* L.).

Ackertrespe (*Bromus arvensis* L.).

Bogengrannige oder **Japanischer Trespe** (*Bromus japonicus* THUNB. ex MURRAY).

Sperrige Trespe (*Bromus squarrosus* L.).

Weiche Trespe (*Bromus mollis* L.).

Trauben-Trespe (*Bromus racemosus* L.).

Anger-Trespe (*Bromus commutatus* SCHRAD.).

Taube Trespe (*Bromus sterilis* L.).

Dachtrespe (*Bromus tectorum* L.).

Rauhe Trespe (*Bromus benekenii* (LANGE) TRIMEN).

Immergrüne Trespe, Horntrespe (*Bromus unioloides*).

Wehrlose Trespe, Grannenlose Trespe (*Bromus inermis* LEYS., *Zerna inermis* (LEYS.) LINDMANN) Bildtafel S. 83.

Die Wehrlose Trespe kommt bei uns wildwachsend weder im Seeklima noch im Bergland vor, sondern nur im Binnenlande unter mehr kontinentalen Klimaverhältnissen. Hier ist sie an Rainen sehr häufig, graslandartige Halbtrockenrasen sind jedoch selten anzutreffen. In unserer natürlichen Flora gilt sie als pontisches Element. Eine große Bedeutung und Verbreitung hat sie dagegen im Grasbau der kontinentalen Gegenden der UdSSR als **Russische Trespe** und in Ungarn als **Ungarische Trespe.** Von diesen beiden Ländern wurde sie Ende des vorigen Jahrhunderts nach Nordamerika eingeführt und ist dort in klimatisch ähnlich gelagerten Gebieten ebenfalls eine wichtige Futterpflanze geworden, insbesondere im Ackerfutterbau als Partner zu Rotklee und Luzerne.
In der Trockenresistenz übertrifft sie alle unsere massenwüchsigen Futtergräser, nicht nur das Knaulgras, sondern auch den Glatthafer. Bei einer starken, queckenartigen Ausläuferbildung (Quecktrespe) gehen ihre Wurzeln bis über 2 m tief (WITTE 1929). Andererseits verträgt sie Nässe, sogar kürzere Überschwemmungen und ist absolut winterfest. Als nicht wintergrünes Gras überwintert die Wehrlose Trespe ebenso wie Rohrglanzgras nicht oberirdisch, sondern mit den unterirdischen Kriechtrieben, verträgt daher Kahlfröste. Sie treibt im Frühjahr recht spät, dann allerdings sehr schnell und liefert einen hohen Ertrag zum ersten Aufwuchs. Ihr Nachwuchsvermögen ist langsam. Sie gehört zu den wenigen Gräsern, die nicht nur Blüten-, sondern auch gut beblätterte Halmtriebe bilden, ähnlich wie Rohrglanzgras.
Im Futterwert galt *Bromus inermis* als grob und hart. Nach FELDT (1930), MACHOLZ (1937), FRECKMANN (1948) steht sie aber in der Futterqualität den guten Futtergräsern nicht viel nach. Die Verkieselung der Blattrandzähnchen ist im jugendlichen Stadium noch nicht weit fortgeschritten und im Vergleich zu Knaulgras viel geringer (MACHOLZ 1937). Sie verlangt aber ebenso wie Rohrglanzgras einen besonders rechtzeitigen Schnitt. Der Gehalt an Rohprotein in der Trockensubstanz nimmt bei diesem Grase im Laufe seines generativen Wachstums sehr schnell ab, von 15,1% vor dem Schossen auf 8,1% zum Beginn des Schossens bis auf 5,6% in der Blüte. Sie soll sich durch einen hohen Kalkgehalt vor anderen Gräsern auszeichnen.

Immer wieder wurde versucht, diese trockenresistente, massenwüchsige Trespe auch in unseren Grasbau einzuführen. Anpassungsfähig an verschiedene Mineralböden bevorzugt sie ebenso wie Rohrglanzgras das Niedermoor. Hier eignet sie sich insbesondere für die Ansaat von Wiesen auf wechseltrockenem Nieder- und Anmoor. Auf solchen Standorten, auf denen die meisten hochwertigen Futtergräser stark auswinterungsgefährdet sind, wurde sie im Havel- und Rhinluch oft in der Ansaat mitberücksichtigt. Auf diesen Flächen tritt sie auch von Natur stark auf, und im Trockenjahr 1959 breitete sie sich hier bis zu Reinbeständen aus. Auf anderen Graslandstandorten setzt sie sich aber kaum durch, sondern wird von den guten Futtergräsern verdrängt, in erster Linie deshalb, weil sie im Frühjahr spät treibt und aufgrund ihrer tiefen Ausläuferbildung langsamer nachwächst. Bei einem dichten Graswuchs tritt sie im Wettbewerb mit anderen Gräsern, im Gegensatz zu Rohrglanzgras, zurück (WEHSARG 1935).
Empfohlen wurde die Wehrlose Trespe daher für den Ackerfutterbau auf leichten Böden, und zwar als Reinsaat oder mit Zottelwicken als Herbstsaat und mit Serradella als Frühjahrssaat (FELDT 1930, KRESS 1961). Aufgrund ihrer schnellen Entwicklung liefert sie bereits im ersten Jahr hohe Erträge und vom zweiten Wachstumsjahr an Höchsterträge bis zu 100 dt/ha Trockensubstanz eines gern genommenen Futters (FRECKMANN 1948). Beweidung verträgt *Bromus inermis* nicht, ebenso wie Rohrglanzgras, und ist auch empfindlich gegen das Walzen. Für Beregnung ist sie sehr dankbar.
Sehr gut eignet sie sich zur Ansaat von Deichen und Uferböschungen, ganz besonders bei Erosionsgefährdung infolge ihres außerordentlichen Ausläufer- und Wurzelsystems.
Die Samen sind, obwohl grannenlos und unbehaart, wegen der langen, spitz auslaufenden Deckspelze sperrig. Geriebene Saat sät sich aber gut. Der Samensitz ist sehr fest. Die Trespe kann daher durch Mähdrusch in der Vollreife geerntet werden.
Die züchterische Bearbeitung wurde von FELDT (1930) mit Erfolg begonnen, und es waren mehrere Sorten im Handel. In neuerer Zeit war es KRESS (1961), der sie insbesondere als Ackerfutterpflanze für leichte Böden in der Züchtung aufnahm und der Formen mit geringerer Ausläuferbildung auslas, sowie man auch international eine günstigere Ausläuferbildung anstrebt. Auch wird nach HERTZSCH (1957) von unterschiedlichen Stämmen im Eiweißgehalt berichtet. In der UdSSR, in Ungarn, Südschweden, in den USA und in Kanada wird sie heute züchterisch sehr intensiv bearbeitet. Vielleicht verdient *Bromus inermis* auch bei uns wieder eine größere Beachtung. Massenwüchsigkeit, Trockenresistenz und Anpassungsfähigkeit an so unterschiedliche Bodenverhältnisse sind selten in einem Grase vereint.

Aufrechte Trespe, Burst (*Bromus erectus* HUDS., *Zerna erectus* (HUDS.) PANZER) Bildtafel S. 84.

Die Aufrechte Trespe ist nicht nur ein Gras der trockenen Lage, sondern tritt auch in der Übergangslage zum Frischen auf. STEBLER und SCHRÖTER (1882) führen ihre Wiese als Magerwiese. Sie gibt auch nur magere Bestände ab, was aber nicht unbedingt an der Armut des Bodens zu liegen braucht, sondern oft einzig und allein durch seine Trockenheit und die Eigenschaften des Grases selbst bedingt wird. Zuweilen bildet sie auf nährstoffreichen, aber trockenen Lößböden ausgedehnte Bestände, kommt aber außerdem auf nährstoffarmen, geringwertigen, trockenen Kalkböden bestandsbildend vor und auch auf etwas frischen, nährstoffarmen, kalkhaltigen Böden. Außerhalb des Kalkhügellandes bevorzugt sie in ihrer Vorliebe für wärmeklimatisch begünstigte Standorte sandig-kiesige Böden (HUNDT 1958). Die Botaniker unterscheiden ein Xerobrometum auf geringwertigen Kalkböden und ein Mesobrometum auf den besseren Kalkböden.
Die Aufrechte Trespe wächst in dichten Horsten mit sehr langen Wurzelblättern und nicht sehr zahlreichen, hohen Halmen. Sie schoßt und blüht früh. Der erste Schnitt ist

halmreich, der Nachwuchs wird nicht sehr stark und besteht ausschließlich aus Blättern. Ein Beweiden verträgt sie nicht. Man hat sie oft als Gegenstück zum Schafschwingel auf Kalkböden bezeichnet. Abgesehen davon, daß der Schafschwingel auch auf Kalkböden vorkommt, trifft das nur insofern zu, als sie ebenso wie dieser ein sehr ausgedehntes und feines Wurzelwerk entwickelt und große Wurzelmassen hinterläßt, so daß die Böden in ihrer Struktur und Fruchtbarkeit dadurch verbessert werden. Schon GRADMANN (1950) hat darauf aufmerksam gemacht.

Wo die Aufrechte Trespe Halbtrockenrasen bildet, sind ihre Erträge nur niedrig, sie liegen etwa bei 20—25 dt Trockensubstanz/ha. Bei rechtzeitigem ersten Schnitt ist der Futterwert nicht schlecht. Mischbestände mit dem Glatthafer sind höher im Ertrag und als mittelwertige Wiesen zu beurteilen. Soweit es möglich ist, sollten aber die Flächen der Aufrechten Trespe in Acker umgewandelt werden. Nirgends ist eine Umwandlung von Grasland in Ackerland so häufig notwendig wie bei diesem Bestand, es sei denn, sie sind durch Überschwemmungen gefährdet oder wegen starker Steinigkeit zum Ackerbau schlecht geeignet.

Immer wieder war man trotzdem versucht, die Aufrechte Trespe als Futterpflanze züchterisch zu bearbeiten. Auf besseren Böden zeigt sie nämlich in den Zuchtgärten eine erstaunliche, von ihren natürlichen Standorten nicht bekannte Wüchsigkeit. Aber in der Praxis erreicht sie auf den besseren Böden doch nicht die Ertragsfähigkeit unserer sonstigen wertvollen Futtergräser, von denen sie in der freien Natur auf ihre kümmerlichen Standorte verdrängt wird. Es ist ja eine lange bekannte Tatsache, daß der ökologische Standort, das „ökologische Optimum" nicht mit dem „physiologischen Optimum" übereinzustimmen braucht. Auf die geringwertigen Standorte werden viele Pflanzen nur verdrängt, sie lieben diese nicht, sondern können ihn nur ertragen und sich mit ihm abfinden. Das trifft beispielsweise auf die meisten Armuts- und Säureanzeiger zu (PETERSEN 1930). Daß ökologisches und physiologisches Optimum auch bei der Aufrechten Trespe nicht zusammenfallen, hat ELLENBERG (1952) in exakten Versuchen nachgewiesen.

Roggentrespe (*Bromus secalinus* L.) Bildtafel S. 85.

Die Roggentrespe war früher ein sehr verbreitetes und als einzige *Bromus*-Art gefürchtetes Ungras im Winterroggen. Nach feuchten Herbsten und harten Wintern trat sie oft so stark auf, daß die Meinung aufkommen konnte, der Roggen habe sich in Roggentrespe „umgewandelt", er sei in Roggentrespe „ausgeartet".

Heute spielt die Roggentrespe als Ackerunkraut nur noch örtlich eine Rolle. Mit der modernen Saatgutreinigung ist sie im allgemeinen verschwunden, da sie in ihrer Erhaltung, Vermehrung und Verbreitung einseitig dem Saatgut angepaßt ist, ebenso wie es für den Leinlolch, Taumellolch und auch für die Kornrade zutrifft. Ihre Samen, die weitgehend in das Erntegut kommen, werden durch die Saatgutreinigung ausgeschiedem. Die wenigen Samen aber, die vor der Ernte eventuell ausfallen, halten sich nicht lange keimfähig im Boden, schon innerhalb eines Jahres werden sie zersetzt. Nur bei häufigem Roggenbau oder auf etwas zu nassen Böden, in denen der Same sich länger erhält als ein Jahr, tritt die Roggentrespe auch bei Saatgutreinigung gelegentlich auf.

J. SCHIEBLICH (1956) hat *Bromus secalinus* züchterisch bearbeitet und die Bernburger Sorte ‚Herma' als Futterpflanze herausgebracht. Zuchtziel war ebenso wie beim Kanariengras, hohe Futtermassen mit hohen Samenerträgen zu kombinieren. Empfohlen wurde die Roggentrespe als einschürige Ackerfutterpflanze in erster Linie für den Winterzwischenfutterbau in Reinsaat bzw. im Gemenge mit Winterwicke. Die Roggentrespe ist aber sehr mehltauanfällig, auch im Gemenge mit Winterwicke angebaut, bleibt sie nicht frei davon.

Als Winterzwischenfruchtpflanze ist der Roggentrespe das Welsche Weidelgras und der

Winterfutterroggen im Ertrag überlegen, mit dem sie die Winterfestigkeit und die geringen Bodenansprüche gemein hat. Für den Sommerfutterbau sind unter den Futtergräsern Einjähriges und Welsches Weidelgras leistungsstärker, denen gegenüber die Roggentrespe nur den Vorteil der größeren Dürreresistenz besitzt.
Da die Zuchtsorte ohne Jarovisationseffekt unbedingt schoßt, war sie ebenfalls als Stützfrucht im Zweitfruchtfutterbau bzw. im Sommerzwischenfutterbau gedacht. Für diesen Anbauzweck stehen aber überlegenere Futterpflanzen zur Verfügung.
Als Futterpflanze blieb die Roggentrespe also unterlegen. Die Sorte ‚Herma' ist nicht mehr zugelassen.
Der Samenbau der Roggentrespe ist allerdings sehr einfach und ergiebig. Sie wird wie Winterroggen, nur bereits Anfang September, bestellt und bei Frühjahrsaussaat wie Sommergetreide. Die Ernte fällt bei Herbstsaat in den Juli, bei Frühjahrssaat in den August. Die Roggentrespe hat von Natur einen festen Samensitz. Die Ernte kann bei Vollreife mit dem Mähdrescher erfolgen. Die Samen brauchen eine Keimruhe von einigen Wochen, auch nach Mähdrusch bei Vollreife. Das bei Frühjahrsaussaat gewonnene Saatgut kann daher im Herbst desselben Jahres nicht mehr verwendet werden. Der durchschnittliche Samenertrag beträgt 20 dt/ha.

Ackertrespe (*Bromus arvensis* L.) Bildtafel S. 86.

Die Ackertrespe wurde gelegentlich als Ackerfutterpflanze auf leichten Sandböden empfohlen. Im Herbst angesät, soll sie im Frühjahr einen sehr guten Schnitt liefern und ähnlich wie die Roggentrespe das Welsche Weidelgras auf leichten Böden zu ersetzen vermögen. Sie ist in der Tat außerordentlich widerstandsfähig gegen Dürre, sehr winterfest und ein raschwüchsiges Gras. Da sie noch bei sehr niedrigen Temperaturen keimt, kann sie spät im Herbst gesät werden. Praktisch hat sie aber bisher bei uns keine Anbaubedeutung erlangt. Das Welsche Weidelgras ist auch auf leichten, grundwasserfernen Sandböden eine besser geeignete Winterzwischenfutterpflanze.
In Dänemark wurde die Ackertrespe züchterisch bearbeitet. Ihr Anbau hat aber auch dort nur eine geringe Verbreitung gefunden.
Auch als Ungras spielt die Ackertrespe kaum eine Rolle in der Landwirtschaft. Als überjährige Pflanze blüht sie erst Ende Juni, kann sich daher kaum durch Selbstaussaat wie die Weiche Trespe auf dem Grasland erhalten. Auf dem Acker wird sie nur gelegentlich im Grassamenbau zum Unkraut. Im allgemeinen ist sie eine reine Ruderalpflanze, die aber auf Schuttstellen sehr häufig auftritt.
Die verwandte **Bogengrannige** oder **Japanische Trespe** (*Bromus japonicus* Thunb. ex Murray, *B. patulus* Mert. et Koch) kommt in warmen Gegenden bei uns gelegentlich als Ruderalpflanze vor. Wegen der Bogengranne ist sie als Zierpflanze beliebt. Auch die **Sperrige Trespe** (*Bromus squarrosus* L.) ist eine zuweilen auftretende, wärmeliebende Ruderalpflanze.

Weiche Trespe (*Bromus mollis* L., *Br. hordeaceus* L.) Bildtafel S. 87.

Die Weiche Trespe ist ein überjähriges oder auch zweijähriges Ungras auf den frischen und den etwas trockenen Wiesen und Weiden. Infolge ihrer frühen Blüte und Reife erhält sie sich dort durch Selbstaussamung und breitet sich auf locker bestandenen Wiesen bei später Mahd leicht stark aus. In dichten Graslandnarben, wo sie keine Gelegenheit findet, immer wieder zu keimen, fehlt sie meist. Durch Düngung und Verhinderung der Samenverbreitung durch frühen Schnitt ist sie leicht zu verdrängen. Früher wurde dieses minderwertige Gras als „Deutsches Raygras" angeboten.
Im Samenbau großsamiger Gräser bildet sie ein gefährliches Ungras. Offenbar kommt sie über das Saatgut auf den Acker. Sie steht im ersten Jahr versteckt in den Grassamen-

reihen und ragt nur zur Zeit des Rispenschiebens deutlich sichtbar hervor, beim ebenso früh schossenden Glatthafer sogar nie. Sie wird also bei der Bereinigung leicht übersehen und führt dann im zweiten und dritten Jahr zu einer rettungslosen Verunkrautung.
Bromus mollis wurde für die Trockengebiete Kaliforniens als Futterpflanze vorgeschlagen und scheint sich zu bewähren. Sie wird dort auch züchterisch bearbeitet (HERTZSCH 1959).

Traubentrespe (*Bromus racemosus* L.).

Die Traubentrespe ist so typisch für feuchte bis feuchtnasse Wiesen, daß die Pflanzensoziologie sie als Charakterart dieser Wiesen führt und die entsprechende Assoziation als Traubentrespenwiese bezeichnet. Die Traubentrespe hat zwar einen besseren Futterwert als die Weiche Trespe, ist auch etwas wüchsiger, aber ein wertvolles, massenwüchsiges Futtergras bildet sie nicht, selbst dort nicht, wo sie gelegentlich bestandbildend auftritt. Auf dem Acker spielt das ein- bis zweijährige Gras keine Rolle als Unkraut, auch nicht im Grassamenbau.

Verwechselte Trespe, Angertrespe (*Bromus commutatus* SCHRAD., *Br. pratensis* EHRH.).

Die Angertrespe ist ein seltenes, landwirtschaftlich bedeutungsloses, oft übersehenes, überjähriges Horstgras an Rainen frischer, kalkhaltiger, lehmiger Ackerböden. Gelegentlich tritt sie im Kleegrasbau als Ungras auf.

Taube Trespe (*Bromus sterilis* L., *Anisantha sterilis* (L.) NEVSKI) Bildtafel S. 88.

Dachtrespe (*Bromus tectorum* L., *Anisantha tectorum* (L.) NEVSKI) Bildtafel S. 89.

Diese beiden überjährigen Horstgräser kommen sehr häufig an Rainen und auf Ruderalstellen vor. Die Taube Trespe tritt gelegentlich in der Luzerne als Unkraut auf.
Nach HERTZSCH (1959) soll *Bromus tectorum* eine gewisse Bedeutung, zwar nicht als Futter-, sondern als kulturaufbauende Pflanze, auf Flächen mit hohem Salzgehalt gewinnen. Sie gedeiht dort besonders gut und ist vielleicht in der Lage, den Boden für nachfolgende Früchte zu verbessern.
In Ungarn gehört *Bromus tectorum* gemeinsam mit anderen *Bromus*-Arten zu den ersten Ansiedlern von Sandflächen, „Trespen-Pußta" (HEGI 1965).

Rauhe Trespe, Benekens Waldtrespe (*Bromus benekenii* (LANGE) TRIMEN, *Zerna benekenii* (LANGE) LINDMANN, *Br. asper* MUR. em. BENEKEN) Bildtafel S. 90.

Die Rauhe Trespe ist ein sehr hochwüchsiges, horstiges Gras der frischen, kräftigen Wälder auf lockeren Böden mit bester Humuszersetzung. Sie fehlt in Norddeutschland.

Immergrüne Trespe, Horntrespe (*Bromus unioloides* (WILLD.) HUMB. et KUNTH, *Br. willdenowii* KUNTH, *Br. schraderi*. *Ceratochloa festucoides* P. B., *C. cathartica* VAHL).

Die Immergrüne Trespe kommt in Mitteleuropa wie alle *Ceratochloa*-Arten nicht wild vor. Ihre Heimat ist Südamerika, wo sie auch als Weidepflanze angebaut wird, ebenso gilt sie in den Südstaaten der USA und in Australien als sehr ertragreiche Futterpflanze. Seit einigen Jahrzehnten wird sie dort züchterisch bearbeitet und kam dann als Futterpflanze nach Europa. In Polen ist die Zuchtsorte ‚Una' zugelassen. Eine große Anbaubedeutung hat sie bisher nicht gefunden.
Das zweijährige bis ausdauernde Trespengras ist wärmeliebend, sehr dürreverträglich und soll vor allem auf extrem trockenen Standorten eine Anbaubedeutung als Mähe- und Weidegras haben. Der Wuchsform nach ist die Immergrüne Trespe ein grobhalmiger Mähtyp mit hoher Standfestigkeit. Die groben Stengel und breiten, weichen Blätter sind schwach

behaart. Sie bildet lockere Horste, ist bei Reinsaat gut bestandsbildend und auch für die Beweidung geeignet. Da sie, wie der Name sagt, wirklich immergrün ist, kann sie auch auf den nur bedingt landwirtschaftlich nutzbaren Flächen zur ganzjährigen Schafhutung dienen. Sie scheint überhaupt ein Gras für besondere Verhältnisse unter ungünstigen Futterbedingungen zu sein (STEBBIN 1956 bei HERTZSCH 1959).
Die Saatguterzeugung und die Ansaat bereiten wegen des stark grannigen Samens Schwierigkeiten. Da aber das Gras nach dem ersten Schnitt sehr stark nachschoßt, können zwei Samenschnitte in einem Jahr genommen werden.
Die Immergrüne Trespe blüht spät, erst Anfang bis Mitte Juni. Ihre rispigen Blütenstände werden nicht über die oberen Blattspreiten hinausgeschoben, sondern befinden sich zwischen den Blättern. Die aufrechten Ährchen sind groß, bis 3 cm lang, 6—12blütig, die Deckspelzen mehr oder weniger kurz begrannt.

Reitgräser (*Calamagrostis*-Arten).

Die Reitgräser sind vor allem Arten der gemäßigten und kalten Zone. Die Gattung ist sehr artenreich und umfaßt etwa 140 meist stattliche Gräser (HEGI 1965). Jedoch hat keine Art einen landwirtschaftlichen Nutzwert bei uns erreicht oder ist als Rasengras geeignet. Aber sie überziehen als rohrartige Gräser oft weite Flächen und können im Walde zum schlimmsten Unkraut werden. Die Unterschiede einiger, auch der bei uns vorkommenden Arten ist nicht immer einfach.

Schmalblättriges Reitgras (*Calamagrostis canescens* (WEB.) ROTH).

Wolliges Reitgras (*Calamagrostis villosa* (CHAIX) J. F. GMELIN).

Sandreitgras (*Calamagrostis epigejos* (L.) ROTH).

Waldreitgras (*Calamagrostis arundinacea* (L.) ROTH).

Bergreitgras (*Calamagrostis varia* (SCHRADER) HOST).

Sonstige bei uns seltene Reitgräser.

Schmalblättriges Reitgras, Sumpfreitgras (*Calamagrostis canescens* (WEB.) ROTH, *C. lanceolata* ROTH) Bildtafel S. 91.

Das Schmalblättrige Reitgras wächst auf ähnlichen Standorten wie die Hoch- und Mittelseggen und ist typisch, mehr als alle anderen Pflanzen, für den nassen Fichten-Birkenbruch. Auf nassem, schlechten Grasland der Ebene bildet es eines der häufigsten Gräser und überzieht oft weite Flächen in eintönigen Beständen. Diese „Süßgraswiesen" sind landwirtschaftlich ebenso minderwertig wie die Wiesen der Sauergräser, die unter ähnlichen Standortverhältnissen vorkommen. Das Schmalblättrige Reitgras ist fast ohne jeden Futterwert.
Blütenlos kann man es bereits von weitem an der starken oberirdischen Verzweigung des Stengels erkennen. Solche ausgeprägten Verzweigungen besitzt zwar auch das verwandte Wollige Reitgas, das aber seinen Standort vor allem in den Wäldern der Mittelgebirge hat. Im Gegensatz zum Schmalblättrigen Reitgras trägt es Haarbüschel unterseits des Spreitengrundes zu beiden Seiten des Blattkiels. Oberirdisch verzweigt ist unter den Gräsern des Graslandes manchmal auch das Rohrglanzgras, mit dem man es aber nicht verwechseln wird.

Wolliges Reitgras (*Calamagrostis villosa* (Chaix) J. F. Gmelin, *C. halleriana* (Gaudin) P. B.).

Das Wollige Reitgras ist ein Gras der Fichtenwälder in den Mittelgebirgen und in den Alpen auf feuchten Böden mit Rohhumusauflage. Auf dem Brocken im Harz bildet es beispielsweise weite Reinbestände. In der Ebene kommt es kaum vor, dort wird es ersetzt durch das verwandte Schmalblättrige Reitgras.
Das Wollige Reitgras dauert aus und bildet mit seinen unterirdischen Ausläufern einen sehr dichten Rasen. In der Blüte und im Blütenstand ist es dem Schmalblättrigen Reitgras ähnlich. Im Gegensatz zu diesem ist die Granne auf dem Rücken der Deckspelze angesetzt und nicht an der Spitze. Blütenlos unterscheidet es sich vom Schmalblättrigen Reitgras, wie bereits dort erwähnt, durch die Haarbüschel auf der unteren Seite des Blattspreitengrundes zu beiden Seiten des Blattkiels. Gemeinsam haben sie die oberirdische Verzweigung des Halmes. Seine Blütezeit liegt im Juli/August. Es wird 1 m hoch.

Sandreitgras, Sandrohr (*Calamagrostis epigejos*) (L.) Roth) Bildtafel S. 92.

Das Sandrohr ist ein sehr häufiges Gras auf landwirtschaftlich nicht genutzten Sandödländereien, typisch auch für Binnenlanddünen. Es dient nicht einmal als Hutungspflanze, denn auch jung wird dieses kieselig-harte Gras von den Tieren kaum angerührt.
Als natürlichen Dünenbefestiger schätzt man das Sandrohr dagegen sehr, wenn es auch zur Dünenfestlegung nicht eigens angebaut wird.
Im Walde auf leichten Sandböden ist das Sandrohr ein gefürchtetes Ungras. Auf Kahlschlägen und an lichten Stellen, wo es seinen hohen Lichtbedarf befriedigen kann, nistet es sich leicht ein und bildet durch sein üppiges Wachstum eine große Gefahr für die jungen Forstkulturen.
Schon P. Graebner (1925), der bei seiner Unterteilung der Pflanzengesellschaften nach deren Wüchsigkeit auf den bedeutenden Massenwuchs dieses Grases auf leichten Böden aufmerksam wurde, vermutete bessere Bodenschichten im Untergrunde oder erreichbares Grundwasser. Die meisten Autoren sind ihm später in dieser Annahme gefolgt, ohne entsprechende Bodenuntersuchungen vorzunehmen. Durch die Wurzeluntersuchungen von Wetzel (1958) ist das Geheimnis des Sandrohrs gelüftet worden, und sein Vorkommen auf leichten Böden geklärt. Er fand, daß die außerordentlich starke Durchwurzelung des Bodens durch das Sandrohr bis zu einer Tiefe von 60 cm seinen gewaltigen Massenwuchs und seine verdrängende Wirkung bedingen. Etwa 200 dt organische Wurzelsubstanz/ha wurden in dieser Schicht gefunden, wovon der Wurzelanteil in den oberen 20 cm allein 60% betrug. Andere Untersuchungen ergaben einen noch höheren Wurzelertrag bei gleicher Verteilung. Verständlich wird nun, welche Gefahr das Sandrohr als Ungras im Walde bedeutet.
Der starke, tiefe Wurzelfilz fängt das Niederschlagswasser auf, das im durchlässigen Talsandboden sonst nutzlos versickern würde, in den Forstkulturen aber läßt er die Jungpflanzen des Waldes durch die starke Wurzelkonkurrenz neben sich verkümmern. Oberirdisch ist das Sandrohr zusätzlich auf eine sparsame Wasserabgabe eingerichtet, die nicht nur durch das Schließen der Spaltöffnungen verhindert wird. Seine Blätter sind durch eine verstärkte Kutikulaschicht vor zu starker Verdunstung geschützt und vermögen sich außerdem bei Trockenheit einzurollen. Weder tief anstehendes Grundwasser noch nährstoffreichere Bodenschichten rufen also das Massenwachstum dieses „Sandrohrs" hervor.
Bei der Bekämpfung dieses gefürchteten Waldungrases führt der 60 cm tiefe Vollumbruch vor der Neuanpflanzung zum Erfolg, wie bei der Etablierung von Wäldern auf Sandrohrflächen festgestellt werden konnte, auf denen früher vergeblich versucht worden war, Neukulturen nach der üblichen streifenweisen Bodenbearbeitung anzulegen. Ein Voll-

Bodenprofil

0—5 cm Rohhumusauflage
5—10 cm humoser Sand
10—35 cm brauner Sand
35—70 cm grauer Sand
70—130 cm eisenschüssiger Sand
unter 130 cm grauer Sand

Wurzelmengen

Bodentiefe	Organische Substanz	
in cm	dt/ha	%
0—10	71,3	35,7
10—20	48,6	24,4
20—40	52,3	26,2
40—60	24,4	12,2
60—80	2,4	1,2
80—100	0,5	0,3
	199,5	100,0

Wurzelbild von Sandrohr (*Calamagrostis epigejos*). Untersuchung am 6. Mai 1959 auf armem Talsandboden in Paulinenaue bei einem Grundwasserstand von 188 cm.
(Nagelbrett 100 cm hoch)

umbruch wird auch von dem Forstwirt H. HESMER vorgeschlagen. Die oft sehr langen und zähen unterirdischen, allein regenerationsfähigen Ausläufer des Sandrohrs streichen nur flach, etwa 10—20 cm tief im Boden und werden beim tiefen Vollumbruch mit Vorschäler so stark mit Erde bedeckt, daß sie kaum oder nur noch wenige Triebe an die Oberfläche zu senden vermögen, die dann durch die Pflege der angepflanzten Jungbestände beseitigt werden.

Waldreitgras (*Calamagrostis arundinacea* (L.) ROTH) Bildtafel S. 93.

Das Waldreitgras ist ein stattliches Horstgras der Laub- und Nadelwälder besonders der Mittelgebirge, auf lehmigen, aber nicht kalkhaltigen Böden. Auch außerhalb der Mittelgebirge, im nördlichen Flachland, tritt es recht häufig in besseren Kiefernwäldern und lichten Eichenkratts auf. Es ist nicht so lichtbedürftig wie das Sandrohr, meidet aber tiefe schattige Wälder. Auch das Waldreitgras kann einen dichten Wurzelfilz ausbilden, der aber nicht so tief geht wie beim Sandrohr. H. HESMER schreibt, „Der einzelne Horst bildet einen so geschlossenen aber nicht tiefgehenden Wurzelfilz, daß durch verhältnismäßig leichtes Ausreißen eine etwa 30 mal 30 cm große, verwundete Fläche entsteht, auf der der humose Mineralboden freiliegt, was für Verjüngungszwecke benutzt werden kann".

Bergreitgras (*Calamagrostis varia* (SCHRAD.) HOST).

Das Bergreitgras ist ein Waldgras der Mittelgebirge und der Alpen auf trockenen Kalkböden, nach HESMER vor allem in Fichten „Krüppelbuchen- und Kiefernwäldern, auf mergeligen Rutschflächen ein Erstbesiedler und diese durch die Ausläufer festigend". Es ist ein ausdauerndes Horstgras, das aber auch kurze Ausläufer bildet. Höhe über 1 m. Blüte August. Deckspelzenrückengranne ragt aus dem Ährchen etwas hervor, weniger als beim Waldreitgras. Blütenhaare länger, fast von Deckspelzenlänge und viel zahlreicher. Ebenfalls Haarbüschel unterhalb des Blattspreitengrundes, doch Blatthäutchen etwas länger, bis 4 mm lang.

Sonstige Reitgräser

Die anderen bei uns vorkommenden Reitgräser sind so selten, daß sie nur kurz erwähnt werden sollen. Das ausläufertreibende **Uferreitgras** (*Calamagrostis pseudophragmites* (HALLER fil.) KOEHLER, *C. littorea* DC.) kommt gelegentlich am Flußufer vor. Die Ährchen haben ähnlich wie die vom Schmalblättrigen Reitgras eine Deckspelzenspitzengranne, die aber länger ist, fast so lang wie die Hüllspelzen, ebenso wie die Blütenhaare.
Das ausläufertreibende **Moorreitgras** (*Calamagrostis stricta* (TIMM) KOEHLER, *C. neglecta* aut.) findet sich gelegentlich in Moorsümpfen. Die Ährchen sind ähnlich wie die vom Schmalblättrigen Reitgras und vom Wolligen Reitgras, aber mit Deckspelzenrücken- und nicht Deckspelzenspitzengranne. Im Gegensatz zu beiden Reitgräsern ist der Blütenstand keine schlaffe, hängende, sondern eine steife Rispe.

Wasserquellgras (*Catabrosa aquatica* (L.) P. B. Bildtafel S. 94.

Catabrosa aquatica ist die einzige Art ihrer Gattung, die fast in ganz Europa verbreitet ist. Sie tritt an quelligen oder überschwemmten Graslandstellen und an stehenden Gewässern häufig auf. Das Wasserquellgras wird gern gefressen, ist aber wegen der geringen Wüchsigkeit und des unzugänglichen Standortes landwirtschaftlich bedeutungslos.

Fingerhundszahn (*Cynodon dactylon* (L.) PERS.) Bildtafel S. 96.

Der Fingerhundszahn ist das einzige echte Fingerährengras, das bei uns vorkommt. Nach O. WEHSARG tritt er in Weinbaugegenden als ein Weinbergs- und auch Ackerungras auf. Bei sehr warmer Witterung breitet er sich stark aus mit seinen oberirdischen, langen Ausläufern, die den Boden dicht überziehen und verfilzen. Er wird dann sehr lästig. Trotzdem ist aber seine Bekämpfung einfacher als bei der Echten Quecke. Als eine Pflanze aus wärmeren bis tropischen Ländern ist er gegen Kälte sehr empfindlich. In den kühlen Sommern geht er daher zurück.
In seiner wärmeren, subtropischen Heimat ist *Cynodon dactylon* sowohl Unkraut als auch Futterpflanze. Als sehr lästiges Ungras wird er aus den Zuckerrohrplantagen Javas geschildert. Unter dem Namen „Bermudagras" ist er eine geschätzte Futterpflanze in den Südstaaten Nordamerikas und unter dem Namen „Dubgras" in Indien. Nach H. WALTHER liefert er in Südwestafrika auf bestimmten Böden ein ausgezeichnetes wintergrünes Weidegras, dessen Rasen durch starkes Beweiden immer dichter wird.
Die Ausläufer des Fingerhundszahnes werden ähnlich wie die der Echten Quecke als Heilmittel verwendet.
Verwandte echte Fingerährengräser sind die *Eleusine-*, *Chloris-* und *Bouteloua*-Arten, die in wärmeren Ländern als Futtergräser eine Rolle spielen und von denen K. FOERSTER einige in unseren Gärten heimisch gemacht hat.

Kammgras (*Cynosurus*-Arten).

In diese Gattung gehören nur wenige Arten der gemäßigten Zone der alten Welt (Hegi 1965), von denen nur das Weide-Kammgras bei uns eine gewisse Bedeutung hat.

Kammgras (*Cynosurus cristatus* L.) Bildtafel S. 97.

Das Kammgras ist ein häufig vorkommendes Gras auf nährstoffärmeren, weniger wüchsigen Wiesen und Weiden. Es ist früher in seiner Verbreitung sowie seinem Wert stark überschätzt worden. In den zwanziger Jahren wurde es noch bei fast jeder Wiesen- und Weideansaat mitberücksichtigt. Seine falsche Einschätzung hatte wohl mehrere Gründe.
Das Kammgras treibt sehr harte Fruchthalme und da diese von den Tieren zunächst verschmäht und erst im Herbst mit weggenommen werden, bieten sie wochenlang ein falsches Bild seiner starken Verbreitung auf dem Grasland, selbst auf besten Marschweiden steht es an den Nichtfraßstellen. Die Untersuchungen von C. A. Weber (1931) brachten hier Klarheit, daß nämlich das Kammgras nichts zur Güte bester Marschweiden beitrüge und in seiner allgemeinen Verbreitung getäuscht habe.
Nach dem Gehalt an verdaulichen Nährstoffen wurde der Futterwert von Kammgras an sich als sehr hoch befunden (Stebler 1913). Es wird auch von den Tieren gern gefressen bis auf die harten Fruchthalme, die jedoch im feuchten Herbst nicht stehen bleiben, wenn das Weidegras besonders wässerig ist und zum Teil auch während des Sommers in den Regenperioden, wenn die aufgewachsenen Fruchthalme weicher sind. Aber es bildet nur kleine, blattarme Horste, ist wenig massenwüchsig und wird außerdem von den guten Futtergräsern leicht unterdrückt.
Das Kammgras ist also in erster Linie wegen seiner geringen Massenwüchsigkeit allgemein ohne jede Anbaubedeutung auf dem Grasland mit guten Futtergräsern wie Wiesenschwingel, Lieschgras, Ausdauerndem Weidelgras und Wiesenrispe. Hier ist es fast als Ungras zu werten. Es wird dort auch nicht so gern gefressen wie die anderen guten Futtergräser und schießt deshalb besonders leicht in den Halm. Wohl aber ist dieses genügsamere Gras dort erwünscht, wo es nicht gelingt, beste Nährstoffverhältnisse zu schaffen und die besseren Kulturgräser zu etablieren. Das trifft zum Teil für Gebirgs-, Hochmoor- und Heidegrasland zu. Unter solchen ungünstigeren Verhältnissen kann man Dauergrasland finden, das bis zu 50% aus dem Kammgras besteht und als noch brauchbar angesprochen werden muß.
Das Kammgras ist wintergrün, kommt früh im Frühjahr, blüht aber später und treibt erst richtig zum zweiten Aufwuchs. Es ist langsam in seiner Anfangsentwicklung und erreicht seine volle Entwicklung erst im dritten Jahr nach der Aussaat. Für den Kleegrasbau scheidet es daher vollständig aus. Seine Ausdauer ist begrenzt, es wird nur 4—5 Jahre alt, erhält sich aber durch Selbstaussamung, die man dort nicht unterbinden wird, wo das Gras hinpaßt, aber durch Abmähen der Halme auch leicht verhindern kann.
Kammgras ist sehr trittfest, wird durch Beweidung geradezu begünstigt. Es eignet sich deshalb für die Anlage von Sportrasen. Als Futtergras wird Kammgras bei uns nicht züchterisch bearbeitet.

Knaulgräser (*Dactylis*-Arten).

Die Gattung *Dactylis* umfaßt verschiedene Arten, die auf der ganzen Welt mit Ausnahme der arktischen Gebiete vorkommen. Als Futtergras hat allein *D. glomerata* eine große Bedeutung gewonnen, das vom ursprünglich europäischen Raum nach Nord- und Südamerika, Südafrika und Australien eingeführt wurde und in großem Umfang angebaut wird (Hertzsch 1959). Züchterisches Interesse fand außerdem vorwiegend *D. aschersoniana.*

Knaulgras (*Dactylis glomerata* L.).

Wald-Knaulgras (*Dactylis polygama* HORVATØVSZKY, *D. aschersoniana* GRAEBNER).

Knaulgras (*Dactylis glomerata* L.) Bildtafel S. 98.

Das Knaulgras gehört zu unseren wertvollsten Futtergräsern. Es wird sowohl zur Mäh- und Weidenutzung auf Graslandstandorten als auch im Ackerfutterbau angebaut. Auf dem Grasland bevorzugt es die frische Lage sowie die zur Trockenheit neigenden Standorte. Auf den zur Trockenheit neigenden Moorböden ist es ein sehr ertragsreiches und ertragssicheres Futtergras (WACKER 1969), das auf diesen Böden ausdauernder ist als Wiesenschwingel und Wiesenlieschgras. Außerdem nimmt der Futterwert des Knaulgrases auf Moorboden weniger stark ab als auf Mineralboden (BAUER 1972). Nässe verträgt das Knaulgras nicht. Aber auf allen feuchten, nicht zu nassen Mineralböden, einschließlich der Mittelgebirgslagen, bringt es gute Erträge. Keineswegs aber ist es ein Kulturgras wirklich leichter, trockener Böden im Binnenlandklima. Doch geht es von allen wertvollen Futtergräsern in klimatisch feuchteren Gebieten am weitesten auf die sandigen Böden. Wenn seine Wurzeln im Vergleich zum Glatthafer auch nicht sehr tief gehen, so vermag aber sein feines, ausgebreitetes Wurzelsystem gerade Sandböden gut zu nutzen.
In Grasmischungen, sowohl für Weiden und Wiesen als auch für den Ackerfutterbau, ist das Knaulgras nicht gern gesehen. Infolge seiner sehr zeitigen Frühjahrsentwicklung harmoniert es im Wachstumsrhythmus nicht mit den anderen in der Entwicklung meist späteren Gräsern. Wenn auf den Weiden Ausdauerndes Weidelgras, Wiesenschwingel und Wiesenrispe von den Tieren kaum erfaßt werden können, ist das Knaulgras bereits 20 cm hoch und wird überständig, wenn die anderen Gräser ihre optimale Nutzungszeit erreicht haben. Aufgrund seines zeitigen Frühjahrsaustriebs und seiner Wachstumsgeschwindigkeit bringt es früher als alle anderen ausdauernden Futtergräser einen nutzungsfähigen Bestand. Knaulgras sollte deshalb sowohl auf dem Grasland als auch im Ackerfutterbau in Reinsaat angesät werden, zumal Mischungen mit Knaulgras keine höheren Nährstofferträge bringen (ZADE 1920, WACKER 1968, 1969). Auch wirkt das Knaulgras auf andere Mischungspartner stark verdrängend, ganz besonders, wenn es durch hohe Stickstoffgaben gefördert wird. Empfohlen wird allerdings eine Beisaat von 5 kg/ha Einjährigem Weidelgras bzw. Welschem Weidelgras, um schnell nach der Ansaat hohe Erträge zu erzielen. Knaulgras hat eine relativ langsame Jugendentwicklung und ist dann konkurrenzschwach. Erst vom zweiten Hauptnutzungsjahr an erreicht es das volle, hohe Ertragsvermögen und seine starke Konkurrenzkraft. Diese beruht nicht nur auf seinem zeitigen und schnellen Wachstumsvermögen, sondern hängt weitgehend auch von der Wuchsform ab. Knaulgras überdeckt, ganz besonders im zweiten Aufwuchs, die Nachbarpflanzen mit seinen breiten, weit überhängenden Blättern der gestauchten sterilen Triebe und behindert diese in der Assimilation, während Gräser mit mehr aufgelockerten Blattsprossen und reichlichen Stengelblättern weniger verdrängend wirken bei gleicher Wüchsigkeit (LAMPETER 1959/60).
Im jungen Entwicklungsstadium liefert das Knaulgras ein qualitativ hochwertiges und gern gefressenes Futter. In diesem Zustand wird es von den weidenden Tieren mit Vorliebe genommen. Nach dem Schossen und Rispenschieben nimmt die Futterqualität stark ab, da die Verdaulichkeit besonders schnell zurückgeht. Knaulgras ist dann hart, schmeckt bitter und wird als Futter verschmäht. Auf Weiden sollte das Knaulgras deshalb nur auf einer kleineren Fläche für einen zeitigen Weidebeginn angebaut und der zweite Aufwuchs im Stadium des Rispenschiebens gemäht werden. Die danach folgenden Aufwüchse bestehen dann fast nur noch aus Blatttrieben, die schnell nachwachsen und im jungen Zustand wiederum gern gefressen werden. Insgesamt sind 5 Nutzungen auf der Weide anzustreben.
Auf den Wiesen hat das Knaulgras seinen besten Standort in der frischen und frisch-

feuchten Lage. Knaulgraswiesen müssen (ebenso wie die frühe Nutzung auf den Weiden) rechtzeitig geschnitten werden, um vollwertiges Futter zu ernten, also nicht erst bei Blühbeginn, sondern nach dem Schossen während des Rispenschiebens. Knaulgras zeichnet sich nicht nur durch eine zeitige und hohe Ertragsbildung zum ersten Aufwuchs aus, sondern auch durch einen schnellen und ertragsreichen Nachwuchs, namentlich bei hoher Stickstoffdüngung, die von diesem stickstoffliebenden Gras besonders gut ausgenutzt wird. Der zweite Aufwuchs besteht zur Hauptsache aus vielen nährstoffreichen Blatttrieben. Anzustreben sind mindestens drei Schnittnutzungen auf der Wiese. Gefährlich wird den Knaulgraswiesen manchmal der Spätfrost. Schossendes Knaulgras ist spätfrostempfindlich, nicht aber, was insbesondere E. Wojahn (1955) festgestellt hat, keimendes und auflaufendes Knaulgras. Wohl aber können die in der Blattscheide entwickelten Blütenstände völlig zum Absterben gebracht werden.
Eine immer stärkere Bedeutung gewinnt das stickstoffliebende Knaulgras für die Verwertung von Gülle und Abwasser. Eine gewisse Rolle spielte es bereits früher auf den Abwasserwiesen, die aber mehr Filterflächen als landwirtschaftliche Nutzfläche waren. Bei der weiträumigen Abwassernutzung gehört es zu den Favoriten unter den Gräsern, von denen es hohe Güllegaben mit am besten verwertet. Selbst auf reinem Sand vermag es, mit 2mal 50 mm Abwasser zu jedem Schnitt beregnet, fünf Schnitte mit über 100 dt Trockensubstanz/ha zu bringen. Knaulgras ist ein ausgezeichneter Verwerter von Wasser und Stickstoff.
Dactylis glomerata gehört zu den sehr formenreichen Gräsern und bietet der Züchtung viele Möglichkeiten zur Verbesserung seines Anbaus sowie die Qualität seines Futters. Angestrebt werden Nutzungstypen mit verzögerter Entwicklungsgeschwindigkeit, die nicht so schnell überständig werden, und es werden Pflanzen bevorzugt, die keine oder nur eine geringe Blattrandzahnung aufweisen. Die einzelnen Knaulgrasformen wechseln von starker bis zu fast fehlender Blattrandzahnung. Nach Holy (1907) kann diese zu Darmverletzungen führen. Auf Weiden aber trägt sie dazu bei, daß Knaulgras im älteren Zustand nicht gern gefressen wird. *Dactylis glomerata* ist sehr breit- und grobblättrig und insgesamt sehr blattreich. Sehr breitblättrige Formen bilden keine dichten Pflanzenbestände, was für die Mähnutzung nicht nachteilig ist. Für die Weidenutzung wären dagegen feinblättrige Formen mit dichterer Narbenbildung besser geeignet. International liegen sehr viele Zuchtsorten von Knaulgras vor. Sie stellen überwiegend frühe und mittelfrühe Mähtypen dar, auch die bei uns zugelassenen Sorten. Vereinzelt wurden bereits späte Formen gezüchtet, die erst gegen Anfang bis Mitte Juni Blütenstände schieben und dadurch später nutzungsreif werden.
Die Saatguterzeugung ist relativ einfach. Sie erfolgt in Reinsaat durch Mähdrusch. Allerdings befriedigen die Saatguterträge, artbedingt, im allgemeinen nicht. Auch zur Samengewinnung sollte Knaulgras nicht auf trockenen Sandböden angebaut werden. Fehlt es im Mai an Regen, dann kommt es dort nicht einmal zum Schossen. Zu beachten ist ebenfalls, daß es in der Blüte spätfrostempfindlich ist, wie bereits betont.

Wald-Knaulgras (*Dactylis polygama* Horvatovszky, *D. aschersoniana* Graebner).

Das ausdauernde und lockerborstige Wald-Knaulgras kommt vorwiegend in Wäldern vor. Es bevorzugt allgemein die schattigen Standorte. Im Vergleich zum tetraploiden *Dactylis glomerata* ist das diploide *Dactylis aschersoniana* in der gesamten Wuchsform zierlicher, niedriger und weniger üppig, feinblättriger und feinstengeliger. Die durchweg hell- bis hellgelblichgrünen Blätter sind weicher und nur schwach gezähnt. Da das Wald-Knaulgras sich durch gute Bestandesdichte und einen hohen Futterwert auszeichnet, wurde es als Weidetyp züchterisch bearbeitet bzw. zur Verbesserung der Futterqualität mit *Dactylis glomerata* gekreuzt, vor allem in den USA. Die Standortsansprüche des Bastards sind

denen von *Dactylis glomerata* ähnlich, in der Ertragsbildung ist dieser jedoch nicht eindeutig unterlegen.
Auch spontane Kreuzungen zwischen beiden Knaulgrasarten treten auf.

Liebesgräser (*Eragrostis*-Arten).

Die Liebesgräser, die bei uns vorkommen, sind landwirtschaftlich bedeutungslose, einjährige Gräser auf sandigen Böden. Sie sind noch dazu weitgehend unbeständig. Da verwandte Arten wichtige Futtergräser in Afrika und anderen wärmeren Ländern bilden, bringen wir hier einen Vertreter dieser sehr großen Gattung, das bei uns am häufigsten auftretende, eingebürgerte Kleine Liebesgras.

Kleines Liebesgras (*Eragrostis minor* Host, *E. poaeoides* P. B.) Bildtafel S. 103.

Dieses einjähriges Gras, das früher nur in der Nähe von Güterbahnhöfen zwischen den Bahngleisen vorübergehend angetroffen wurde, ist jetzt bei uns mehr und mehr heimisch geworden auf sandigen Böden an betretenen Wegrändern. Im Habitus hat es eine gewisse Ähnlichkeit mit der Jährigen Rispe (*Poa annua*).

Schwingelgräser (*Festuca*-Arten).

Die Gattung *Festuca* ist mit etwa 60 Arten über alle Länder der Erde verbreitet, besonders aber in der gemäßigten Zone. In Europa finden sich die meisten Arten in den höheren Gebirgsländern, während in der Ebene und in den Mittelgebirgen ihre Zahl geringer ist. Einzelne Arten sind formenreich und machen es schwierig, diese innerhalb der Gattung und auch gegenüber anderen Gattungen abzugrenzen. In der Botanik wird daher die Gattung *Festuca* ebenso wie die Gattung *Bromus* als eine „Crux botanicorum" bezeichnet. Landwirtschaftlich haben mehrere Arten für verschiedene Nutzungszwecke eine hohe Bedeutung gewonnen.

Wiesenschwingel (*Festuca pratensis* Huds.).

Rohrschwingel (*Festuca arundinacea* Scherber).

Rotschwingel (*Festuca rubra* L.).

Schafschwingel (*Festuca ovina* L. s. str.).

Verschiedenblättriger Schwingel (*Festuca heterophylla* Lam.).

Riesenschwingel (*Festuca gigantea* (L.) Vill.).

Waldschwingel (*Festuca altissima* All.).

Wiesenschwingel (*Festuca pratensis* Huds., *F. elatior* L. p. p.) Bildtafel S. 104.

Der Wiesenschwingel gehört zu unseren wertvollen und am vielseitigsten verwendbaren Kulturgräsern. Er ist eines der besten Wiesen- und Weidegräser in der feuchten und frischfeuchten Lage und auch auf dem Acker im Kleegrasbau von Bedeutung.
Auf den Wiesen stellt er neben dem Wiesenfuchsschwanz das beste Gras der feuchten und frischfeuchten Lage von Natur dar. Er bevorzugt die besseren, nährstoffreichen und gut feuchten Mineralböden, seine Wiesen sind aber auch charakteristisch für die feuchten anmoorigen und moorigen Niederungsböden bei reichen Ernährungsverhältnissen. Seine Feuchtigkeitsansprüche sind ziemlich groß, aber doch nicht so groß wie die von Wiesenfuchsschwanz. Er geht auch in die frische Lage hinein und bildet auf den Übergangsstandorten Mischbestände mit dem Glatthafer. Trockenheit verträgt er nicht, wohl aber vorübergehende Nässe. Er ist unempfindlich gegen rauhe Lagen und wächst auch in den höch-

sten Lagen der Mittelgebirge. Er wirkt nicht verdrängend, sondern duldet andere Pflanzen neben sich.

Der Wiesenschwingel liefert ein qualitativ sehr hochwertiges, ganz besonders gutes Milchfutter. Er treibt früh und nach dem ersten Schnitt sehr gut nach, so daß auch der zweite Aufwuchs ergiebig und blattreich ist. In seiner besten Form sind seine Wiesen 3schürig und zählten früher zur 1. Wiesenklasse.

Der Wiesenschwingel bildet auch ausgezeichnete Weiden. Er ist recht weidefest, wenn auch nicht in dem Maße wie das Ausdauernde Weidelgras, das ja auch als ausgesprochene Trittpflanze gilt. Aber als Gras mit etwas bogenförmig aufsteigenden Kurztrieben verträgt er den Tritt und Verbiß auf der Weide sehr gut. Darin mag vielleicht die Erklärung liegen, daß er sowohl Mähe- als auch Weidegras ist. Seine Narben sind dicht, da er, obwohl Horstgras, auch kurze Ausläufer treibt. Er bildet viele Laubtriebe mit reichbeblätterten Halmen sowie zahlreichen Bodenblättern. Der etwas lockere Horst ist nicht so ausbreitungsfähig, wird aber durch das Beweiden wie auch durch Walzen in seiner Bestockung gefördert. Wiesenschwingel wurzelt nicht so tief wie die meisten anderen Futtergräser.

Die Wiesenschwingelweiden werden außerordentlich geschätzt und gehören zu den allerbesten Beständen, in der Marsch beispielsweise zu den besten Fettweiden. Auf den Übergangsstandorten zur frischen Lage bildet der Wiesenschwingel ebenso wie auf der Wiese Mischbestände.

Für die Ansaat auf Graslandstandorten sind zur Mähenutzung Wiesenlieschgras und Weißes Straußgras sowie zur Weidenutzung Wiesenrispe und Ausdauerndes Weidelgras mit geringen Saatmengenanteilen die günstigsten Mischungspartner. Vom schnellwüchsigen Weidelgras wird Wiesenschwingel leicht unterdrückt und verdrängt. Der Futterbau in Reinsaat ist wegen der hohen Standortansprüche des Wiesenschwingels mit einem gewissen Risiko verbunden und nicht zu empfehlen. Bei der Wechselnutzung auf Niedermoor wurde auf den gutfeuchten Standorten eine Saatmischung, bestehend aus 16 kg/ha Wiesenschwingel + 8 kg/ha Timothee + 4 kg/ha Schwedenklee, verwandt.

Im Ackerfutterbau fand der Wiesenschwingel schon immer eine Berücksichtigung beim mehrjährigen Klee- und Luzernegrasbau. Er vertritt die Weidelgräser überall dort, insbesondere aber in den klimatisch feuchten Gegenden, wo die Gefahr besteht, daß diese den Klee bzw. die Luzerne zu sehr zurückdrängen. Wegen der etwas langsameren Anfangsentwicklung des Wiesenschwingels muß man diesen stärker ansäen, als man es von den Weidelgräsern her gewohnt ist.

Bedeutungsvoller ist sein Platz im einjährigen bis zweijährigen Kleegrasbau als Partner zum Rotklee, mit dem er im Entwicklungsrhythmus gut zusammenpaßt. Vorteilhaft ist eine Ansaat bereits im Herbst zusammen mit dem Wintergetreide, wobei er einen Wachstumsvorsprung vor dem Rotklee gewinnt, der im Frühjahr nachgesät wird. In den letzten Jahren hat sich jedoch die Frühjahrsaussaat der Kleegrasmischung unter Grünhafer als Deckfrucht mehr und mehr durchgesetzt. Auch ein Gemisch von Wiesenschwingel und Timothee zu Rotklee wird bevorzugt. Beide Gräser verdrängen nicht und stimmen in der Nutzungszeit mit dem Rotklee überein. Sie erhöhen ebenso wie die Weidelgräser den Nährstoffertrag und die Ertragssicherheit im Rotkleebau, sowie die Silierbarkeit des Futters. Wintert der Rotklee aus, so bieten die Gräser bei Stickstoffdüngung einen befriedigenden Ersatz. Entweder sät man 12 bzw. 16 kg/ha Rotklee + 6 kg/ha Wiesenschwingel oder Rotklee + 4 kg/ha Wiesenschwingel + 2 kg/ha Timothee.

Im Zwischenfutterbau spielt der Wiesenschwingel keine Rolle. Eine Untersaat im Frühjahr zur bloßen Herbstnutzung ist bei der langsamen Anfangsentwicklung nicht lohnend.

Im Samenbau stellt der Wiesenschwingel besondere Ansprüche an eine zeitige Aussaat, möglichst bereits im Frühjahr vor dem Samennutzungsjahr, an die Pflege und den Standort. Zur Samenbildung verlangt er ausreichende Feuchtigkeit. Am besten eignen sich deshalb die frischen, nährstoffreichen Böden. Besonders lohnend ist der Anbau auf den schweren

Böden. Hier sind die Wiesenschwingelsamenerträge fast optimal. Auf Niedermoor kann man den Wiesenschwingel kaum zur Saat anbauen. Er lagert dort leicht, bildet sehr viel Blatt- und wenig Samentriebe.
Die besondere Bedeutung des Wiesenschwingels beruht in erster Linie auf seinem hohen Futterwert. Im Rohproteingehalt, in der Verdaulichkeit und Schmackhaftigkeit sowie im Gehalt an wichtigen Mineralstoffen steht er unter allen Futtergräsern an erster Stelle. Verbesserungsbedürftig ist er allerdings im Massenertrag und in seinem Ausdauervermögen. In älteren Graslandbeständen kommt er nur selten in größeren Anteilen vor. Durch Einkreuzung von *Lolium*-Arten zur Verbesserung des Futterertrages bzw. von dem in der Wüchsigkeit und Ausdauer überlegenenen Rohrschwingel versucht man züchterisch, diese Mängel zu beheben. Allerdings wird das Ausdauervermögen des Wiesenschwingels auch durch seine hohen Ansprüche an eine geregelte Wasserführung und Nährstoffversorgung sowie durch seine geringe Konkurrenzkraft beeinträchtigt.
Entsprechend den unterschiedlichen Bedingungen der Mäh- und Weidenutzung sind differenzierte Mäh- und Weidetypen herausgezüchtet worden, die sich in erster Linie in der Bestandeshöhe und Bestandesdichte unterscheiden. Die hochwüchsigen Mähtypen haben eine geringere Bestandesdichte als die niedrigerwüchsigen Weidetypen. Diese sind zumeist feinblättrig und zeichnen sich neben einer guten Narbenbildung durch einen hohen Blatttriebanteil und ein besseres Regenerationsvermögen aus. Sie vertragen deshalb die häufigere Nutzung auf der Weide besser. Die Differenzierung nach der Entwicklungsgeschwindigkeit ist innerhalb des Wiesenschwingelsortiments weniger ausgeprägt als bei Ausdauerndem Weidelgras und Wiesenlieschgras. Späte Sorten fehlen durchweg.

Rohrschwingel (*Festuca arundinacea* Schreber) Bildtafel S. 105.

Der Rohrschwingel ist von Natur ein hohes, bültiges, hartblättriges Gras auf feuchten bis nassen, auch wechselfeuchten Dauerwiesen und Dauerweiden. Wegen seiner Massenwüchsigkeit und Vitalität wird er in vielen Ländern züchterisch bearbeitet und für den Anbau empfohlen. Im Handel wurde er früher unter dem irreführenden Namen „Hoher Wiesenschwingel" geführt.
Der Rohrschwingel treibt früh, hat aber nach der Ansaat zunächst ein sehr langsames Jugendwachstum. Er liefert einen frühen bis mittelfrühen, halmreichen ersten Aufwuchs und gute blattreiche Nachwuchserträge. Er ist winterfest, besonders ausdauernd und bleibt auch in rauheren Klimaten lange grün. In der Futterqualität sind die Naturformen oft nicht viel besser als die Rasenschmiele zu bewerten, mit der der Rohrschwingel auch den polsterartigen Wuchs seiner Horste und ein ähnliches Vorkommen gemein hat. Seine Blätter sind ebenfalls rauh und scharf. Auf guten Wiesen und Weiden ist er daher unerwünscht und wie ein Ungras zu behandeln. Die Bekämpfung erfolgt ähnlich wie bei der Rasenschmiele.
Der Rohrschwingel gehört aber zu den sehr formenreichen Gräsern. Es finden sich in der Natur manche Übergänge zum Wiesenschwingel, die eine züchterische Bearbeitung verdienen. International befaßt man sich stark mit der Züchtung dieses Grases, ebenfalls in Deutschland. In vielen Ländern sind bereits Sorten herausgezüchtet, die vermehrt und angebaut werden. Sie zeichnen sich teilweise bereits durch weichere Blätter aus, bringen hohe Massenerträge bei gleichmäßigem Wachstum und geringem Ertragsabfall im Laufe der Vegetation. Sie haben ebenfalls eine gute Winterfestigkeit und Ausdauer und vertragen ungünstige Standortbedingungen, wie zur Nässe und auch zur Trockenheit neigende Böden. Ihre ökologische Streubreite ist also weit. Sie werden vorwiegend zur Mähnutzung angebaut und zur Gewinnung von Silagefutter. In Ländern mit milden Wintern wie in England werden Sorten gezüchtet, die als Winterweide für Schafe genutzt werden, die aber nach C. E. Hubbard

(1973) vorläufig noch hart und grob im Blatt und weniger schmackhaft als der Wiesenschwingel sein sollen. In der Schmackhaftigkeit kann der Rohrschwingel noch wenig mit den guten Futtergräsern konkurrieren. Die Verbesserung dieser Eigenschaft gilt allgemein als besonderes Zuchtziel.

***Festuca arundinacea* bildet auch Bastarde mit den *Lolium*-Arten und scheint überhaupt ein sehr bastardfreudiges Gras zu sein. Aussichtsreich ist besonders die Kreuzung mit** *Lolium multiflorum*, wie sie auch bei uns betrieben wird (WACKER, G., NETZBAND, K., KALTOFEN, H. 1984).

Rotschwingel (*Festuca rubra* L.) Bildtafel S. 106.

Der Rotschwingel kommt in sehr vielen Formen vor, die einen verschiedenen Wert haben und unterschiedliche Standorte bevorzugen. Das ist auch ein Grund, daß dieses Gras so voneinander abweichende und sogar entgegengesetzte Beurteilungen erfahren hat.

Horstwüchsiger Rotschwingel (*Festuca rubra* var. *fallax* HACK.).

Der „Hungertyp" des Graslandes in der frischen Lage aller Bodenarten wird von Rotschwingelbeständen gebildet, deren Hauptgras die minderwertige Abart *F. rubra fallax* ist. In kleinen Anteilen fehlt diese Form fast in keiner Konstellation der Wachstumsfaktoren. In der ungedüngten Niederseggenwiese tritt sie bedeutender hervor sowie in der einseitig mit Nährstoffen versorgten Ruchgraswiese. Zur herrschenden Grasart wird der Rotschwingel aber nur in der frischen armen Lage. Beigesellt sind ihm nach der feuchteren Lage das Pfeifengras (*Molinia caerulea*) und auf trockenen Flächen Rotstraußgras (*Agrostis tenuis*) und überall Ruchgras (*Anthoxanthum odoratum*) und das Wollige Honiggras (*Holcus lanatus*). Auf anmoorigen Böden tritt das Borstgras (*Nardus stricta*) stärker hinzu, auf sandigen Lehmen und Lehmen die Platthalmrispe (*Poa compressa*), Fiederzwenke (*Brachypodium pinnatum*) und Wehrlose Trespe (*Bromus inermis*). Von den Moosen ist typisch *Hylocomium squarrosum*.

In der dichtrasigen „horstwüchsigen" Form mit nur kurzen Ausläufern trifft man den Rotschwingel oft in weiten, gleichförmigen Beständen auf dem höheren Mittelgebirgsgrasland. ISSLER (1913) hat als erster diese Rotschwingelwiesen und -weiden aus den Vogesen eingehend nach der floristischen Zusammensetzung, den ökologischen Bedingungen und der Eignung für die Futterwirtschaft beschrieben. Durch KLAPP (1929) u. a. sind solche Grasländereien auch aus den anderen Mittelgebirgsgegenden bekannt geworden. Die absoluten Weiden des Thüringer Waldes haben Rotschwingel vielfach als Hauptbestandsbildner (SCHMAUDER, 1964, MÜLLER, K., 1969). Die Horstrotschwingelwiesen und -weiden des Mittelgebirges gehen bei einiger Düngung aus den ganz armen Beständen des Borstgrases (*Nardus stricta*) hervor. Vergesellschaftet ist der Horstrotschwingel hier oft mit dem Rotstraußgras, dem Kammgras und dem Goldhafer. Die Wiesen liefern Heuerträge von 30 bis 40 dt/ha, je nach Düngung, und die Weiden gehören zwar nicht mehr zu den Hutungen, behalten aber eine Daseinsberechtigung nur solange, wie man dort wirklich wertvolles Grasland nicht schaffen kann. Auch eine stärkere Düngung steigert die Erträge nicht in dem Maße, daß sie an die unserer besseren Futtergräser heranreichen.

Ausläufertreibender Rotschwingel (*Festuca rubra* var. *genuina* HACKEL).

Diese bessere Form des Rotschwingels kommt viel seltener vor. Sie bildet im Gegensatz zum Horstrotschwingel nicht nur lange unterirdische Ausläufer aus, sondern auch wertvollere, über 2 mm breite Blätter. Allerdings sind die Blätter der minderwertigen horstigen Form nicht etwa borstig wie beim Schafschwingel, sondern leicht auseinanderzufalten und flächig, wenn auch unter 2 mm breit. Die Begeisterung für diese neuentdeckte Form des ausläufertreibenden Rotschwingels war eine Zeitlang groß. Man hielt ihn für dürreresi-

stenter als die Wiesenripse und glaubte in ihm die Weidepflanze gefunden zu haben, die unter noch trockeneren Verhältnissen als die Wiesenrispe gute Dauerweiden zu bilden vermöchte. Diese Hoffnung hat sich nicht bewahrheitet. Auch die bessere Form des Rotschwingels hat nur dort Berechtigung, wo die hohen Ansprüche der Wiesenrispe an den Kulturzustand des Bodens nicht erfüllt werden können. Derartige Standortsverhältnisse sind aber unter unseren Boden- und Klimabedingungen innerhalb der landwirtschaftlichen Nutzfläche sehr selten. Der Rotschwingel hat daher auch in seiner besseren Form bei uns als Futtergras kaum noch eine Anbaubedeutung. Wegen seiner großen Anpassungsfähigkeit und Winterfestigkeit ist er im begrenzten Umfang auf minderwertigen, besonders ertragsunsicheren Standorten erwünscht.

Im langjährigen Kleegrasbau der Egartenwirtschaften der Gebirge ist der Rotschwingel zusammen mit der Wiesenrispe und dem Goldhafer ein wichtiges Gras.

Der Futterwert des Rotschwingels ist nicht hoch. Andere gute Weidegräser sind überlegen und werden von den Tieren bevorzugt. Auf Weiden muß er immer kurz gehalten werden. Läßt man ihn lang abwachsen, legen sich die vielen schmalen Blätter um, und die Feuchtigkeit kann unter dem dichten Blätterdach nicht weichen. Das Gras nimmt dann einen muffigen Geruch an, und die Weidetiere verschmähen es. In der Nachweide treibt der Rotschwingel nur Blatttriebe. Er verträgt den häufigen Verbiß und Tritt der Tiere sehr gut, bildet eine sehr dichte, tragfeste Narbe, ist absolut winterfest, sehr ausdauernd und liefert mittlere Erträge.

In der Wurzelbelieferung des Bodens steht der Rotschwingel unter allen Gräsern mit an der Spitze. Dreijähriger Rotschwingel soll etwa 300 dt Wurzeltrockenmasse/ha im Boden zurücklassen (Lehmann 1942). Der N-Gehalt seiner Wurzeln liegt allerdings nach den Vorfruchtuntersuchungen von Pätzold (1958) ganz besonders niedrig.

Zuchtsorten für die landwirtschaftliche Nutzung gibt es nur vom Ausläuferrotschwingel. Unter diesen steht unsere anspruchslosere Sorte ‚Zernikower' in den Gebrauchseigenschaften, besonders im Ertrag und in der Bestandesdichte, mit an der Spitze. Diese mag auch vielleicht für zu trockene, nicht eigentliche Graslandböden anstelle der Wiesenrispe empfohlen werden. Die anspruchsvolleren Sorten kommen dagegen weniger als Ersatz der Wiesenrispe in Betracht als vielmehr anstatt des Ausdauernden Weidelgrases in rauhen Lagen.

Ausläufertreibender Rotschwingel eignet sich ebenso wie der Horstrotschwingel auch für nichtlandwirtschaftliche Zwecke, zur Berasung von Böschungen und zur Anlage von Zier- und Gebrauchsrasen. International liegen sehr viele Rasensorten vor, sowohl vom Horstrotschwingel und Ausläuferrotschwingel mit längeren Ausläufern als auch Zuchtsorten, die auf den Sandstrandrotschwingel (*Festuca rubra* var. *arenaria*) zurückgehen, der kürzere Ausläufer hat, salzverträglich und als Dünengras sehr trockenresistent ist. In der DDR wurden ebenfalls Horstrotschwingelsorten als Rasengräser zugelassen.

Der Samenbau von *F. rubra genuina* ist nicht ganz leicht, gehört er doch zu den ausläufertreibenden Gräsern, die wegen ihrer langsamen Jugendentwicklung besonders viel Pflege im Ansaatjahr erfordern und in den Samenjahren kräftig durchgearbeitet werden müssen, wenn sie nicht verrasen sollen. Die anspruchsloseren Sorten nach Art des Zernikower Rotschwingels können nicht nur auf lehmigen Sandböden, sondern auch schon auf besseren Sandböden zur Samengewinnung angebaut werden. Moorböden eignen sich nicht für die Saatguterzeugung.

Salzrotschwingel (*Festuca rubra* var. *salina*) und

Sandstrandrotschwingel (*Festuca rubra* var. *arenaria*) werden gemeinsam mit den anderen Gräsern des Salzgraslandes und der Dünen abgehandelt.

Schafschwingel (*Festuca ovina* L.). Bildtafel S. 107.

Der Schafschwingel ist außerordentlich formenreich. Nach G. STOHR (1955) besteht die Sammelart *F. ovina L.* aus einem Schwarm stark variierender und fast kontinuierlich ineinander übergehender Formen. Im Anschluß an die klassischen Arbeiten von HACKEL (1881, 1882) unter Berücksichtigung der Arbeiten von DANNENBERG (1938) unterscheidet er allein im Mitteldeutschen Trockengebiet um Halle mehr als zwanzig Arten und Abarten, die z. T. nur mikroskopisch zu identifizieren sind. Wir wollen uns auf diese Frage nicht einlassen, sondern verweisen auf obige Arbeiten. Hervorheben möchten wir hier nur, daß die Blattscheiden aller *Festuca ovina*-Arten offen, höchstens zu ein Drittel geschlossen sind, im Gegensatz zu den *Festuca rubra*-Arten, deren Blattscheiden zu zwei Drittel geschlossen sind. Unsere Ausführungen beziehen sich auf *F. ovina* var. *duriuscula*, den Härtlichen Schwingel, eine Form, deren Anbau in der Landwirtschaft bei uns eine bedeutende Rolle gespielt hat.

Die verbreitetsten Formen des Schafschwingels sind Hauptbestandsbildner trockener Sandböden, die bestensfalls Hutungen darstellen oder deren Flächen nicht landwirtschaftlich, sondern forstwirtschaftlich genutzt werden. Auf diesen Böden gehört aber der Schafschwingel zu den wichtigsten Kulturbringern. Seine Bedeutung bei uns ist nicht in seinem Wert als Futtergras zu suchen, wenn er auch im vorigen Jahrhundert ein wertvolles Weidegras für die Schafe war, wie in den großen Schafzuchtländern in Übersee noch heute. Das niedrige, borstblättrige, anspruchslose und gegenüber ungünstigen Standorts- und Klimaverhältnissen widerstandsfähige Gras stellt keine Ansprüche an die Bodenkultur, wohl aber trägt es wie kaum ein zweites Gras zur Verbesserung der Bodenstruktur der kulturlosesten Sandböden bei. Hier liegt seine Bedeutung. Der Schafschwingel ist ein eklatantes Beispiel dafür, wie durch den Einfluß des Pflanzenwachstums Böden in ihrem Wert um Klassen gehoben werden können. Aus diesem Grunde und da wir auch die geschichtliche Entwicklung des Schafschwingelbaus genau verfolgt haben, sei eine etwas breitere Darstellung über seine Anbauentwicklung bei uns gestattet.

Bedeutung in der Landwirtschaft gewann der Schafschwingel in der ersten Hälfte des vorigen Jahrhunderts für die Ansaat von Schafhutungen auf trockenen, nährstoffarmen Sandböden. Es ist das Verdienst C. VON WULFFENS, dieses Gras in die Landwirtschaft eingeführt zu haben. „Diese unscheinbare Weidepflanze", so schrieb er nach der gelungenen Einfügung in die Fruchtfolge „ist für den Anbau des Sandes das wohltätigste Geschenk der gütigen Natur ... Wem der Beruf geworden, Sandflächen anzubauen, und wer dieses Gras einmal kennt, wird sich die Erhaltung zu sichern wissen" (1843). Er gewann den Samen zur Ansaat zuerst aus Wildbeständen. Nach drei- bis vierjähriger Weidenutzung für Schafe folgten mehrere Jahre Ackerkultur. Auf Böden, die vordem als sogenanntes 6jähriges Roggenland galten und nur alle 6 Jahre eine kümmerliche Roggenernte von 4 dt/ha brachten, erzielte er jetzt drei Roggenernten von je 10 dt/ha nach gedüngter Brache oder Lupinen. Vor Einführung der mineralischen Düngung sind auf diesen Böden nie so hohe Erträge gewonnen worden. Der Erfolg ist allein auf die großen Wurzelrückstände des Schafschwingels zurückzuführen, der unterirdisch mehr Masse bildet als oberirdisch und dadurch eine Verbesserung des Bodens herbeiführt, der seinen Wert um Klassen hebt.

Dieser Schafschwingelbau zur Gewinnung von Weidefutter ist mit dem Rückgang der Schafhaltung und der Intensivierung der Landwirtschaft bei uns verschwunden, jedoch unter sehr ungünstigen Standorts- und Klimaverhältnissen in Australien, Afrika und Amerika noch verbreitet. Geblieben ist der Schafschwingelsamenbau, der Mitte bis Ausgang des 19. Jahrhunderts in Mecklenburg, vorwiegend auf den kiesigen, grundwasserfernen Sandböden eingeführt wurde, auf Böden, die vordem meist Ödland waren oder nur äußerst spärliche Schafhutungen abgaben. Mit dem systematischen Anbau des Schafschwingelsamenbaus im Fruchtfolgeturnus brachte der Roggen damals annehmbare Erträge. Nach anfänglich drei bis vier Grassamenjahren folgten zwei bis drei Roggenjahre. Mit der Einführung der mineralischen Düngung stiegen sowohl die Samenerträge des Schafschwingels als auch die Erträge der Folgefrüchte stark an. Der größte Fortschritt wurde mit dem Übergang zum zweijährigen Samenbau erzielt und der Einsaat eines Futtergemenges von 130 kg/ha Süßlupinen + 20 kg/ha Serradella. Die Vorfruchtwirkung des Schafschwingels wurde dadurch innerhalb der Fruchtfolge vermehrt und im Zusammenhang mit den Leguminosenwurzeln bedeutend erhöht. Auf Anregung von K. R. SCHULTZ (1962) ging man sogar zum einjährigen Anbau über mit starker Stickstoffdüngung im Herbst nach der Ernte der Überfrucht Roggen. Durch die enormen Wurzelrückstände des Schafschwingels im Boden — beim stickstoffgedüngten einjährigen Samenbau fallen 60 dt/ha organische Wurzelmasse an — werden die nährstoffarmen trockenen Sandböden nicht nur bereichert an organischer Masse, sondern die feinen Wurzelverästungen dieses Büschelwurzlers vermögen die gröberen Sandkörner zusammenzufügen. Die Struktur des Bodens wird dadurch verbessert. Durch den Schafschwingelsamenbau wurden geringwertigste Sandböden im Wert bis zu kartoffelfähigen Böden gehoben, und der Schafschwingel wurde die Grundlage einer besseren Bodenkultur für eine ganze Gegend. H. HENNING (1953) hat diesen Schafschwingelsamenbau, seine Einordnung in die Fruchtfolge und seine Wirkung auf die Verbesserung der Bodenkultur der leichten Böden monographisch bearbeitet und beschrieben.

Der Schafschwingel wird zum Samenbau im Herbst zusammen mit dem Roggen ausgedrillt mit etwa 16 kg/ha. Die Herbstsaat war beim Schafschwingel immer gebräuchlich. H. HENNING stellte bei seinen Untersuchungen fest, daß herbstgesäter Schafschwingel dem frühjahrsgesäten in der Entwicklung weit voraus ist, insbesondere auch in der Wurzelentwicklung. Ferner fand er, daß nicht die feinkörnigen „weichen“ Sandböden, sondern die fein- bis grobkiesigen Sandböden die typischen Schafschwingelsamenstandorte sind. Auf diesen Standorten bringt der Schafschwingel höhere Samenerträge, vernarbt nicht so leicht und hat auch höhere Kartoffel- und Getreideerträge im Gefolge. Die Verschiedenartigkeit des Sandbodens kommt sowohl im Wuchs des Schafschwingels als auch in der Höhe seiner Samenerträge zum Ausdruck.

Die Samenernte erfolgt mit dem Mähdrescher in der Zweiphasenernte. Der Schafschwingel streut leicht. Bei der züchterischen Bearbeitung des Schafschwingels für die landwirtschaftliche Nutzung muß die Anspruchslosigkeit und seine Vitalität unbedingt erhalten bleiben. Nur diese Eigenschaften machen ihn in den Schafzuchtländern so begehrenswert. In Australien, Südafrika und Südamerika liefert er brauchbare Schafweiden unter ungünstigen klimatischen Bedingungen, die für einen Samenbau weniger geeignet sind.

In den letzten Jahren hat der Schafschwingel in zunehmenden Maße eine Bedeutung auch als Rasengras und zur Ansaat als Erosionsschutz, vorwiegend für Böschungen und Meliorationsanlagen, gewonnen. Dazu stehen uns aus der Züchtung sehr geeignete Zuchtsorten zur Verfügung. Die Sorte ‚Firmula‘ eignet sich besonders für Sport- und Spielrasen. Sie ist kleinersamig und feinblättriger und stellt sehr geringe Ansprüche an den Boden, sowohl in der Wasser- wie in der Nährstoffversorgung. Der sehr dichte, kräftige dunkelgrüne Rasen verträgt hohe Beanspruchung und erfordert wenig Pflege. Die aus dem **Härtlichen Schwingel** (*Festuca ovina* var. *duriuscula*) hervorgegangene Sorte ‚Mecklenburger‘ wird vorwiegend als Erosionsschutz verwendet.

Verschiedenblättriger Schwingel (*Festuca heterophylla* LAM.) Bildtafel S. 108.

Dieser Schwingel tritt zerstreut in lichten Waldungen mittlerer Bodengüte auf, besonders bei ersten Verhagerungserscheinungen. Manchmal wird er zur Ansaat von Rasen empfohlen.

Riesenschwingel (*Festuca gigantea* (L.) VILL.) Bildtafel S. 109.

Ein Waldgras, das in Laubwäldern auf kräftigen, nährstoffreichen, feuchten Böden mit bester Humuszersetzung vorkommt. Wird in der Gräserzüchtung gelegentlich auch als Kreuzungspartner für die Züchtung von Art- und Gattungsbastarden bei Futtergräsern verwendet.

Waldschwingel (*Festuca altissima* ALL., *F. sylvatica* (POLLICH) Vill.).

Ausdauerndes hoch- und horstwüchsiges Waldgras mittlerer Böden mit guter Humuszersetzung.
Blätter ohne Öhrchen. Halme am Grunde von langausdauernden, glänzenden, schuppigen Niederblättern umgeben, dadurch basal verdickt. Blütenstand eine große, zweiästige, zur Blütezeit allseitswendige Rispe. Ährchen im Gegensatz zum Riesenschwingel unbegrannt.

Schwaden- oder Mannagräser (*Glyceria*-Arten).

Die Gattung umfaßt 16 Arten, die alle sehr feuchtigkeitsliebend sind. Ihre natürliche Verbreitung haben sie in Europa und Asien und vor allem auch in Nordamerika, z. T. in Afrika und Australien (HEGI 1965). Sie werden und wurden als Naturgras teilweise sehr geschätzt, haben aber keine Kultivierung erfahren.

Wasserschwaden (*Glyceria maxima* (HARTM.) HOLMB.).

Flutender Schwaden (*Glyceria fluitans* (L.) R. BR.).

Faltiger Schwaden (*Glyceria plicata* FRIES).

Salzschwaden (*Puccinellia distans* (JACQ.) PARL.).

Meerstrandschwaden (*Puccinellia maritima* (HUDS.) PARL.).

Wasserschwaden, Ansehnliches, Prächtiges, Hohes Mannagras (*Glyceria maxima* (HARTM.) HOLMB., *Gl. aquatica* (L.) WAHLENB., *Gl. spectabilis* M. et K.) Bildtafel S. 110.

Der Wasserschwaden wächst in ganz Mitteleuropa sehr häufig in und an fließendem Wasser. Abgesehen von diesem allgemeinen Vorkommen bildet er in den Überflutungsgebieten der größeren Ströme und Flüsse bisweilen ausgedehnte Reinbestände.
Der Wasserschwaden gehört zu den sogenannten Militzgräsern, verträgt noch mehr Nässe und noch länger andauernde Überschwemmungen als das in den Standortansprüchen, im Vorkommen und in der Ertragsbildung ähnliche Rohrglanzgras. Er löst dieses andere, bei uns auftretende Hohe Militzgras nach der nassen Seite hin ab, wächst dort, wo das Grundwasser nach den monatelangen Winterüberschwemmungen Ende April auf 20—30 cm unter Flur herabsinkt, wo aber doch noch eine Durchlüftung der Hauptwurzelzone gegeben ist. Unbedingt notwendig für sein Wachstum ist ein nährstoff- und sauerstoffreicher Boden. Unter diesen nassen Verhältnissen, unter denen es gewöhnlich an Bodenluft mangelt, wird Sauerstoff durch die flutenden Überschwemmungen und durch das Auf und Ab des Grundwassers immer wieder herbeigeführt, sowie der Nährstoffreichtum durch die schlickreichen Wasser immer wieder gesichert. Bleiben die Überschwemmungen oder die Grundwasserbewegungen aus, so treten an die Stelle der Hohen Militzgräser die Sauergräser, die mit sehr wenig Sauerstoff in der Bodenluft vermittels ihrer luftführenden Gewebe auskommen und unter nährstoffärmeren Verhältnissen wachsen können. Gelegentlich bilden sich Wasserschwadenwiesen auch ohne Überschwemmungen.
Die Wiese des Wasserschwadens liefert von Natur hohe Massenerträge, obwohl sie zumeist nur von dem einen Gras gebildet wird und nur selten andere Gräser dazutreten und obwohl die Bestandesdichte mit bis zu 75% Lücken außerordentlich gering ist. In bestausgebildeter Form werden bis 150 dt Trockensubstanz/ha geerntet. Der Schnitt muß rechtzeitig, noch

vor dem Ährenschieben erfolgen, wenn das Gras als Futter befriedigen soll. Von Nachteil ist ferner, daß Gras von nassen Wiesen nicht immer gesund ist. Der Wasserschwaden wird oft von einem schädlichen Pilz (*Ustilago longissima*) befallen. Zuweilen treten auf den nassen Flächen auch giftige Unkräuter auf, so das giftige Gottesgnadenkraut (*Gratiola officinalis*). Überschwemmungen während der Vegetationszeit verschmutzen das Futter und schmälern zusätzlich seine Qualität. Zudem sind gleichmäßig gute Mannagraswiesen bei der Schwierigkeit ihrer Wachstumsbedingungen selten großflächig zu erhalten. Außerdem sind die Bewirtschaftungsmaßnahmen unter diesen Verhältnissen sehr erschwert.
Aus allen Gründen ist es heute richtig, eine Wasserregulierung auf den Flächen des Wasserschwadens anzustreben und wertvolle Futtergräser anzusäen.
Der Wasserschwaden kommt nur als Naturgras vor, Samen sind nicht im Handel.

Flutender Schwaden, Mannagras (*Glyceria fluitans* (L.) R. Br.) Bildtafel S. 111.

Der Flutende Schwaden wächst ähnlich wie der Wasserschwaden in und an fließenden Gewässern. Auf den nassen Überschwemmungswiesen tritt er, vor den Sauergräsern, an die Stelle von Wasserschwaden oder auch von Rohrglanzgras, sobald die Nährstoffverhältnisse weniger günstig werden. Sie können zu naß, sauerstoff- oder auch nährstoffärmer sein. Er wird begleitet vom Geknieten Fuchsschwanz (*Alopecurus geniculatus*) und vom Weißstraußgras (*Agrostis alba*). Die Erträge liegen beträchtlich niedriger als bei den Hohen Militzgräsern. Auch bei bester Ausbildung können nur mittlere Erträge, wenig über 50 dt Trockensubstanz/ha in zwei Schnitten, geerntet werden. Der Futterwert wird allerdings seltener durch zu späten Schnitt herabgesetzt.
Im Gegensatz zum Wasserschwaden ist der Flutende Schwaden beweidbar. Er bildet Weiden, die Militzweiden, unter noch nasseren Verhältnissen als das Echte Weißstraußgras (*Agrostis gigantea*), wird aber nicht so gern gefressen wie dieses, und seine Erträge sind nicht annähernd so hoch. Er treibt zwar frühzeitig aus, wird nicht leicht überständig und wächst gut nach. Trotzdem werden seine Weiden nicht sehr geschätzt, auch wenn sie frei sein sollten von Lungenwürmern und Leberegeln, und sind als geringwertig zu beurteilen. Man nennt dieses hellgrüne Gras „Wassergras", und ein stärkeres Hervortreten in nassen Jahren auf besseren Weiden wird mit Recht als Verschlechterung angesehen.
Auch vom Flutenden Schwaden gibt es Samen nicht im Handel, wohl aber wurden seine Früchte in manchen Gegenden früher zuweilen abgestreift und als „Mannagrütze" verwandt, die als Speise sehr beliebt war.

Faltiger Schwaden (*Glyceria plicata* Fries).

Der Faltige Schwaden wächst nur im Schlamm, aber wie alle Schwadengräser an quelligen Stellen und in Gräben. Auch verträgt er Salzwasser. Landwirtschaftlich ist er ohne jede Bedeutung. Der Faltige Schwaden kommt seltener vor als *Glyceria fluitans*, findet aber überall seine Verbreitung.
Glyceria plicata ist ein ausdauerndes Ausläufergras, blüht im Juni/Juli. Im Gegensatz zu *Glyceria fluitans* ist sein traubiger Blütenstand meist mehrästig und allseitswendig. Die Blattspreiten sind nur oberseits gerieft, das Blatthäutchen ist kurz, die Blattscheiden meist rauh oder kurz behaart.

Salz- oder Spreizschwaden, Salzschwingel (*Puccinellia distans* (Jacq.) Parl., *Glyceria distans* Wahlenb., *Atropis distans* Gris., *Festuca distans* Kunth) Bildtafel S. 144.

Meerstrandschwaden, Meerstrandschwingel (*Puccinellia maritima* (Huds.) Parl., *Glyceria maritima* L., *Atropis maritima* Gris., *Festuca thalassica* Kunth).
Beide Gräser kommen auf dem Salzgrasland vor und werden zusammen mit den übrigen Salzgräsern beschrieben (S. 245).

Mariengräser (*Hierochloë*-Arten).

Die Gattung *Hierochloë* umfaßt etwa zehn Arten der gemäßigten und kalten Zone beider Erdhälften, von denen nur die beiden folgenden Arten in Mitteleuropa sporadisch vorkommen.

Duftendes Mariengras (*Hierochloë odorata* (L.) P. B.) Bildtafel S. 112.

Ein ausläufertreibendes Gras auf zu nassem Grasland, zusammen mit den Niederseggen vorkommend. Wie das Ruchgras duftet es sehr stark nach Kumarin. An seinen glockenförmigen, braungelben Ährchen ist das schöne, aber landwirtschaftlich bedeutungslose Gras leicht zu erkennen.

Südliches Mariengras (*Hierochloë australis* (Schrad.) R. et Sch.).

Ein lockerrasiges, sehr seltenes, landwirtschaftlich bedeutungsloses Gras in Wäldern trockenwarmer Gegenden.

Honiggräser (*Holcus*-Arten).

Die Gattung enthält keine zehn Arten, die in Europa und Nordafrika zu Hause sind (Hegi 1965). Landwirtschaftlich treten die bei uns vorkommenden Honiggräser nur als Ungräser hervor, die aber sehr verbreitet sind.

Wolliges Honiggras (*Holcus lanatus* L.).

Weiches Honiggras (*Holcus mollis* L.).

Wolliges Honiggras (*Holcus lanatus* L.) Bildtafel S. 113.

Das Wollige Honiggras ist ein dichthorstiges, oft bültiges Gras auf vernachlässigten Wiesen und Weiden sehr verschiedener Feuchtigkeitslagen. Es fehlt wohl nur auf den trockensten und den extrem nassen Böden, wenn auch seine Wiesen weit in die nasse Lage hineingehen. Infolge seiner Anpassungsfähigkeit auch an unterschiedliche Bodenarten und Nährstoffbedingungen, sowie seiner hohen Produktion von frühreifen, weit verwehenden Samen mischt sich dieses universelle Gras auf allen lückigen Wiesen und Weiden leicht ein.

Reine Bestände bildet es vor allem auf den vernachlässigten moorigen und anmoorigen Grasländereien der feuchten Lage. Die Gelegenheit zum Eindringen ist auf diesen stark auffrierenden Böden über die Fehlstellen sehr günstig. Obwohl das wintergrüne Gras sehr spätfrostgefährdet ist, wird es aber gerade auf Moorböden dadurch nicht in seiner Ausbreitung zurückgehalten, sondern im Gegenteil durch die reiche Stickstoffquelle der lockeren Niedermoore sogar stark gefördert bis zur Ausbildung fast reiner Bestände.

In den Erträgen ist Honiggras unbefriedigend, obwohl es auf allen feuchteren Böden dem Augenschein nach an Menge mehr vortäuscht. Aber es ist leicht und wenig gehaltvoll. Auch wird es wegen der sammetartigen wolligen Behaarung fast aller Pflanzenteile von den Tieren nicht gern gefressen, auf den Weiden sogar verschmäht. Auf gutem Grasland ist es ein Ungras und zu bekämpfen.

Honiggras treibt früh und blüht früh. Es ist bei der Bekämpfung vor allem streng darauf zu achten, daß dieses so hoch samenproduktive und sehr früh reifende Gras nicht zum Aussamen kommt, auf der Wiese durch rechtzeitigen ersten Schnitt und auf der Weide durch Nachmähen. Alle Maßnahmen zur Förderung der wertvollen Gräser tragen dazu bei, seine Ausbreitung zu verhindern bzw. zu begrenzen. Durch physiologisch-saure Stickstoffdüngung wird es im Wachstum gefördert und durch kalkhaltige Düngung gehemmt. Nach Zürn (1964) soll es durch eine hohe und häufige Kalkgabe in Verbindung mit NPK-Düngung allmählich verdrängt werden. Bei stärkerer Verbreitung im Grasbestand wird man aber, besonders auf gutfeuchtem Grasland den Umbruch mit folgender Neuansaat vorziehen müssen.

Der Honiggrassamen war früher ein Hauptbestandteil der sogenannten Heublumensaat.
Auf dem Ackerland kommt das Wollige Honiggras nur gelegentlich vor, vor allem im Klee oder Kleegras, besonders wenn das Saatgut mit diesem Ungras verunreinigt ist.

Weiches Honiggras (*Holcus mollis* L.) Bildtafel S. 114.

Das Weiche Honiggras tritt als Quecke auf dem Acker sandiger Böden auf, im Mittelgebirge aber auch auf besseren Mineralböden, die sich in schlechtem Kulturzustand befinden. Dort kommt es nicht selten auch auf magerem Grasland vor. Seine Ausläufer bewegen sich in der normalen, bis 20 cm tiefen Ackerkrume. Die Bekämpfung ist nicht so schwierig wie die der Echten Quecke. Es weicht einer normalen guten Ackerkultur.
Auf dem Grasland ist das Weiche Honiggras wohl nur dann zu finden, wenn es aus Ackerland durch schlecht gelungene Ansaat oder Selbstberasung hervorgegangen ist. Es weicht auch hier guter Kultur, obwohl es ein ausdauerndes Gras ist.
Einen Hauptstandort hat das Weiche Honiggras außerdem auf Hochmoor und in Heidewäldern. Es wird deswegen auch Hochmoorquecke genannt.

Wildgersten (*Hordeum*-Arten).

Die Gattung *Hordeum* umfaßt neben den Kulturgersten auch Wildgersten, die in Europa, im gemäßigten Asien, in Nordafrika sowie in Nord- und Südamerika heimisch sind (Hegi 1965), davon kommen einzelne bei uns auch auf dem Grasland vor.

Mäusegerste (*Hordeum murinum* L.).
Wiesengerste, Roggengerste (*Hordeum secalinum* Schreb.).
Meerstrandgerste (*Hordeum marinum* Huds.).

Mäusegerste (*Hordeum murinum* L.) Bildtafel S. 115.

Ein überjähriges, landwirtschaftlich völlig bedeutungsloses Gras, das aber an Schuttstellen und Wegrändern sehr häufig verbreitet ist.

Wiesengerste, Roggengerste (*Hordeum secalinum* Schreb., *H. nodosum* aut.) Bildtafel S. 115.

Im Gegensatz zur Mäusegerste verdienen die natürlichen Bestände der ausdauernden Wiesengerste eine gewisse Beachtung. Im allgemeinen kommen sie allerdings sehr selten vor, treten aber hier und da einmal auf. Wirklich häufig sind sie nur in den Küstengegenden, wo sie sowohl gute Wiesen als auch gute Weiden abgeben, die allerdings nicht sehr ertragreich sind. Die Wiesengerste ist aber ein gern gefressenes, nährstoffreiches und frühwüchsiges Gras. Sie ist nicht ansaatwürdig, aber durchaus zu dulden.
Die Wiesengerste kommt nicht nur auf gewöhnlichem Grasland vor, sondern auch auf den Salzwiesen und -weiden. Auch dort wird sie sehr geschätzt. Von der nur auf Salzboden wachsenden einjährigen Meerstrandgerste ist sie allein durch ihre ausdauernden Horste ohne weiteres zu unterscheiden.

Meerstrandgerste (*Hordeum marinum* Huds., *H. maritimum* With.).

Ein unbedeutendes, bei uns sehr seltenes, meist auf den Salzwiesen der Nordsee gelegentlich vorkommendes, sehr kleines einjähriges Salzgras.

Schillergräser oder **Kammschmielen** (*Koeleria*-Arten).

Die Gattung *Koeleria* ist zahlreich vertreten und deren Arten haben eine sehr ausgedehnte Verbreitung auf der Erde, besonders in den Ländern der wärmeren Klimate, gefunden. In der gemäßigten Zone gehören sie zur Steppenformation. Nach Hegi zeichnen sie sich durch eine intensive Formenneubildung aus. Landwirtschaftlich hat bei uns keine Art eine Bedeutung erlangt. In unserem Gebiet treten vor allem die folgenden Arten auf:

Großes Schillergras (*Koeleria pyramidata* (LAM.) P. B.).

Zierliches Schillergras (*Koeleria macrantha* (LEDEB.) SCHULT.).

Blaues Schillergras (*Koeleria glauca* (SCHKUHR) DC.).

Großes Schillergras **Große Kammschmiele,** (*Koeleria pyramidata* (LAM.) P. B., *K. cristata* aut.) Bildtafel S. 116.

Das Große Schillergras ist ein horstiges Schafhutungsgras der Kalkrasen, und zwar nicht der ausgesprochenen Trocken-, sondern mehr der Halbtrockenrasen.

Zierliches Schillergras, Zarte Kammschmiele (*Koeleria macrantha* (LEDEB.) SCHULT., *K. gracilis* PERS., *K. cristata* PERS.).

Das Zierliche Schillergras besiedelt ähnliche Standorte wie das Große Schillergras und ist ähnlich wie dieses landwirtschaftlich ohne Bedeutung.

Blaues Schillergras **Blaue Kammschmiele,** (*Koeleria glauca* (SCHKUHR) DC.) Bildtafel S. 116.

Das Blaue Schillergras bildet auf ärmsten, nicht bewirtschafteten Sandböden ähnliche Fluren wie das Silbergras (*Corynephorus canescens*) oder tritt dort auch mit diesem zusammen auf. Die Schillergrasfluren sind wohl etwas seltener bei uns. Eine Bedeutung haben sie nur für die Festlegung des losesten Sandes und sind aufgrund dieser Eigenschaft bei der Bewachsung der Dünen beteiligt.

Wilder Reis, Queckenreis (*Leersia oryzoides* (L.) SW., *Oryza clandestina* (WEBER) A. BR.) Bildtafel S. 117.

Der Wilde Reis bildet die einzige Art der in den Tropen hauptsächlich verbreiteten Gattung *Leersia*, die in Mitteleuropa vorkommt. Er ist eine wärmeliebende Sumpfpflanze der Röhrichte und hat landwirtschaftlich bei uns keine Bedeutung. In den Balkanländern tritt er aber als gefährliches, queckenartiges Ungras der Mais- und Reisfelder auf.

Weidel- und Lolchgräser (*Lolium*-Arten).

Zu *Lolium* gehören nur wenige Arten, von denen fast alle auch bei uns vorkommen. Europa, Nordafrika und das gemäßigte Asien sind das natürliche Verbreitungsgebiet dieser Gattung. Sie umfaßt einjährige und ausdauernde Arten. Es gehören dazu unsere wichtigsten Futtergräser, aber auch Ungräser. Die Futtergräser werden meist Weidel- oder auch Raygräser genannt, die Ungräser Lolchgräser.

Ausdauerndes Weidelgras (*Lolium perenne* L.).

Welsches Weidelgras (*Lolium multiflorum* LAM.).

Einjähriges Weidelgras (*Lolium multiflorum* LAM. var. *westerwoldicum*).

Bastard-Weidelgras (*Lolium hybridum* HAUSSK.).

Wiesenschweidel (*Festulolium braunii* (K. RICHT.) A. CAMUS)

Taumellolch (*Lolium temulentum* L.).

Leinlolch (*Lolium remotum* SCHRANK).

Ausdauerndes Weidelgras, Englisches Raygras (*Lolium perenne* L.) Bildtafel S. 119.

Das Ausdauernde Weidelgras ist das beste Weidegras auf allen schweren Böden in klimatisch feuchteren Gebieten mit nicht allzu rauhen oder auch schneereichen Wintern, also vor allem im milden Seeklima. Dort hat es eine feste Stellung auch im Kleegrasbau zur Weidenutzung.
Das Ausdauernde Weidelgras ist ein ausgesprochenes Weidegras, das allein dichteste Narben zu bilden vermag. Seine Horste sind mehr ausgebreitet, durch kurze Ausläufer rasig verbunden, und seine Bestände können ungemein dicht, bürstendicht sein. C. A. Weber (1929) zählte „in dem kurzgeweideten, sammetdichten Rasen alter Marschweiden Nordwestdeutschlands im Hochsommer rund 5000 bis 9000 Triebe auf 1/4 qm". Infolge seiner hohen Triebzahl, vor allem an Blatttrieben, ist *Lolium perenne* stark regenerationsfähig und zeichnet sich durch ein intensives Nachwuchsvermögen aus. Es verträgt nicht nur den Biss und Tritt der Tiere sehr gut, sondern reagiert darauf mit vermehrtem vegetativen Wachstum, d. h. mit dem vermehrten Treiben von Blatttrieben. Auch bei häufiger Nutzung auf der Weide bringt es sehr hohe Erträge eines schmackhaften Futters von hoher Verdaulichkeit und geringem Rohfasergehalt, das von den Tieren sehr gern gefressen wird, solange es nicht zur Halmbildung kommt. In der Energiekonzentration sowie im Gehalt an verdaulichem Rohprotein, an Mineralstoffen und Spurenelementen gehört es zu den besten Gräsern.
In seiner bestausgebildeten Form als Weidegras ist das Ausdauernde Weidelgras allerdings sehr anspruchsvoll an die Standortsbedingungen. Nur in Trittpflanzengesellschaften zeigt es sich relativ anspruchslos. Hier kommt es aber nicht deshalb vor, weil ihm ein kümmerlicher Standort besonders zusagt, sondern da es das dauernde Getretenwerden verträgt, das die Konkurrenz vieler anderer Pflanzen auf solchen Trittstellen ausschließt, auch wächst es dort entsprechend schlecht. Zur dichten Dauerweiderasenbildung verlangt es einen sehr gut mit Nährstoffen versorgten Boden. Es ist das Weidegras der dichtgelagerten, schweren, nährstoffreichen Mineralböden, das Hauptweidegras bester toniger See- und Flußmarschen, und zwar nicht der feuchten, sondern mehr der ackerfähigen Lagen. Es verlangt Bodenfrische, die nassen Lagen meidet es ebenso wie die trockenen, aber geht von der frischen einerseits in die frischfeuchte und andererseits in die nicht mehr ganz frische Lage über. Auf den lockeren Moorböden ist es auswinterungsgefährdet und seine Ausdauer geringer, ebenso in den rauhen Mittelgebirgslagen. Es leidet unter langer Schneebedeckung, verträgt keine harten Winter und ist spätfrostempfindlich. Im sommerkühlen und wintermilden Küstenklima sind seine klimatischen Ansprüche an sich am besten erfüllt. Die Gefährdung durch eine langandauernde, bis in den März hineingehende Schneebedeckung findet vor allem seine Ursache in der Neigung des Ausdauernden Weidelgrases, wintergrün zu bleiben und zeitig, ausgangs Winter, mit dem Wachstum zu beginnen. Der Befall mit *Fusarium nivale* und auch anderen Pilzen, eine bei vielen Futterpflanzen entscheidende Auswinterungsursache, abgesehen von der physiologisch bedingten Kälteempfindlichkeit, die besonders nach Kahlfrösten zu einem Erfrieren führt, wird dadurch stark begünstigt. Zur Verminderung dieser Gefahr ist generell zu beachten, daß das Weidelgras möglichst kurz genutzt, wenn auch nicht überanstrengt, in den Winter geht.
Das Ausdauernde Weidelgras wurzelt, nach Untersuchungen von Witte (1929) und M. Wetzel in der Altmärkischen Wische bis zu einer Tiefe von 1 m. Auf Mischungspartner übt es eine stark verdrängende Wirkung aus, und zwar um so stärker, je besser ihm die Wachstumsbedingungen zusagen.
Von den mehrjährigen Futtergräsern ist *Lolium perenne* am intensivsten züchterisch bearbeitet worden, sowie es auch zu den ältesten kultivierten Futtergräsern bei uns gehört. Im 17. Jahrhundert wurde es bereits in England angebaut und von dort als „Englisches

Raygras" in viele Länder verbreitet (KNOLL und BAUER, Hdb. Pflanzenzüchtung, Bd. III, 1943). Große Verdienste an der Weidelgraszüchtung kommen HANS LEMBKE*) zu.
Die meisten Zuchtsorten sind Weidetypen mit starker Differenzierung im Zeitpunkt des Blütenstandsschiebens, die zu einer gestaffelten Nutzungsreife von Mitte Mai bis Mitte Juni führen. Nach Untersuchungen u. a. von G. WACKER (1982) sind die späten Nutzungstypen, die zum ersten Aufwuchs erst Mitte Juni mit dem Blütenstandsschieben beginnen, den frühen und mittelfrühen Sorten im Ertrage nicht unterlegen. Ein verzögertes Frühjahrswachstum wird durch einen besseren Nachwuchs in den Sommermonaten wieder ausgeglichen. Der dadurch bedingte gleichmäßigere Futteranfall während der Vegetationszeit ist für die Weidenutzung von besonderem Vorteil. Späte Sorten haben zu ihrer normal späten ersten Nutzung noch einen hohen Futterwert. Sie sind im allgemeinen ausdauerfähiger, was in erster Linie auf die Wachstumsverzögerung im zeitigen Frühjahr zurückzuführen ist, wodurch die Auswinterungsgefahr geringer wird und der Anbau in auswinterungsgefährdeten Lagen möglich wird. Außerdem ist ihre Bestockung meist eine intensivere als bei den frühen Sorten, die Narbe ist daher dichter und auch die Verunkrautungsgefahr dadurch geringer. Nach BAUDIS (1970) steht die bessere Bestockung spätschossender Formen auch im Zusammenhang mit der guten Sommerproduktivität infolge ihrer besseren Nachtriebsleistung. In neuerer Zeit sind allerdings auch einige frühe Sorten mit guter Persistenz und Bestockung herausgezüchtet worden.
Wenig beachtet wurde bisher in der Züchtung die Variabilität in der Verzweigung des Wurzelstockes. Bei der Bedeutung des Ausdauernden Weidelgrases auch in Hinsicht der Ausbreitungsmöglichkeiten auf andere Böden und unter anderen klimatischen Verhältnissen wollen wir auf einen Artikel von C. A. WEBER (1929) hinweisen, in dem er noch kurz vor seinem Tode der Züchtung wichtige Hinweise gibt und die Aufmerksamkeit besonders auf die ausläufertreibenden Formen von *Lolium perenne* zu lenken wünschte. Sie scheinen nicht nur eine insgesamt noch bessere Weideeignung aufzuweisen, sondern auch eine größere Widerstandsfähigkeit gegen Auswinterung und Dürre zu versprechen. In diesem Zusammenhang weist er auf die früher so beliebte sogenannte „Butjadinger Grassaat" hin, deren von Praktikern erprobter Wert auf das Vorhandensein vieler ausläufertreibender Formen des Ausdauernden Weidelgrases zurückzuführen sei.
In dem umfangreichen internationalen Weidelgrassortiment gibt es diploide und tetraploide Zuchtsorten. Sei weisen im allgemeinen keine großen Unterschiede im Nährstoffertrag auf. Der höhere Grünmasseertrag tetraploider Sorten wird durch einen höheren Trockensubstanzgehalt der diploiden Sorten meist ausgeglichen. Tetraploide Sorten zeichnen sich jedoch durch eine noch bessere Schmackhaftigkeit infolge eines höheren Gehaltes an leichtlöslichen Kohlehydraten aus und sollen außerdem krankheitsresistenter sein. Sie entsprechen im Wuchstyp mehr einem Mähtyp. Sie sind hochwüchsiger, infolge der Zellenvergrößerung sind Blatt und Stengel stärker entwickelt, die Stengel sind dicker, die Blätter breiter. Ihre Bestandesdichte ist dagegen geringer. Sie sind für die Mähnutzung auf Grasland und für den Kleegrasbau zum Mähen besser geeignet, während *Lolium perenne* sonst, im Gegensatz zum Wiesenschwingel, kaum eine Bedeutung als Mähegras hat.

---

*) HANS LEMBKE, 28. Mai 1877 — 7. März 1966, Malchow auf Poel. Zu den Kulturpflanzen, die von H. LEMBKE züchterisch bearbeitet wurden, gehören Winterraps, Winterrübsen, Winterweizen, Hafer, Kartoffeln, Rotklee, Glatthafer, Ausdauerndes Weidelgras und Welsches Weidelgras. Von diesen haben, abgesehen von den Kartoffeln, die Zuchtsorten der Ölpflanzen und der Futterpflanzen eine besonders große Bedeutung erlangt. Ihr Züchter hat sie eimal als „seine liebsten Pflanzenkinder" bezeichnet (G. SCHRÖDER-LEMBKE). Unsere Sorten ‚Marino', ‚Marino-Spätling' vom Ausdauernden Weidelgras, sowie ‚Marino' vom Welschen Weidelgras gingen auf seine Züchtungen zurück. H. LEMBKE war einer der großen, begnadeten Züchter unserer Kulturpflanzen, dessen außerordentliche Erfolge in der Pflanzenzüchtung in „seiner großen Naturverbundenheit, ausgeprägten Beobachtungsgabe und seltenen Vielseitigkeit begründet waren" (MÖLLER 1977).

Bei der Ansaat tetraploider Sorten ist die um etwa 40%ige höhere Tausendkornmasse und die dementsprechend höhere Ansaatmenge zu beachten, wenn ihre Samen auch eine bessere Triebkraft besitzen.
Mit der Weiterentwicklung der Züchtung hat das Ausdauernde Weidelgras an Bedeutung noch gewonnen. Schon jetzt ist es das Weidegras der schwereren Böden auch im Binnenland, die bei reichlicher Düngung in den Erträgen guter Marschweiden nicht viel nachstehen, wenn das Klima nicht ausgesprochen trocken ist. Zunehmend ist es auch auf den grundwasserbeeinflußten Sand- und Moorböden sowie in den Vorgebirgs- und Mittelgebirgslagen zu einem wichtigen Weidegras geworden. Doch nirgendwo finden sich wohl diese dichten, lückenlosen, hochertragreichen Bestände des Ausdauernden Weidelgrases wie auf den besten Marschböden der Nordsee.
Das Ausdauernde Weidelgras hat eine sehr schnelle Jugend- und Frühjahrsentwicklung und wirkt auf andere Arten stark verdrängend. Auf weidelgrassicheren Standorten sind ähnlich wie beim Knaulgras daher Reinsaaten vorzuziehen. In Ländern mit für Weidelgras besonders günstigen Standorts- und Klimabedingungen werden zur Anlage von Dauerweiden Gemische von tetraploiden und diploiden Weidelgrassorten empfohlen und angebaut. In Graslandmischungen mit anderen Graspartnern ist das Ausdauernde Weidelgras nur mit niedrigen Saatmengenanteilen aufzunehmen. Bereits bei 5 kg/ha setzt es sich ausreichend stark durch.
Im ein- und überjährigen Ackergrasbau hat das Ausdauernde Weidelgras kaum eine Bedeutung, hier werden die kurzlebigen, ertragsreicheren Weidelgräser, Einjähriges, Welsches und Bastard-Weidelgras im allgemeinen bevorzugt. Im zweijährigen Ackerfutterbau, insbesondere für Beweidung, wird es dagegen stärker berücksichtigt. Schon immer hat es im Kleegrasbau eine große Rolle gespielt. Die zweijährigen Morsoekleegrasweiden Angelns und Dänemarks enthielten stets auch Ausdauerndes Weidelgras. Bei uns ist das mittelspäte, tetraploide Ausdauernde Weidelgras ein wichtiger Graspartner im Rotkleegrasbau.
Der Samenbau des Ausdauernden Weidelgrases ist einfach. Es eignen sich alle besseren Mineralböden, nicht aber ausgesprochene Sand- und Moorböden. Anbau, Pflege und Mähdrusch bereiten keine besonderen Schwierigkeiten. Saatguterträge über 10 dt/ha sind keine Seltenheit.
Das früher im Handel manchmal angebotene „Feinblättrige Raygras" (*Lolium tenue*) ist keine besondere Sorte. Es handelt sich dabei um die kleinen Samen aus der Spitze der Ährchen von *Lolium perenne*, die die normale Tausendkornmasse von 1,8 g nicht erreichen und aus bester, erstklassiger Saat herausgereinigt wurden.
Von *Lolium perenne* gibt es neben dem Artbastard *Lolium hybridum* auch verschiedene Gattungsbastardformen. So sind aus natürlichen und künstlichen Kreuzungen mit *Festuca*-Arten mehrere *Festulolium*-Arten entstanden. Dazu gehören *Festulolium loliaceum* (Huds.) P. Fourn., eine Kreuzung von *Festuca pratensis* mit *L. perenne*, und *Festulolium holmbergii* (Dörfl.) P. Fourn., eine Kreuzung von *Festuca arundinacea* mit *L. perenne*.
Lolium perenne findet auch als Rasengras Verwendung und bürgert sich immer mehr ein. Neben geeigneten Futtersorten liegen in mehreren Ländern viele Rasensorten vor. Für die Rasennutzung eignen sich nur späte, ausdauernde Sorten, die im Wuchs dem Weidetyp sehr nahe stehen.

Welsches Weidelgras, Italienisches Raygras (*Lolium multiflorum* Lam., *L. italicum* A. Br.) Bildtafel S. 120.

Das Welsche Weidelgras ist wegen seiner Froh- und Massenwüchsigkeit das wichtigste und ertragsreichste Gras unseres Ackerfutterbaus. Als überjährige bis zweijährige Pflanze übersteht es, im Spätsommer bzw. bereits im Frühjahr angesät, nur den ersten Winter ziemlich sicher, den zweiten aber nur zum Teil. Wegen seiner Kurzlebigkeit eignet es sich daher

nur für den Zwischenfrucht- sowie den einjährigen bis einmal überwinternden Hauptfruchtfutterbau.
Das Welsche Weidelgras verlangt zu einer hohen Ertragsbildung viel Feuchtigkeit und eine gute Nährstoffversorgung. Obgleich es feuchte, lehmige Mineralböden bevorzugt, bringt es auch auf Sand-, Anmoor- und Moorböden bei reichlicher Wasser- und Nährstoffversorgung hohe Erträge. Auf trockenen Böden gedeiht es schlecht. Länger anhaltende Trockenzeiten im Sommer wirken stark ertragsmindernd. Es liebt feuchtwarme Sommer und milde Winter, ist gegen strenge Kälte, langanhaltende Schneebedeckung oder starke Kahlfröste sehr empfindlich und daher stark auswinterungsgefährdet ebenso wie alle *Lolium*-Arten. Darum ist auch sein Anbau in den Mittelgebirgslagen begrenzt. Wie bei allen überwinternden Weidelgräsern treten nicht selten Schädigungen durch den Befall von *Fusarium nivale* und anderen Pilzen auf, vor allem wenn die Weidelgrasbestände zu üppig entwickelt in den Winter kommen.
Die größte Anbaubedeutung hat Welsches Weidelgras im einjährigen Hauptfruchtfutterbau. Mit 30—40 kg/ha Ende August in Reinsaat angesät, bringt es auf zusagenden feuchten und nährstoffreichen Standorten, bei Beregnung und starker Stickstoffdüngung, im folgenden Hauptnutzungsjahr Erträge bis zu 160 dt Trockensubstanz/ha in vier Nutzungen. Bei rechzeitigem ersten Schnitt, zu Beginn des Blütenstandsschiebens und bei nicht zu langen Nachwuchszeiten liefert es ein sehr nährstoffreiches Futter mit hoher Verdaulichkeit und geringem Rohfasergehalt. Mit zunehmend verspätetem ersten Schnitt vermindern sich die Nachwuchserträge erheblich, die ohnehin im Vergleich zum sehr ertragreichen ersten Aufwuchs stark abfallen. Da Welsches Weidelgras schnell nachschoßt, müssen die Nachwuchszeiten kurz gehalten werden. Das stark ausgeprägte Nachschossen ist unerwünscht, da sowohl die Futterqualität als auch die Bestandesdichte dadurch negativ beeinflußt werden.
Bei Frühjahrsansaat zum einjährigen Hauptfruchtfutterbau, was auch möglich ist, sind die Erträge jedoch weitaus geringer als nach Spätsommeransaat, können sich aber mit denen vom Einjährigen Weidelgras messen. Da aber der Vernalisationsbedarf vom Welschen Weidelgras dann nicht befriedigt wird, bringt es im Gegensatz zum Einjährigen Weidelgras fast nur Blattmasse, doch von sehr nährstoffreicher Qualität und außerdem höhere Nachwuchserträge nach einem geringeren 1. Schnitt. Bei Frühjahrsansaat ist es am zweckmäßigsten, beide kurzlebigen Weidelgräser im Gemisch zu etwa gleichen Anteilen anzubauen.
Neben dem Winterroggen ist das Welsche Weidelgras das wichtigste Gras im Winterzwischenfruchtbau, das vor dem Roggen vor allem den Vorteil hat, daß es besser für die Futterkonservierung geeignet ist. In der ursprünglichen Mischung in Form des Landsberger Gemenges mit 20 kg/ha Welschem Weidelgras + 20 kg/ha Inkarnatklee + 30 kg/ha Winterwicke, das durch W. Fischer in den zwanziger Jahren eingeführt wurde, wird es heute kaum noch angebaut, sondern mehr in Form des Wickgrasgemenges mit 20 kg/ha Welschem Weidelgras + 40 kg/ha Winterwicke oder in Form des Reinanbaus von Welschem Weidelgras mit 30—40 kg/ha Saatmenge je nach Sorte. Ende August/Anfang September ausgesät, liefert das Welsche Weidelgras bzw. Wickgrasgemenge auch auf leichteren, nicht mehr kleefähigen Böden Ende Mai/Anfang Juni bei einer Düngung von 100 kg N/ha Erträge bis zu 100 dt Trockensubstanz/ha in einem Schnitt. Die hohen Feuchtigkeitsansprüche des Welschen Weidelgrases werden auch auf leichteren Böden aus der Winterfeuchtigkeit durchweg befriedigt. Allerdings gehen die sehr hohen Erträge der Winterzwischenfrucht auf Kosten der folgenden Frucht. Der Boden ist an Wasser sehr erschöpft, und die Nachfrüchte leiden darunter, wenn nicht genügend Regen folgt. Bewährt hat es sich auch, den Nachwuchs des Welschen Weidelgrases zur Samengewinnung zu nutzen. Bei einer Nachdüngung von 40 kg N/ha erntet man, wenn der Regen nicht ausbleibt, in den ersten Augusttagen über 6 dt Weidelgrassamen/ha.

Am längsten gebräuchlich ist die Verwendung des Welschen Weidelgrases im einjährigen Rotkleegrasbau zur Mähnutzung. In den klimatisch milden und feuchten Gegenden wurde es auf allen mittleren und besseren Böden unter den Gräsern fast allein berücksichtigt mit einem Mengenanteil von 4 bis 6 kg/ha zu 12 bis 16 kg Rotklee/ha. Es trägt zur Ertragssicherheit, zu höheren Nährstofferträgen und zu besseren Nutzungseigenschaften des gewonnenen Futters bei. Höhere Mengen an Grassaat darf man nicht beigeben, da Welsches Weidelgras bei seiner raschen Jugendentwicklung zu stark verdrängend wirkt. Heute überwiegt die Beisaat eines mittelspäten tetraploiden Ausdauernden Weidelgrases bzw. Wiesenschweidel und in den rauhen Lagen, wo die Gefahr der Auswinterung besteht, wählt man Wiesenschwingel und Timothee als Partner zum Rotklee.
Für mehrjährige und ausdauernde Graslandansaaten ist *Lolium multiflorum* wegen seiner Kurzlebigkeit nicht geeignet. Früher wurde es in geringen Mengen von 2 kg/ha Saatmischungen für Dauergrasland beigegeben, um schnell hohe Anfangserträge zu erzielen, solange die eigentlichen Dauergräser noch nicht in vollem Wachstum standen. Wegen seiner schnellen Jugendentwicklung und auch seines üppigen Wuchses wirkt es aber auf seine Mischungspartner stark verdrängend, und auch eine geringe Beisaat hat sich, abgesehen vom ebenfalls konkurrenzstarken Knaulgras, daher im allgemeinen nicht bewährt. Hinzu kommt, daß *Lolium multiflorum* ein sehr dichtes, fein verzweigtes, zur Sproßbasis stark verfilztes Wurzelnetz ausbildet, das zwar nicht sehr tief, aber dafür sehr in die Breite geht und in den Wurzelraum seiner Partner stark eingreift (LAMPETER 1959/60, KUTSCHERA 1960).
WERNER (1889) führt die große Schnellwüchsigkeit dieses Grases zum Teil auf die Bildung zahlreicher Wurzelfasern aus den unteren Halmknoten zurück, wodurch die Nährstoffaufnahme auf feuchtem Boden und ganz besonders bei Hinzufügung von nährstoffreichem Wasser sehr begünstigt wird.
Eine zunehmende Bedeutung hat das Welsche Weidelgras daher im Ackergrasbau mit Abwasser- und Gülleeinsatz gewonnen. Es vermag hohe Gülle- oder Abwassermengen besonders gut auszunutzen. Bei Gülleanwendung von 4×50 m^3/ha mit Bewässerung sowie auf Rieselwiesen erreicht es Grünmasseerträge von 800 dt/ha. Das ebenfalls auf Gülledüngung sehr ansprechende Knaulgras bringt demgegenüber 600 dt Grünmasse/ha im Höchstfalle, hat aber als ausdauerndes Gras den Vorteil, daß es nicht jedes Jahr neu angesät werden muß.
Von *Lolium multiflorum* stehen sowohl diploide als auch tetraploide Sorten zur Verfügung. Im allgemeinen finden die tetraploiden Sorten für den einjährigen Hauptfutterbau eine größere Anbauverbreitung. Sie sind hoch- und trotz geringerer Bestandesdichte sehr massenwüchsig und zeichnen sich wegen des höheren Zuckergehaltes, der dem Welschen Weidelgras ohnehin, sowie allen Weidelgräsern eigen ist, durch besondere Schmackhaftigkeit und Silierfähigkeit aus. Die diploiden Sorten eignen sich mehr für den Winterzwischenfruchtbau. Wegen der besseren Winterfestigkeit haben sie auch eine größere Anbaubedeutung in den Höhenlagen. Bei der Ansaat ist die höhere Tausendkornmasse und die dementsprechend höhere Ansaatmenge der tetraploiden Sorten zu beachten, wenn auch ihre Triebkraft eine bessere ist.
Der Samenbau ist wie bei *Lolium perenne* einfach und bietet keine Schwierigkeiten. Obwohl der Kornsitz an Festigkeit noch nicht befriedigt, erfolgt die Ernte bei Vollreife mit dem Mähdrescher.

Einjähriges Weidelgras, Westerwoldisches Weidelgras (*Lolium multiflorum* LAM. var. *westerwoldicum*).

Das Einjährige Weidelgras ist eine nicht winterfeste, also nur einjährige Abart des Welschen Weidelgrases. Es ist ganz besonders schnell- und auch massenwüchsig und hat wegen dieser Besonderheiten als kurzlebige Grasart neben *Lolium multiflorum* eine besondere Stellung im Ackerfutterbau. Es eignet sich für den einjährigen Haupt-, Zweifrucht- und Sommerzwischenfruchtanbau. Ebenso wie das Welsche Weidelgras stellt es hohe Ansprüche an die Wasser- und Nährstoffversorgung.

Bereits um 1900 empfahl J. HUNTEMANN, dieses Gras als einjährige Hauptfutterpflanze anzubauen. Auf feuchteren Böden bringt es bei früher Aussaat im Frühjahr und bei starker Düngung, namentlich bei hoher Stickstoffdüngung, vier vollwertige Schnitte im Jahr. Erträge bis zu 100 dt Trockensubstanz/ha und 20 dt Rohprotein/ha sind erreichbar. Stark ertragsfördernd wirkt sich neben einer hohen Stickstoffdüngung zu jedem Schnitt eine Zusatzberegnung aus. Ebenso wie das Welsche Weidelgras verwertet diese Art Wasser und Stickstoff, auch in Form von Gülle und Abwasser, sehr gut.

Als Winterzwischenfrucht scheidet das Einjährige Weidelgras wegen geringer Winterfestigkeit aus. Als Untersaat im Frühjahr hat es nur eine geringe Bedeutung, da es die Hauptfrucht überwächst. Als Zweitfrucht und im Stoppelfutterbau liefert es bei guter Wasser- und Stickstoffversorgung nach sehr frühen Vorfrüchten ein bis zwei Schnitte.

Immer mehr geht man aber vom Reinanbau mit diesem Grase ab. Stattdessen wird es zusammen mit Welschem Weidelgras, seinem größten Konkurrenten, zu etwa gleichen Teilen von 20 kg/ha angebaut. Das Welsche Weidelgras verbessert dann durch seine bei Frühjahrsansaat vorwiegend nachwuchsfähigen Blatttriebe die Nachwuchserträge, die beim Einjährigen Weidelgras durch ein immer schlechter werdendes Blatt-Stengelverhältnis stark abfallen.

Eine spezielle Anbaubedeutung kommt dem Einjährigen Weidelgras auf feuchten Niedermoorböden zu. Auf diesen Standorten, die für einen Intensivgrasbau besonders geeignet sind, treten leicht Auswinterungschäden auf, die kurzfristig mit diesem schnellebigem Gras ausgeglichen werden können. Außerdem trägt es bei Graslandneuansaaten in seiner stark verdrängend wirkenden Eigenschaft durch kurzfristige Zwischennutzung zur Unkrautunterdrückung auf diesen unkrautwüchsigen Böden bei, wie sich überhaupt allgemeiner beim Graslandumbruch die Zwischennutzung von kurzlebigen Weidelgräsern eingeführt hat (MÜLLER, K., KREIL, W., KRANICH, E. 1975).

Eine Anbaubedeutung hat das Einjährige Weidelgras ferner als Gemengepartner von Leguminosen, insbesondere von Futtererbsen und vor allem von dem ebenfalls einjährigen, schnell- und massenwüchsigen Persischen Klee (*Trifolium resupinatum* L.).

Einjähriges Weidelgras ist sehr wasser- und eiweißreich und läßt sich ähnlich dem Welschen Weidelgras schwer zu Heu gewinnen.

Im Sortiment sind sowohl diploide als auch tetraploide Sorten. Die größte Anbauverbreitung haben tetraploide Sorten.

Der Samenbau ist sehr einfach. Die Saatguternte erfolgt bereits im Ansaatjahr. Da kein Winter zu überstehen ist, eignen sich auch Moorböden.

Bastard-Weidelgras (*Lolium hybridum* HAUSSK.).

Das Bastard-Weidelgras ist eine Zwischenform zwischen dem Welschen und dem Ausdauernden Weidelgras, hervorgegangen aus natürlicher und künstlicher Kreuzung zwischen beiden Arten. Es ist etwas längerlebiger und durchweg blattreicher als Welsches Weidelgras. Derzeitig gibt es in verschiedenen Ländern mehr als 20 zugelassene Sorten, sowohl diploide als auch tetraploide. Sie finden in erster Linie für den zweijährigen Ackergras- und Kleegrasbau Verwendung. Am häufigsten sind dabei Frühjahrsansaaten mit einmaliger Überwinterung. Nach zweimaliger und besonders nach dreimaliger Überwinterung geht der Ertrag doch bereits erheblich zurück, zumal unter unseren mehr kontinentaleren Bedingungen.

Wiesenschweidel (*Festulolium braunii* (K. Richt.) A. Camus)

Im Gegensatz zum Bastard-Weidelgras sind die *Festulolium*-Arten aus Kreuzungen von Schwingelgräsern mit Weidelgräsern winterfester und ausdauernder. Der als **Wiesenschweidel** bezeichnete Gattungsbastard aus der Kreuzung von *Festuca pratensis* mit *Lolium multiflorum* ist in der Futterqualität und im Ertrag des ersten Nutzungsjahres dem Bastard-Weidelgras annähernd gleichwertig, verfügt aber über eine bessere Leistungsdauer. Er hat eine Anbaubedeutung für den mehrjährigen Ackergras-, Kleegras- und Luzernegrasbau sowie für das Saatgrasland mit einem Ansaatturnus bis zu 5 Jahren. Im Ackergrasbau wird er in Reinsaat mit 35 kg/ha und auf Wiesen und Weiden mit 20 kg/ha in einer Saatmischung angesät. Durch die Einkreuzung von Wiesenschwingel ist der Wiesenschweidel im Vergleich zum Welschen Weidelgras weniger auswinterungsgefährdet und im Nachwuchs blattreicher. Das Nachschossen nach dem Schnitt ist geringer und verläuft nicht so schnell. Jährlich 3 bis 4 Schnitte haben sich als am günstigsten erwiesen (Wacker, G., Netzband, K., Kaltofen, H., 1984).

Ebenso wie von Bastard-Weidelgras wird bei uns auch die Züchtung von *Festulolium*-Bastarden betrieben. Das Hauptproblem bei *Festulolium*-Arten, die Überwindung der Bastardsterilität, konnte bei Wiesenschweidel mit Saatguterträgen um 7 dt/ha gelöst werden. Die Saatguterzeugung erfolgt wie beim Welschen Weidelgras, unbedingt aber zum ersten Aufwuchs.

Taumellolch (*Lolium temulentum* L.) Bildtafel S. 121.

Der Taumellolch ist ein einjähriges Sommergetreideunkraut, das vor einem Jahrhundert noch stark verbreitet und wegen der Giftigkeit seiner Samen sehr gefürchtet war. Grün ist das Gras dagegen ungefährlich. Der Traumellolch streut seine Samen kaum vor der Ernte aus, sondern diese werden mit dem Sommergetreide eingeerntet. Als Unkraut kommt er nur vor, wenn er mit dem Saatgut wieder ausgesät wird. Er ist ebenso einseitig wie Roggentrespe, Kornrade und Leinlolch der Verbreitung über das Saatgut angepaßt. Im Boden ruhende Samen vergehen innerhalb eines Jahres. Im Wintergetreide setzt sich der Taumellolch nicht durch, da im Herbst auflaufende Pflanzen erfrieren und den Winter nicht überstehen. Eine Fruchtfolge, die außer dem Sommergetreide auch noch Wintergetreide berücksichtigt, bringt ihn bereits zum Verschwinden, wenn keine Neuinfektion durch das Sommergetreidesaatgut stattfindet. Mit dem Aufkommen der modernen Saatgutreinigung ist dem Taumellolch jede Daseinsmöglichkeit auf dem Acker genommen. Seit langem ist er daher als Ungras bei uns so gut wie unbekannt. Ein Übergreifen auf den Acker kann höchstens gelegentlich von den Ackerrainen aus geschehen.

Die Körner des Taumellolchs sind ebenso wie die des Leinlolchs vielfach von einem Pilz befallen. Ein dichtes Geflecht von Pilzhyphen zieht sich zwischen Nuzellargewebe und Aleuronschicht. Infizierte Körner bringen wieder infizierte Körner hervor. Man vermutet, daß die Giftigkeit von Taumel- und Leinlolch mit diesem Pilzbefall zusammenhängt.

Leinlolch (*Lolium remotum* Schrank) Bildtafel S. 122.

Der Leinlolch soll aus dem Taumellolch hervorgegangen sein. Die Samen sind etwas kleiner und mehr oder weniger unbegrannt. Im Gegensatz zum Taumellolch tritt er heute gelegentlich noch auf dem Acker im Lein auf. Das liegt daran, daß die Lolchsamen in Form und Schwere so sehr dem Leinsamen ähneln, daß der Befall nicht ohne weiteres im Saatgut kenntlich ist, und eine Trennung nur teilweise gelingt. Die Saatgutreinigung kann daher nur über Magnettrommeln geschehen, ähnlich wie bei der Entfernung von Kleeseidekörnern aus Rotkleesaat.

Der Leinlolchbesatz wird mit Recht sehr gefürchtet und bei der Saatgutanerkennung entsprechend geahndet. Die Halme des Lolches vergehen ebenso wie die der Quecke oder des Getreides beim Rösten nur teilweise und die verbleibenden Reste setzen die Faserqualität sehr herab. Es müssen deshalb möglichst alle Lolchpflanzen, die sich im Leinbestand zeigen, entfernt werden. Außerdem ist der Leinlolchsame giftverdächtig. Ebenso wie beim Taumellolch wird er von einem Pilz befallen.

Perlgräser (*Melica*-Arten).

Die *Melica*-Arten sind in den gemäßigten Zonen verbreitet. Die etwa 30 Arten umfassende Gattung spielt im Graslandbau keine Rolle.

Wimperperlgras (*Melica ciliata* L.) Bildtafel S. 123.

Ausdauerndes, lockerhorstiges Gras dürrer Kalkschotterhänge. Im Gegensatz zu den anderen Perlgräsern ist es ein ausgesprochenes Lichtgras. Es ist eine Zierde z. B. aller trockenen Muschelkalksüdhänge der Berge um Jena.

Nickendes Perlgras (*Melica nutans* L.) Bildtafel S. 124.

Ausdauerndes Ausläufergras in Laubwäldern auf frischen, lehmigen, kalkhaltigen Böden mit guter Streuzersetzung, aber auch auf besseren Sandböden. Bildet nach HESMER (1950) einen dichten Wurzelfilz aus.

Einblütiges Perlgras (*Melica uniflora* RETZ.) Bildtafel S. 125.

Ausdauerndes Ausläufergras in Laub- und Mischwäldern, besonders auch in Buchenwäldern auf schweren, kräftigen, kalkreichen Böden mit guter Humuszersetzung. Beeinträchtigt nach HESMER (1950) bei Massenauftreten durch seinen dichten Wuchs die Buchennaturverjüngung.

Flattergras, Flatterhirse (*Milium effusum* L.) Bildtafel S. 126.

Das Flattergras gehört zu einer sehr artenarmen Gattung, die zur Hauptsache in Europa und auch in Asien verbreitet ist. Es ist ein ausdauerndes, lockerhorstiges Gras in Laubwäldern auf besseren Böden mit guter Humuszersetzung. Es wurde im vorigen Jahrhundert auch als Futterpflanze versucht.

Pfeifengras, Besenried, Benthalm (*Molinia caerulea* (L.) MOENCH) Bildtafel S. 127.

Außer *Molinia caerulea*, die in fast ganz Europa, Sibirien, Nordamerika verbreitet ist, zählt zu dieser Gattung nur noch eine zweite, in Japan heimische Art.
Das Pfeifengras tritt häufig auf nährstoffarmem Dauergrasland, namentlich auf den feuchten, feuchtnassen und wechselfeuchten Wiesen auf. Gelegentlich wird es auf derartigen nährstoffarmen Wiesenstandorten zur vorherrschenden und auch alleinherrschenden Pflanze. Im allgemeinen gesellen sich aber Armutsgräser hinzu, wie Zittergras (*Briza media*), Ruchgras (*Anthoxanthum odoratum*), Steifes Borstgras (*Nardus stricta*), Dreizahn (*Danthonia decumbens*) u. a. Typisch sind außerdem für diese armen Flächen Teufelsabbiß (*Succisa pratensis*), Heidbinse (*Juncus squarrosus*), Blutwurz (*Potentilla erecta*). Aber auch in der mehr trockenen Lage kommt das Pfeifengras vor, nicht weil es seine Wurzeln tief in den Grundwasserbereich sendet, sondern weil es die oberen Bodenschichten sehr intensiv durchwurzelt. Nach den Untersuchungen von M. WETZEL (1959) auf dem Talsandboden von Paulinenaue bei einem Grundwasserstand von 120 cm und von 300 cm bildet es in der oberen 10 cm-Bodenschicht in beiden Fällen einen teppichartigen Wurzelfilz, während der Durchwurzelungsgrad darunter sehr stark abnimmt, und die maximale Wurzeltiefe bei 60 cm liegt. Dadurch werden die Niederschläge in der oberen Bodenschicht stark zurückgehalten und auch auf trockenerem Boden von der Pflanze ausgenutzt.
Die Pflanzensoziologie spricht von einer „basiklinen“ Pfeifengraswiese auf ausgesprochen kalkreichen Böden und der „sauren“ Pfeifengraswiese auf den sonstigen Standorten. Gewiß

findet man die „saure“ Pfeifengraswiese oft auf sauren, heidigen und hochmoorigen Böden, aber nicht weniger häufig auf kalkreichen Niedermooren, wenn sie verarmt und in der Düngung vernachlässigt sind. Wenn man wie OHLSEN, einem der ersten Forscher, der die Beziehungen zwischen pH-Zahl und Pflanzenbestand untersuchte (1923), den Pflanzenbestand heidiger und hochmooriger Böden immer nur mit dem von nährstoffreichen und nicht auch von nährstoffarmen Niedermooren vergleicht, so stellt man natürlich immer wieder fest, daß das Pfeifengras nur auf sauren Böden wächst. Hätte OHLSEN auch magere

Bodenprofil

0–4 cm Rohhumusauflage
4–15 cm Humoser Sand
15–45 cm Dunkelbrauner Sand
45–210 cm Grauer Sand
unter 210 cm Grauer bis brauner Sand

Wurzelmengen

Bodentiefe	Organische Substanz	
in cm	dt/ha	%
0–10	141,9	86,82
10–20	17,5	10,71
20–40	4,0	2,45
40–60	0,03	0,02
60–80	–	–
80–100	–	–
Summe	163,43	100,00

Wurzelbild vom Pfeifengras (*Molinia caerulea*)

Untersuchung am 10. 6. 1958 auf Talsandboden in Paulinenaue bei einem Grundwasserstand von 300 cm (Nadelkasten 100 cm hoch).

Niedermoorböden untersucht, so wären ihm die weiten Pfeifengrasbestände dort nicht verborgen geblieben. Noch so viele Untersuchungen besagen eben nichts, wenn dabei nicht darauf geachtet wird, ob sich gleichlaufend mit dem zu untersuchenden Faktor nicht auch andere Faktoren ändern, die vielleicht entscheidend für den abweichenden Pflanzenbestand sind. Die häufigsten Fehlschlüsse beruhen auf einer falschen Anwendung der isolierenden Methode. Man vergißt gar zu leicht, daß wir in der Landwirtschaft meist nicht von den anderen mitwirkenden Faktoren abstrahieren dürfen, nicht mit Reduktivmodellen arbeiten können, sondern meist mit Konstruktivmodellen arbeiten müssen, also die sonst noch mitwirkenden Faktoren bei Variierung des zu untersuchenden Faktors konstant zu halten haben. Außerdem werden neu aufkommende, an sich richtige Theorien leicht überschätzt.
Das Pfeifengras ist ein Anzeiger von Nährstoffarmut, und zwar nicht weil es Nährstoffarmut liebt, sondern verträgt und von anderen konkurrenzkräftigeren Gräsern auf die nährstoffarmen Standorte verdrängt wird, oder auf den besseren Böden nicht konkurrenzkräftig gegenüber den besseren Gräsern ist.
Landwirtschaftlich bildet das Pfeifengras auf den Futterwiesen ein Ungras. Der Futterwert ist auch im jungen Zustande kaum befriedigend und geht später bei der schnell einsetzenden Verholzung noch stark zurück. In der Futterqualität ist es fast mit den Sauergräsern auf eine Stufe zu stellen.
Geschätzt wurde das Pfeifengras dagegen als Streupflanze. Die Pfeifengraswiesen, oder, wie man in den Streuwiesengegenden sagte, die Besenriedwiesen, gehörten zu den hochwertigsten Streuwiesenformen. Die Qualität als Streu war unübertroffen. Sie ist nicht zu hart, sie saugt gut auf, sie ist nicht schmutzig und sie liefert einen gut verrottenden Stalldung. Die Mengenerträge sind befriedigend, wenn auch absolut genommen mit 60—80 dt/ha nicht sehr hoch, jedoch im Verhältnis zu den ungünstigen Wachstumsbedingungen recht beträchtlich. Besenriedwiesen dürfen nur einmal im Jahr, spät im Herbst, geschnitten werden. Bei zweimaliger Nutzung geht das Pfeifengras sehr schnell zurück, weil die Nährstoffspeicherung in den Wurzeln für den Neuaustrieb im kommenden Jahr erst im Spätsommer einsetzt. Darauf beruht wohl, neben seinem späten Wachstumsbeginn, die schwache Konkurrenzkraft gegenüber anderen Pflanzen. So dürfen Pfeifengrasstreuwiesen überhaupt nicht oder doch nur schwach gedüngt werden, da bei stärkerer Düngung das sehr spät treibende Besenried von anderen früher treibenden Gräsern, Kräutern und Kleearten unterdrückt wird. Keine andere Streuwiese kann so leicht und einfach durch Düngung und zweimaliges Schneiden in eine „Futterwiese“ umgewandelt werden, wenn ausbreitungsfähige, wertvolle Arten im Bestand vorhanden sind. Nur auf den feuchtnassen Flächen ist nach vorheriger Entwässerung ein Umbruch mit Neuansaat vorzuziehen.
Das Pfeifengras ist sehr formenreich. Die von der Pflanzensoziologie unterschiedenen „sauren“ und „basiklinen“ Pfeifengraswiesen werden von verschiedenen Abarten gebildet. Versucht wurde seinerzeit auch, die besonders wüchsige und hohe Abart *M. litoralis* dem Streuwiesenanbau nutzbar zu machen.
Neuerdings hat K. Foerster auch das Pfeifengras in verschiedenen Formen als Ziergras in die Gärten eingeführt.

Steifes Borstgras (*Nardus stricta* L.) Bildtafel S. 128.

Das Borstgras ist das einzige Gras seiner Gattung. Es bildet auf total verarmten, rohhumosen Böden in allen Feuchtigkeitslagen mit Ausnahme der ausgesprochen nassen und der trockenen Lagen weite Bestände, die ertragsarmen, fast ertragslosen Nardeten.
Die Nardeten finden sich besonders häufig auf magerem, nicht gedüngtem Mittelgebirgsgrasland, aber auch gegend- und stellenweise im Flachland auf heidigen, hochmoorigen, in der Düngung und Pflege total vernachlässigten Böden.
Borstgrasrasen sind so ertragslos, daß sie die Ernte nicht lohnen, sie liefern meist um 10 dt

Trockensubstanz/ha, kaum mehr und immer unter 20 dt/ha. Das Borstgras bleibt so klein, daß es vom Schneidwerk kaum erfaßt wird, „vor der Sense legt es sich nieder und steht nachher ungeschädigt wieder auf“, wie man früher sagte. Auch als Weidegras befriedigt es nicht, wenn es auch den Tritt der Weidetiere gut verträgt. Nur in ganz jungem Zustand wird es gefressen, später nur bei Futtermangel angerührt. Die so frühzeitig einsetzende Verkieselung der Blätter läßt diese namentlich bei trockener Witterung so hart und zähe werden, daß kein Tier sie abzubeißen vermag. W. Strecker (1926) meint sogar, „daß die Rinder die Rasen des Borstgrases ausrupfen, um auf diese Weise des Genusses der anderen zwischen diesen Rasen sprießenden Pflanzen teilhaftig zu werden und dabei nicht Gefahr zu laufen, sich mit den Spitzen der Borstgrasblätter das Maul zu verletzen“. Das dürfte wohl in das Reich der Fabel gehören. Richtig ist nur, wie Kerner von Marilaun (1890) bereits beobachtete, daß gerade auf den Borstgrasflächen besonders viele von den Rindern herausgerissene vertrocknete Grasstöcke liegen. Als Erklärung dürfte aber mehr die von Becker-Dillingen gegebene zutreffen, daß nämlich das Gras im Alter so zähe wird, „daß die Tiere oftmals mit den Zähnen ganze Grasstöcke ausreißen, als daß sie die zähen, drahtfesten Halme abbeißen“.

Stebler spricht von „gebleichten Nardusleichen“, die auch auf den alpinen Weiden herumliegen. Das Borstgras steigt bis in die Bergregion von 2000 m und bildet dort „förmliche Narduswüsten“, indem es weite Strecken mit seinem graugrünen Rasen überzieht.

Die Borstgrasflächen der feuchten und frischen Lagen lassen sich ohne Umbruch, allein durch Düngung, in ertragsreicheres Grasland umwandeln. Bei den etwas zu nassen Flächen bedarf es einer vorhergehenden Entwässerung. Borstgras gehört zu den wenigen Gräsern, die sich in einer Grasnarbe durch höhere Düngung zurückdrängen lassen. Eine Kalkdüngung sollte der allgemeinen Düngung vorausgehen. Bei normaler Düngung mit Kali, Phosphorsäure und Stickstoff entwickeln sich aus den Nardeten die mittelmäßigen Rotschwingel-Rotstraußgrasweiden. Bei stärkerer Düngung entstehen allmählich hochwertige Wiesen und Weiden, wenn vollwertige Gräser im Bestande vorhanden sind. Umbruch und Neuansaat führen auf umbruchfähigen Flächen schneller zum Ziel.

Auch wo das Borstgras nicht in zusammenhängenden Rasen, sondern als Bültungras vorkommt, kann man es nach dem Abschlegeln der Bülte durch Düngung allein leicht bekämpfen. Schon wenn man solche Stellen mit Stallmist oder Gülle behandelt, verschwindet es.

Obwohl das Borstgras Magerkeit anzeigt, kann es u. U. auch auf sehr guten Böden auftreten. So berichtet P. Filger (1940), daß die Lehmüberdeckungen der Schwäbischen Alb oft Nardeten tragen, auf an sich sehr fruchtbaren Böden, wenn diese sich in einem schlechten Nährstoffzustand befinden.

Hirsegräser (*Paniceae* und *Andropogoneae*).

Von den Hirsen (*Paniceae*) bringen wir Arten der Gattungen *Setaria* (Borsten- und Kolbenhirsen), *Digitaria* (Fingerhirsen), *Echinochloa* (Igelhirsen), *Panicum* (Rispenhirsen) und *Pennisetum* (Perlhirsen). Um die „Hirsen“ geschlossen abzuhandeln, schließen wir hier auch Arten der *Andropogoneae* an, zu denen die Mohrenhirse und das Sudangras gehören. Diese sogenannten „Sorghumhirsen“ haben an sich systematisch nichts mit den *Paniceae*, den „Echten Hirsen“, zu tun. Vertreter der Borsten-, Finger- und Igelhirsen sowie Arten der *Andropogoneae* kommen bei uns als Samenungräser auf dem Ackerlande vor. Kolben- und Rispenhirse sind uralte Kulturpflanzen, deren Verbreitung auf der Erde bis in vorgeschichtliche Zeit zurückgeht. Sie gehören als Körnerfrucht mit zu den ältesten Nahrungspflanzen der Menschheit, verlieren jedoch heute ihre Bedeutung als Brot- und Breifrucht im allgemeinen immer mehr. Vor dem Aufkommen der Kartoffel wurden sie auch in Deutschland zur Körnergewinnung angebaut. Die neuerdings als Futterpflanzen bei

uns empfohlenen *Panicum-*, *Setaria-* und *Andropogon-*Arten werden hier kurz behandelt. Die Perlhirsen hat K. FOERSTER (1957) als Ziergräser in unsere Gärten gebracht. Sie sind Kulturgräser in Zentralafrika.
Die Hirsen haben je nach der Art zwar unterschiedliche, aber doch im allgemeinen keine großen Wasseransprüche, sondern gehören zu den ausgesprochen trockenholden Pflanzen. Die Wärmeansprüche dagegen sind bei diesen Gräsern, die in den warmen Ländern der Erde ihre Heimat haben, vorrangig und sehr hoch, nicht geringer als bei den späten Maissorten, während die Vegetationszeit kürzer ist. Sie keimen daher erst sehr spät, im späten Frühjahr, nachdem der Boden sich stärker erwärmt hat, und die Spätfrostgefahr vorbei ist. Sie bevorzugen in unserem Gebiet auch die wärmeren Böden neben den kalkhaltigen Böden, die sandigen Lehm-, lehmigen Sand- und die Sandböden. Schwere und nasse Böden scheiden aus. Alle Hirsen haben eine langsame Jugendentwicklung. Nach mehr oder weniger schnellem Aufgang folgt eine Zeit oberirdischer Wachstumsruhe, in der aber die starke Wurzelbildung einsetzt, die sie befähigt, eine im Frühsommer einsetzende Trockenheit gut zu überstehen. Nur wenige Hirsen besitzen nach der ersten Nutzung ein stärkeres Nachwuchsvermögen. Um dieses zu beschleunigen, sollte das Mähen bei handhoher Stoppel geschehen. Die Hirsen liefern ein nährstoffreiches und wegen des meist zuckerhaltigen Marks der Stengel ein gern gefressenes Grünfutter, das ohne jeglichen Zusatz ein gutes Silagefutter ergibt. Die Spelzfrüchte der Hirsen sind größer als die unserer Futtergräser, aber kleiner als die unserer Getreidearten. Da die Samenerträge recht hoch liegen, ist der Vermehrungsfaktor groß.

Paniceae:

Borstenhirsen, Kolbenhirsen (*Setaria*-Arten).
Borstenhirsen:

Grüne Borstenhirse (*Setaria viridis* (L.) P. B.).
Gelbe Borstenhirse (*Setaria pumila* (POIR.) R. et SCH.).
Kletten-Borstenhirse (*Setaria verticillata* (L.) P. B.).

Kolbenhirsen:

Kleine Kolbenhirse (*Setaria italica* (L.) P. B. ssp. *moharia* AL.).
Große Kolbenhirse (*Setaria italica* (L.) P. B. ssp. *maxima* AL.).

Fingerhirsen (*Digitaria*-Arten).

Fadenfingerhirse (*Digitaria ischaemum* (SCHREBER) MÜHLENB.).
Blutfingerhirse (*Digitaria sanguinalis* (L.) SCOP.).

Igelhirsen (*Echinochloa*-Arten).

Hühnerhirse (*Echinochloa crus-galli* (L.) P. B.).
Japanische Hirse (*Echinochloa frumentacea* LINK).

Rispenhirsen (*Panicum*-Arten).

Rispenhirse (*Panicum miliaceum* L.):
Flatterhirse (*Panicum miliaceum* L. ssp. *effusum* AL.).
Klumphirse (*Panicum miliaceum* L. ssp. contractum AL.).
Dickhirse (*Panicum miliaceum* L. ssp. *compactum* KCKE).

Perlhirsen (*Pennisetum*-Arten)

Negerhirse (*Pennisetum typhoideum* RICH.).
Lampenputzergras (*Pennisetum* R. BR.).

Andropogoneae

Andropogon-Arten:

Fingerbartgras (*Botriochloa* (*Andropogon*) *ischaemum* (L.) KENG).

Sorghum-Arten:

Sudangras (*Sorghum vulgare* PERS, ssp. *sudanense*).
Mohrenhirse (*Sorghum vulgare* PERS.).

Paniceae

Borstenhirsen (*Setaria*-Arten).

Grüne Borstenhirse (*Setaria viridis* (L.) P. B., *Panicum viride* L.) Bildtafel S. 146.

Die Grüne Borstenhirse ist eines der verbreitetsten Ackerungräser unter den Hirsen, die auch am weitesten nach dem Norden geht. Sie tritt in erster Linie auf den leichten Böden auf. Entsprechend der späten Keimzeit bis Ende Juli ist ihr Hauptvorkommen in den Hackfrüchten. Außerdem kommt sie als Unterpflanze im Getreide und dementsprechend auf der ungeschälten Getreidestoppel vor. In den Weinbergen gilt sie als ein sehr gefürchtetes Ungras. Wie mit einem Filz sind oft Hackfruchtschläge und Stoppelfelder von dieser Pflanze mit ihren meist niederliegenden, knickig aufsteigenden Stengeln überzogen, und Weinberge können zur Wiese vergrasen. Die Wurzeln sind für ein Gras sehr kräftig und gehen verhältnismäßig tief in den Boden. Nach ihrer Verbreitung und nach dem von ihr verursachten Schaden zu urteilen, müßte die Grüne Borstenhirse zusammen mit den schlimmen Samenungräsern des Ackerlandes genannt werden. Aber dieses Hirseunkraut wird nur bei nachlässiger Bodenkultur gefährlich, seine Samen erhalten sich länger keimfähig nur im untätigen Ackerboden. Werden die Stoppeln rechtzeitig geschält, wird eine gute Ackergare erreicht und die Pflege der Hackfrüchte ordnungsgemäß durchgeführt, so tritt es kaum schädigend auf und leicht läßt es sich durch diese Maßnahmen beseitigen, wenn es sich einmal eingenistet hat. Selten werden die Samen im Getreide mitgeerntet. In den wenigen Fällen können sie leicht aus dem Saatgut entfernt werden. Sie gelangen also weder durch das Saatgut noch durch Stallmist oder Gülle auf den Acker.

Gerade bei der Grünen Borstenhirse zeigt sich mit aller Deutlichkeit, daß das Stoppelschälen noch aus ganz anderen Gründen unkrautvernichtend wirkt, als gewöhnlich angenommen wird, nämlich daß das Schälen die Samenunkräuter zum Auflaufen bringe und die Folgearbeiten sie vor dem Absamen vernichte. Die Grüne Borstenhirse keimt aber kaum noch nach dem 1. August, sie kommt also nach dem Stoppelschälen kaum zum Auflaufen. Trotzdem wirkt diese Maßnahme durchschlagend, weil erstens die im Sommer- und Wintergetreide als Unterpflanzen vorhandenen und sonst auf der ungeschälten Stoppel fortwachsenden und fruchtenden Hirsen rechtzeitig vor dem Blühen und Fruchten vernichtet werden und zweitens die bereits abgefallenen, frischen noch halbreifen Samen, die auf der ungeschälten Stoppel liegen, bei dem Schälen, ehe sie austrocknen und sich verfestigen können und dadurch widerstandsfähig werden, untergepflügt werden und dann im Boden den Bakterien und Pilzen in diesem unverfestigten Zustand leicht erliegen.

Die Grüne Borstenhirse keimt von Ende März bis Ende Juli. Bei dieser Hirse wird besonders deutlich, wie der mit den Monaten immer mehr abklingende Zustand der Keimreife, wie der jeweilige physiologische Zustand des Samens, die spätere Entwicklung der aufgelaufenen Pflanzen, ihr vegetatives und generatives Verhalten entscheidend beeinflußt. O. WEHSARG kam durch sehr einfache Versuche zu diesem wichtigen Befund. Auf einem mit Hirsesamen verseuchten Felde in der Nähe Berlins, das nicht weiter bestellt worden war, grub er das Land streifenweise zu den verschiedensten Keimzeiten, von Anfang März bis Ende August, zu Anfang und in der Mitte jeden Monats um. Es zeigte sich, daß bei der Keimung Ende März bis Ende April die Bestockung mäßig, die Bewurzelung entsprechend mäßig, die Halme lang (50 cm), die Wurzeln lang und die Körner schwer waren. Bei der Keimung im Mai und Juni war die Bestockung sehr stark, ebenso die Bewurzelung, aber die Halme blieben kurz (20—30 cm), die Wurzeln kürzer und dünner, die Körner waren leichter. Bei Keimung im Juli ließen Bestockung und Bewurzelung nach, die Halme blieben sehr klein, erreichten kaum die Höhe von 10 cm und die wenigen Wurzeln blieben kurz und dünn. Im August gekeimte Samen trieben nur 1 bis 2 cm hohe Pflänzchen, die vor der Halmbildung abstarben. In sehr instruktiven Bildern hat O. WEHSARG diese Befunde festgehalten, die auch bei sehr vielen anderen Unkräutern zu beobachten sind. Ich habe oft erlebt, wie O. WEHSARG es verstand, aus dem Erscheinungsbild der Unkräuter auf Art und Zeit der durchgeführten Bestellungs- und Pflegemaßnahmen rückzuschließen. Das bereitet natürlich insofern einige Schwierigkeiten, als das Erscheinungsbild der Unkräuter draußen in der Praxis nicht nur wie in dem Versuch von der jeweiligen Keimzeit abhängig ist, sondern auch von den befallenen Kulturpflanzen, die nach Art und Wuchs das Unkraut mehr in die Höhe zwingen, oder ihm gestatten, mehr am Boden zu bleiben.

Von *S. viridis* werden zahlreiche Varietäten unterschieden. Nach JAKUSHEVSKI (1950) bietet sie in Trockengebieten gewisse Vorteile, so daß sie sich in verschiedenen Gebieten der UdSSR auch zur Futtergewinnung verwenden läßt (zitiert nach SCHEIBE 1959).

Gelbe Borstenhirse (*Setaria pumila* (POIR.) R. et SCH., *S. lutescens* (STUNTZ) F. R. HUBBARD, *S. glauca* aut. *Panicum glaucum* L.) Bildtafel S. 146.

Die Gelbe Borstenhirse ist etwas anspruchsvoller als die Grüne Borstenhirse. Sie bevorzugt die etwas besseren, lehmigen Böden und noch wärmere Lagen. Sie keimt und fruchtet später. Oft kommen aber beide Borstenhirsen auch gemeinsam vor. In der Bekämpfung ergeben sich kaum Unterschiede.

Klettenborstenhirse, Quirlborstenhirse, Klebgras (*Setaria verticillata* (L.) P. B., *Panicum verticillatum* L.).

Die Quirlborstenhirse ist ein seltenes Unkraut der Hackfrüchte im Weinklima und tritt kaum einmal im Getreide auf. Die Samen erreichen leicht ihre Keimreife und gehen auch leicht im Boden zugrunde. Die Bekämpfung ist ähnlich wie bei den anderen Borstenhirsegräsern.

Die Scheinähre ist im unteren Ende nicht geschlossen wie bei der Grünen und Gelben Borstenhirse, sondern unterbrochen oder auch mehr traubig oder rispig. Die Ährchen hängen sich ähnlich dem Klebkraut (*Galium aparine*) an die Kleider (Klebgras) oder wie die Klette (Kletten-Borstenhirse). In Afrika ist diese „Klette“ ein für die Schafe gefährliches Weideunkraut, da sie sich in der Wolle verfilzt und maschinell nicht zu entfernen ist.

Eine Abart, var. *ambigua*, tritt gelegentlich im kontinentalen Klima Osteuropas auf, und zwar nicht nur in der Hackfrucht, sondern auch im Getreide und soll im Gegensatz zur Hauptform schädlicher wirken. Die Borsten sind vorwärts und nicht wie bei den Borstenhirsegräsern sonst, rückwärts rauh.

Kolbenhirsen (*Setaria*-Arten).

Während die Herkunft der Rispenhirse (*Panicum miliaceum*) nur vermutet wird, führt man die Kolbenhirsen alle auf die Grüne Borstenhirse (*Setaria viridis*) zurück.

Kleine Kolbenhirse, Mohar (*Setaria italica* (L.) P. B ssp. *moharia* ALL., *S. germanica* P. B., *Panicum germanicum* ROTH).

Die Kleine Kolbenhirse gilt als die Primitivform der Kultur-Kolbenhirsen, die aus der Grünen Borstenhirse hervorgegangen ist. Nach TIEMANN (1941) ist sie am anspruchslosesten von allen Kolbenhirsen. Sie gilt als recht dürreresistent und ist von kurzer Vegetationsdauer. In einigen Ländern, wie in Ungarn, wird sie als einjährige Grünfutterpflanze genutzt und bringt selbst auf ganz leichtem Boden im Steppenklima sichere Erträge (WERNER 1889).

Die kleine Kolbenhirse erreicht eine Höhe von 80—100 cm. Ihre kolbenartigen Scheinähren sind kurz, etwa 5 cm lang, deren Borsten sehr lang und braunrot. Die Samen sind klein. Die Tausendkornmasse beträgt nur 2 g.

Große Kolbenhirse (*Setaria italica* (L.) P. B., ssp. *maxima* AL., *Panicum italicum* L.) Bildtafel S. 147.

Die Große Kolbenhirse hat sich aus der Kleinen Kolbenhirse über die Mittlere Kolbenhirse (*Setaria italica media*) entwickelt. An der Entwicklungsreihe *Setaria viridis* (Wildform → Unkrautform → „Kultiviertes Wildgetreide") → *Setaria italica moharia* → *S. italica media* → *S. italica maxima* ist heute kaum noch zu zweifeln (SCHEIBE 1959). Die Kolben der Großen Kolbenhirse sind mehr als doppelt so lang wie die der Kleinen Kolbenhirse, auch die Tausendkornmasse ist höher. Alle Kolbenhirsen variieren zahlreich. Sie zeichnen sich sowohl durch große Trockenheits- als auch Salzresistenz aus. Unter den Getreidearten gehören sie zu den dürrefestesten.
Zeitweise wurde die Große Kolbenhirse auch bei uns als Futtergras züchterisch bearbeitet und im Zweit- und Sommerzwischenfruchtbau angebaut. Bis Ende Juli mit 10—15 kg/ha eingesät, bestockt sie sich recht gut, ist schnell- und massenwüchsig, wird aber schnell überständig. Wegen ihrer nicht so langsamen Jugendentwicklung kann sie auch als Stützpflanze Verwendung finden. Als Beisaat mit 8 kg/ha im Erbswickgemenge wurde sie empfohlen. Nicht geeignet ist sie als Hauptfrucht, schon weil sie wegen ihrer Frostempfindlichkeit erst ab Mitte Mai gesät werden kann. Im Vergleich zur Rispenhirse, die ebenfalls als Futterpflanze züchterisch bearbeitet wurde, hat sie eine schnellere Jugendentwicklung, aber spätere Samenreife und einen höheren Vermehrungsfaktor.
Bisher hat die Große Kolbenhirse auch mit ihren Neuzüchtungen keine wesentliche Anbaubedeutung als Futtergras bei uns erfahren.

Fingerhirsen (*Digitaria*-Arten).

Faden-Fingerhirse (*Digitaria ischaemum* (SCHREBER) MÜHLENB., *Panicum lineare* KROCKER) Bildtafel S. 101.

Im allgemeinen gehören die Fingerhirsen zu den Hirsegräsern mit den geringsten Ansprüchen an die Wachstumsverhältnisse, unter ihnen ist am anspruchslosesten die Faden-Fingerhirse. Sie bildet das Gegenstück zum Igelgras (*Corynephorus canescens*) auf dem Acker. Wie dieses ausdauernde Gras die geringwertigen Sandflächen besiedelt, so jene einjährige Hirse die kulturlosen, trockenen Sandäcker. Mit ihrem oft weit seitwärts ausgedehnten und teils oberflächennahen Wurzelsystem im Gegensatz zu *D. sanguinalis* vermag sie einen weiteren Umkreis an Bodenfeuchte auszunutzen, worin nach KUTSCHERA (1960) ihre Trockenbeständigkeit zum Teil begründet ist. Obwohl ein sehr häufiges Ungras auf dem Acker weicht die Faden-Fingerhirse leicht besserer Ackerkultur.

Blut-Fingerhirse (*Digitaria sanguinalis* (L.) SCOP., *Panicum sanguinale* L.) Bildtafel S. 101.

Die Blut-Fingerhirse ist ein Ungras im Sommergetreide und in frühen Hackfrüchten frischer Sandböden. Von allen Hirsearten ist sie das früheste Gras in der Keimung wie in der Entwicklung und Blüte. Ihre Reife fällt mit dem Sommergetreide zusammen. Da sich die Halme der Hirse bei der Reife niederlegen, fallen die Samen leicht aus, so daß diese nicht mit dem Getreide eingeerntet werden. Frühkartoffeln können ebenfalls stark verunkrauten, während spät bestellte Hackfrüchte kaum noch gefährdet sind, da die Blut-Fingerhirse durch die Bearbeitung im späten Frühjahr vernichtet werden kann und nach Mitte Juni nur noch wenige Pflanzen zum Keimen gelangen, deren Wachstum schwach und gering ist. Auch die Blut-Fingerhirse weicht guter Ackerkultur.

In früheren Jahrhunderten wurden Varietäten dieser Hirse im Osten Mitteleuropas als Körner- und Futterpflanze angebaut, in USA als Futtergras (*Crab grass*). In neuerer Zeit wurde sie von SCHIEBLICH (1938) als Futterpflanze geprüft, aber als wenig wertvoll wieder ausgeschieden.
K. FOERSTER (1957) hat das ganz von einer zarten, violetten Farbe überlaufene Gras in die Gärten eingeführt. Er schreibt: „Es ist fabelhaft, welche Schmuckgestalten nebenher noch innerhalb bekannter Nutzgräser wie Hafer, Hirse und Gerste hervorgebracht werden, also in Gestalt von Seelennahrung die Leibesnahrung ergänzen"!

Igelhirsen (*Echinochloa*-Arten).

Hühnerhirse (*Echinochloa crus-galli* (L.) P. B., *Panicum crus-galli* L.) Bildtafel S. 102.

Die Hühnerhirse ist allgemein als Ungras über die ganze Erde verbreitet. Unter unseren heimischen Ackerunkrauthirsen stellt sie die größte und massenwüchsigste Art dar. Sie tritt auf frischen, humosen, auch im guten Kulturzustande befindlichen Böden, insbesondere in der Hackfrucht auf und kann bei häufigem Hackfrucht- und Gemüsebau sehr lästig werden. Sehr stark kommt sie im Mais vor und erreicht fast seine Höhe. Ihr Wurzelsystem ist im Verhältnis zum Sproß ungeheuer stark ausgebildet, und zwar gehen die Wurzelstränge je nach dem Standort seitwärts, aber auch senkrecht in geringere Tiefen. Sie verträgt daher auch viel Nässe und gilt in Reisfeldern als sehr gefährliches Ungras.
Die Hühnerhirse bringt eine Unmenge von Samen hervor und breitet sich, wenn sie zur Samenreife gelangt, schnell aus. Das Reinhalten der Kulturpflanzenbestände durch Anwendung von Herbiziden, rechtzeitige und wiederholte Striegel- und Hackarbeiten, sowie die unbedingte Verhinderung der Samenvermehrung, insbesondere auch in Kulturen, in denen sie gelegentlich auftritt, sind unerläßlich, um diese Hirse als Ungras niederzuhalten. Sorglosigkeit wirkt sich hier besonders verheerend aus.
In Amerika wird die Hühnerhirse als Futterpflanze angebaut und sowohl bei Blühbeginn als auch im Stadium der Milchwachsreife der Samen geschnitten. Das Futter soll einen Nährwert haben, der dem unserer wertvollen Futtergräser nicht nachsteht.
Eine aus der Wildform hervorgegangene Kulturform ist die

Japanische Hirse (*Echinochloa frumentacea* LINK, *E. crus-galli* (L.) P. B. var. *frumentacea* (LINK) W. F. WIGHT).

Sie gilt als eine der massenwüchsigsten und eiweißreichsten einjährigen Futterhirsen, die in Japan, Australien, Ostasien, Nordamerika eine der wichtigsten Grünfutterpflanzen darstellt. Anbauversuche, die von TIEMANN (1941) mit dieser Hirse durchgeführt wurden, verliefen sehr positiv. Sie bevorzugt einen frischen, humosen Sandboden ähnlich der Hühnerhirse, ist eine sehr blattreiche, dichtdeckende, bis 2 m hohe Pflanze, die auch in kühlen und nassen Sommern im Gegensatz zu den wärmeliebenden *Sorghum*-Hirsen nicht versagen soll. Ihr Futter wird von den Tieren infolge des zuckerhaltigen Marks sehr gern gefressen. TKM beträgt 3,7 g. Vielleicht wäre sie auch bei uns anbauwürdig. Im Reisbau gilt sie ebenso wie *E. crus-galli* als eines der gefährlichsten Ungräser.

Rispenhirsen (*Panicum*-Arten).

Die Gattung *Panicum* umfaßt etwa 500 Arten (SCHEIBE 1959), die in der ganzen Welt, vorwiegend in den wärmeren Ländern, verbreitet sind. Es gehören perennierende und einjährige Arten dazu. Zum größten Teil handelt es sich um Wild- und Ungräser auf Acker- und Grasland und nur wenige Arten sind Kulturgräser zur Korn- und Futtergewinnung. Bei uns kennen wir sie nur als eingeführte Kulturgräser.

Rispenhirse (*Panicum miliaceum* L., *P. milium* PERSOON, *Milium esculentum* MOENCH) Bildtafel S. 129.

Die Rispenhirse ist ebenso wie die Kolbenhirse eine der ältesten Kulturpflanzen als Körnerfrucht. In früheren Jahrhunderten erlebte sie auch in Mitteleuropa eine wechselnde Verbreitung. Durch die Einführung der Kartoffel wurde sie aber im Anbau und der Hirsebrei als ein allgemeines Volksnahrungsmittel endgültig verdrängt. Mit Sicherheit läßt sich der genetische Ursprung der Rispenhirse im Gegensatz zur Kolbenhirse nicht feststellen. Es wurde auch vermutet, daß sie aus dem Flattergras (*Milium effusum* L., Bildtafel S. 126) hervorgegangen sei. Nach der Form der Rispe unterscheidet man **Flatterhirsen** (*Panicum miliaceum* L. ssp. *effusum* ALL.) mit ausgebreiteter, lockerer Rispe, **Klumphirsen** (*Panicum miliaceum* L. ssp. *contractum* ALL.) mit mehr oder weniger zusammengezogener, einseitig überhängender Rispe und **Dickhirsen** (*Panicum miliaceum* L. ssp. *compactum* KCKE) mit völlig zusammengezogener, aufrechter Rispe. Die Flatterhirse wurde bei uns als einjährige, einschnittige Grünfutterpflanze züchterisch bearbeitet, fand jedoch keine Anbauverbreitung.
Ebenso wie die Kolbenhirse kommt die Rispenhirse nur als Zweit- und Zwischenfruchtpflanze infolge ihrer späten Keimzeit in Betracht. Die Ansaat erfolgt ab Mitte Mai bis Ende Juli mit einer Saatmenge von 16—20 kg/ha im Reinanbau. Von Nachteil ist die rauhe Behaarung der Grünpflanze und ihre im Verhältnis zur Kolbenhirse langsamere Jugendentwicklung zugunsten des stark vorwüchsigen Wurzelsystems, das schmal zylinderförmig vor allem senkrecht in die Tiefe geht (KUTSCHERA 1960). Dadurch ist sie stärker unkrautgefährdet und im Mischanbau mit hohen Leguminosen kann sie leicht unterdrückt werden. Die Samenreife fällt in die letzte Augustdekade. Infolge ihres schnelleren späteren Wachstums reift sie früher als die Kolbenhirse.

Perlhirsen (*Pennisetum*-Arten).

Von den Perlhirsen gibt es etwa 40 Arten, die in den Tropen und Subtropen beheimatet sind, ganz besonders in Afrika und Indien, aber auch bis Südeuropa bereits vordringen. Es sind mittelgroße bis große Gräser. Unter den schnellwüchsigen Hirsen gehören sie zu den schnellwüchsigsten Arten und vermögen kurzfristige, starke Niederschläge wie in den Steppenzonen am besten auszunutzen. In den Subtropen und tropischen Höhenlagen gehören *Pennisetum*-Arten zu den ertragreichsten Gräsern im Feldgrasbau. So wurden von dem Elephant-grass (*P. purpureum*) Erträge bis zu 850 dt Trockensubstanz/ha bei sehr hohen mineralischen Düngergaben erzielt. Es gilt als das futterwüchsigste Gras der Tropen und Subtropen (PÄTZOLD 1961, FRANKE und PÄTZOLD 1978).

Negerhirse (*Pennisetum americanum* K. SCHUM., *P. typhoideum* RICH.) Bildtafel S. 130.

Die Negerhirse ist in Zentralafrika und Indien eine wichtige Körnerpflanze und wird auch als Futterpflanze genutzt. Sie ist besonders für Trockengebiete geeignet. In den Steppenzonen Australiens bildet sie eine ergänzende Futterpflanze, die auch beweidet wird (PÄTZOLD 1961). In den südöstlichen Staaten der USA wird sie ebenfalls als Futtergras angebaut sowie züchterisch bearbeitet.
Ihre Züchtung als Futtergras unter unseren klimatischen Bedingungen ist zweifelhaft.

Lampenputzergras (*Pennisetum compressum* R. Br.) Bildtafel S. 131.

Unter dem Namen „Lampenputzergras“ hat K. FOERSTER (1957) *Pennisetum compressum* züchterisch bearbeitet und als Ziergras in unsere Gärten eingeführt. Wegen seiner „Lampenputzerähren“ ist es sehr beliebt.

Andropogoneae

Andropogon-Arten

Gemeines Bartgras, Fingerbartgras (*Andropogon ischaemum* L., *Bothriochloa ischaemum* L.) Bildtafel S. 80.

Dieses ausdauernde Steppengras, bei uns selten in den Kalktrockenrasen wärmerer Lagen vorkommend, wird hier nur erwähnt, weil es mit der Mohrenhirse verwandt ist, die in Afrika und anderen warmen Ländern eine so wichtige Kulturpflanze ist und auch bei uns immer wieder als Futterpflanze empfohlen wird. Das Sudangras steht ihm ebenfalls nahe. Nach PÄTZOLD (1962) soll auch *Andropogon ischaemon*, zu Beginn des 20. Jahrhunderts aus Turkestan eingeführt, zur Regenerierung der Natursteppen der Great Plains von Nordamerika und Kanada neben *Agropyrum cristatum* beigetragen haben.

Sorghum-Arten

Mohrenhirse oder Sorghumhirse (*Sorghum* MOENCH bzw. *Sorghum* ADANS).

Die Sorghumhirse umfaßt viele Arten und Varietäten, Wildformen und landwirtschaftlich genutzte Formen, deren Systematik noch nicht klar vorliegt. Sie gehören alle zur Gattung *Sorghum* MOENCH (SNOWDEN 1939) bzw. *Sorghum* ADANS (MANSFELD 1952). Alle landwirtschaftlich genutzten einjährigen *Sorghum*-Hirsen werden neuerdings aufgrund der gleichen Chromosomenzahl zu der einen Art *Sorghum vulgare* PERS. zusammengefaßt, wozu die Varietäten Körnersorghum, Futtersorghum, Zuckerhirse, Besenhirse, Sudangras gehören (MARTIN 1959).

Sudangras (*Sorghum vulgare* PERS. ssp. *sudanense*, *Andropogon sudanense*) Bildtafel S. 149.

Die Wildform aller Sorghumhirsen soll die Allepohirse, das Johnsongras (*Andropogon halepense* BROT.) sein, ein ausläufertreibendes, ausdauerndes Ungras in den Subtropen. Aus diesem mehrjährigen Gras sollen sich alle Sorghumhirsen über das einjährige Sudangras entwickelt haben.

Das Sudangras wurde vor etwa 50 Jahren nach Deutschland eingeführt. Gelobt wurden seine einzigartige Dürreresistenz und seine hohen Grünfettererträge. Trotzdem hat es bisher keinen sicheren Platz in unserer Futterwirtschaft gefunden. Nach langjährigen Versuchen von TIEMANN (1941) u. a. liegen die Futtererträge bei der frühestmöglichen Aussaat um Mitte Mai mit der vollen Aussaatstärke von 50 kg/ha bei insgesamt nur 250 dt Grünmasse/ha in zwei Nutzungen. Dem Mais gegenüber ist es die unterlegene Futterpflanze, die auch nicht auf so leichte, sandige Böden übergeht wie dieser, sondern mittlere, aber schnell erwärmbare Standorte bevorzugt. Die vielgepriesene besondere Dürreresistenz scheint mehr klimatisch bedingt zu sein. In den Wärmeansprüchen verhält sich das Sudangras wie Silomais. TIEMANN (1941) empfahl es allenfalls als Stützpflanze im Erbswickgemenge mit einer Beisaatmenge von 25 kg/ha. Der zweite Aufwuchs dieses Gemenges besteht dann aus Sudangras, der in günstigen warmen Jahren noch einen zweiten Schnitt lohnen kann, sonst aber nur eine mäßige Weide abgibt.

Der Samenbau ist bei uns kaum möglich. Bei einer Aussaat Mitte Mai mit 50 kg/ha in einer Reihenentfernung von 30 cm reift Sudangras in warmen Gegenden und bei passendem Wetter erst im Oktober. Ansaat und Ernte bereiten kaum Schwierigkeiten. Die Samen fallen auch bei Vollreife nicht aus, die Blätter sind aber dann noch grün, so daß der Mähdrescher nicht direkt eingesetzt werden kann. Die Samenerträge unterliegen bei uns großen Schwankungen, von einer völligen Mißernte bis zu 20 dt/ha.

Ertragsreicher in den Futtererträgen sind dagegen die in den letzten Jahren in mehreren Ländern herausgebrachten Sudangras-Hybriden. Angebaut wird durchweg das F_1-Saatgut aus der Kreuzung pollensteriler *Setaria italica* mit *Sorghum sudanense*. Ab Mitte Mai

angesät, erreichen die Hybridsorten annähernd die Erträge von Grünmais, nicht aber von Silomais. Bei günstiger warmer Witterung bringen sie nach späten Winterzwischenfrüchten in zwei Schnitten bis zu 300 dt Grünmasse/ha. Die Tausendkornmasse schwankt bei den einzelnen Sorten zwischen 10—35 g und die Ansaatmenge dementsprechend zwischen 20—50 kg/ha.
Nach W. W. Krassnikow und Mitarbeiter (1957, zitiert nach Pätzold 1961) sollen aber Sudangras und Sudangrasgemische in ihrer strukturverbessernden Wirkung fast von der gleichen Bedeutung sein wie mehrjährige Luzerne- oder Kleegrasgemenge.

Mohrenhirse, Sorghumhirse (*Sorghum vulgare* Pers., *S. bicolor* (L.) Moench, *Andropogon sorghum* Brot.) Bildtafel S. 150.

Die Mohrenhirsen sind die Riesen unter den Hirsen, manche Varietäten werden mehrere Meter hoch. In Afrika gehören sie zu den wichtigsten Körner-, Grünfutter- und Rohstofflieferanten. „Was der Reis für die feuchten Tropen und der Weizen für die gemäßigte Zone ist, das bedeutet die Mohrenhirse für die trockenen heißen, halbwüstenartigen Gebiete Afrikas und Asiens“ (Sprecher von Bernegg nach Mudra 1953), heißt es in bezug auf den Körnermohrenhirsenanbau. Die Mohrenhirse ist so formenmannigfaltig, daß sie als das formenreichste Getreide der Welt bezeichnet wird (Schieblich 1959). Im blütenlosen Zustand haben alle Formen große Ähnlichkeit mit dem Mais.
Der Anbau von Sorghumhirsen als Grünfutter-, Heu- und Silagepflanze hat in der Welt in starkem Maße zugenommen. Die Leistungsfähigkeit dieser Gräser wird für warme Trockengebiete besonders herausgestellt. Autoren aus der UdSSR und den Balkanstaaten betonen ihre Eignung auch für salzhaltige Böden.
In Deutschland wurden seit dem vorigen Jahrhundert immer wieder Anbau- und Züchtungsversuche mit Sorghumhirsen unternommen (Löbe 1872, Werner 1885, Schieblich 1938, Tiemann und Kaempfer 1941, Könnecke 1948, Klitsch 1957, Rüther 1960, Schuster 1964, Porsche 1965, Kappel 1967). Aber bisher ist ihr Anbau bei uns noch nicht praktisch geworden, auch nicht im mitteldeutschen Trockengebiet, für dessen Lage sie immer wieder empfohlen wurden. Die Trockenresistenz der Sorghumhirse ist höher als beim Mais aber allgemein auch ihr Wärmebedürfnis. Die Aussaat kann erst sehr spät, frühestens Mitte bis Ende Mai erfolgen, wenn der Boden sich auf über 10 °C erwärmt hat und keine Spätfröste mehr zu erwarten sind. Empfohlen wird sie daher als Zweitfruchtpflanze nach späträumenden Winterzwischenfrüchten. Dabei wird ihre Spätfrostempfindlichkeit umgangen. Im Gegensatz zum Grünfuttermais haben die Sorghumhirsen ein besseres Nachwuchsvermögen und liefern noch einen zweiten Aufwuchs. Das Futter der Sorghumhirsen ist nährstoffreich und wird gern gefressen. Es übertrifft den Grünfuttermais im Eiweiß- und auch im Trockensubstanzgehalt. Von Nachteil ist der Blausäuregehalt, der im frühen Wachstumsstadium höher ist und später abnimmt und auch bei den einzelnen Sorten verschieden hoch ist. Der Schnitt soll daher nicht zu früh, erst im Stadium des Rispenschiebens, erfolgen und der zweite Aufwuchs nicht grün genutzt werden. Silage und gut getrocknetes Heu sind ungefährlich. Die Gefahr der Toxizität ist aber nach allgemeinen Berichten in Europa noch nicht aufgetreten (Schieblich 1938, Porsche 1965).
In vielen Ländern der Welt werden die Sorghumhirsen als Futterpflanze züchterisch bearbeitet, dabei brachte die Heterosiszüchtung in den letzten Jahren große Fortschritte. Die neuen Hybridsorten sind ertragsreicher als die alten Sorten und scheinen auch unter unseren Verhältnissen anbauwürdiger, so daß hier doch auch für uns eine Zukunft liegen mag.
Der Samenbau ist unter unseren Klimaverhältnissen nicht möglich. Auch die sehr frühreifen Sorten aus der BRD, die Zuckerhirse ‚Giesacha‘ (*Sorghum vulgare* Pers. var. *saccharatum*) und die ‚Rote Besenhirse‘ (*Sorghum vulgare* Pers. var. *technicum*) reifen

bei uns nicht aus. Die Wärmeansprüche zum Körnerbau liegen höher als beim Mais. Aber es sollen sich zum Anbau gute ausländische Sorten eignen, ganz besonders die neuen Hybridsorten aus Ungarn und Rumänien.
Allgemein verdienen die Hirsen und ihre Neuzüchtungen weiter unsere Beachtung in der Zukunft.

Glanzgräser (*Phalaris*-Arten).

Zu *Phalaris* gehören etwa 15 einjährige und perennierende Arten, die besonders im eurasischen Raum beheimatet sind und von dort in andere Erdteile gewandert oder eingeführt worden sind. Davon gelten einige als Futtergräser und unter ihnen ist *Ph. arundinacea* die wertvollste Art. Sie ist das einzige bei uns von Natur vorkommende Glanzgras. *Ph. canariensis* wurde eingeführt, und zwar zuerst zur Gewinnung von Vogelfutter.

Rohrglanzgras (*Phalaris arundinacea* L.).

Kanariengras (*Phalaris canariensis* L.).

Rohrglanzgras, Havelmilitz (*Phalaris arundinacea* L., *Typhoides arundinacea* (L.) MOENCH, *Baldingera arundinacea* (L.) DUM.) Bildtafel S. 132.

Die Rohrglanzgraswiese ist von Natur sehr ertragsreich. Sie bildet die hochwertigste Wiesenform der nassen Lage, deren natürliches Auftreten an reichliche Nährstoff- und gute Sauerstoffversorgung, sowie an viel Feuchtigkeit gebunden ist. Diese Verhältnisse sind im allgemeinen nur auf dem Überschwemmungsgrasland größerer Flüsse gegeben, und hier treffen wir auch die weiten natürlichen Rohrglanzgrasbestände ebenso wie die des Wasserschwadens. Die Rohrglanzgraswiese gehört zur bedeutsamen Wiesengesellschaft der eurosibirischen Stromtäler. Ihr Vorkommen ist abhängig von regelmäßigen winterlichen Überflutungen, die nicht so lange andauern, etwa bis zu drei Monaten, und vom raschen Absinken des Überschwemmungswassers bei Beginn der Vegetationszeit auf etwa 30 bis 40 cm unter Flur. Nach der noch nasseren Seite, auf den Flächen, wo das Grundwasser während der Wachstumszeit auf etwa 20 cm herabsinkt, wird es vom Wasserschwaden abgelöst, nach der nicht so nassen Lage vom Wiesenfuchsschwanz. Voraussetzung ist ferner, daß die Überschwemmungswasser Nährstoffe zuführen und daß das Wasser zügig ist, fließt und das Grundwasser im Sommer nicht stagniert, so daß namentlich die Hauptwurzelzone gut durchlüftet ist und der Nährstoffreichtum auch zur Wirkung kommen kann. Bei stauender Nässe finden sich die Hohen Sauergräser ein, ebenso bei Nährstoffarmut, und das Rohrglanzgras geht zurück. Nährstoff- und sauerstoffreicher Boden sind unbedingt notwendig für die Ausbildung hochwertiger reiner Rohrglanzgrasbestände.
Beste Rohrglanzgraswiesen liefern in drei Aufwüchsen über 100 dt Trockensubstanz/ha. Obwohl das Rohrglanzgras etwas grob ist, hat es eine gute Futterqualität und wird als Grün- und Konservatfutter sehr gern gefressen. Voraussetzung ist aber, daß der erste Aufwuchs unbedingt rechtzeitig, vor Erscheinen der Rispen, geschnitten wird, um ein hochwertiges Futter zu gewinnen. Bei späterer Ernte gewinnt man nur Streu. Auch unter besten nassen Verhältnissen reicht die Bodenluft für die Versorgung der Pflanzen nicht aus, und alle Gräser dieser Lage zeichnen sich durch spezifisch luftführende Gefäße aus, die aber zu einer Vergröberung von Stengel und Blatt führen. Daher ist insbesondere in dieser Lage auf frühen Schnitt zu achten.
Rohrglanzgras ist ein extrem-hochwüchsiger Mähtyp von geringer Bestandesdichte, überwiegend mit Halmtrieben und mit wenigen nachwuchsfähigen Blatttrieben. C. A. WEBER (1927) zählte bei bester Ausbildung 2000 Triebe/m^2 gegenüber bis zu 40000/m^2 beim Ausdauernden Weidelgras und bis 10—20000/m^2 bei den Gräsern auf gewöhnlich guten Wiesen. Im Vergleich zu den Röhrichten, zu denen pflanzensoziologisch diese Hoch-

militzwiesen an sich gehören, sei die Beobachtung von K. Seidel (1955) erwähnt, die bei bestausgebildeten Beständen der Flechtbinse (*Scirpus lacustris*) zur Zeit ihrer vollen Ausbildung im Monat August 234 bis 338 Halme/m² feststellte.

Bei häufiger Nutzung gehen Rohrglanzgraserträge stark zurück, da die Bildung von neuen Trieben nach dem Schnitt nur langsam geschieht. Ebenso dürfen seine Wiesen nicht gewalzt oder seine Flächen beweidet werden. Die steil aufrecht steigenden Triebe werden durch den Tritt der Tiere sowie durch die Walze geknickt und gehen ein. Im Frühjahr verbietet sich auch schon deshalb ein Walzen, weil das Rohrglanzgras zeitig mit dem Wachstum beginnt, bereits im Überschwemmungswasser. Ebenfalls nach dem Schnitt ist das Walzen zu unterlassen.

Das Rohrglanzgras treibt starke unterirdische Ausläufer, überwintert durch Knospen in der Erde und ist absolut winterhart und ausdauernd. Die oberirdischen Pflanzentriebe sind im Winter verschwunden, und Rohrglanzgraswiesen machen den Eindruck eines abgestorbenen Pflanzenbestandes.

Der hohe Wert der Rohrglanzgraswiesen in den Überschwemmungsgebieten kann durch Überschwemmungen zur Unzeit, ebenso wie die Flächen des Wasserschwadens, stark herabgesetzt werden. Das Futter wird verschmutzt und die Ernte erschwert. Pilzbefall sowie die Durchsetzung des Bestandes mit giftigen Pflanzen, die auf nassen Flächen besonders häufig auftreten, können die Qualität des Futters weiter herabsetzen.

Trotz der hohen Erträge dieser Militzflächen wird das natürliche Überschwemmungs-

Wurzelmengen

Bodentiefe in cm	Organische Substanz dt/ha	%
0–10	92,4	67,6
10–20	9,4	6,9
20–40	15,5	11,3
40–60	11,6	8,5
60–80	5,8	4,2
80–100	2,1	1,5
Summe	136,8	100,0

Wurzelbild von Rohrglanzgras (*Phalaris arundinacea*)
Untersuchung am 31. 8. 1959 einer 9 Jahre alten nichtüberschwemmten Rohrglanzgraswiese auf 70 cm tiefem, mit Sand unterlagertem Niedermoor. Grundwasserstand während der Vegetationszeit 60 bis 70 cm unter Flur (Nagelbrett 100 cm hoch).

grasland überall dort verschwinden, wo durch Entwässerung großflächig ertragsreiches Saatgrasland geschaffen werden kann, auf dem alle diese Gefahren nicht bestehen.
Rohrglanzgras bringt aber auch unter weniger nassen Verhältnissen, auf Flächen, die nicht überschwemmt werden, dank der starken und tiefen Bewurzelung seiner unterirdischen Ausläufer bei starker Düngung hohe Nährstofferträge, was schon C. A. WEBER, der Monograph des Rohrglanzgrases (1927) beobachtete. Vor allem auf Niedermoor gehört es zu den ertragsreichsten und ertragssichersten Futtergräsern. Trotz seiner langsamen Jugendentwicklung setzt es sich bei Ansaaten auf passenden Standorten mit kleinen Saatmengenanteilen durch. So haben sich auf Niedermoor in Paulinenaue reine Rohrglanzgrasbestände aus einer Ansaat von 6 kg/ha Rohrglanzgras + 6 kg/ha Lieschgras + 3 kg/ha Weißstraußgras entwickelt. Die Erträge liegen mit zwei bis drei Nutzungen bei 80—100 dt Trockensubstanz/ha.
Nach den Wurzeluntersuchungen von M. WETZEL war der Boden auf diesen Flächen bis in 60 cm Tiefe von Wurzeln durchfilzt. Viele Wurzeln reichten noch in den Grundwasserbereich und drangen in den Sanduntergrund vor.
Nach O. WEHSARG besitzt gerade das Rohrglanzgras die Anpassungsfähigkeit, bei Absinken des Grundwassers je nach Bedarf außerordentlich tiefgehende Wurzeln entwickeln zu können. KÖNEKAMP (1934) und WITTE (1929) fanden bei dreijährigem Rohrglanzgras noch Wurzeln in einer Tiefe von 3,60 m. Aufgrund seiner tiefen und dichten Durchwurzelung besitzt Rohrglanzgras vielleicht unter noch trockeneren Verhältnissen eine Anbauwürdigkeit.
Die Sorte ‚Motterwitzer' ist ein hochwüchsiger Mähtyp für feuchte und zur Nässe neigende Wiesen mit wesentlich verbessertem Jugendwachstum im Gegensatz zu den Naturformen und mit guter Bestockung. Versucht wurde in Motterwitz auch, von diesem ertragreichen Gras eine Sorte für den Ackerfutterbau zu züchten.
Die Schwierigkeiten, die die Samengewinnung bereitete, erschwerten aber sowohl Anbau als auch eine weitere züchterische Bearbeitung. Rohrglanzgras reift ungleich ab und hat von allen unseren Futtergräsern neben Wiesenfuchsschwanz den losesten Kornsitz. Daher wurden seine Samenbestände mehrere Male zur Zeit der Gelbreife von Hand durchgepflückt, und trotzdem lagen die Erträge weit unter dem tatsächlichen Aufwuchs. Der Weg über die Züchtung, Samen mit festem Kornsitz auszulesen, blieb bisher erfolglos. In den USA, Kanada und Australien wird daran intensiv gearbeitet (HERTZSCH 1961) und HERTZSCH (1957) berichtet von eigenen Versuchen. Nach HERRMANN (1975) aber sichert und erhöht die Einführung der Zweiphasenernte beim Mähdrusch in für Rohrglanzgras abgewandelter Form auch die Saatguterträge dieses in der Samengewinnung so schwierigen Grases. Anstatt 100—150 kg/ha Saat von Hand können heute über 300 kg/ha gewonnen werden.

Kanariengras (*Phalaris canariensis* L.) Bildtafel S. 133.

Das Kanariengras ist im westlichen Mittelmeergebiet und auf den Kanarischen Inseln beheimatet. Es wurde früher und wird gelegentlich noch heute als Körnerfrucht zur Gewinnung von Vogelfutter angebaut. Es ist auch züchterisch bearbeitet worden zum Anbau als Futterpflanze für den Ackerfutterbau (SCHIEBLICH 1956).
Das Kanariengras ist einjährig, einschnittig und recht massenwüchsig. Neben den Einjährigen Weidelgräsern gehört es zu den schnellwüchsigsten Gräsern bei uns. Es läuft schnell auf und hat eine schnelle Anfangsentwicklung. Es bestockt sich gut, ist blattreich, hat einen aufrechten, geschlossenen Wuchs und ist sehr standfest. An den Boden stellt es keine besonderen Ansprüche, wohl aber ist der Wärmeanspruch dieses Grases wärmerer Länder während der Hauptvegetationszeit ein höherer (STEIKHARDT, KATZENBERGER 1960). Ausgesprochen kalte Böden sollten für den Anbau vermieden werden.
Im Futterwert befriedigt *Phalaris canariensis* wegen des etwas höheren Rohfasergehalts von über 30% nicht, hat aber den Vorteil, daß es nicht mit Rost und Mehltau befallen wird.

Empfohlen wurde das Kanariengras als Stützpflanze im Erbswickgemenge mit einer Beisaatmenge von 20 kg/ha. Die Ansaat kann von Ende März bis spätestens Ende Juli als Haupt- bzw. Zweitfrucht erfolgen, als Stoppelfruchtbeigabe scheidet es daher im allgemeinen aus. Der Schnitt muß zwischen Schossen und Blühbeginn vorgenommen werden, da das Gras leicht verholzt. Beim Anbau im Erbswickgemenge als Hauptfrucht ist es Mitte Juli nutzungsreif. Nicht zu empfehlen ist die Reinsaat zur Futtergewinnung wegen zu geringer Nährstofferträge.
Züchterisch wird es bei uns nicht mehr bearbeitet.
Zur Samengewinnung wird das Kanariengras wie Sommergetreide angebaut und im Mähdrusch geerntet. Der Samensitz ist absolut fest. Die Ernte kann daher in der Totreife erfolgen, was auch notwendig für einen besseren Ausdrusch und für volle Keimfähigkeit des Saatgutes ist. Nackte, entspelzte Körner dürfen möglichst nicht anfallen. Sie sind ebenso minderwertig wie die von Glatthafer und Wiesenlieschgras. Korbabstand und Trommeldrehzahl müssen so gewählt werden, daß die kaffeebraunen Früchte von den Spelzen umschlossen bleiben. Der Samenertrag liegt für Gräser mit durchschnittlich 15 dt/ha sehr hoch.

Lieschgräser (*Phleum*-Arten).

Die mit nur wenigen Arten vorkommende Gattung *Phleum* umfaßt Gräser der gemäßigten Zonen. Unter ihnen hat eine wirkliche Bedeutung für die Graslandnutzung und eine weite Verbreitung allein *Phleum pratense* erreicht. Daneben gewinnt in neuerer Zeit auch *Phl. nodosum* in der Züchtung mehr an Interesse, das früher als einzige *Phleum*-Art als Ungras zuweilen lästig hervortrat.

Wiesenlieschgras (*Phleum pratense* L.).

Zwiebellieschgras (*Phleum nodosum* L.).

Glanz-Lieschgras (*Phleum phleoides* (L.) Karsten).

Sand-Lieschgras (*Phleum arenarium* L.).

Wiesenlieschgras, Timothee (*Phleum pratense* L.) Bildtafel S. 134.

Das Wiesenlieschgras gehört zu unseren wertvollen Futtergräsern sowohl auf dem Grasland als auch im Ackerfutterbau. Unter allen Futtergräsern hat es die größte Verbreitung auf der nördlichen Halbkugel erfahren. So bildet es in Finnland das Hauptgras im Kleegrasbau. Der Name Timothee geht auf Timotheus Hansen zurück, der es Anfang des 18. Jahrhunderts von Kanada nach England brachte, nachdem es vorher von Nordeuropa nach Nordamerika eingeführt worden war und sich dort zu einem der wichtigsten Kulturgräser entwickelt hatte.
Wiesenlieschgras ist ein sehr winterhartes Gras und deshalb in den auswinterungsgefährdeten Mittelgebirgslagen ein sehr geschätztes Futtergras auf dem Grasland sowie im Kleegrasbau. Es leidet weder durch Kälte noch durch Spätfröste. Im Flachland sagen ihm die gut mit Nährstoffen versorgten, feuchten Mineralböden mehr zu als die Moorböden. Es ist dort ertragsstärker und ausdauerfähiger. Bei reichlicher Nährstoffversorgung, vor allem mit Kali und Phosphorsäure, bringt es allerdings auch auf Anmoor- und Moorböden zumindest in den ersten Nutzungsjahren gute Erträge. In älteren Graslandnarben, insbesondere auf Niedermoor, geht der Lieschgrasanteil wegen seines geringen Ausdauervermögens und seiner geringen Konkurrenzkraft meist stark zurück. Timothee verlangt gut meliorierte Standorte. Trockenheit und stauende Nässe meidet es, wobei jedoch zur Nässe neigende Lagen ihm besser zusagen als trockene Standorte. Nach Witte (1929) gehört es zu den flachwurzelnden Kulturgräsern.

Im Frühjahr entwickelt sich das Wiesenlieschgras im allgemeinen nicht sehr früh, dauert aber im Herbst lange aus. Es ist sehr wüchsig und im Futterertrag infolge der sehr hohen Ertragsleistung besonders zum ersten Aufwuchs dem Wiesenschwingel überlegen, in der Nachwuchsfreudigkeit dagegen unterlegen. Im Futterwert erreicht es nicht dessen hohe Qualität, wenn es auch frisch und als Heu sehr gern gefressen wird. Demgegenüber wird es aber erst spät überständig, seine Futterqualität nimmt im Laufe der Vegetation weniger schnell ab. Selbst Samenstroh ist noch so nährstoffreich, daß Pferde bei mäßiger Arbeit ohne Zufütterung damit auskommen. Im Vergleich zu anderen Futtergräsern beginnt Timothee allgemein spät mit dem Schieben der Blütenstände und blüht entsprechend spät.

Phleum pratense hat eine starke züchterische Bearbeitung erfahren, wobei von gut ausgebildeten Landsorten allgemein ausgegangen werden konnte, wie auch die Zuchtsorten der DDR auf Ausgangsmaterial aus dem Erzgebirge zurückgehen. Es weist eine große Breite in der Variabilität morphologischer und physiologischer Eigenschaften auf, über deren systematische Untersuchung noch wenig bekannt ist (G. Julen 1959). So umfaßt das heutige Zuchtsortiment eine weite Spanne hinsichtlich des Zeitpunktes des Blütenstandschiebens. Sie reicht von Ende Mai/Anfang Juni bis Ende Juni/Anfang Juli. Timothee ist eine Langtagspflanze mit später Entwicklung. Aber unter den einzelnen Sorten bestehen Unterschiede im Tageslängenbedarf. Unsere Zuchtsorten schieben in der ersten Junidekade Blütenstände und sind damit als mittelfrühe Sorten einzuordnen. Aber innerhalb des internationalen Wiesenlieschgrassortiments gehören sie zu den Sorten, die am zeitigsten nutzungsreif werden. Es handelt sich um sehr ertragsreiche und vor allem standfeste Mähtypen. Die Standfestigkeit des Wiesenlieschgrases, insbesondere der späten Sorten, befriedigt durchweg sonst nicht.

Von Natur eignet sich das Wiesenlieschgras am besten zur Mähnutzung. Für die Weidenutzung von Nachteil sind im allgemeinen sein langsames Nachwuchsvermögen aufgrund eines hohen Anteils von Halmtrieben mit wenig nachwuchsfähigen Basalblättern und die geringe Bestandesdichte. Die späten Nutzungstypen sind als Weidegras allerdings besser geeignet. Zumeist niedrigwüchsiger und dichter in der Bestandesbildung, haben sie mehr Blatttriebe und einen ausgeglichenen Futteranfall während der Vegetationszeit.

Wiesenlieschgras wird zur Futtererzeugung nicht in Reinsaaten, sondern nur in Mischungen angebaut. Günstige Mischungspartner für Graslandsaaten sind Wiesenschwingel, Wiesenrispe und Weißstraußgras, die ein besseres Nachwuchsvermögen als Timothee haben. Sie wirken auf das konkurrenzschwache und wenig ausbreitungsfähige, horstbildende Wiesenlieschgras kaum verdrängend. Geschätzt wird Timothee auch als Ergänzungspartner von Rohrglanzgrasansaaten. Beide Wiesengräser haben ähnliche Standortsansprüche und Wiesenlieschgras sichert schnelle und hohe Anfangserträge nach der Ansaat. Obgleich Timothee sehr feinsamig ist, hat es eine schnelle Jugendentwicklung. Das feine Saatgut stellt allerdings hohe Anforderungen an eine sorgfältige Saatbettbereitung und Ansaat und verlangt einen gut abgelagerten Boden. Schädigend wirkt sich vor allem eine zu tiefe Saat (unter 2 cm) aus. Vorteilhaft ist die gute Spätsaatverträglichkeit von Timothee im Herbst. Auch Winteransaaten gelingen daher.

Im Kleegrasbau nahm das Wiesenlieschgras eine zentrale Stellung ein, besonders im mehrjährigen Kleegrasbau und vor allem in den Mittelgebirgen. So ist seit jeher das Erzgebirge ein traditionelles Wiesenlieschgrasanbaugebiet. 14 kg/ha Rotklee + 6 kg/ha Timothee werden im Frühjahr untergesät, im Folgejahr drei Grünfutterschnitte genommen und im Jahr danach ein Futterschnitt, der fast nur aus Timothee besteht und bei Stickstoffdüngung sehr hohe Erträge liefert, oder die Ansaat bleibt zur Samengewinnung stehen.

Im Flachland tritt Timothee im ein- wie zweijährigen Kleegrasbau überall dort an die Stelle der Weidelgräser, wo diese leicht auswintern. Infolge seiner späteren Nutzungsreife paßt er sich gut dem Wachstumsrhythmus des Rotklees an, wird nicht überständig, wenn sich der Schnitt witterungsbedingt etwas verzögert und wintert nie aus. Auf feuchten Niederungsstandorten trägt er somit wesentlich als Graspartner zum Rotklee allein oder mit Wiesenschwingel zusammen zur Ertragssicherheit und Steigerung des Nährstofferträges im Kleegrasbau bei. Da sein Frühjahrswachstum etwas langsam ist, wird er oft bereits im Herbst untergesät ebenso wie Wiesenschwingel. In der Mischung mit 12 bzw. 16 kg/ha Rotklee + 4 kg/ha Wiesenschwingel + 2 kg/ha Timothee ergänzen sich beide Gräser bestens. Timothee vergrößert den ersten Aufwuchs und zwar durch Triebe die eben erst geschoßt sind und noch keine Ähren geschoben haben. Wiesenschwingel macht vor allem den zweiten und dritten Schnitt fülliger.

Auf für Rotklee unsicheren Anmoor- und Moorböden fand Wiesenlieschgras Verwendung auch als Mischungspartner zu Schwedenklee. Das trifft ebenfalls für etwas zu nasses Grasland zu. Solche Flächen können von Zeit zu Zeit durch Umbruch nach dem ersten Schnitt und Neuansaat nach entsprechender Vorbereitung des Bodens im Ertrag verbessert werden. Die Ansaat erfolgt noch vor dem 20. August mit einer Mischung von 10 kg/ha Timothee + 6 kg/ha Schwedenklee. Beide Futterpflanzen sind sehr wetterhart und können auch die sonstigen Verhältnisse des an sich kulturwidrigen Standortes noch ertragen und ausnutzen.

Der Samenbau bereitet keine besonderen Probleme. Er ist auch auf schweren Böden möglich, auf humosen, frischen Sandböden und sogar auf Niedermoor. Auf Niedermoor muß man die Unkrautbekämpfung besonders berücksichtigen und mit der Stickstoffdüngung sehr vorsichtig sein, diese sogar möglichst unterlassen, um Lager und damit schlechten Samenansatz zu vermeiden. Wegen der Kleinheit seiner Samen ist auf flache Aussaat zu achten, und die Reinsaatmenge auf etwa 6 kg/ha zu begrenzen, um die Lagergefahr zu mindern. Die Samenbestände können unter Umständen bis zu drei Jahren genutzt werden.

Zwiebellieschgras (*Phleum nodosum* L., *Phl. pratense* var. *nodosum* ASCHERS.).

Von allen anderen *Phleum*-Arten steht *Phleum nodosum* dem *Phleum pratense* am nächsten. Das ertragsschwächere Zwiebellieschgras ist von niedrigem, mehr oder weniger kriechendem Wuchs und sehr halmreich. Es bestockt sich stark und vermehrt sich außer durch Samen auch vegetativ durch Tochterzwiebeln der zwiebeligen Verdickungen des Halmgrundes, die perlschnurartig übereinander angeordnet sind. Es wird landläufig deshalb auch „Zwiebeltimothee“ genannt. In Aberystwyth (Wales) hat man diese *Phleum*-Art als Weidegras gezüchtet. Die Formen sind zwar relativ ertragreich, deren Nachwuchsfreudigkeit bedarf aber noch der Verbesserung. Im Gegensatz zum hexaploiden *Phleum pratense* mit $2n = 42$ ist *Phleum nodosum* diploid mit $2n = 14$ Chromosomen. Es wird vermutet, daß *Phleum pratense* durch Chromosomenverdoppelung aus *Phl. nodosum* hervorgegangen sei (JULEN 1959). Der Zwiebeltimothee kam früher als Verunreinigung im Wiesenlieschgrassaatgut vor und war schwer zu erkennen. Neben der Chromosomenzahl bildet nur die Spelzenbehaarung eine zuverlässige Unterscheidung. Die Samen von *Phleum nodosum* sind auf den Rippen der Deckspelze weißlich seidig behaart und nicht auch auf den Flächen dazwischen wie bei *Phleum pratense*. Die Tausendkornmasse ist außerdem niedriger, unter 0,4 g.

Böhmers Lieschgras, Steppen-Lieschgras, Glanz-Lieschgras (*Phleum phleoides* (L.) KARSTEN, *Phl. boehmeri* WIBEL) Bildtafel S. 135.

Das Glanz-Lieschgras bildet bei uns Trockenrasen auf pontischen Hügeln und wird ebenso wie der Schafschwingel von den Schafen gefressen. C. VON WULFFEN hat lange geschwankt, als er den Schafschwingel in die Sandbodenwirtschaft einführte, ob nicht dem Glanz-

Lieschgras der Vorzug zu geben sei. Im Futterwert und im Ertrag ist es dem Schafschwingel gleichwertig, in der Wurzelmenge aber steht es noch über *Festuca ovina.* Die Einführung des Glanz-Lieschgrases in die Landwirtschaft scheiterte in erster Linie an der Schwierigkeit der Samengewinnung. Wegen der starken Durchwurzelung des Bodens könnte das ausdauernde Horstgras für bestimmte Kulturmaßnahmen interessant sein.

Sand-Lieschgras (*Phleum arenarium* L.).

Ein seltenes Gras auf Sandfeldern, auch auf den Stranddünen, zusammen mit dem Igelgras.
Einjährig. Höhe 20 cm. Blüte Mai/Juni. Sehr kurze rispige Scheinähre. Die Hüllspelzen sind am Kiel lang-steifhaarig bewimpert und laufen allmählich in eine Spitze aus.

Schilfrohr, Reeth (*Phragmites australis* (CAV.) TRIN. ex STEUD., *Ph. communis* TRIN., *Arundo phragmites* L.) Bildtafel S. 136.

Das Schilfrohr ist über die ganze Erde verbreitet. Außer *Phragmites australis* umfaßt die Gattung nur noch zwei andere Arten, die im tropischen Asien und Argentinien (HEGI) beheimatet sind. Schilfbestände können Jahrhunderte überdauern, ja ein „klassisches" Alter erreichen (BITTMANN 1953).
Das Schilfrohr ist eine außerordentlich wichtige Kulturpflanze als Lieferant von Reeth zu den verschiedensten Zwecken und als Rohstoff zur Zellulosegewinnung, als Uferschutzpflanze und nicht zuletzt als Pionierpflanze auf den Schlickböden, die dem Meere abgerungen werden. Es wird dort nach der Entwässerung aus dem Flugzeug angesät und etwa drei Jahre angebaut. Während dieser Zeit durchport es den dichtlagernden Schlick mit seinen vielen Ausläufern, seinem Sproß- und Wurzelgeflecht derartig, daß der tote Boden der landwirtschaftlichen Kultur zugängig wird. Reste von Schilfrohrausläufern sind oft im Untergrund von Aueböden vorhanden. Sie verbessern die Wasserführung dieser schweren Böden.
Auf dem Acker und auf den Dauerweiden kommt Schilfrohr selten vor, auf den Dauerwiesen ist es meist harmlos. Schilf auf dem Ackerlande wird im allgemeinen für ein Zeichen von Entwässerungsbedürftigkeit gehalten, das durch Entwässerung vom Acker zu entfernen sei. So einfach liegen die Dinge aber in Wirklichkeit nicht. Die Ausläufer oder noch besser die tiefstreichenden Ausläuferwurzeln sind zwar an eine sehr feuchte bis nasse Bodenschicht gebunden, die aber entsprechend ihrer großen Tiefenlage 2 m und noch mehr von der Bodenoberfläche entfernt sein kann.
Der Schaden, den das Schilfrohr als Ackerunkraut anrichtet, wird meistens überschätzt. Nährstoffe und Feuchtigkeit entnimmt es den tieferen Bodenschichten und oberirdisch verdrängt es kaum. Die Bekämpfung kann durch häufiges Entfernen der oberirdischen Pflanzenteile erfolgen, entweder innerhalb einer mehrschnittigen Futternutzung, z. B. von Kleegras oder durch wiederholtes Abschneiden des oberirdischen Grases während der Pflegearbeiten auf dem Acker. Dadurch wird die ständige Nährstoffeinlagerung in den unterirdischen Pflanzenorganen unterbunden, und das Gras, das nach einem Schnitt kaum noch Assimilationsfläche besitzt, erschöpft sich in den unterirdischen Vermehrungsorganen, so daß es immer schwächer regeneriert.
Auf den Weiden fehlt das Schilfrohr für gewöhnlich infolge der häufigen Nutzung. Es überwintert unterirdisch und die im Frühjahr austreibenden jungen Triebe werden von den weidenden Tieren nicht ungern gefressen — wie man auch auf jeder Weide beobachten kann, die an Schilfbestände grenzt —, bzw. durch das Nachmähen erfaßt. Anscheinend verträgt aber das Schilfrohr den dauernden Verbiß nicht, was man auch bei anderen Gräsern mit tief- und weitstreichenden, unterirdischen Ausläufern feststellen kann. Namentlich O. WEHSARG (1935) hat mit Recht betont, daß unsere besten Weidegräser

nicht etwa solche mit tiefen und langen unterirdischen Ausläufern sind, sondern diese vielmehr kurze, flache, immer wieder Blattbüschel treibende Ausläufer besitzen.
Auf mehrschnittigen Wiesen mit wertvollen Futtergräsern fehlt das Schilfrohr ebenfalls weitgehend. Es wird durch das häufige Abmähen in seinem Wachstum so geschwächt, daß die guten Kulturgräser es überwachsen, wenn Standort und Bewirtschaftung deren Gedeihen begünstigen. In der meist nur einmal geschnittenen Sauergraswiese der schlechtnassen Lage tritt es dagegen mit auf. Dort kann es aber kaum als Ungras bezeichnet werden. Reinbestände gaben früher sogar eine geschätzte Streuwiese ab. In allen kulturfähigen Fällen bedürfen diese Flächen einer Erneuerung des Pflanzenbestandes durch Umbruch und Neuansaat hochwertiger Futtergräser nach erfolgter Melioration.
Das Schilfrohr ist je nach den Wachstumsbedingungen sehr verschieden wüchsig und bonitiert fast so gut wie der Hanf. Unter ungünstigen nährstoff- und wasserarmen Standortsverhältnissen kommt es zur Ausbildung von Kümmerformen. Bei besonders zusagenden Bedingungen, auf nährstoffreichen Torf- und Schlammböden und in seichten, nicht verarmten Gewässern wird es 2—4 m hoch. Eine außergewöhnlich wüchsige Abart (*Phragmites* australis var. *pseudodonax*) wächst bei Wilmersdorf in der Niederlausitz. Es handelt sich um das Riesenrohr, das in den Tropen weit verbreitet ist und wahrscheinlich durch Zugvögel nach hier verschleppt wurde. Es kann eine Höhe von 8—10 m erreichen (Krausch 1956).
In Notzeiten wurden die Schilfrohrbestände auch zur Futtergewinnung herangezogen. Die jungen Triebe sind süß und nahrhaft, ehe sie sich entfaltet haben und werden von den Tieren in diesem Zustand gern gefressen. Ein häufiges Schneiden verträgt aber das Röhricht, wie bereits ausgeführt, nur kurze Zeit. Zu beachten ist auch, daß beim Verfüttern aller Pflanzenbestände der nassen Lage Gesundheitsschädigungen bei den Tieren nicht ausgeschlossen sind.
Seinen Hauptstandort hat das Schilf im Wasser bis zu einer Tiefe von 2,5 m. Die hohen reinen Schilfrohrbestände im Wasser wurden früher sehr häufig und gegendweise ausschließlich als Reeth zur Dachdeckung gewonnen. Sie konnten zuweilen wertvoller sein als beste Wiesen, beste Weiden und beste Äcker. Bei den alten Bonitierungen wurden sie entsprechend hoch bewertet.
Erwähnen wollen wir noch die eigenartige Blattstellung des Schilfrohrs, besonders augenfällig bei Uferbeständen, von jedem beobachtet und wichtig für den Wasserbau. Infolge seiner Torsionsfähigkeit ist es dem Schilfrohr immer möglich, seine Blätter in Windrichtung zu stellen, so daß sie auch bei starken Winden nie beschädigt werden (Kerner von Marilaun 1890).

Rispengräser — im engeren Sinne — (*Poa*-Arten).

Zur Gattung *Poa*, die in zwei Untergattungen *Ochlopoa* und *Eupoa* unterteilt wird, gehören etwa 250 Arten, zu mehreren Sektionen vereint, die über die ganze Erde verschieden verbreitet sind. Wir bringen hier die *Poa*-Arten, die bei uns landwirtschaftlich von Bedeutung sind, ohne die verwandtschaftlichen Beziehungen zu betrachten. Außer *Poa annua* zählen alle zur Untergattung *Eupoa*. Sie sind mehrjährig und bilden Horste oder Ausläufer. *P. compressa*, *P. nemoralis* und *P. palustris* gehören der gleichen Sektion *Stenopoa* an, die anderen hier behandelten Arten verschiedenen Sektionen. Vom landwirtschaftlichen Standpunkt betrachtet, ist die Sektion *Stoloniferae*, zu der *Poa pratensis* gehört, die wichtigste.

Wiesenrispe (*Poa pratensis* L.).

Sumpfrispe (*Poa palustris* L.).

Gemeine Rispe (*Poa trivialis* L.).

Jährige Rispe (*Poa annua* L.).

Platthalmrispe (*Poa compressa* L.).

Hain-Rispe (*Poa nemoralis* L.).

Berg-Rispe (*Poa chaixii* VILL.).

Knollen-Rispe (*Poa bulbosa* L.).

Wiesenrispe (*Poa pratensis* L.) Bildtafel S. 137.

Die Wiesenrispe ist eines der wertvollsten Gräser und über viele Länder der Erde verbreitet. Als typisches Ausläufergras liebt sie die lockeren Böden und bildet auf diesen Standorten das Hauptgras der Weiden sowie auf den Wiesen ein wichtiges Gras zur Bildung eines dichten Bestandes. Wegen ihrer langsamen Jugendentwicklung nach der Ansaat spielt sie im ein- oder mehrjährigen Ackerfutterbau keine Rolle. Erst im vieljährigen Grasbau gewinnt sie Bedeutung.
Was das Ausdauernde Weidelgras für die Dauerweiden der schwereren Böden bedeutet, das gilt für die Wiesenrispe auf allen Lockerböden. Dazu gehören sowohl die Moorböden, die anmoorigen Böden wie auch die humosen Sandböden und die milderen Lehmböden. Sogar ausgesprochene Marschweiden können, wenn der Boden sehr kalkreich und krümelig ist, eine Wiesenrispen-Grasnarbe tragen. Im Gegensatz zum Ausdauernden Weidelgras versagt die Wiesenrispe in Höhenlagen nicht und bildet auch auf den grusigen Gesteinsverwitterungslehmböden in den rauheren Mittelgebirgslagen gute Bestände. Sie bevorzugt die frische Lage, geht aber auch in die gutfeuchte und die etwas zur Trockenheit neigende Lage über. Hoher Grundwasserstand und Überschwemmungen sagen ihr jedoch nicht zu. Sie verträgt von allen wertvollen, wüchsigen Weidegräsern am meisten Trockenheit und ist noch am ehesten in der Lage, unter etwas zur Trockenheit neigenden Verhältnissen ertragreiche Rasen zu bilden. Bei entsprechender Düngung übertrifft sie den Rotschwingel auch auf den Dauerweidegrenzböden. Sie ist sehr anpassungsfähig an Klima und Standort und absolut winterfest. Auf den auswinterungsgefährdeten Niedermoorböden bildet sie von allen wertvollen Gräsern das ertragssicherste und am besten ausdauernde Futtergras auf den Weiden (WACKER 1969).
Die Wiesenrispe treibt im Frühjahr sehr zeitig, jedoch nicht so früh wie das Ausdauernde Weidelgras. Sie bildet wie wenige Gräser ein außerordentlich zartes, reich- und feinverzweigtes Wurzelnetz aus, dessen Hauptwurzelmasse oberflächennah gelegen ist. Ihre unterirdischen Ausläufer, die sich unmittelbar unter der Bodenoberfläche befinden, sind bis zu einer Tiefe von 20 cm reich bewurzelt. Die flachstreichenden Ausläufer haben gedrängt sitzende Glieder, aus deren Knoten reichbestockte Triebe treiben, die sie zu dichtem Narbenschluß und hoher Trittfestigkeit befähigen. Der hohe Blatttriebanteil bewirkt einen guten Nachwuchs. Nach dem Abweiden werden die neuen Blattsprosse schnell gebildet. Da der Vegetationspunkt tief, in der Nähe der Bodenoberfläche, liegt, wird das Abweiden gut vertragen. Wegen ihres nicht so schnellen Jugendwachstums ist die Wiesenrispe bei Ansaatmischungen im Anfang verdrängungsgefährdet. Erst vom zweiten Nutzungsjahr an setzt sie sich durch, wenn die Ausläufer gebildet sind.
Ihre besondere Trockenheitswiderstandsfähigkeit und Abhängigkeit von guter Bodendurchlüftung führen SCHRÖDER (1952) und KUTSCHERA (1966) auch auf den inneren Aufbau ihrer Wurzeln zurück. Im Gegensatz zu *Lolium perenne* bildet *Poa pratensis* kein ausgeprägtes Durchlüftungsgewebe in der Rindenschicht aus und durch das Fehlen englumiger Zellen in der äußeren Rindenschicht schrumpft diese bei Trockenheit schnell ein. Erhalten bleibt die innere Rindenschicht mit ihren englumigen, stärker verdickten, bräunlichen Zellen. Die Wurzeln von *Poa pratensis* sind daher frühzeitig dünn, drahtig und bräunlich gefärbt, gut gegen Trockenheit geschützt, aber abhängig von einem gut durchlüfteten Boden.

Im Gegensatz dazu ist bei *Lolium perenne* ein Durchlüftungsgewebe in den Wurzeln deutlich ausgebildet, das nach innen und außen durch englumige Zellen abgegrenzt wird, die aber weniger verdickt sind und daher gegen Trockenheit und Fäulnis empfindlich sind. Durch sein Durchlüftungsgewebe vermag *Lolium perenne* auf luftärmeren Böden zu gedeihen als *Poa pratensis*.
Die Wiesenrispe hat einen hohen Futterwert, bildet nicht viel Halmmasse und wird gern gefressen. Allerdings befällt sie leicht mit Mehltau. Beim Anbau sind daher mehltauresistente Zuchtsorten zu bevorzugen. Hohe Leistungen bringt sie nur bei guter Nährstoffversorgung. Bei den Stickstoffsteigerungsversuchen in Paulinenaue mit Gaben bis zu 720 kg N/ha im Jahr wurde sie mit zunehmend höheren Gaben stetig im Bestandesanteil gefördert und nutzte den Stickstoff bis zu Gaben von insgesamt 240 kg/ha sehr gut aus (Kreil, Wacker, Kaltofen 1961 und 1964).

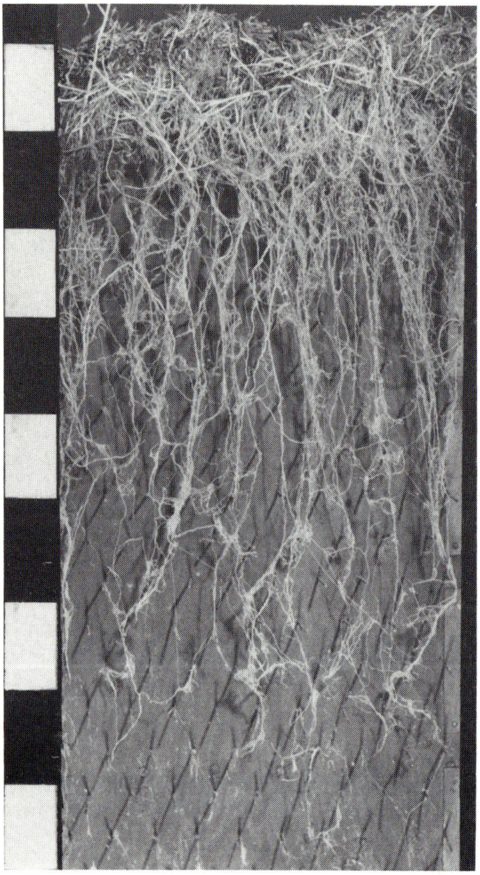

Wurzelbild von Wiesenrispe (*Poa pratensis*) von einer Dauerweide auf 80 cm mächtigem Niedermoor über Sand in Paulinenaue. Grundwasserstand am 1. 10. 1959: 65 cm unter Flur. (Nagelbrett 100 cm hoch.) Wurzelmengen: 89,2 dt/ha organische Substanz

Poa pratensis ist außerordentlich formenreich. Sie bildet vielleicht die formenreichste Grasart, von der man auf der Erde weiß (Åkerberg und Nygren 1959). Unsere Ausführungen beziehen sich auf die breitblättrige Abart var. *latifolia*, mit bis zu 6 mm breiten Blättern. Nach Knoll (1943) weisen sie einen höheren Gehalt an Rohprotein auf und einen niedrigeren an Rohfaser. Die schmalblättrige Abart var. *angustifolia* mit sehr schmalen, nur 2 mm breiten Blättern gedeiht unter noch trockeneren Verhältnissen, hat eine geringe Ausbreitungsfähigkeit und befriedigt aber im Futterwert nicht. Sie gehört zu den geringwertigen Gräsern und ist eine Hutungspflanze trockener, armer Böden. Freck-

MANN, wohl einer der ersten Züchter der Wiesenrispe, glaubte zur Herauszüchtung besonders trockenheitswiderstandsfähiger Zuchtsorten von dieser Abart var. *angustifolia* ausgehen zu müssen, gab diese Versuche aber bald als zwecklos wieder auf.
Genetisch ist *Poa pratensis* als apomiktische Art*) sehr kompliziert aufgebaut. In der Chromosomenzahl variiert dieses Gras zwischen 2n = 28 und 150. Da kontinuierlich neue Formen entstehen, bietet sich dem Züchter ein breites und immer wieder neues Material dar (ÅKERBERG und NYGREN 1959), dessen große Variabilität, die in der Population dieser Art noch verborgen ist, Möglichkeiten für die verschiedenen Zwecke bietet (STÄHLIN, A., EREN, A., 1973 und 1974). Es liegen heute international eine große Reihe von wertvollen Zuchtsorten vor, die sich in einzelnen Eigenschaften unterscheiden, aber alle sich auszeichnen durch stärkere Krankheits-, besonders Mehltauresistenz, eine schnellere Jugendentwicklung und ein noch besseres Nachwuchsvermögen. Dazu gehören auch die in der DDR gezüchteten und zugelassenen Sorten ‚Berbi', ein Weidetyp, sowie ‚Leugra', ein Mähtyp. AlleWiesenrispensorten sind früh in der generativen Entwicklung, wenn auch innerhalb des Sortiments Unterschiede im Blühtermin bestehen.
Die gewöhnliche Handelssaat der Wiesenrispe stammte früher oft von den berühmten Blaugrasweiden Kentuckys in Amerika (Kentucky bluegrass). Das Kanadische Blaugras (Canadian bluegrass) ist keine Wiesenrispe, sondern eine Platthalmrispe (*Poa compressa*).
Der Samenbau der Wiesenripse ist nicht gerade leicht. Wegen ihrer langsamen Keimung und Jugendentwicklung erfordert sie so viel Pflege und Sorgfalt im Ansaatjahr wie kaum ein anderes Gras. Auch in den Samenjahren, vor allem unmittelbar nach der Samenernte, bedarf sie intensivster Pflege zur Offenhaltung der durch die Ausläufer leicht vergrasenden Reihen. Im Frühjahr müssen die Pflegearbeiten vorsichtig erfolgen, um die Ausläufern nicht zu verletzen. Im Herbst ist der Bestand kurz zu halten. Überwachsene Bestände bringen nicht genügend Schoßtriebe. Bei guter Düngung und Pflege sind die Samenerträge auf passenden Standorten mit 6—8 dt/ha recht hoch, so daß der Wiesenrispengrassamenbau außerordentlich lohnend sein kann. Die Verluste bei der Ernte sind gering, da der Kornsitz relativ fest ist. Nicht möglich ist der Samenbau auf trockeneren, leichten sowie auf schweren Böden. Der Acker muß rein sein von Gemeiner Rispe (*Poa trivialis*) und von Jähriger Rispe (*Poa annua*) und selbstverständlich von allen Quecken.
Gelegentlich tritt die Wiesenrispe in Luzerne als Ackerungras auf, wenn sie über den Ackerrand hineingelangen kann. Besonders auf trockenen, kalkreichen Lehm- und Tonböden wirkt sie mit ihren unterirdischen Ausläufern vergrasend. Da sie in der Luzerne nicht zum Reifen kommt, muß sich die Bekämpfung gegen die Ausläufer richten und dürfte nicht schwierig sein.
Aufgrund ihrer dichten Narbenbildung und guten Belastbarkeit wird Poa pratensis auch als Rasengras, besonders für Gebrauchsrasen, stark züchterisch bearbeitet. International liegen viele Sorten vor.

Sumpfrispe, Späte Rispe, Fruchtbare Rispe (*Poa palustris* L., *P. serotina* EHRH., *P. fertilis* HOST) Bildtafel S. 139.

J. HUNTEMANN wies immer wieder auf die Bedeutung der Sumpfrispe für die nassen Wiesen hin. Sie tritt hier in der Tat auch häufig auf, namentlich innerhalb der Großseggenrieder.
Die Sumpfrispe wird zu den Pflanzen der Nordpolarzone gerechnet. Sie ist ein dicht-

---

*) Einige *Poa*-Arten sind fakultativ apomiktisch, daraus erklären sich die sehr unterschiedlichen und von der Grundzahl n = 7 abweichenden Chromosomenzahlen.

horstiges Gras feuchter bis nasser, nicht zu nährstoffarmer Moor- wie Mineralböden. Sie verträgt Überschwemmung und wird durch Bewässerung stark im Wachstum gefördert. Sie treibt viele feine, feinblättrige Halme, die alle Rispen tragen (Fruchtbare Rispe), nicht nur im ersten, sondern auch im zweiten und dritten Aufwuchs. Sie ist aufrecht, hochwüchsig, wenn auch nicht so hoch wie unsere eigentlichen Mähegräser. Ihre Höhe beträgt etwa 75—100 cm. Sie ist ein ausgesprochener Mähtyp, verträgt aber nach FELDT (1929/30), der sie auch züchterisch bearbeitet hat, ebenfalls Beweidung. Bei ständiger Beweidung geht sie nach FISCHER (1959) zurück. Sie wächst schnell nach und wird von den Tieren gern gefressen. Im Vergleich zur Wiesenrispe hat sie eine schnellere Jugendentwicklung, treibt im Frühjahr sehr früh, blüht aber später (Späte Rispe) als diese und die Gemeine Rispe (*Poa trivialis*) und ist standfester. Ihr Wachstum geht bis in den späten Herbst und wird erst durch den Frost beendet. Sie ist absolut winterfest und gut ausdauernd, verträgt nach FELDT härteste und schneelose Winter und die schlimmsten Wechseltemperaturen im Frühjahr.

Die Sumpfrispe gehört zu den nässeverträglichsten Futtergräsern und wird auch durch monatelange Überschwemmungen im Winter nicht geschädigt. Sie wurde daher bei uns zur Ansaat auf den zur Nässe neigenden Wiesen empfohlen. Im Ertrag wie im Futterwert sind aber unter unseren Verhältnissen Rohrglanzgras und Weißstraußgras überlegen, die allerdings höhere Ansprüche an den Wasser- und Nährstoffhaushalt des Bodens stellen, aber auch auf Nässe neigenden, doch nicht staunassen Standorten wie die Sumpfrispe, angebaut werden können.

Der Futterwert der Sumpfrispe wird durch den hohen Halmmasseanteil beeinträchtigt, wenn die Halme auch sehr zart sind ebenso wie die Blätter.

In einigen Ländern glaubte man in der Sumpfrispe einen geeigneten Graspartner zu Rotklee und Luzerne im Ackerfutterbau gefunden zu haben. FELDT (1929/30) sowie FISCHER (1959) empfahlen sie für den Ackergrasbau mit Kleearten, ganz besonders aber als Partner zu Luzerne. Sie wirkt hier nicht schädigend als Ungras wie *Poa pratensis*, *Poa trivialis* und *Poa annua*, sondern die Erträge bereichernd, ohne die Luzerne im Wachstum zu stören.

Empfohlen wurde *Poa fertilis* auch für Höhenlagen von 800 m und mehr (BRADA und DEMELA 1930, FELDT 1929/30), wo sie neben *Trisetum flavescens* unübertroffen sei.

Alles spricht für ihre gute Anpassungsfähigkeit an verschiedenartige Standorte, was von den Befürwortern dieser Rispe immer wieder hervorgehoben wurde.

Auf Überschwemmungsflächen aber, die nur mit Seggen, Hahnenfußarten und anderen Unkräutern bestanden sind, scheint sie, auch nach KANNENBERG (1939) eine besondere Stellung einzunehmen.

Züchterisch ist die Sumpfrispe von mehreren Seiten in mehreren Ländern bearbeitet worden. Als apomiktische Art schwankt ihre Chromosomenzahl zwischen $2n = 28$, 29, 30 und 42. In der DDR hat man über viele Jahre an ihrer Züchtung gearbeitet, und die Sorte ‚Saaletal' herausgebracht, die aber 1974 wieder zurückgezogen wurde.

Bisher hat die Sumpfrispe weder bei uns noch in anderen Ländern eine bedeutende Anbauverbreitung gefunden. Ihre Laufbahn als „Gras der Zukunft", wie sie von WEINZIERL (1914), wohl dem ersten Züchter dieses Grases, bezeichnet wurde, hat doch nicht begonnen. Ein endgültiges Wort über ihre Bedeutung ist aber noch nicht gesprochen.

Der Samenbau erfordert im Ansaatjahr ebensoviel Aufmerksamkeit wie bei der Wiesenrispe, wenn die Sumpfrispe auch eine schnellere Jugendentwicklung durchläuft. Im Ansaatjahr werden bereits Halme getrieben. In den Samenjahren gestaltet sich allerdings die Pflege einfacher als bei der Wiesenrispe, da die Sumpfrispe horstig wächst und nicht wie *Poa pratensis* Ausläufer bildet. Eine Verrasung tritt kaum ein. Der Samensitz ist nicht so fest wie bei der Wiesenrispe. Die höchsten Samenerträge über 4 dt/ha bringt sie im zweiten und dritten Hauptnutzungsjahr.

Gemeine Rispe (*Poa trivialis* L.) Bildtafel S. 138.

Die Gemeine Rispe ist vor allem in Europa mit Ausnahme des höchsten Nordens heimisch und auf dem Dauergrasland weit verbreitet. Sie war lange ein in ihrem Wert sehr umstrittenes Gras.

Auf dem Grasland verlangt sie neben reichlicher Nährstoffversorgung einen dauernd feuchten Boden. Zusammen mit ihrer starken oberirdischen Ausläuferbildung führen diese hohen Ansprüche leicht zu sehr nachteiligen Wirkungen auf die Wiesen- und Weidenarbe. In feuchteren Jahren dehnt sich *Poa trivialis* sehr stark aus, ihre oberirdischen Ausläufer greifen sehr um sich. In Trockenjahren versagt sie aber im Ertrag bis zum völligen Ausfall und hinterläßt nicht selten große Lücken im Bestande. Das gleiche Bild zeigt sich in gewissen Grenzen auch innerhalb eines Jahres bei anhaltender Trockenheit im Vorsommer. Ebenfalls ist sie empfindlich gegen starke Winterkälte und langandauernde hohe Schneebedeckung, verträgt aber Bewässerung und Überstauung gut.

Auf den Wiesen erhöht die Gemeine Rispe mit ihren vielen feinen Halmtrieben im allgemeinen nur den Ertrag zum ersten Schnitt. Im zweiten Aufwuchs tritt sie dagegen mengenmäßig stark zurück, weil sie dann oft nur noch kurze Blatttriebe treibt. Ihr Versagen nach dem ersten Schnitt tritt aber nicht unter allen Umständen ein, sondern hängt davon ab, wie früh dieser erfolgt und inwieweit die hohen Feuchtigkeitsansprüche befriedigt werden. Das fortdauernde Wachstum der Gemeinen Rispe ist jeweils von dem Zeitpunkt der vorhergehenden Nutzung stark abhängig. Auf feuchten Weiden, wo eine zeitige und häufige Nutzung gegeben ist, bildet sie das ganze Jahr hindurch reichlich Triebe. Von Nachteil ist, daß sie infolge ihrer oberirdischen Ausläufer keinen festen Rasen bildet, und neben sich noch andere Gräser haben muß, die die Narbe festigen. Andererseits ist sie dadurch befähigt, Lücken im Bestand schnell zu schließen. Ebenso kann sie auf sehr früh und häufig geschnittenen feuchten Wiesen das ganze Jahr hindurch sehr üppig sein. Nach J. N. Schwerz bestanden die sieben- und mehrschürigen Wässerwiesen der Lombardei aus *Poa trivialis* und ähnlich habe auch ich feststellen müssen, daß viele drei- und mehrschnittige Jauchewiesen die Gemeine Rispe als Hauptgras aufwiesen. Langlebig ist das einzelne Gras nur, wenn es immer wieder ganz jung geschnitten oder verbissen wird, wie auch W. Fischer (1959) betont.

Auf dem Acker tritt die Gemeine Rispe vor allem in Gegenden mit schweren Böden und im feuchten Klima als Ungras auf. Als Herbstkeimer kommt sie im Wintergetreide vor und außerdem noch im Klee, wie die Wiesenrispe in der Luzerne. Im Wintergetreide ist sie oft ein schädliches Samenunkraut, im Klee ein sich vegetativ ausbreitender Lückenfüller, nicht immer zum Vorteil des Futterertrages. Ihre Samen sind höchstens zwei Jahre lebensfähig im Boden.

Die Gemeine Rispe ist auch züchterisch bearbeitet worden, es liegen einige Zuchtstämme in anderen Ländern vor. Bei uns sind keine Zuchtsorten entwickelt worden. Für den Ackerfutterbau wäre *Poa trivialis* nicht geeignet, aber auch auf dem Dauergrasland gilt sie als nicht ansaatwürdig. Auf passenden Standorten stellt sie sich jedoch von selbst ein dank der frühen Samenreife und des leichten Samenausfalls. Im Futterwert ist sie etwa mit der Wiesenrispe vergleichbar.

Jährige Rispe (*Poa annua* L.) Bildtafel S. 142.

Die Jährige Rispe ist, wie der Name sagt, einjährig. Sie tritt aber aufgrund ihrer Formenmannigfaltigkeit auch überjährig, mehrjährig und manchmal sogar ausdauernd durch Ausläufer auf. Ihr Areal reicht vom äußersten Norden bis in die hochalpinen Lagen. Diese Vielfältigkeit, die sich auch in verschiedenen Wuchsformen ausdrückt, soll mit ihrem Bastardcharakter zusammenhängen. *Poa annua*, ein amphidiploider Bastard mit $2n = 28$ Chromosomen, soll hervorgegangen sein aus den beiden diploiden Arten *Poa infirma*

H. B. K. und *Poa supina* SCHRAD. (NANNFELDT 1937, zitiert bei ÅKERBERG und NYGREN 1959), in dem sich nicht nur die Einjährigkeit der einen mit der Mehrjährigkeit der anderen Art gepaart haben, sondern u. a. auch die Variabilität in der Wuchsform und in der ökologischen Streubreite zum Ausdruck kommt. *Poa infirma* ist ein Gras der wärmeren Länder der Erde, während das Verbreitungsareal von *Poa supina* hauptsächlich in der gemäßigten Zone Europas und Westasiens liegt. Sie tritt bei uns mehr in den obersten Mittelgebirgslagen auf, hat aber nach FRÖHNER (1963) ihren soziologischen Schwerpunkt in Mitteleuropa in den Alpen. Hier ist sie nach STEBLER und SCHRÖTER (1889) ein üppig wucherndes Unkraut, das sich sehr schnell versamt und mit seinen kriechenden oberirdischen Trieben rasch ausbreitet. Besonders bemerkenswert ist, daß die Einjährige Rispe zu jeder Jahreszeit keimt und in einem Jahr eventuell bis zu drei Generationen hervorbringen kann. In 8 bis 10 Wochen vermag sich eine Pflanze mit keimfähigen Samen zu entwickeln. Sie keimt, blüht und fruchtet sogar unter dem Schnee. Die Samen dieses „Allerweltsgrases" sind infolgedessen weit verbreitet, und so kann es nicht wundernehmen, daß es die auf den Weiden entstehenden Lücken meist sehr schnell ausfüllt und daher auch auf intensiv bewirtschafteten und überanstrengten Dauerweiden auftritt.
Sehr bezeichnend ist *Poa annua* auch für die Trittwege, sowohl von Mensch und Tier.
Als Futtergras ist die Jährige Rispe zu ertragsschwach, wenn auch von LENGERKE 1836 als erster von einem „vortrefflichen Gras der Weiden" spricht, ebenso wie VON THÜNEN und A. BLOCK (1834) sie als Weidepflanze zu überprüfen für wertvoll hielten und KLAPP sie als Hauptdifferentialart höchstertragreicher Umtriebsweiden anführt. Als Lückenbüßer ist sie aber auf der Weide keineswegs besonders zu bekämpfen. Sie ist von gutem Futterwert.
In lückiger Luzerne bildet *Poa annua* neben der Quecke ein verbreitetes Ungras. Durch Schaffung kräftiger und wüchsiger Luzernebestände wird sie aber verdrängt.
Interesse hat *Poa annua* heute als Rasengras gewonnen, da sie im Winter grün bleibt, einer starken Beanspruchung durch den Tritt bei dauerndem Kurzhalten widersteht und schnell Lücken ausgrünt. Ihre Biologie und Systematik wurden von A. TIMM (1965) als Grundlage zur Züchtung als Rasengras untersucht.

Platthalmrispe (*Poa compressa* L.) Bildtafel S. 140.

Die Platthalmrispe ist in Europa sowie in Nordamerika unter trockeneren und nährstoffärmeren Standortsbedingungen auf Mineralböden verbreitet. Als nicht sehr wüchsige Art bildet sie zuerst Horste; mehrjährig und ausdauernd werdend, treibt sie später aber derbe unterirdische Ausläufer. Landwirtschaftlich ist sie bei uns ohne jede Bedeutung.
Als „Canadian bluegrass" wurde sie im Handel gelegentlich als Futtergras angeboten. In Kanada findet *Poa compressa* eine gewisse Verwendung. Hier liegen auch Zuchtsorten für trockenere und nährstoffärmere Verhältnisse vor, als die Wiesenrispe verlangt.
Poa compressa gehört zu den apomiktischen *Poa*-Arten mit variierender Chromosomenzahl, $2n = 35, 42, 45, 49, 50, 56$.

Hainrispe (*Poa nemoralis* L.) Bildtafel S. 141.

Die Hainrispe wächst bei uns als Waldgras, häufig und gesellig in Laubmischwäldern etwas besserer Böden. Sie wird oft so vorherrschend, daß andere Laubwaldpflanzen zurücktreten und bei stärkerer Lichtung können ihre Bestände solche Dichte erreichen, daß sie der natürlichen Verjüngung sehr lästig werden (HESMER 1949). Die Hainrispe treibt im Frühjahr sehr früh aus und bietet mit ihren aufrechten Horsten und der typischen Blattstellung, den zierlich rechtwinklig abgespreizten Blattspreiten ein besonderes Bild dar.
In den nordischen Ländern gilt *Poa nemoralis* auf Grasland als ansaatwürdiges Futtergras, das einen Schnitt mit nachfolgender Weide liefert. Bei uns hat sie landwirtschaftlich keine Bedeutung. Vielleicht wäre sie aber als Rasengras für schattige Lagen zu empfehlen.

Poa nemoralis gehört mit *P. palustris* und *P. compressa* zur Sektion *Stenopoa*. Sie ist wie diese apomiktisch mit variierender Chromosomenzahl von 2n = 28, 29—38, 42, 43, 56. Von allen drei Arten hat sie das größte natürliche Verbreitungsgebiet. Sie kommt nicht nur in Europa bis auf die südlichsten Teile vor, sondern auch im gemäßigten Asien, im Himalaja, Nordamerika und auch in den nördlichsten USA (HEGI 1965).

Bergrispe, Waldrispe (*Poa chaixii* VILL., *P. sudetica* HAENKE) Bildtafel S. 143.

Die Bergrispe ist ein ausdauerndes, hochwüchsiges Horstgras des Graslandes und des Waldes in den Mittelgebirgen. Im Harz tritt sie schon in Höhenlagen von 300 m auf, in den südlichen Mittelgebirgen erst von einer höheren Grenze an. Im norddeutschen Flachland fehlt sie. Die Halme der Bergrispe und auch deren Blätter sind so rauh und scharf wie die der Hohen Sauergräser. Diese Rauhigkeit verliert sich auch nicht in den höheren Lagen, wie es häufig bei Gräsern zu beobachten ist, u. a. bei der Rasenschmiele in Erscheinung tritt. Die Bergrispe ist als Graslandungras zu werten, das von den Tieren auch im jungen Zustand kaum angerührt wird.
Einige Bedeutung gewinnt sie als Zeigerpflanze. Die „Bergrispengruppe" kennzeichnet nach ELLENBERG den montanen Charakter der Goldhaferwiese (Berg-Fettwiese). Sie kommt aber häufig auch auf wärmerem Mittelgebirgsgrasland vor.
Poa chaixii gehört zu den hochwüchsigen *Poa*-Gräsern der Sektion *Homalopoa* und bildet die am stärksten verbreitete Art dieser Sektion. Bei uns ist sie deren einziger Vertreter. Die höchsten *Poa*-Arten umfaßt die Sektion *Sibiricae* mit *Poa longifolia*, eines der größten Rispengräser. Ihre Blätter sind meterlang und die Halme bis zu 2 m hoch. In Wageningen/Holland sind Kreuzungen zwischen *Poa pratensis* und *P. nemoralis*, *P. chaixii* und auch *P. longifolia* durchgeführt worden, die, besonders bei der Kombination *P. pratensis* mit *P. longifolia* und Rückkreuzungen mit *Poa pratensis*, erfolgversprechend zu sein scheinen.

Knollen-Rispe, Zwiebel-Rispe (*Poa bulbosa* L.).

Dieses bei uns seltene ausdauernde, meist etwas graugrüne, 1,5—4,5 dm hohe Trockenrasengras sei nur der Vollständigkeit halber erwähnt. Wie der Name andeutet, sind die Halme am Grunde durch verbreiterte Blattscheiden knollig verdickt. Die Ährchen wachsen gewöhnlich in Brutknospen aus, die zu Laubsprossen werden (Viviparie). Sie wird in einigen Staaten im Westen der USA angebaut.

Blaugräser (*Sesleria*-Arten).

Zu *Sesleria* gehören über zehn Arten, kleine bis mittelgroße Gräser von eigentümlicher Tracht, die aber alle landwirtschaftlich ohne Bedeutung, wohl aber manche für bestimmte geologische Formationen typisch und im Hochgebirge zur Rasenbildung wichtig sind. In unserem Gebiet treten hauptsächlich die beiden folgenden Arten auf:

Kalk-Blaugras (*Sesleria varia* (.JACQ) WETTST., *S. caerulea* (L.) ARD., *S. albicans* KIT., *S. calcaria* OPIZ) Bildtafel S. 145.

Im süd- und mitteleuropäischen Kalkhügelland gehört das Blaugras zu den charakteristischen Beständen. So bilden Blaugrashalden auf den trockensten Hängen des thüringischen Muschelkalkgebiets die typische Vegetation außerhalb und auch innerhalb des Waldes.
Landwirtschaftlich kommt diesen nicht einmal als Schafhutung nutzbaren Blaugrashängen keine Bedeutung zu. Wohl aber wird *Sesleria caerulea* bedeutsam bei der Festlegung des bei der Verwitterung anfallenden Schotters. Infolge ihrer tiefgreifenden, spitzenwärts stark aufgezweigten Wurzeln vermag es sich auf Geröll und Schotter gut zu verankern, so daß sich auch bei stärkerer Hangneigung und Geröllbewegung eine geschlossene Grasflur

entwickelt (MEUSEL 1940). Wegen dieser Eigenschaft spielt es im Hochgebirge nach STEBLER und SCHROETER (1889) eine äußerst wichtige Rolle auf Kalkboden bei der Übergrünung steiler Felshänge sowie Schutthalden. In Höhen von 1800—2500 m findet man an solchen Orten oft weite Strecken fast reiner Bestände dieses Grases. Es wird sogar zur Aussaat an Rutschflächen im Kalkgebirge empfohlen, wenn der Same im Handel erhältlich wäre.
Das Blaugras hat, obwohl es auch Schienenblätter besitzt wie eine *Poa*-Art, weder mit dem Kentucky- (*Poa pratensis*) noch mit dem Canadian bluegrass (*Poa compressa*) etwas zu tun.

Das **Sumpf-Blaugras** (*Sesleria uliginosa* OPIZ, *S. caerulea* aut.) tritt in Kalksümpfen zusammen mit dem Breitblättrigen Wollgras (*Eriophorum latifolium*) und der Rispensegge (*Carex paniculata*) auf.

Niederliegender Dreizahn (*Sieglingia decumbens* (L.) BERNH., *Danthonia decumbens* (L.) LAM. et DC., *Trioidea decumbens* (L.) P. B.) Bildtafel S. 148.

Der Dreizahn ist ein Partner der Vegetation ärmlichen Heidegraslandes und ebenfalls dort typisch für Triften und Wege. Im Gegensatz zum Hundsstraußgras (*Agrostis canina*), das dort auch seinen Hauptstandort hat, meidet er die nasse Lage und wächst meist nur auf gutfeuchtem Grasland, greift aber ebenso wie das Hundsstraußgras auf die trockenere Lage über. Er bevorzugt festen Boden, feinkörnigen Sand- oder festen Torfboden. Er ist weder ein zu fürchtendes Ungras noch ein massenbildendes Graslandgras, sondern ein sehr niedrigbleibendes, blattarmes Heidegras mit liegenden Horsten. Auf gutfeuchtem Grasland ist er ein Anzeiger von Nährstoffarmut und wird ähnlich wie das Borstgras (*Nardus stricta*) leicht durch bessere Bewirtschaftung, insbesondere durch Düngung, einschließlich einer starken Kalkung, zurückgedrängt. Vielleicht gehört der Dreizahn zu den wenigen wirklichen Säureanzeigern.

Pfriemengräser (*Stipa*-Arten).

Die *Stipa*-Arten umfassen eine sehr große Gattung von etwa 100 Gräsern, die in den Tropen und den gemäßigten Zonen verbreitet sind. In Europa ist eine kleine Zahl von 10—12 Arten heimisch, davon kommen in unserem Gebiet vor allem die nachfolgend genannten beiden Gräser vor. Die meisten *Stipa*-Arten sind charakteristische Steppen- und Savannen-Gräser.
Die *Stipa*-Arten finden eine sehr vielseitige Verwendung in der Papierfabrikation, zur Herstellung von Flechtwerk und werden als „falsches Roßhaar“ gehandelt. Als Kuriosum sei mitgeteilt, daß sie auch für die bekannte und beliebte österreichische „Virginia“-Zigarre verwandt werden.

Haargras, Pfriemengras (*Stipa capillata* L.) Bildtafel S. 151.

Federgras (*Stipa pennata* L.) Bildtafel S. 152.

Beide Arten kommen bei uns nur gelegentlich an den Ackerrainen der Trockengegenden vor und sind typisch für die sonnigen, sogenannten pontischen Hügel. Als Tiefwurzler verlangen sie einen tiefgründigen und nährstoffreichen Boden. Früchte der *Stipa*-Arten bohren sich durch eigentümliche Bewegungen in die Haut der Schafe ein und können bis in die Eingeweide vordringen.

Silbergräser (*Weingaertneria*-Arten).

Weingaertneria canescens ist in unserem Gebiet der einzige Vertreter dieser kleinen Gattung, zu der nur noch zwei andere Arten im Mittelmeergebiet gehören.

Silbergras, Igelgras (*Weingaertneria canescens* (L.) BERNH., *Corynephorus canescens* (L.) P. B.) Bildtafel S. 95.

Das Silbergras gehört zu den anspruchslosesten Gräsern. In lückigen, nie geschlossenen Rasen besiedelt es die sterilen, dürren, humusarmen Sandböden. Es bildet nicht einmal Schafhutungen und wird auch nicht von den Schafen gefressen.
Wie kaum ein zweites Gras ist es biologisch der Bodendürre angepaßt. Die stark eingerollten und außerdem mit einem Wachsüberzug versehenen Blätter setzen die Verdunstung herab. Nirgends ist das Rollblatt in unserer Flora so gut ausgebildet wie beim Silbergras. Und so machen die weitläufig stehenden Horste mit den nach allen Seiten abstehenden spitzen und steifen Rollblättchen tatsächlich den Eindruck von über die Fläche verstreuten Igeln (Igelgras). In der Trockenzeit sterben die Blätter ab und legen sich mit den vertrockneten Resten tunikaartig schützend um den Vegetationspunkt. „Der erste Regen weckt neues Leben, aus dem Gewirr toter Blattreste wachsen überraschend schnell die Spitzen der blaugrünen Blätter hervor" (GRAEBNER 1925). Das Wurzelwerk ist ungewöhnlich stark entwickelt, zwar bildet das Igelgras keine Pfahlwurzel wie die meisten Dürrbodenpflanzen, sondern die Adventivwurzeln breiten sich in feinster Verästelung in geringer Tiefe rund um die Pflanze aus. Damit hängt es außerdem zusammen, daß das Igelgras auf Böden vorkommt, die so gering sind, daß sie keinen noch so anspruchslosen, geschlossenen Rasen ernähren können. Mit seinen weitgreifenden Wurzeln kann es eben die ganze Bodenfläche auch dann noch ausnutzen, wenn es nur einen Teil der Fläche mit weitläufig stehenden Horsten besetzt. P. GRAEBNER (1925) bezeichnet die Silbergrasflur als das trockenste Glied in der Reihe der heidigen (armen) Formationen.
Wenn auch landwirtschaftlich ohne Bedeutung, so bildet *Weingaertneria canescens* aber eine wichtige Pionierpflanze bei der Begrünung leichtester Sandböden. Als solche säte man es beim Bau der Autobahnen auf humusarmen, sterilen Sandstellen, die dabei freigelegt wurden, an. Es bereitete diesen kulturlosen Boden für die endgültige Besiedlung mit dem Schafschwingel vor (E. PREISING 1942).

Queckengräser (*Agropyron*-Arten).

Die Gattung *Agropyron* umfaßt etwa 25 Arten, die in den gemäßigten Zonen der ganzen Welt verbreitet sind. Sie ist der Gattung Triticum nahe verwandt. Hierher gehört auch die Quecke (*A. repens*), eines der schlimmsten ausdauernden Ackerungräser. In anderen Ländern, u. a. in der UdSSR und den USA, werden Arten dieser Gattung als Futtergräser züchterisch bearbeitet.

Echte Quecke (*Agropyron repens* (L.) P. B.).

Blaugrüne Quecke (*Agropyron intermedium* (HOST) P. B.).

Waldquecke (*Agropyron caninum* (L.) P. B.).

Binsenquecke (*Agropyron junceum* (L.) P. B.).

Kammquecke (*Agropyron cristatum* (L.) GAERTNER).

Echte Quecke, Gemeine Quecke (*Agropyron repens* (L.) P. B., *Triticum repens* L.) Bildtafel S. 63.

Die Echte Quecke ist eines der schlimmsten ausdauernden Ackerunkräuter. Sie vermehrt sich in erster Linie vegetativ durch Stengelausläufer, die in den oberen Schichten der Ackerkrume verlaufen. Alle Ausläufer bestehen aus mehreren bis vielen Gliedern, jeder ihrer Knoten ist ringsherum fein bewurzelt und besitzt ein Niederblatt in abwechselnder Anordnung. In der Achsel jedes Niederblattes befindet sich eine Knospe. Jede Knospe kann zu einem Ausläufer oder zu einem grünen Trieb auswachsen, der ebenfalls wieder Ausläufer bildet. Ein einziges Knotenstück vermag auf diese Weise bei ungestörtem Wachstum in einem Jahr bis zu 10 qm^2 Ackerland zu durchwuchern.

Die Vermehrung durch Samen tritt gegenüber dieser wuchernden vegetativen Vermehrung zurück. Nur im Wintergetreide findet man häufig reife Queckenähren. Fallen sie auf dem Acker aus, so keimen sie, sobald die äußeren Bedingungen gegeben sind, ohne vorherige Keimruhe. Die Keimfähigkeit der Samen hält bis zu zwei Jahren an.

Außer im Wintergetreide reifen die Quecken auch in den Samenbeständen vor allem später Gräser. Da Queckensamen aus großfrüchtiger Grassaat kaum herauszureinigen sind, ist z. B. beim Anbau der Weidel- und Schwingelgräser zur Saatguterzeugung auf Queckenreinheit ganz besonders zu achten.

Die Quecke kommt auf fast allen Bodenarten vor. Allerdings ist der humose frische Sandboden besonders queckenwüchsig. Obwohl ein ausdauerndes Ungras und trotz ihrer außerordentlichen vegetativen Vermehrungskraft ist die Bekämpfung der Quecke an sich bei Einhaltung von Bodenbearbeitungs-, Bewirtschaftungs- und Fruchtfolgemaßnahmen möglich. Mit der Vereinfachung der Fruchtfolge und zunehmendem Getreideanteil wird sie aber heute zu einem neuen Problem.

Bei der Bekämpfung dieses ausdauernden Ungrases kommt es darauf an, daß nicht nur die oberirdische Blattmasse vernichtet wird, sondern auch die unterirdischen Rhizome mit ihren ruhenden Knospen. Die Quecke läßt sich nicht durch wiederholtes Beseitigen der oberirdischen Triebe vernichten. Zwar geht sie schließlich ein, wenn man sie immer wieder durch Hacken oder ähnliche Maßnahmen ihrer assimilierenden Triebe beraubt. Aber diese Arbeiten müßten so oft geschehen, um wirksam zu sein, nach den Versuchen von L. ALTHAUSEN (1900) zehnmal, wenn die Quecke unter der Erde abgehackt wird, zwanzigmal, wenn sie nur oberirdisch entfernt wird.

Durch die Untersuchungen besonders von L. ALTHAUSEN, C. KRAUS und O. WEHSARG u. a. sind wir über die wirksamen Bekämpfungsmaßnahmen mit Hilfe von Bewirtschaftungsmaßnahmen unterrichtet. Die Bekämpfung kann geschehen:

1. durch Stoppelschälen mit nachfolgendem Heraufgrubbern der beim Schälen abgeschnittenen Queckenrhizome und anschließendem Freieggen; in drei heißen Tagen vertrocknen die Ausläufer;
2. durch tiefes Unterpflügen der Queckenrhizome; ein 30 cm tiefes, sauberes Pflügen mit Vorschäler läßt die Quecke auf schweren Böden nicht wieder durchkommen, auf leichten Böden schädigt eine solche Furche die Quecken zwar schwer, aber erst eine 50 cm tiefe Furche würde sie vernichten;
3. durch Anbau schnellwachsender, schnell- und stark schattender Kulturpflanzen, zur Unterdrückung der durch sachgerechte Bodenbearbeitung geschwächten Quecke;
4. durch Hebung der Bodenkultur, die nicht nur die Kulturpflanzen kampfkräftiger macht, sondern auch ein schnelleres Verderben der Queckenausläufer und Queckensamen im Boden mit sich bringt.

Alle diese Bekämpfungsmaßnahmen sind möglichst kombiniert anzuwenden. Eine Maßnahme allein genügt nur in Ausnahmefällen. Auch ist die Bekämpfung möglichst zur Zeit der größten Anfälligkeit der Quecke durchzuführen, also nicht im Frühjahr oder Spätherbst, wenn die Ausläufer mit Nährstoffen vollgepfropft und außerordentlich widerstandsfähig, wachstumsfähig und vermehrungsfähig sind, sondern mehr im Hochsommer, wenn die alten Ausläufer erschöpft und die jungen noch nicht erstarkt sind. Die Quecke ist, wie O. WEHSARG seine für den termingerechten Einsatz der Bekämpfungsmittel so wichtige Entdeckung über den Entwicklungsrhythmus der ausdauernden Ackerunkräuter einmal drastisch zusammengefaßt hat, im Frühjahr ein tatendurstiger Mann, Anfang Juni ein erschöpfter Greis, Juli—August ein zartes Kind, das im Herbst mehr und mehr zum Jüngling erstarkt.

Eine geschickte Kombination aller oben geschilderten Einzelmaßnahmen und zur Zeit der größten Anfälligkeit der Quecke ist beim Kartoffelbau möglich. Die Getreidestoppeln werden sofort nach der Ernte geschält, die Queckenausläufer bei passendem, heißen Wetter mehrmals herausgegrubbert und freigeeggt, so daß sie weitgehend vertrocknen. Noch vor Winter werden die Quecken mit Vorschäler tief untergepflügt. Gepflanzt werden blattreiche Sorten. Unter dem sich entwickelndem, dichten Blätterdach verkümmern die letzten Queckenschößlinge, vergären die letzten Queckenausläufer im garen Kartoffelacker und dienen noch der Kartoffel als Nahrung. Eindämmend auf die Quecke wirken alle stark schattenden Ackerkulturen. Am meisten begünstigt wird die Verqueckung durch den Anbau von Getreide, insbesondere der späten Arten und Sorten, vor allem aber wenn die Schälfurche und die Stoppelbearbeitung unterbleibt, durch Untersaaten und allgemein durch schlechtstehende oder gar mißratene Kulturen.

Ein durchschlagendes Mittel im Kampf gegen die Quecke war früher die Brache, die aber heute nur noch in Ausnahmefällen anwendbar ist. Die vielen Brachebearbeitungen fielen in die Zeit der größten Anfälligkeit der Quecke, die ausgezeichnete Bodenkultur, die die Brache mit sich bringt, tat das übrige, um den Acker völlig von der Quecke zu säubern.

Im Kampf gegen die Quecke haben sich heute Verfahren der Herbizidanwendung in Kombination mit anbautechnischen Maßnahmen, einschließlich der Fruchtfolgegestaltung, herausgebildet. Am schwierigsten gestaltet sich die Bekämpfung in überwiegenden Getreidefruchtfolgen, wo man mit einer Maßnahme meist nicht auskommt.

Am wirkungsvollsten hat sich bisher die Stoppelbehandlung im August, die in die biologisch schwächste Zeit des Ungrases fällt, in Verbindung mit Herbiziden bei mehrmaliger Stoppelbearbeitung erwiesen. Eine herbizidverträgliche, schnellwüchsige und dichtschattende Sommer- oder Winterzwischenfrucht, am besten in Form von Futtercruciferen, als Folgefrucht zur „biologischen Bekämpfung“ erhöht den Erfolg im Kampf gegen die Quecke (HAASS, FEYERABEND 1977). Diese Methode entspricht in ihrem Prinzip den erfolgreichen traditionellen Maßnahmen.

Ein anderes Bekämpfungsverfahren ist die selektive Herbizidanwendung in Kombination mit mechanischen Pflegemaßnahmen in Kulturpflanzenbeständen wie zum Mais mit simazin- oder atrazinhaltigen Herbiziden.

Die Quecke ist nicht nur ein Ackerungras, sie findet sich auch auf dem Grasland. Im allgemeinen kommt sie von der mehr trockenen bis zur nassen Lage in geringen Mengen überall vor. In der frischen Lage tritt sie manchmal in Reinkultur auf. Diese Queckenwiesen lieferten früher zwei Schnitte eines brauchbaren Futters.

Sehr häufig ist die Quecke auf dem Niedermoor-, Anmoor- und Sandbodengrasland verbreitet. Ein lockerer, nährstoffreicher Standort scheint ihr besonders zu behagen. In warmen Trockenjahren tritt sie dort auf weiten Flächen oft so stark in den Vordergrund, daß der zweite und dritte Aufwuchs bis zu 50% und mehr aus Quecke besteht. Ihr starkes Vorkommen in diesen Jahren ist aber nicht nur auf ihre Trockenheitsresistenz zurückzuführen, sondern auch auf ihr Verhalten zur Wärme. Die Quecke bevorzugt höhere Temperaturen. Sie wächst zwar im Frühjahr schon bei sehr niedrigen Graden, aber das Temperatur-Optimum ihres Wachstums liegt sehr hoch, bei über 30 °C, also so hoch wie beim Mais.

Mit zunehmender Intensivierung des Graslandes, vor allem mit der erhöhten, starken Stickstoffdüngung in mineralischer Form sowie als Gülle, verbreitet sich die Quecke heute auch in normalen Jahren, unabhängig von der Witterung immer stärker auf dem Grasland aus und ist nicht selten nach hohen Stickstoffgaben sogar bestandsbildend (KREIL, WACKER, KALTOFEN 1961 und 1964). Als von Natur nitrophiles Gras besitzt sie ein hohes Ausnutzungsvermögen für Stickstoff. ELLENBERG (1952) hat der Quecke die höchste Stickstoffzahl zuerkannt. Bekannt ist ihr Vorkommen auf den einseitig mit Gülle oder Jauche gedüngten Flächen. Auf den Jauchewiesen am Hof spielte sie früher oft eine nicht unerhebliche Rolle und bildete dort nicht selten Reinbestände, die in drei Schnitten mittlere Erträge eines guten Heus lieferten. Auch auf den Berliner Rieselwiesen war sie nicht unbeliebt.

Von Bedeutung für das stärkere Auftreten der Quecke scheint auch die Stickstoffverteilung im Laufe der Vegetationszeit zu sein (WETZEL 1966, ALBRECHT und ROTH 1969). Aufgrund ihres hohen Ausnutzungsvermögens für Stickstoff vermag sie einmalige hohe Gaben im Frühjahr besser zu verwerten als die anderen Gräser, während ihre Ausbreitung bei mehrmaligen Stickstoffgaben dementsprechend geringer ist.

Besonders stark setzt sich die Quecke auf Mähflächen durch, deren mehr lockere Böden und Grasnarben ihrem unterirdischen Ausbreitungsvermögen entgegenkommen. Mehr zurück tritt sie auf Mähweiden und noch mehr auf trittfesten Weiden.

Bei der Ausbreitung der Quecke spielen auch die konkurrierenden Gräser eine Rolle. In Wiesenschwingel-, Lieschgras- und Wiesenrispengrasbeständen vermag sich die Quecke stärker durchzusetzen als in den dichten, konkurrenzkräftigen Weidelgras- und Knaulgrasbeständen.

Das Vordringen der Quecke auf dem Grasland sollte man durch Schaffung einer dichten, möglichst lückenlosen Narbe zu verhindern suchen. Eine stärker zunehmende Verqueckung zwingt zum periodischen Umbruch und oft zu Ackerzwischennutzungen, um die Quecke wirksam bekämpfen zu können. Nach THÖNS und WELLENBROCK (1980) wird auch die Quecke vernichtet, ohne wiederauszutreiben und ohne eine Ackerzwischennutzung durch den Vollumbruch mit Umbruchpflug und Vorschäler sowie das Ziehen der Antriebsfurche mit dem Mietenzudeckgerät.

Die Quecke wird wegen der Behaarung, besonders im älteren Zustand, als Grünfutter nicht gern gefressen, wohl aber als Konservatfutter, als Silage oder Heu. Im Futterwert ist sie als mittelwertig zu bezeichnen. Sie zeichnet sich sogar durch einen hohen Proteingehalt und relativ guten Mineralstoffgehalt aus. Die züchterische Bearbeitung der Quecke als Futtergras wurde wiederholt empfohlen, auch da sie als sehr krankheitsresistent gilt, winterfest und ausdauernd ist.

In Notzeiten wurden früher auch die Rhizome der Quecke als Futter verwendet. A. VON LENGERKE berichtet darüber genau in seinem vierbändigen Landwirtschaftlichen Konversationslexikon aus den Jahren um 1840, das eine noch unausgeschöpfte, schier unerschöpfliche Quelle der Agrarforschung darstellt. Wegen ihres Saponin- und Ölgehaltes werden die Queckenrhizome auch als Droge verwandt. Zu diesem Zweck werden sie im Frühjahr und Herbst, also in den Zeiten, in denen sie mit Nährstoffen angereichert sind, gesammelt und vor der Ablieferung gewaschen und getrocknet.

Blaugrüne Quecke (*Agropyron intermedium* (HOST) P. B., *Elytrigia intermedium* (HOST) NEVSKI, *Triticum intermedium* L.).

Die Blaugrüne Quecke ist bei uns ein sehr seltenes Gras sonniger Hügel bzw. von Kalktrockenrasen. Sie hat große Ähnlichkeit mit der Echten Quecke, ist wie diese ausdauernd mit underirdischen Ausläufern. Sie hat blaugrüne, oft eingerollte Riefenblätter. Die Blattscheiden sind bewimpert. Im Gegensatz zu *A. repens* sind die Hüllspelzen stumpf und nicht halb so lang wie das Ährchen. Höhe bis über 50 cm. Blüte Juni/Juli.

Waldquecke, Hundsquecke (*Agropyron caninum* (L.) P. B., *Roegneria canina* (L.) NEVSKI, *Triticum caninum* L.) Bildtafel S. 64.

Dieses schöne Horstgras, das man in Übersetzung des lateinischen Namens auch zur Hundsquecke degradierte, kommt in Laubwäldern auf frischen bis feuchten, nährstoffreichen Böden mit guter Streuzersetzung vor. Sie ist kein Schadgras im Walde. Die Waldquecke ist die einzige, bei uns vorkommende *Agropyron*-Art ohne Ausläufer.

Da die Waldquecke leicht mit Rost befallen wird, bildet sie ein gesuchtes Studienobjekt der Phytopathologie.

Binsenquecke (*Agropyron junceum* (L.) P. B., *Elytrigia juncea* (L.) NEVSKI, *Triticum junceum* L.) Bildtafel S. 65.

Die Binsenquecke ist ein Stranddünengras und gehört zu den ersten Dünenbefestigern besonders an der Nordsee, seltener an der Ostsee (nähere Beschreibung S. 252 bei Behandlung der Sanddünengräser).

Kammquecke (*Agropyron cristatum* P. B., *Triticum cristatum* SCHREB.).

Ausdauernd mit unterirdischen Ausläufern. Höhe bis 60 cm. Blüte Mai bis Juli. Ährchen kammartig abstehend.
Die Kammquecke ist in unserem Gebiet nicht eigentlich heimisch, sondern erscheint nur sporadisch, vor allem auch innerhalb der pannonischen Flora. Sie ist eine Futterquecke und kein Ungras, die im Luzernegrasbau der Waldsteppenzone und der Steppenzone der UdSSR eine hervorragende Rolle spielt und dort seit Jahrzehnten züchterisch bearbeitet wird. Zu Beginn des 20. Jahrhunderts wurde sie mit Erfolg aus Sibirien in die Steppengebiete der Great Plains von Nordamerika und Kanada eingeführt zur Bestandsverbesserung und Regenerierung der Pflanzendecke der überbeanspruchten Natursteppen aufgrund ihrer starken Ausläufer- und Wurzelbildung (PÄTZOLD 1962). *A. cristatum* wurde von T. PAVLYCHENKO (1942) nach PÄTZOLD (1962) eingehend über seine bodenverbessernde und bodenaufbauende Kraft untersucht.
In den USA wird mit *Agropyron* ebenfalls züchterisch gearbeitet. Es liegen dort nicht nur Zuchtstämme von *A. cristatum* vor, sondern auch von *A. intermedium*, *A. desertorum* und *A. elongatum*, Arten die bei uns nicht vorkommen. Sie zeichnen sich neben einem hohen Eiweißgehalt auch durch eine besondere Trockenheitsresistenz aus.

Vierter Teil:

Die Gräser von Sonderflächen

1. Die Gräser des Salzgraslandes

Die Gräser des Salzgraslandes sollen hier gesondert behandelt werden. Ihr Auftreten ist durch den Einfluß des mehr oder weniger stärkeren Salzgehalts im Boden so spezifisch und ausgesprochen zonal, daß wir eine Beschreibung nicht für die einzelnen Gräser vornehmen, sondern sie geschlossen nach ihrer verschiedenen Salzverträglichkeit und der sich daraus bildenden Salzgraslandbestände behandeln.

Salzgrasland finden wir nicht nur im Überflutungsgebiet von Nord- und Ostsee, sondern auch im Binnenlande im Bereich von Solquellen, und zwar viel häufiger als vielleicht angenommen wird. In zunehmendem Maße werden auch durch Industrieabwässer Salze dem Boden zugeführt. Wir beziehen uns hier jedoch nur auf Salzgrasland, das durch NaCl-haltiges Wasser entstanden ist. Diese Salzflächen sind in unserem Gebiet an das salzführende Wasser gebunden, auch im Binnenlande. Ausgesprochene Salzsteppen kommen nicht vor.

Nur eine begrenzte Anzahl von Gräsern und auch eine relativ kleine Anzahl von Pflanzenarten überhaupt wächst auf den Salzflächen. Bereits ein geringer, aber ständiger Gehalt an Kochsalz im Boden genügt zur Herausbildung der Salzflora. NOLL (1896) fand bei seinen Salzdüngungsversuchen, daß bereits 500 mg/l Kochsalz das hochwertige Lieschgras (*Phleum pratense*) stark beeinträchtigen, während das minderwertige Wollige Honiggras (*Holcus lanatus*) 1000 mg/l vertrug. Die Grenze der Schädlichkeit wurde mit 350—450 mg/l NaCl und 20 D. H. festgesetzt unter der Voraussetzung, daß diese an sich geringen Konzentrationen dauernd oder doch oft einwirken, um schädliche Spuren im Pflanzenbestand zu hinterlassen. Zeitweilige Salzwasserüberschwemmungen werden dagegen ohne weiteres von allen Pflanzen vertragen. So richten gelegentliche Einbrüche des 10 g/l Kochsalz enthaltenen Ostseewassers und selbst des Nordseewassers mit 30 g/l Kochsalz keinen nennenswerten Schaden an, wenn sie zur Winterzeit erfolgen, und das Wasser schnell ablaufen kann.

In den alten Salzgebieten haben sich aber unsere besseren Wiesenpflanzen zum großen Teil im Verlauf längerer Zeiträume, während welcher sie immer wieder mit salzführendem Wasser in Berührung kamen, einen etwas höheren Salzgehalt angepaßt, so daß die Schädlichkeitsgrenze in Wahrheit vielleicht etwas höher liegt. In einzelnen Fällen kam es zur Bildung konstanter, morphologisch gut charakterisierter Varietäten, wie es C. A. WEBER für den Rotschwingel (*Festuca rubra* var. *salina*) nachwies, in anderen Fällen bildeten sich physiologische, äußerlich nicht erkennbare Salzformen, und im übrigen mag auch eine bloße Anpassung an mäßige Salzkonzentrationen durch die Möglichkeit der zeitweiligen Steigerung des osmotischen Drucks vorliegen.

Salzgräser können durchaus wertvolle Futterflächen abgeben. Landwirte der Küste rühmen den Futterwert der Salzgräser aufgrund ihrer langen Erfahrungen, und die Tiere grasen mit Vorliebe auf dem salzigen Grasland. Wie bei den Süßgräsern gibt es auch bei den Salzgräsern gute, mäßige und schlechte Flächen. An der Nord- wie Ostsee sind die niedrigsten, die am stärksten und am häufigsten überfluteten Lagen gleichzeitig die feuchtesten und die

salzhaltigsten. Die Anordnung der Pflanzenbestände in bestimmte Zonen ist hier infolge des Salzeinflusses so ausgeprägt wie fast nirgends. Nur für die salzreichsten, also auch feuchtesten Flächen besteht die weit verbreitete Ansicht über die Minderwertigkeit von Salzgrasland zu recht, ebenso wie sumpfige Süßgrasflächen von geringem Wert sind. Verglichen mit den besten Süßgraswiesen ist allerdings die Stoffproduktion auch der wertvollsten Salzflächen nie so hoch. Außerdem kann Salzgrasland oft nicht gedüngt werden. Wir haben es hier also rein mit von Natur gewachsenen Beständen zu tun. Die unterschiedlichen Nährstoffverhältnisse kommen nicht in einer Vielzahl von verschiedenen Arten im Bestande zum Ausdruck, der ja nur von einer relativ kleinen Zahl von Arten gebildet wird, sondern prägen sich mehr in der Dichte und Höhe des Bestandes aus.
Bei einer Schädlichkeitsgrenze von etwa 500 mg/l NaCl unterscheiden wir vier Gruppen von Pflanzen je nach ihrer Salzverträglichkeit.
Eine erste Gruppe hat gewöhnlich ihr Fortkommen auf salzlosem Substrat, geht aber auf schwachsalzige Böden über, ohne daß äußerlich oder innerlich wesentliche Änderungen zu erkennen sind. Bei hoher Konzentration nehmen einige Zwergwuchs an, andere reagieren mit Fleischigwerden von Blatt und Stengel. Hierher gehört unter den Gräsern u. a. das Schilfrohr (*Phragmites australis*).
Eine zweite Gruppe bildet vorwiegend Bestände auf salzigem Substrat, ohne jedoch auf salzlosem ganz zu fehlen. Zu diesen „halophilen" Pflanzen gehört u. a. die Salzabart des Weißstraußgrases (*Agrostis alba* var. *maritima* MEYER) und die Wiesengerste (*Hordeum secalinum* SCHREBER).
Eine dritte Gruppe kommt fast ausschließlich auf Salzboden vor, geht aber gelegentlich auf mergeligen oder gipsigen Boden über.
Eine vierte Gruppe kommt nur auf Salzboden vor. Zu diesen „Halophyten" gehört von unseren Gräsern der Meerstrandschwingel (*Puccinellia maritima*). Zu dieser Gruppe zählen auch Pflanzen, die morphologisch weitestgehend an diesen Standort angepaßt und typisch sind für den höchsten überhaupt von Pflanzen ertragbaren Salzgehalt von 3% und mehr, bis zu 17% und die auch unbedingte Indikatoren der wirklichen Schädigung der Flora durch Salz darstellen [Queller (*Salicornia europaea* L.), Salzmelde (*Halimione pedunculata* (L.) AELLEN), Strandsode (*Suaeda maritima* (L.) DUM.)].
In einer etwas schematisierten Übersicht bringen wir die verschiedenen Salzgräser, wie sie sich nach ihrer Salzverträglichkeit in der Natur zu Beständen zusammenfinden. Wir beschreiben nur die typischsten und beziehen teilweise auch Nichtgräser mit ein, zur besseren Kennzeichnung der „Salzgras"-Flächen und ihrer Entstehung.

1.1. Das Salzgrasland der Nordsee

Die Quellwiesen des Watts

An der Küste sind die nassesten Standorte zugleich die salzhaltigsten. Der Bestand ändert sich also je nach der Salzverträglichkeit der Pflanzen. Die Wattflächen werden, sobald sie eine Höhe von 0,5 m unter der gewöhnlichen Flut erreicht haben, zunächst nur von dem einfachen Pflanzenkleide des Quellers (*Salicornia europaea* L.), einer sehr wichtigen Verlandungspflanze, überzogen. Mit der Annäherung an die gewöhnliche Fluthöhe und etwas darüber hinaus, bis 0,3 m, gesellen sich ihm Strandsode (*Suaeda maritima* (L.) DUM.), Salzmelde (*Halimione pedunculata* (L.) AELLEN) und von den Gräsern der Meerstrandschwingel (*Puccinellia maritima*) hinzu.
Noch ist ein geschlossener Rasen nicht vorhanden, der graue Schlick schimmert überall durch. Diese Flächen sind landwirtschaftlich nicht nutzbar, wohl aber sind die hier wachsenden Pflanzen sehr wertvoll als Schlickfänger zur Erhöhung des Bodens und durch

die Durchwurzelung des Bodens zur Vorbereitung von kulturfähigem Land. Gelegentlich wird die ausdauernde Flechtbinse (*Scirpus lacustris*) künstlich als Schlickfänger angepflanzt. Sie fängt viermal so viel Schlick wie der einjährige Queller und soll sich auch noch besser bewähren als das auch künstlich angepflanzte mehrjährige Schlickgras *Spartina townsendii*, ein salzstetes Gras, das in England beheimatet und sehr verbreitet ist. Es gehört zum Tribus *Chlorideae*.

Die Bestände des Meerstrandschwingels

Meerstrandschwingel*) (*Puccinellia maritima* (Huds.) Parl., *Glyceria maritima*, *Atropis maritima* Gris., *Festuca thalassica*).

Ausdauernd, mit oberirdischen Ausläufern. Die Blätter sind kiellos, gerieft und oft binsenartig eingerollt. Höhe über 50 cm. Blüte Juni/September. Rispe ein- bis mehrästig. Ährchen mehrblütig. Die nichtblühenden Triebe legen sich im Herbst ausläufer- und netzartig auf den Boden, wurzeln dort an und besiedeln wie mit einem dichten Filz weithin unbewachsene Flächen. Dieses ausgesprochene Salzgras ist daher vorzüglich geeignet, den Boden festzulegen und vor Abbruch zu bewahren. Sobald sich das Land etwa 30 cm über die gewöhnliche Fluthöhe erhebt, tritt der Meerstrandschwingel in geschlossenem, dichten Rasen auf. Damit ist der Boden landwirtschaftlich nutzbar geworden, er wird befahr- und beweidbar. Zunächst ist noch etwas Queller, Salzmelde, Strandsode beigemischt, dann aber geht der Meerstrandschwingel zur Alleinherrschaft über. Sein Bestand, der in breitem Saum die Wattküsten begleitet, ist in seiner reinen Form der landwirtschaftlich wertvollste Salzpflanzenbestand der Nordseeküste. Der dauernd feuchte, nährstoffreiche Boden, der bei den winterlichen Überflutungen immer wieder mit den feinsten Sinkstoffen gedüngt wird, trägt einen an Fettweide erinnernden Rasen.

Die Erträge dieser „Kuh-Andel"-Wiesen sind allerdings, verglichen mit besten Süßgraswiesen, nur von mittlerer Menge. 50—60 dt/ha Trockensubstanz sind Höchsterträge, deren Futterwert aber von guter Qualität ist. Auch als Weide, namentlich als Schaf- und Jungviehweide, werden diese Flächen sehr geschätzt. Durch das Auftreten von Unkräutern kann allerdings nicht nur der Mengenertrag und der Futterwert der Bestände des Meerstrandschwingels empfindlich herabgedrückt, sondern vor allem auch die Trocknung des Futters durch deren dickfleischige oberirdische Organe erschwert werden, was bei der ohnehin schon so starken Hygroskopizität des Salzheus besonders lästig wird. Die Küstenbewohner sprechen dann von „Päär-Andel"-Wiesen. Strandaster (*Aster tripolium* L.), Strandbeifuß (*Artemisia maritima* L.), Randspark (*Spergularia marginata* P. M. E.) und Strandflieder (*Limonium vulgare* Mill.) sind ausgesprochene Halophyten, während Salzprimel (*Glaux maritima* L.), Stranddreizack (*Triglochin maritimum* L.) und Meerstrandwegerich (*Plantago maritima* L.) gelegentlich auch auf mergeligem oder gipsigem Boden zu finden sind. Von ihnen kann der Strandflieder besonders gefährlich werden, wenn er als alles beherrschender Bestandesbildner auftritt. Die Salzaster hält sich mehr in bescheidenen Grenzen, Meerstrandwegerich und Salzprimel deuten auf Nährstoffmangel hin. Randspark und Strandbeifuß sind meist auf schmale Bänder längs der Abbruchkante beschränkt, wo ihnen immer frisches Wasser geboten wird. Alle scheinen sie stagnierende Nässe zu meiden. Meerstranddreizack weist allerdings auf die Gefahr der Versumpfung hin, seine Flächen bilden die wertlosesten des Meerstrandschwingels.

Die Bestände des Salzweißstraußgrases (*Agrostis alba* var. *maritima* Meyer) **und der Salzbinse** (*Juncus gerardii* Loisel).

Wo die Böden etwas höher sind und die Überflutungen etwas seltener werden, wird der Meerstrandschwingel von dem Salzweißstraußgras und der Salzbinse abgelöst. Bei Be-

*) Der Meerstrandschwingel führt im Volksmund den Namen „Andel".

sprechung der Salzflächen der Ostsee wird auf diese Bestände näher eingegangen. Sie sind dort von derselben Bedeutung wie die Bestände des Meerstrandschwingels an der Nordsee. Als Begleitpflanzen treten der Erdbeerklee (*Trifolium fragiferum* L.) und der Stranddreizack (*Triglochin maritimum* L.) auf. Im Gegensatz zum minderwertigen Sumpfdreizack (*Triglochin palustris* L.) ist der Stranddreizack kein Unkraut, sondern wird sehr gern gefressen. Er unterscheidet sich von jenem ohne weiteres durch die dicke, liegende Grundachse, während der Sumpfdreizack dünne, fädige, weiße Ausläufer bildet. Beide zeichnen sich durch merkwürdig chlorartig riechende Grundachsen aus, was vielleicht auf eine Spaltung von Kochsalz schließen läßt. Unter günstigen Nährstoffverhältnissen kann dieser Bestand bürstendicht sein und im Ertrage dem Meerstrandschwingel kaum nachstehen, namentlich als Weide. Ist der Bestand sehr verunkrautet, so gibt es auch hier eine „Pferdefutterabart". Als Unkräuter treten etwa die gleichen wie beim Meerstrandschwingel auf.

Die Bestände des Salzrotschwingels (*Festuca rubra* var. *salina*).

Der Salzrotschwingel löst das Salzweißstraußgras und die Salzbinse dort ab, wo der Boden so hoch ist, daß er nur noch gelegentlich von ungewöhnlich hohen Fluten vorübergehend getroffen wird. Er verträgt namentlich sommerliche Sturmfluten schlecht, seine Blätter färben sich dann braun. Der Salzgehalt ist dementsprechend auf diesen Flächen geringer und ebenfalls der Feuchtigkeitsgrad. Halophile Pflanzen sind hier heimisch und Süßgraswiesengewächse tauchen auf. Mit dem Salzrotschwingel treten vor allem die Wiesengerste (*Hordeum secalinum* SCHREB.), die Salzabart der Wiesenrispe (*Poa pratensis* var. *costata* HARTM.), Erdbeerklee (*Trifolium fragiferum* L.) und gelegentlich auch der Salzschwaden (*Puccinellia distans* (JACQ.) PARL.) auf. Die ausdauernde Wiesengerste (Bildtafel S. 115, Beschreibung S. 198) ist auch auf dem Salzgrasland ein sehr geschätztes Gras im Gegensatz zu der einjährigen Meerstrandgerste (*Hordeum marinum* HUDS.). Dieses unbedeutende, sehr seltene, sehr kleine Salzgras kommt nur auf Salzgrasland vor und auch nur gelegentlich auf den Salzwiesen der Nordsee.
Die Erträge der Salzrotschwingelbestände sind niedriger und liegen etwa bei 30 dt Trockensubstanz/ha. Das Futter wird sehr geschätzt. Bei starkem Auftreten von Wiesengerste und Erdbeerklee ist die Qualität sogar hervorragend. Die Bestände sind seltener verunkrautet.

1.2. Das Salzgrasland der Ostsee

An der Ostsee liegen die Verhältnisse etwas anders. Der Salzgehalt ist wesentlich geringer und nimmt noch dazu vom Westen nach Osten ab. Vor allem fehlt der Ostsee der ewige Wechsel von Ebbe und Flut und damit das für die Nordsee so typische Abhängigkeitsverhältnis der einzelnen Salzformationen. Wir haben hier keinen Entwicklungsgang, kein im Werden begriffenes Land. Unregelmäßige Überflutungen durch Ostsee- oder Boddenwasser, besonders bei stürmischem Wetter, müssen für den nötigen Salzgehalt sorgen, wenn nicht der Pflanzenbestand im salzführenden Grundwasser oder dessen kapillarem Bereich wurzelt.
Die für die Nordsee so typischen Bestände des Meerstrandschwingels fehlen zwar der Ostsee nicht völlig, doch treten sie sehr viel seltener auf, ebenso wie der Queller. Das Gegenstück dazu bilden an der Ostsee vielmehr die **Mischbestände des Salzweißstraußgrases und der Salzbinse.**
Die **Salzabart des Weißstraußgrases** (*Agrostis alba* var. *maritima* MEYER) gehört in seiner besten Form zu den hochwertigen Salzpflanzen. So bildet sie das Hauptgras auf den besten Überschwemmungsgrasländereien der Ostseeboddenlandschaften. Diese Weißstraußgras-

weiden haben einen Grundwasserstand von 20—30 cm unter Flur. Sie werden im Winter monatelang, im Sommer gelegentlich überflutet. Nach jeder sommerlichen Überschwemmung kann sofort wieder aufgetrieben werden, und es setzt immer wieder in Erstaunen, daß die Narbe von den Tieren nicht durchtreten wird. WETZEL (1960) fand bei seinen Wurzeluntersuchungen, daß das Salzweißstraußgras einen 6 cm tiefen teppichartigen Wurzelfilz, einen Wurzelteppich im wahrsten Sinne des Wortes bildet, der die unwahrscheinlich hohe Trittfestigkeit der Narbe bedingt. Immer wieder wird das Gras durch die Überschwemmungen zugeschlickt und immer wieder bilden sich aus den unteren, am Boden liegenden Blatttrieben neue Ausläufer mit ihren vielen Wurzeln, von denen nur wenige auch in die tiefere Bodenschicht gehen, maximal bis zum Grundwassersaum. Die dem Weißstraußgras innewohnende Energie der Wurzelbildung wird allein der Wurzelteppichbildung zuteil. Auf diese Weise nimmt die filzige obere Wurzelschicht immer mehr an Dicke zu. Bis in 6 bis 10 cm Tiefe wurden 200—300 dt organische Wurzelsubstanz/ha gefunden, d. h. über 90% der gesamten, sich bildenden organischen Wurzelsubstanz überhaupt. Das macht die so schnelle Trittfestigkeit der Narbe verständlich. Normalerweise schwanken die Wurzelerträge auf Mineral- und Moorbodenweiden zwischen 50 und 150 dt/ha. Auch die Wurzelerträge von *Agrostis gigantea* liegen bedeutend niedriger. WETZEL fand bei dreijährigem Weißstraußgras auf Niedermoor einen Wurzelertrag von 74 dt organischer Substanz/ha. Die Durchwurzelung des Standorts bietet ein ganz anderes Bild als beim Salzweißstraußgras, wie die Gegenüberstellung beider Wurzelbilder zeigt (S. 248/249). Die Wurzeln vom Weißstraußgras gehen auf diesem tiefgründigen Standort tiefer als beim Salzweißstraußgras, bis zu 1 m, d. h. sie reichen bis in den Sanduntergrund und in den Grundwasserbereich, und es kommt nicht zu einem so dicken Wurzelteppich in der obersten 10 cm-Schicht wie bei der Salzabart. Wohl aber wird durch die zahlreichen, reichbewurzelten Ausläufer, eine Eigentümlichkeit des Weißstraußgrases, in der oberen Bodenschicht die Trittfestigkeit der Narbe gerade auf Niedermoorstandorten sehr verbessert.

Die **Salzbinse** (*Juncus gerardii* LOIS.) ist eines der besten „Gräser" des Salzgraslandes. Von angenehmem Geruch und Geschmack wird sie als einzige Art von allen Binsen von den Tieren grün und trocken nicht nur gern, sondern mit Begierde gefressen. Bei gutem Stand erreicht sie eine Höhe bis zu 50 cm. Sie ist ausdauernd mit kriechender Grundachse, blüht im Juni. Sie tritt nicht nur mit dem Salzweißstraußgras zusammen auf, sondern findet sich fast auf allen Salzgrasländern nesterweise ein.

Als „grasblättrige" Binse ist sie leicht kenntlich. Sie unterscheidet sich durch ihre sukkulenteren Blätter von der ihr verwandten Platthalmbinse (*Juncus compressus* JACQ.), die auf feuchten Wald- und Wiesenwegen recht häufig ist, aber nicht zu den „Salzgräsern" gehört. Ihre Halme sind besonders am Grunde abgeplattet (Platthalmbinse) und nicht rund.

In der allerbesten Ausprägung, die naturgemäß selten einmal anzutreffen ist, liefern die Weiden vom Salzweißstraußgras und der Salzbinse ohne jede Düngung, wenn die nährstoffreichen Überschwemmungen nicht ausbleiben, Nährstofferträge von etwa 3000 kEFr/ha oder 60 dt Trockensubstanz/ha. Immer wieder ist man versucht, derartig hohe Erträge dieser zwar sehr dichten, aber doch nur kniehohen Bestände in Zweifel zu ziehen. Aber der steil aufrechte Stengel von *J. gerardii* ist ohne Hohlraum, wiegt deshalb bedeutend mehr als die hohlen Halme anderer Futterpflanzen.

Wie bei der „Kuhandel"-Wiese der Nordsee haben wir auch hier neben dem einwandfreien Typ eine fehlerhafte, verunkrautete, minderwertige Abart, eine „Pferdefutter"-Abart. Stranddreizack (*Triglochin maritimum* L.), der zwar gern gefressen wird, Meerstrandwegerich (*Plantago maritima* L.), Rote Simse (*Scirpus rufus* L.), Sumpfsimse (*Scirpus palustris* L.), Lückensegge (*Carex distans* L.), Fuchssegge (*C. vulpina* L.) machen sich dann breit.

Außer der wertvollen Salzabart des Weißstraußgrases scheint es auch wertlosere zu geben, die mehr an das Flechtstraußgras (*Agorostis stolonifera*) erinnern.

Die Bestände des Salzrotschwingels (*Festuca rubra* var. *salina*).

Wo der Boden etwas höher ist, werden die Salzweißstraußgrasbestände ebenso wie an der Nordsee vom Salzrotschwingel abgelöst. Der Salzrotschwingel gehört ebenfalls zu den wertvollen Gräsern des Salzgraslandes der Ostsee. Seine Bestände sind nicht so häufig wie die vom Salzweißstraußgras und der Salzbinse, erreichen auch nicht deren Mengenerträge und liegen ebenfalls im Futterwert darunter.
Viel häufiger als an der Nordsee mit ihren starken Wasserstandsveränderungen und Wasserbewegungen kommen an der Ostsee sumpfige Flächen vor. Sie sind gekennzeichnet neben Meerstranddreizack (*Triglochin maritimum* L.) durch die Flechtbinse (*Scirpus lacustris* L.) und die Steinbinse (*Scirpus tabernaemontani* C. C. GMELIN PALLA).

Bodenprofil

0—6 cm teppichartiger Wurzelfilz

6—17 cm stark durchwurzelter, stark schlickhaltiger Staubsand

17—35 cm stark schlickhaltiger, anmooriger Staubsand

35—50 cm krümeliges, stark schlickhaltiges Niedermoor

50—86 cm sehr stark schlickhaltiges Niedermoor

86—100 cm durchschlicktes, schwach sandhaltiges Niedermoor

unter 100 cm grauer feiner Sand

Wurzelmengen

Bodentiefe	Organische Substanz	
cm	dt/ha	%
0—10	295,5	93,3
10—20	12,8	4,0
20—40	7,2	2,3
40—60	1,3	0,4
60—80	—	—
80—100	—	—
Summe	316,8	100,0

Wurzelbild von *Agrostis alba* var. *maritima*.
Untersuchung am 21. Juli 1958 auf einer Salzweide des Greifswalder Boddengrünlandes. Grundwasserstand z. Z. der Untersuchung 30 cm unter Flur (Nadelkasten 100 cm hoch).

Auch verarmte Flächen finden sich hier häufiger als an der Nordsee, wo die Überschwemmungen außer Salz auch meistens Nährstoffe zuführen. Meerstrandwegerich (*Plantago maritima* L.), Salzprimel (*Glaux maritima* L.) und die Rote Simse (*Scirpus rufus* (HUDS.) SCHRADER) deuten darauf hin.

Wurzelmengen

Bodentiefe	Organische Substanz	
cm	dt/ha	%
0–10	64,5	87,33
10–20	6,3	8,53
20–40	2,3	3,11
40–60	0,7	0,95
60–80	0,05	0,07
80–100	0,01	0,01
Summe	73,86	100,00

Wurzelbild von dreijährigem Weißstraußgras (*Agrostis gigantea*).
Untersuchung am 7. 11. 1958 auf feuchtem, 80 cm tiefgründigem Niedermoor über Sand. Grundwasserstand 75 cm unter Flur (Nagelbrett 100 cm hoch).

Im allgemeinen sind die reinen „Salzgras"-Flächen viel begrenzter als an der Nordsee. Salzliebende und salzfliehende Gräser wachsen mehr durcheinander, sei es, daß es sich um physiologisch angepaßte Arten handelt oder der Salzgehalt durch fehlende Überflutungen so gering geworden ist. Sobald auch der Grundwasserstand tiefer geht, und der Pflanzenbestand mehr und mehr aus dem kapillaren Bereich des salzführenden Grundwassers herauskommt, stellen sich die Süßgräser wieder stärker ein, und die Salzgräser treten nur noch als Begleitflora auf. H. Liese (1930) hält an der Ostsee einen Grundwasserstand von etwa 30 cm für die ungefähre Grenze, bis zu der einerseits die typischen Salzpflanzen ihr Vorwärtskommen finden und andererseits die Flora der Süßgrasflächen vordringt.

1.3. Das Salzgrasland des Binnenlandes

Salzsteppen wie in anderen Ländern kommen bei uns nicht vor. Salzpflanzen, die gleichzeitig höchstem Salzgehalt und größter Trockenheit angepaßt sind, gibt es also kaum. Salzflächen im Binnenlande finden sich aber, wie schon betont, häufiger als angenommen wird. Überall wo in der Nähe von Salinen, salzhaltigen Quellen und Gewässern der Boden mit salzigem Wasser durchtränkt wird, stellen sich Salzpflanzen je nach der Stärke der Salzkonzentration mehr oder weniger eingestreut oder in geschlossenen Beständen ein. So sind in Mecklenburg allein über 100 Salzstandorte bekannt und Ascherson hat in Brandenburg über fast ebenso viele Vorkommen berichtet. Noch ausgedehnter ist u. a. auch das Salzgrasland der Werra und Unstrut (Nüllmann 1940).

Im allgemeinen finden wir hier die gleichen Bestandsbildner wie an der Ost- und Nordsee. Manche Pflanzen kommen allerdings nur im Binnenlande vor, u. a. Sumpfknabenkraut (*Orchis palustris* JAQU.), andererseits gibt es Salzgewächse, die auf die Küstengebiete beschränkt bleiben. Dazu gehört vor allem der Meerstrandschwingel. An seine Stelle tritt im Binnenland bestandesbeherrschend der

Salz- oder Spreizschwaden, Salzschwingel (*Puccinellia distans* (JACQ.) PARL., *Glyceria distans* WAHLENB., *Atropis distans* GRIS., *Festuca distans* KUNTH) Bildtafel S. 144.

Dieses ausdauernde, lockerhorstige Gras zählt zu den geschätztesten Salzpflanzen. Es bildet nicht nur das Hauptgras der Salzflächen des Binnenlandes, sondern gilt auch als gerngesehener Begleiter des Salzgraslandes der Meeresküsten, wenn es dort auch nicht sehr hervortritt und auch nicht bestandesbildend wird wie im Binnenlande.
Gelegentlich kommt dieser sonst ausgesprochene Halophyt auch auf nicht salzhaltigen Böden vor, auf mit Jauche überdüngten Stellen, an Dorfstraßen und ähnlichen Standorten ebenso wie der Erdbeerklee (*Trifolium fragiferum*).
In Ungarn soll der Bestand des Salzschwadens die Salzgraslandform sein, die auf Salzböden angestrebt wird, mit Erträgen von 40 dt Trockensubstanz/ha in Form von Qualitätsheu, in zwei Schnitten gewonnen.
Nicht besonders mit aufgeführt wurden einige Gräser in den Beständen der Salzgrasländereien, die nur gelegentlich im Salzbereich einmal vorkommen. So tritt der Rohrfuchsschwanz (*Alopecurus arundinaceus* POIRET) zuweilen auf den Salzwiesen der Ostsee auf, der Knollenfuchsschwanz (*Alopecurus bulbosus* GOUAN) findet sich vereinzelt im Brackwasserbereich und der Faltige Schwaden (*Glyceria plicata* FRIES.) verträgt Salzwasser. Auch *Bromus tectorum* gehört zu den besonders salzverträglichen Gräsern, wie bereits erwähnt.
Allgemein besitzen aber alle Süßgräser eine verschiedene Empfindlichkeit gegenüber einer Salzkonzentration im Boden und auch gegen gewisse Mengen eine verschiedene Anpassungsfähigkeit, die nicht nur je nach der Art, sondern auch je nach der Sorte variieren kann. Sehr geringe Mengen Kochsalz im Boden fördern sogar das Wachstum aller Pflanzen. In keiner Vegetationsformation aber ist ein gleichbleibender Feuchtigkeitsgehalt im Boden so entscheidend wie auf salzhaltigen Böden. So beobachtet SCHWEINFURTH (nach P. GRAEBNER 1909) z. B. in Nordafrika, daß Weizen sogar noch auf Boden mit 3% Salz gedieh, solange der Boden gleichmäßig feucht blieb.
Das Futter vom Salzgrasland wird frisch, trocken und als Silage sehr gern gefressen. Eine Ausnahme bilden einige Unkräuter, wie Strandaster, Salzmelde und Strandflieder. Nach Untersuchungen von WETZEL (1966) über den Futterwert des Salzgraslandes der Nordsee zeichnen sich die Salzgräser (Meerstrandschwingel, Salzrotschwingel, Salzweißstraußgras wurden von ihm untersucht) wie auch die Kräuter durch einen besonders hohen Na-Gehalt aus, der dort fast das 5fache des Gehalts von Süßgräsern erreichte. Das Na—K-Verhältnis ist also ein sehr enges, was für eine gesunde Tierernährung wesentlich ist. Außerdem hat Salzgraslandfutter einen hohen diätetischen Wert und besitzt ähnliche Heilwirkungen wie spezifische Kräuter des Süßgraslandes (KÖNEKAMP 1959). Leberegel- und Lungenwurmgefahr bestehen auf dem Salzgrasland der Nordsee nicht, ebenso ist der gefährliche Duwock hier fremd. Auf dem Salzgrasland der Ostsee liegen diese Verhältnisse nicht ganz so günstig. Es ist nicht unbedingt frei von Leberegel und Lungenwurm, da diese erst bei einem Salzgehalt von 2% wirklich abgetötet werden.
Alle Salzgräser aber produzieren, wie schon betont, nicht soviel Masse wie die Süßgräser. Aufgrund der Salzkonzentration sind sie in ihrem biologischen Bau mehr xerophytisch ausgebildet, gleichgültig, ob sie auf einem trockenen oder feuchten Substrat wachsen. Die Verdunstung ist dadurch eingeschränkt, und die Assimilation und das Wachstum werden in Grenzen gehalten, die Pflanzen bleiben kleiner. Sie bedürfen dieses Schutzes,

da sie bei einer stärkeren Assimilation nicht nur an Nährsalzen, sondern auch an Kochsalz größere Mengen zwangsläufig aufnähmen, das sich dann stärker in Stengel und Blätter anhäufen und die Pflanzen vergiften würde, da es nicht wie die Nährsalze verarbeitet werden kann.

Alle Salzpflanzen sind entweder weichblättrig und neigen zur Sukkulenz, sie können durch eine filzige Behaarung geschützt sein, besonders verbreitet aber sind Wachsausscheidungen, oder die Blätter können sich borstlich einrollen. Auch nimmt die Diffusionsfähigkeit der Wurzel ab.

Die Frage der Salzverträglichkeit der Gräser erhält durch die winterliche Salzeinwirkung auf die Randbegrünung der Autostraßen einen neuen Aspekt.

2. Die Gräser der Sanddünen der Meeresküste (der Ost- und Nordsee)

Strandhafer, Sandgras, Schmaler Helm (*Ammophila arenaria* (L.) Link) Bildtafel S. 72.

Strandgerste, Strandroggen, Breiter Blauer Helm (*Leymus arenarius* (L.) Hochst. *Elymus arenarius* L.) Bildtafel S. 118.

Strandweizen, Strandquecke, Binsenquecke (*Agropyron junceum* (L.) P. B., *Triticum junceum* L., *Elytrigia juncea* (L.) Nevski) Bildtafel S. 65.

Alle drei Gräser gehören zu den wichtigsten Dünengräsern der Nord- wie der Ostseeküste. Sie kommen am Sandstrand der Küsten dünenbildend und dünenfestigend natürlich vor und werden heute überall zum Schutze der Küsten künstlich angebaut. Die Küstendünen sind im wahrsten Sinne des Wortes ein Werk der Strandpflanzen, wobei Strandhafer, Strandgerste und auch Strandweizen eine hervorragende Rolle spielen. Ohne sie wäre wohl die dauernde Festlegung des Dünensandes und der Dünen zur Sicherung der Küsten kaum möglich und das Wandern der Dünen, gefährlich für Dörfer und Land, fände keinen Halt. In Anbetracht dieser Bedeutung sei etwas genauer auf den Vorgang eingegangen. Dabei kommt jedem Gras eine besondere Aufgabe zu. Aber alle drei dienen mehr oder weniger stark zum Sandfang und zur dauernden Festlegung des Sandes.
Allen gemeinsam ist eine starke unterirdische vegetative Vermehrung und das anscheinende Bedürfnis durch Sand verschüttet zu werden. Bei Sandüberwehungen gehen sie nicht ein, wie so viele oder die meisten Pflanzen, sondern ein verstärktes unterirdisches vegetatives Wachstum durch Bildung von Ausläufern setzt ein.
Alle zeichnen sich durch ein außerordentlich festes mechanisches Gewebe aus, was sie befähigt, den Anprall des Windes und seinem Hin- und Herschlagen standzuhalten. Die Blätter sind durch Einlagerung stark verdickter Bastfasern grob ausgebildet, ihre Blattspreiten sind mehr oder weniger scharf langspitzig. In ihrem morphologischen Bau sind sie nicht nur dem Wind, sondern auch der Trockenheit und Trockenperioden angepaßt. Ihre Blätter vermögen sich bei Feuchtigkeit auszubreiten und bei Trockenheit fest zusammenzulegen oder einzurollen, so daß die Spaltöffnungen wie in einem geschlossenen Rohre liegen. Dieser Verdunstungsschutz setzt zugleich die Wachstumsintensität herab, die bei starker Trockenheit bis zum völligen Wachstumsstillstand führen kann. Besonders ausgeprägt findet sich diese Fähigkeit bei *Ammophila arenaria* und *Agropyron junceum.*
Die Dünengräser sind nicht von frischer grüner Farbe wie unsere guten Gräser, sondern mehr weiß-grau gefärbt, auch dadurch wird die Transpiration herabgesetzt. Die Binsenquecke ist zusätzlich durch dichte Haarreihen auf den Blattspreiten vor Austrocknung geschützt und der Breite Blaue Helm durch Wachsausscheidungen, die den Blättern eine schöne blaugraue Farbe verleihen und schon von weitem dem Auge ein anziehendes Bild bereiten.
An der Küste der Ostsee sind die Hauptdünengräser *Ammophila arenaria* und *Leymus arenarius*, während *Agropyron junceum*, das stark an Salz gebunden ist, an der Küste der Ostsee in seinem Auftreten von Westen nach Osten abnimmt, und sein Vorkommen hauptsächlich an der Nordsee zu suchen ist.

Von allen drei Dünengräsern kommt dem **Strandhafer** (*Ammophila arenaria*) zum ersten Sandfang die größte Bedeutung zu. Er ist ein dichte Rasen bildendes Gras. Auf ruhig lagerndem Sand wächst er mit aufrechten, dicht gedrängt stehenden, mehr horstig wachsenden Trieben und mit büschelförmig angeordneten Blättern und kurzen Grundachsen. In dieser Form leistet er dem Winde starken Widerstand, fängt und hält den anwehenden Sand fest. Sobald er aber von einem Häufchen Sand umgeben und eingedeckt ist, strebt er durch unterirdisches Wachstum aus der Verschüttung heraus. Die Stengelglieder verlängern sich senkrecht und verzweigen sich seitlich. Der Rasen wird dadurch lockerer und durch die Zwischenlagerung des Sandes löst er sich allmählich auf. Immer wieder aber bricht sich der Wind an Blättern und Stengeln und unentwegt sammelt sich Sand von neuem an, und der Strandhafer arbeitet sich durch. In schnell sich anhäufenden Dünen können die einzelnen Stengelglieder über 2 dm betragen und an der Länge der Grundachsen läßt sich der langsame oder schnellere Zuwachs der Düne ersehen. „Es ist nicht zu viel gesagt, wenn man behauptet, daß dieses Gras für die Befestigung unserer Küsten durch Dünenwälle mehr tut als die fleißigste Menschenarbeit, und mancher Küstenbewohner trägt einen Strandhaferhalm in seinem Hutband, um sich der Dankbarkeit zu erinnern, die er dieser Pflanze schuldet" (Solger 1910).

Während der Strandhafer als eigentlicher Sandfang, dem Winde ausgesetzt, mehr luvseitig wächst, die Düne erst etwas aufbaut, siedelt sich der **Breite Blaue Helm** (*Leymus arenarius*) mehr leeseitig, im Schutze von *Ammophila* an und beginnt seine Tätigkeit erst, wenn die kleinen Dünenwälle eine gewisse Höhe erreicht haben. Durch seine außerordentliche Fähigkeit, unterirdisch sich auszubreiten, bildet er bald, den Sand nach allen Seiten durchfurchend, von einem Dünenköpfchen zum anderen ein dichtes Geflecht von gegen- und durcheinander wachsenden Ausläufern, die einzelnen Dünenköpfchen dadurch mit seinem Rhizomgeflecht verbindend. Es entsteht ein zusammenhängender Rasen des schönen blaugrünen Grases und aus den vielen *Ammophila*-Buckeln ein gleichmäßiger Dünenzug, die „weiße Düne". Je tiefer die Dünengräser eingeschüttet werden, um so stärker setzt das Wachstum der Ausläufer ein.

Je mehr sich die weiße Düne bewächst, zur grauen oder bewachsenen Düne übergeht, ändert sich das Bild der Dünengräser. Nicht mehr gezwungen, den dauernden Sandverwehungen durch unterirdisches Wachstum sich anzupassen, fangen sie jetzt an, sich stärker zu bestocken und besonders *Ammophila arenaria* gibt dann durch seine starke Büscheligkeit der grauen Düne ein charakteristisches Aussehen. Je dichter und fester aber die graue Düne bewachsen wird, um so mehr treten die beiden hohen Dünengräser zurück und halten sich nur noch stärker an offenen Wegen auf. Bodenverdichtung und dichte Bewachsung behagen ihnen nicht. Sobald aber der Wind wieder Lücken gerissen, die Düne verletzt hat, sind sie wieder da. Unermüdlich betätigen sie sich im ewigen Kampf zwischen Wind und Pflanze um Bildung und Erhaltung der Dünen. Und wenn ihre derben Grundachsen noch so befähigt sind, den Sand zu binden, so vermag aber auch der Wind solche Löcher in die dichteste Pflanzung zu reißen, daß ihre Grundachsen dann wie ein aus Bindfäden gewebtes Netz in der Luft hängen (Graebner 1909). Und bildet sich das Graskleid nicht von neuem, so behält der Wind die Oberhand und der Sand gerät ins Wandern.

Die **Binsenquecke** (*Agropyron junceum* L.) ist nach P. Graebner (1910) das empfindlichste aller hohen Dünengräser. Sobald der Boden sich nur mäßig mit anderen Pflanzen bedeckt, geht sie zurück, verhält sich aber auch gegenüber anderen Pflanzen am unduldsamsten. In ihren Ansprüchen an den Boden ist sie nicht nur am stärkeren Salzgehalt, sondern auch an mehr Feuchtigkeit gebunden. Sie siedelt sich also küstennäher auf nassen Sandflächen an, wächst in einem lockeren Horst mit unterirdischen Ausläufern. Ähnlich wie *Ammophila arenaria* bildet sie Erstlingsdünen, die im Laufe von Jahren eine Höhe von mehreren Metern erreichen können. Sobald der Strandweizen vom Sande eingedeckt ist, wachsen seine sonst waagerecht verlaufenden Ausläufer nach oben und der sich allmählich bildende Sandschweif im Windschatten des Grases wird von zahlreichen Wurzeln durchzogen. „Je weiter die Pflanze verschüttet wird, um so weiter wächst sie durch den Sand hindurch, so daß immer neuer Sand von den Halmen aufgefangen wird." (REINKE 1903). Je höher aber die von ihr gebildete Düne aufsteigt, desto ungünstiger gestalten sich die Wachstumsverhältnisse für den Strandweizen. Die Bodenoberfläche wird trockener, und das Salz wird vom Regen ausgewaschen, der Salzgehalt nimmt ab. Sein Wachstum wird spärlicher. An seine Stelle tritt nun *Ammophila arenaria*, das für die Dünenbildung nicht nur an der Ostsee, sondern auch an der Nordsee eine hervorragende Rolle spielt. Im Gegensatz zu *Agropyron junceum* verträgt es Salzwasser schlechter und stellt andererseits geringere Ansprüche an die Bodenfeuchtigkeit. Da seine Halme höher und dichter stehen, wächst die *Ammophila*-Düne weit schneller. In seiner Gefolgschaft stellt sich dann wieder der Strandroggen (*Leymus arenarius*) ein.

Neben diesen eigentlichen Dünen bildenden und — festlegenden Gräsern kommen noch andere Gräser vor, aber sie sind nicht von so ausschlaggebender Bedeutung.

Seltener tritt der Baltische Hafer (*Ammophila baltica* (SCHRADER) P. FOURN.) von Natur auf, ein Bastard zwischen *Ammophila arenaria* und *Calamagrostis epigejos*. An seinen braunen, nicht weißlichen Blütenständen ist er leicht zu unterscheiden. Er eignet sich für die vom Winde getroffenen Seiten ebenso wie *Ammophila arenaria*. Da er stärker kriechend wächst als dieser, ist sein Wuchs weniger bültig. Aber ähnlich wie bei *Calamagrostis epigejos* können seine Bestände so dicht sein, daß sie kaum anderen Pflanzen Raum geben.

Auch das Sandrohr (*Calamagrostis epigejos* (L.) ROTH) wird als natürlicher Dünenbefestiger geschätzt, wenn es auch nicht eigens zur Dünenfestlegung angebaut wird.

Eine Pflanze des Sandstrandes bildet auch der **Sandstrandrotschwingel** (*Festuca rubra arenaria*). Er tritt aber erst in Erscheinung, wenn die Sandüberwehungen schwächer geworden sind, und seine günstigsten Lebensbedingungen scheint er mehr im Schutz anderer, kräftigerer Pflanzen zu finden. Er gehört also nicht zu den eigentlichen Pionieren unter den Dünengräsern. Durch seine schmalen Blätter und seine dünnen Stengel, die entfernt voneinander stehen, fällt er zunächst wenig auf, obgleich er den Sand mit langen Ausläufern durchzieht. Besonders häufig wächst er an der Ostsee und oft in ausgedehnten Beständen, fehlt aber auch nicht an der Küste der Nordsee. *Festuca rubra arenaria* ist charakterisiert durch die dichte Behaarung der Ährchen und die Haarreihen auf den Blattriefen.

Sobald die Düne festgelegt und Sandverwehungen kaum mehr vorkommen, gesellen sich zu den eigentlichen Dünengräsern auch die Gräser des Sandbodens, deren Bedeutung in der Festlegung losen Sandes liegt. Hierher gehört u. a. das Igelgras (*Corynephorus canescens*), Schafschwingel (*Festuca ovina*)-Arten, Sandlieschgras (*Phleum arenarium*), das sonst sehr selten ist. Auch kleine Gräser, die wir als unscheinbar ansehen, wie die kleinen Schmielen (*Aira praecox* L. und *Aira caryophyllea* L.) erfüllen hier ihre Aufgabe.

Von den Sauergräsern, das sei noch erwähnt, tragen besonders die Sandsegge (*Carex arenaria* L.) und ihre zierliche Verwandte, die Französische Segge (*Carex ligerica* GAY) zur Dünenfestlegung bei.

Beim Dünenbau zur Festlegung des Sandes und Sicherung der Küsten ist nur der Anbau lebender Pflanzen, die sich immer wieder ergänzen und erhalten von bleibendem Erfolg. Seit dem 18. Jahrhundert begann man in Dänemark mit den Anpflanzungen von *Ammophila arenaria* und seit dem 19. Jahrhundert werden diese an der gesamten Ost- und Nordseeküste systematisch durchgeführt. Neben *Ammophila arenaria* und *Leymus arenarius* werden auch *Ammophila baltica*, *Agropyron junceum* und auch *Carex arenaria* angepflanzt.

Zur Strandgerste (*Leymus arenarius* L.) sei noch bemerkt, daß in der UdSSR M. W. ZIZIN (1947) dieses Dünengras als Kreuzungspartner von Weizen benutzte, um die Vielkörnigkeit der Strandgerste mit der Großkörnigkeit des Weizens zu kombinieren. Vielkörnig ist die Strandgerste in der Tat. Wir zählten an einer Ähre etwa 20 Spindelstufen mit je zwei bis drei 2—3blütigen Ährchen.

Tabellen

Zeitspanne des Blütenstandsschiebens im Gräsersortiment

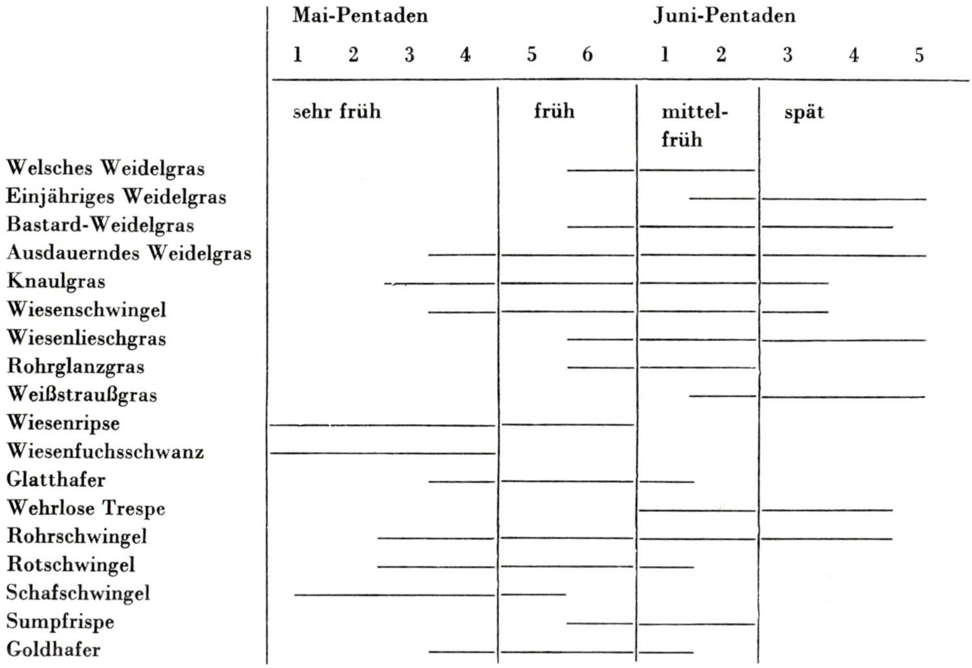

Zuckergehalt einiger wichtiger Futtergräser

	1. Schnitt		2. und 3. Schnitt	
	TS %	Zucker g/kg TS	TS %	Zucker g/kg TS
Welsches Weidelgras	17	220	23	150
Ausdauerndes Weidelgras	17	165	22	120
Knaulgras	19	95	23	70
Wiesenschwingel	19	90	24	100
Wiesenlieschgras	19	75	24	115
Wiesenrispe	16	80	23	75

1. Schnitt bei Beginn des Blütenstandschiebens, 100 kg N/ha
2. und 3. Schnitt nach 50 Wuchstagen, je 50 kg N/ha

Futterqualität der wichtigsten Futtergräser
nach Futtermitteltabelle des Futterbewertungssystems der DDR, 5. Auflage 1986

		Energiekonzentration EFr/kg TS	Verdaulichkeit % Energie	Rohprotein % TS	verd. Rohprotein % TS	Rohfaser % TS
Welsches Weidelgras *Lolium multiflorum*	I	592	73	16,5	11,9	22,5
Ausdauerndes Weidelgras	I	592	73	16,5	11,9	22,5
Lolium perenne	II	565	68	16,0	10,6	25,5
Knaulgras	I	567	68	15,5	10,4	25,0
Dactylis glomerata	II	522	64	15,0	19,6	28,0
Wiesenschwingel	I	600	72	14,5	10,2	24,0
Festuca pratensis	II	563	68	16,0	10,6	26,0
Wiesenlieschgras	I	582	70	13,5	9,2	25,0
Phleum pratense	II	525	63	12,5	7,4	28,0
Wiesenrispe	I	612	74	17,5	13,1	23,0
Poa pratensis	II	558	69	17,5	12,0	25,5
Wiesenfuchsschwanz *Alopecurus pratensis*	I	575	71	15,0	10,7	25,5
Rohrglanzgras[1]	I	565	69	16,0	11,0	27,5
Phalaris arundinacea	II	530	66	15,6	10,6	28,4
Rohrschwingel[1]	I	560	68	14,2	9,8	25,3
Festuca arundinacea	II	547	68	14,8	10,4	27,1

I — 1. Schnitt bei Beginn des Blütenstandsschiebens, 100 kg N/ha
II — 2. und 3. Schnitt, nach 35—55 Wuchstagen, je 50 kg N/ha

[1]) nach Untersuchungsergebnissen aus dem Institut für Futterproduktion Paulinenaue

Verzeichnis der wissenschaftlichen Namen der abgehandelten Gräser

Verzeichnis der deutschen Namen der abgehandelten Gräser

Literaturverzeichnis

ÅKERBERG, E. u. NYGREN, A., 1959, *Poa*-Arten, Hdb. d. Pflanzenzüchtung Bd. IV

ALTHAUSEN, L., 1900, Versuche über Queckenvertilgung

ASCHERSON, P. u. GRAEBNER, P., 1899, Flora des Nordostdeutschen Flachlandes.

BACHTHALER, G., 1957, Untersuchung zur Keimungsphysiologie des Flughafers (*Avena fatua* L.). Z. A. u. Pflzb., Bd. 103, S. 129—156

BAUDIS, H., 1970, Möglichkeiten der Selektion verschiedener Wachtums- und Nutzungstypen bei Ausdauerndem Weidelgras (*Lolium perenne*) und ihre Bedeutung für das Grünland. Tagungsb. DAL Nr. 111

BAUER, U., 1972, Vergleichende Untersuchungen über Ertrag, Ertragsverteilung und Futterqualität von unterschiedlichen Grünlandansaaten auf Niedermoor und auf Mineralboden mit Beregnung. Diss. Univ. Rostock

BAUER, U., 1979, Die Leistungsdauer des Saatgraslandes. Diss. B Univ. Rostock

BITTMANN, E., 1953, Das Schilf (*Phragmites communis* TRIN.) und seine Verwendung im Wasserbau. Angewandte Pflanzensoz., H. 7

BORCHERT, A., 1932, Erfahrungen mit Kalkstickstoff. Meckl. Landw. Wochenschr.

BRADA, L. u. DEMELA, I., 1930, Das fruchtbare Rispengras (*Poa palustris*) eines der besten Wiesen- und Weidengräser D. L. P., Nr. 9

BREUNIG, W., 1959, Unsere Dauerweiden. D. Bauernverl. Berlin

BROUWER, W. u. STÄHLIN, A., 1955, Handbuch der Samenkunde

BÜHRING, J., 1967, Untersuchungen über Beziehungen zwischen Restassimilationsfläche und Nachschnittwachstum bei Gramineen. Z. Landeskultur, Bd. 8, H. 2

DANNENBERG, S., 1938, Über einige kritische Festuca ovina-Formen in der nordöstlichen Schweiz. In: Bericht über das Geobotanische Forschungsinstitut RÜBEL in Zürich, S. 51

DIERCKS, R., 1966, Die Ursache der Zunahme grasartiger Unkräuter und die Problematik ihrer Bekämpfung. Bayr. Landw. Jahrb. 43, S. 14—29

DÖRTER, K., 1968, Das Bestimmen der Samen von Gräsern und Schmetterlingsblütlern.

DÖRTER, K., 1974, Süßgräser, Riedgras- und Binsengewächse. Urania-Verl. Leipzig

ELLENBERG, H., 1952, Wiesen und Weiden und ihre standörtliche Bewertung. Landwirtsch. Pflanzensoziologie Bd. II

ELLENBERG, H., 1952, Physiologisches und ökologisches Verhalten derselben Pflanzenarten. Ber. d. Dt. Botan. Gesellsch. 65

ELLENBERG, H., 1959, Kausale Vegetationskunde und Grünlandwirtschaft. Tagungsb. DAL Nr. 16

FALKE, F., 1920, Dauerweiden.

FELDT, W., 1929/30, Ein Beitrag zur Kenntnis der Fruchtbaren Rispe (*Poa fertilis*). Pflanzenbau S. 67

FELDT, W., 1930, Die Bedeutung der Wehrlosen Trespe als Futterpflanze auf allen extremen Böden. Georgine 107, S. 64—69

FILGER, P., 1940, Pflanzengeographische Untersuchungen der Rasenflächen im Gebiet der Hochfläche der Schwäbischen Alp. Z. f. Botanik S. 321—357

FISCHER, W., 1959, Unsere wichtigsten Gräser. Verl. Mensing u. Co. Hamburg

FOERSTER, K., 1957, Einzug der Gräser und Farne in die Gärten. Neumann-Verl. Leipzig

FRANKE, G., PÄTZOLD, H., 1978, Nutzpflanzen der Tropen und Subtropen. Bd. III, HIRZEL-Verlag, Leipzig

FRECKMANN, W., 1948, Wehrlose Trespe und Rohrglanzgras. DDL. H. 4
FRÖHNER, S., 1963, Beitrag zur Kenntnis der deutschen Arten der Gattung *Poa* L., Sektion *Ochlopoa* (A. et GR.) JSK. Wiss. Z. Univ. Halle, Math.-Nat. XII/9, S. 669—676
FRUWIRTH, C. 1908, Ackerfuchsschwanz, Arb. d. DLG, H. 136
GANDERT, K.-D. u. SCHNABEL, A., 1976, Rasen für Sport und Spiel
GRADMANN, R., 1950, Pflanzen der Schwäbischen Alp
GRAEBNER, P. 1909, Die Pflanzenwelt Deutschlands
GRAEBNER, P., 1925, Die Heide Norddeutschlands und die sich anschließenden Formationen in biologischer Betrachtung.
HAASS, J. u. FEYERABEND, G., 1977, Erste Ergebnisse kombinierter chemisch-mechanischer Unkrautbekämpfungsmaßnahmen in Fruchtfolgen mit hohem Getreideanteil. Nachrichtenbl. f. d. Pflanzenschutz in der DDR, H. 8, S. 173—176
HACKEL, E., 1881, Die verwandtschaftlichen Beziehungen und die geographische Verbreitung der europäischen *Festuca*-Arten. Bot. Centralbl. VIII. Bd., S. 401
HACKEL, E., 1882, Monographie Festucarum Europaearum. Fischer-Verl. Kassel
HEGI, G., 1965, Illustrierte Flora von Mitteleuropa. Hanser-Verl. München
HEINISCH, O., 1963, Das landwirtschaftliche Saatgut, 3. Aufl. D. Landw.-Verl. Berlin
HENNING, H., 1953, Der Schafschwingelsamenbau in der Griesen Gegend Mecklenburgs unter besonderer Berücksichtigung der unterschiedlichen Wurzelentwicklung der Herbst- und Frühjahrsaussaat. Diss. Rostock Wiss. Z. Univ. Rostock, Math.-Nat., H. 4, S. 263—296
HERRMANN, H., 1975, Rohrglanzgras (Phalaris arundinacea L.) — Verbreitung und Bedeutung für den Futterbau sowie Saatguterzeugung. Diss. AdL. Berlin
HERTZSCH, W., 1957, Mutationsversuch mit Rohrglanzgras (*Phalaris arundinacea*). Z. Pflanzenzüchtung, 37, S. 263—279
HERTZSCH, W., 1959, Handbuch der Pflanzenzüchtung, Bd. IV., 2. Aufl.
HERTZSCH, W., 1961, Die Bedeutung, Erfolge und Probleme der Züchtung auf festen Kornsitz bei *Phalaris arundinacea*, in: Neue Ergebnisse futterbaulicher Forschung, S. 133—141
HESMER, H. u. MEYER, J., 1959, Waldgräser. Verl. Schaper Hannover
HOLLRUNG, M., 1930, Die Erkennung der Feld-, Wiesen- und Weidegräser unter Berücksichtigung ihrer Blütenstände. Wiss. Arch. f. Landw., S. Pflanzenbau, S. 563—703
HOLY, K., 1907, Über den Futter- und sonstigen Wert des Fromental-(*Avena elatior*) und des Knaulgrases. Ber. Landw. Inst. Halle 18, S. 96—190
HORN, v. A., 1935, Die Rasenschmiele. Diss. Berlin
HUBBARD, C. E., 1968, Gräser. Beschreibung, Verbreitung, Verwendung, deutsch 1973
HÜBNER, R., 1938, Beiträge zur Züchtung von Wehrloser Trespe (*Bromus inermis*). Pflanzenbau, S. 269—288
HUNDT, R., 1958, Beiträge zur Wiesenvegetation Mitteleuropas. I. Die Auenwiesen an der Elbe, Saale und Mulde. In: Nova Acta Leopoldina, Neue Folge, Nr. 135, Bd. 20
ISSLER, E., 1913, Der Pflanzenbestand der Wiesen und Weiden des hinteren Münster- und Kaysergtals. Versuch einer Beschreibung der Wiesen- und Weidenflora der hohen Vogesen auf pflanzengeograph. Grundlage.
JESSEN, C., 1863, Deutschlands Gräser. Verl. Weigel Leipzig
JULÉN, G., 1959, Wiesenlieschgras (*Phleum pratense* L.). Handbuch der Pflanzenzüchtung, Bd. IV, 2. Aufl.
KANNENBERG, H., 1939, Fortschritte in der Moorkultur (Niederungsmoor).
KAPPEL, W., 1967, Ergebnisse über Sortenversuche mit neuen Sorghumhybriden. Tagungsb. DAL, Nr. 95, S. 265—272
KLAPP, E., 1929, Thüringische Rhönhuten. Wiss. Arch. f. Landw. A Pflanzenbau 2.
KLAPP, E., 1942, Entwicklung, Wurzelbildung und Stoffspeicherung von Futterpflanzen. Pflanzenbau
KLAPP, E., 1965, Taschenbuch der Gräser. 9. Aufl. Verl. Parey Berlin
KLAPP, E., u. SCHULZE, E., 1957, Versuche uber Stoffbildung und Stoffspeicherung bei mehrjährigen und mehrschnittigen Futterpflanzen. Z. Acker- und Pflzb. Bd. 104
KLITSCH, R., 1957, Untersuchungen über Bedeutung, Anbautechnik und wertgebende Inhaltsstoffe neuartiger Zweitfrucht- und Stoppelfruchtpflanzen im mitteldeutschen Trockengebiet. KÜHN-Archiv, Bd. 71, S. 451—501

Koch, W., 1964, Unkrautbekämpfung durch Eggen, Hacken und Meißeln. Z. A. und Pflzb., Bd. 121 S. 84—96

Könekamp, A., 1934, Beitrag zur Kenntnis des Wurzelwachstums einiger Klee- und Gräserarten. Landw. Jb. 80, S. 571—589

Könnecke, G., Versuchsbericht 1950—1952, Univ. Halle—Wittenberg

Kraus, C., Die Gemeine Quecke (*Agropyron repens* P. B.) Arb. d. DLG., H. 220

Krausch, H. D., 1956, Das Riesenrohr im Kreise Luckau und sein Schutz. Märkische Heimat, H. 3

Kreil, W., Wacker, G., Kaltofen, H., 1961, Dreijährige Versuchsergebnisse über die Düngung einer Weide mit verschieden hohen N-Gaben (1958—1960). Z. Landk., Bd. 2, S. 225—257

Kreil, W., Wacker, G., Kaltofen, H., 1964, Weitere Versuchsergebnisse über die Düngung einer Weide mit verschieden hohen N-Gaben (1961—1963). Z. Landeskultur, Bd. 5, S. 221—244

Kreil, W., u. Leistner, J., 1975, Verwendung von *Lolium perenne* in Weideansaaten im Erzgebirge. Arch. Acker- u. Pflanzb. u. Bodenkunde. Bd. 19, S. 879—886

Kreil, W., Simon, W., Wojahn, E., 1982, Futterpflanzenbau Grasland. Landwirtschaftsverlag Berlin

Kreuz, E., 1973, Das Knaulgras in seiner Bedeutung für die Futterproduktion. Fortschr. Ber. AdL, Berlin Bd. 11, H. 8

Kunkel, G., 1973, Untersuchungsergebnisse zur Ertrags- und Qualitätsbildung perennierender Futtergräser unter den Bedingungen gestaffelt nutzungsreifer Pflanzenbestände zur Mäh- und Weidenutzung. Diss. aus dem Inst. f. Futterproduktion Paulinenaue.

Kutschera, L., 1960, Wurzelatlas mitteleuropäischer Ackerunkräuter und Kulturpflanzen.

Kutschera, L., 1966, Wurzelbild und Lebenshaushalt am Beispiel anthropogener Vegetation, in: Bericht über das internationale Symposium in Stolzenau/Weser der internationalen Vereinigung für Vegetationskunde.

Kwassnikow, W. W., Muchortow, Ja. N., Kuschilkina, N. W., Turbin, K. G., 1957, Der Einfluß von Sudangras und Sudangrasgemischen auf die Bodenstruktur. Nachr. Landwirtschaftswissensch. 2, Nr. 4, 49—54.

Lampeter, W., 1956, Untersuchungen über den Wert entspelzter Glatthaferfrüchte (*Arrhenatherum elatius* J. et C. Presl) sowie das Ausmaß und die Ursachen des Entspelzens. Z. A. und Pflb. Bd. 102, H. 2, S. 227—240

Lampeter, W., 1959/60, Gegenseitige Beeinflussung höherer Pflanzen in bezug auf Spross- und Wurzelwachstum, Mineralstoffgehalt und Wasserverbrauch. Wiss. Z. Univ. Leipzig, H. 4

Lampeter, W., 1967, Untersuchungen über die N-Abgabe der Leguminosen bei Mischanbau und die Beeinflussung des Mineralstoffgehalts der Gramineen durch den Leguminosenpartner. Albrecht-Thaer-Archiv 11, S. 605—618

Lampeter, W., Arnold, H., 1967, Schmackhaftigkeit des Weidefutters in Abhängigkeit von der botanischen Zusammensetzung der Narbe und der Düngung. Tierzucht, 21, H. 1

Lengerke, v. A., 1836, Anleitung zum praktischen Wiesenbau.

Lengerke, v. A., 1840, Landwirtschaftliches Lexikon.

Lindenbein, W., Rademacher, B., 1960, *Avena ludoviciana* — Winterflughafer. Saatgutw., S. 191 bis 193

Liese, H., 1930, Der Einfluß von Boden und Klima auf den Bestand der Weiden und Wiesen der Insel Rügen. Diss. Berlin

Löbe, W., 1872, Landwirtschaftlicher Futterbau mit besonderer Rücksicht auf neue Futterpflanzen und Futtergemenge.

Macholz, D., 1937, Die Wehrlose Trespe. Forschungsdienst 4, S. 31—33

Mansfeld, R., 1952, Zur Systematik und Nomenklatur der Hirsen. Züchter 22, S. 304—315

Kerner von Marilaun, K., 1890, Pflanzenleben.

Martin, J. H., 1959, *Sorghum* and *Pearl Millet*. Hdb. d. Pflanzenzüchtung Bd. II, 2. Aufl.

Meusel, H., 1940, Die Grasheiden Mitteleuropas. Bot. Archiv, Bd. 41

Möller, K.-H., 1977, Hans Lembke (28. 5. 1877—7. 3. 1966) zum 100. Geburtstag. Archiv f. Züchtungsforsch., Bd. 7, H. 3

Mott, N., Müller, G., 1967, Versuchsergebnisse mit Weißem Straußgras (*Agrostis gigantea*) in Weideansaaten. Wirtsch. eig. Futter 13, S. 201—210

Mudra, A., 1953, Mais und Hirse. Hdb. f. Landw. Bd. II

Müller, K., 1969, Futtererzeugung auf dem Grünland und auf dem Ackerland in höheren Lagen des Thüringer Waldes. Z. Landesk. Bd. 10, S. 273—381

Müller, K., Kreil, W., Kranich, E., 1975, Intensivierung des Graslandes im Thüringer Wald – Voraussetzung für spezialisierte Färsenproduktion. F. W., Nr. 4, S. 171

Noll, 1896, Der äußere Erfolg von Salzdüngungsversuchen mit Wiesengräsern. Bot. Centralbl.

Olsen, C., 1923, Studies on the hydrogenion concentration of the soil and its significance to the vegetation, especially to the natural distribution of plants.

Pätzold, H., 1958, Dreijährige Untersuchungen über die Nachfruchtwirkung von Rotklee, verschiedenen Gräsern und Kleegrasgemischen. Z. A. u. Pflzb. Bd. 105, H. 1, S. 50–60

Pätzold, H., 1961, Hauptformen des Futterbaus in den wichtigsten Klimazonen der Erde – Entwicklung und Entwicklungstendenzen in vergleichender Betrachtung. Wissensch. Abh. d. DAL Nr. 53.

Pätzold, H., 1962, Agrargeographische Gesichtspunkte bei der Gestaltung des Futterbaus. Z. f. Landeskultur, Bd. 3, H. 1

Petersen, A., 1927, Die Taxation von Wiesenländereien auf Grund des Pflanzenbestandes.

Petersen, A., 1930, Taxation von Ackerländereien auf Grund des natürlichen Pflanzenbestandes von Ackerland und Ackerrand.

Petersen, A., 1952, Die neue Rostocker Grünlandschätzung. Abh. d. Deutschen Akademie der Wissensch. Berlin Nr. 1

Petersen, A., 1954, Die Gräser als Kulturpflanzen und Unkräuter auf Wiese, Weide und Acker. Akademie-Verlag Berlin 4. Aufl.

Petersen, A., 1965, Das kleine Gräserbuch. Akademie-Verlag Berlin. 2. Aufl.

Petersen, A., 1989, Die Sauergräser. Akademie-Verlag Berlin. 2. Aufl.

Petersen, A., 1982, Die Gräser als Kulturpflanzen und Unkräuter auf Wiese, Weide und Acker. Akademie-Verlag Berlin, 5. Aufl.

Petersen, W., 1966, Die biologische Grundlegung der Unkrautbekämpfung und die Begründung der Unkrautforschung durch Otto Wehsarg. Forschungen u. Fortschritte H. 10.

Pieper, H., 1912, Der Windhalm (*Agrostis spica-venti*). Arb. d. DLG., H. 236

Pieper, H., 1952, Das Saatgut. Verl. Parey Berlin

Porsche, W., 1965, Ergebnisse mehrjähriger Anbauversuche mit *Sorghum*-Hirsen (*Sorghum vulgare* Pers.) Kühn-Archiv, Bd. 79, S. 123–180

Preising, E., 1942, Die Begrünung offener Sandböden im ostdeutschen Flachland. Die Straße H. 11/12

Rademacher, B., 1959, Aussichten auf Bekämpfung des Ackerfuchsschwanzes in den Winterungen. M. d. DLG, H. 36, S. 1047

Reinke, J., 1903, Botanisch-geologische Streifzüge an den Küsten des Herzogtums Schleswig.

Roth, D., Albrecht, M., 1969, Das Verhalten der Quecke (*Agropyron repens* P. B.) auf Weiden in Abhängigkeit von Bewirtschaftung und Hauptbestandsbildnern auf schweren Muschelkalkverwitterungsböden. Z. Landesk. Bd. 10, H. 3, S. 241–250

Rothmaler, W., 1982, Exkursionsflora. Herausg. von H. Meusel u. R. Schubert.

Scheibe, A., 1959, *Panicum-* und *Setaria*-Hirsen (einschließlich *Echinochloa* und *Digitaria*). Handb. der Pflanzenzüchtung, Bd. II

Schieblich, J., 1938, Untersuchungen zur Züchtung von Sudangras und Hirsearten. Landw. J. 86, S. 372–431

Schieblich, J., 1956, Futterpflanzenneuzüchtungen. DDL, S. 383–387

Schindler, H., 1925, Schlüssel zur mikroskopischen Bestimmung der Wiesengräser im blütenlosen Zustande.

Schmauder, G., 1964, Grünlandwirtschaft in höheren Lagen. Wiss. Z. Univ. Jena, Math.-Nat. R. H. 1

Schrader A. u. Kaltofen, H., 1987, Gräser, Biologie, Bestimmung, Wissenschaftliche Bedeutung. D. Landw.-Verl. Berlin

Schuster, W., 1964, Versuche über die Anbaueignung von Neuzüchtungen der Mohrenhirse (*Sorghum dochna* (Forsk.) „Snowden" var. *saccharatum* und var. *technicum*) als Grünfutterpflanzen im gemäßigten Klima. Z. A. u. Pflzb. Bd. 121, S. 57–76

Seidel, K., 1955, Die Flechtbinse, Scirpus lacustris L. Ökologie, Morphologie und Entwicklung, die Stellung bei den Völkern und ihre wirtschaftliche Bedeutung.

Seiffert, M., 1960, Die Verbreitung des Ackerruchgrases (*Anthoxanthum aristatum* Boiss.) und ihre Möglichkeit seiner Bekämpfung. DDL, H. 1, S. 29–32

Simon, U., Daniel, P., Dirksen, G., 1975, Zur Bewertung des Goldhafers (*Trisetum flavescens* (L.) P. B.) als Futterpflanze im Lichte neuer Ergebnisse der Kalzinose-Forschung. Wirtsch. Futter, Bd. 21, H. 2

Simon, U., 1980, Goldhafer u. Rinderkalzinose. Tierzüchter 32, S. 292—293

Solger, F., Graebner, P., Thienemann, J., Speiser, P., Schulze, F. W., 1910, Dünenbuch

Stählin, A., 1957, Die Beurteilung der Futtermittel. Methodenbuch Bd. XII

Stählin, A., 1969, Maßnahmen zur Bekämpfung von Grünlandunkräutern. Wirtschaftseig. Futter, Bd. 15

Stählin, A., Eren, A., 1973, Beziehungen zwischen Standortsfaktoren, morphologischen Merkmalen und physiologischen Eigenschaften sowie der Chromosomenzahl bei Wiesenrispe (*Poa pratensis* L.). Z. A. u. Pflz. 138, S. 197—219

Stählin, A., Eren, A., 1974, Zum Vergleich von Wildformen und Zuchtsorten bei Wiesenrispe. Wirtschaftseig. Futter, Bd. 20, H. 2, S. 78—80

Stebler, F. G., Schroeter, C., Volkart, A., 1889, Die Alpen-Futterpflanzen.

Stebler, F. G., Schroeter, C., 1892, Versuch einer Übersicht über die Wiesentypen der Schweiz. Landw. Jahrb. der Schweiz VI

Stebler, F. G., Schroeter, C., 1892, Das Borstgras (Nardus stricta) Landw. Jahrb. d. Schweiz VI

Stebler, F. G., Schroeter, C., Volkart, A., 1913, Die besten Futterpflanzen. Bern.

Steikhardt, Hg., Katzenberger, W., 1960, Ergebnisse mehrjähriger Anbauversuche mit Kanariengras. DDL, Nr. 3, S. 128

Stohr, G., 1955, Der Formenkreis der *Festuca ovina* L. im Mitteldeutschen Trockengebiet. Wiss. Z. Univ. Halle, Math.-Nat. R., Jahrg. 4, H. 4, S. 729—746

Strecker, W., 1926, Erkennen und Bestimmen der Wiesengräser. 10. Aufl. Verl. Parey Berlin

Thöns, H., 1959, Wie kann man die Antriebsfurche vor dem Grünlandumbruch in einem Arbeitsgang mechanisiert herstellen und verteilen? DDL, H. 6

Thöns, H., Wellenbrock, K. H., 1980, Empfehlungen zur Technologie des Graslandumbruches. Feldw. Nr. 3

Thünen, J. H. v., 1834, *Poa annua*. N. A. M. L., S. 261—264

Tiemann, A., Kämpfer, G., 1941, Die Hirsen.

Timm, G., 1965, Beitrag zur Biologie und Systematik von *Poa annua* Z. A. u. Pflz. Bd. 122, S. 267

Wacker, G., 1968, Die Etablierung leistungsfähiger, standort- und nutzungsgerechter Grünlandpflanzenbestände. Habil. Schr. Univ. Rostock

Wacker, G., 1969, Möglichkeiten zur Verteilung des optimalen Nutzungszeitpunktes durch Ansaat verschiedener Grasarten und -sorten. Z. Landesk. 10, S. 351—360

Wacker, G., Kunkel, G., 1969, Vergleichende Untersuchungen über den Anbau von Futtergräsern in Reinsaat und Mischungen auf Niedermoor. Z. Landesk., S. 403—416

Wacker, G., 1979, Einfluß der Halm- und Blatttriebbildung auf Ertrag und Qualität bei Futtergräsern. Arch. Züchtungsf. Bd. 9, S. 307—313

Wacker, G., 1982, Reifegruppen bei Futtergräsern. Arch. Acker- u. Pflb. u. Bodenkd. Bd. 26, H. 10, S. 679—685

Wacker, G. u. Autorenkollektiv, 1989, Produktion von Futter. Landwirtschafts-Verlag Berlin. 3. Aufl.

Wacker, G., Netzband, K., Kaltofen, H., 1984, Neue Futtergräser. Arch. Acker- u. Pflb. u. Bodenk. Bd. 28, H. 7, S. 429—433

Wangerin, W., 1932, Florenelemente und Arealtypen. Beih. Botan. Zentralbl. Erg. Bd. 49

Weber, C. A., 1920, Die mesophilen Straußgraswiesen am Mittellauf der Weser. Abh. Nat. Verein Bremen. Bd. 25, H. 1

Weber, C. A., 1927, Das Rohrglanzgras und die Rohrglanzgraswiesen.

Weber, C. A., 1929, Ausläufertreibendes Deutsches Weidelgras. M. d. DLG, H. 41, S. 913—916

Weber, C. A., 1931, Ist Kammgras auf den Weiden als Unkraut zu betrachten? M. d. DLG, H. 33, S. 725

Wehsarg, O., 1918, Die Verbreitung und Bekämpfung der Ackerunkräuter in Deutschland. Arb. d. DLG. Bd. 1, H. 294

Wehsarg, O., 1927, Die Verbreitung und Bekämpfung der Ackerunkräuter in Deutschland. Bd. II: Einzelunkräuter, ihr Vorkommen und ihre Bekämpfung. Lieferung I: Moose, Farne, Schachtelhalme und Echte Gräser. Arb. d. DLG, H. 350

Wehsarg, O., 1936, Wiesenunkräuter. Arb. d. Reichsnährstandes, Bd. 1

WEHSARG, O., 1954, Ackerunkräuter. Biologie, Allgemeine Bekämpfung und Einzelbekämpfung. 2. Aufl. Akademie-Verlag
WEINZIERL, TH. VON, 1914, Meine Gräserzüchtungen.
WERNER, H., 1889, Handbuch des Futterbaus. 2. Aufl.
WETZEL, M., 1958, Warum ist das Sandrohr (*Calamagrostis epigeios* ROTH) ein so schlimmes Waldunkraut und wie läßt es sich bekämpfen? DDL, H. 10, S. 498—500
WETZEL, M., 1959, Die Bewurzelung von *Molinia coerulea* MOENCH (Pfeifengras, Besenried) und *Calamagrostis epigeios* ROTH (Sandrohr) auf Talsandboden. In: Probleme des Grünlandes. Tagungsb. DAL, Nr. 16, S. 113—121
WETZEL, M., 1960, Untersuchungen über die Bewurzelungsverhältnisse von *Agrostis alba* f. *salina*. Ein Beitrag zur Trittfestigkeit der Weidenarbe. Z. f. Landesk. Bd. 1, H. 3
WETZEL, M., 1966, Zum Problem der Quecke (*Agropyron repens* P. B.) auf intensiv bewirtschaftetem Grünland. Wirtschaftseig. Futter, H. 1, S. 43—55
WETZEL, M., 1966, Pflanzenbestand, Nutzung und Futterwert auf Grünland des norddeutschen Küstenvorlandes. Kali-Briefe
WEYMAR, H., 1972, Buch der Gräser und Binsengewächse. Neumann-Verl. Radebeul
WITTE, K., 1929, Beitrag zu den Grundlagen des Grasbaues. Landw. Jahrb., Bd. 69, S. 253—310
WITTMACK, D., 1914, *Beckmannia eruciformis* HOST, Die raupenförmige Beckmannie, ein neues Gras für Moorwiesen. M. d. DLG., H. 22, S. 309
WOJAHN, E., 1956, Ein Beitrag zur Wechselnutzung auf Niedermoor. Wissensch. Z. Univ. Rostock
WOJAHN, E., 1977, Rückblick auf 50 Jahre Graslandwirtschaft und Entwicklungstendenzen der weiteren Intensivierung der Futterproduktion in der DDR. Plenarvortr. XIII. Intern. Grasl. Kongr. Leipzig
WULFFEN, C. v., 1843, Über Begrünung der Sandflächen. Annalen d. Landw. d. kgl.-preuß. Staat., S. 291—305
ZADE, A., 1912, Der Flughafer. Arb. d. DLG., H. 229
ZADE, A., 1920, Das Knaulgras. Arb. d. DLG., H. 305
ZEIGER, E., 1939, Untersuchungen über die Möglichkeiten der Unterschiede der Spelzfrüchte von *Phleum pratense* und *Phleum nodosum*. Pflanzenb. Bd. 15, S. 161
ZIZIN, N. W., 1947, Wege der Pflanzenkreuzung.
ZÜRN, F., 1963, Verbesserung von staunassen Wiesen auf Gleyböden — Bekämpfung von *Holcus lanatus* L. (Wolliges Honiggras). Z. A. u. Pflz., Bd. 118, S. 186—199